普通高等教育航空航天类专业新形态教材

复合材料成型工艺及应用

(第2版)

徐 竹 主编

国防工業出版社
·北京·

内 容 简 介

本书结合航空航天领域复合材料成型工艺的工作任务，介绍了 8 种复合材料典型成型工艺，包括手糊成型工艺、模压成型工艺、纤维缠绕成型工艺、预浸料热压罐成型工艺、拉挤成型工艺、夹层结构成型工艺、复合材料液体成型工艺、热塑性复合材料成型工艺。其中，重点介绍了复合材料成型工艺中的原材料、成型模具、成型设备、成型工艺流程等方面的系统知识。本书既关注成型技术知识的基础性、系统性、完整性和实用性，也特别关注近年来有关成型工艺的最新发展技术。

本书实用性强，可作为普通高等院校、高等职业院校复合材料相关专业的教材，也可作为从事复合材料生产开发工作的工程技术人员的参考用书。

图书在版编目（CIP）数据

复合材料成型工艺及应用/徐竹主编．—2 版．—北京：国防工业出版社，2023. 12（2026. 1 重印）

ISBN 978-7-118-13065-2

Ⅰ. ①复…　Ⅱ. ①徐…　Ⅲ. ①复合材料-成型-高等学校-教材　Ⅳ. ①TB33

中国国家版本馆 CIP 数据核字（2023）第 174337 号

※

国防工業出版社出版发行

（北京市海淀区紫竹院南路 23 号　邮政编码 100048）

三河市天利华印刷装订有限公司印刷

新华书店经售

*

开本 787×1092　1/16　**印张** 18　**字数** 412 千字

2026 年 1 月第 2 版第 2 次印刷　**印数** 3001—6000 册　**定价** 59. 00 元

国防书店：（010）88540777　　书店传真：（010）88540776

发行业务：（010）88540717　　发行传真：（010）88540762

《复合材料成型工艺及应用（第2版）》

编 委 会

主 编 徐 竹

副主编 宋 晟 王 凡

参 编 王启强 徐梦雅

主 审 张 超

前　　言

复合材料行业近年来发展迅速，尤其是先进复合材料以其比强度高、比模量高、耐高温性能好、耐疲劳性能优越等优点获得广泛应用和迅速发展。编者根据国内外复合材料行业的发展现状，结合航空航天复合材料相关企业实际岗位需求，以培养具备复合材料成型技术职业技能的高素质技术技能人才为导向，编写了这本兼具航空航天特色和复合材料专业特色的教材，本书可用于普通高等院校复合材料专业学生的教学用书。

本书是在上一版的基础上紧跟行业发展趋势，校企双元合作，结合企业实际岗位，“以工作项目为导向，以工作任务为驱动，以典型案例为引导”开发的新型活页式教材并配套开发微课视频、动画等信息化资源。本书内容力求对接主流生产技术，吸收行业发展的新知识、新技术、新工艺、新方法。同时注重培养学生的素质目标，结合课程挖掘思政元素，培养节约环保、安全生产、工匠精神等职业素养。本书包含航空航天常用的 8 个复合材料成型工艺项目，21 个具体复合材料制件的成型工艺，采用项目任务式的框架同时配套自主开发的教学视频资源 72 个，二维动画资源 10 个，将常用复合材料成型工艺的抽象化知识转化为可视化视频和动画，便于学习者反复观看。本书视频资源和动画资源详见附录中的数字资源一览表，配套在线资源还有音频、文档、图片、题库等，方便读者学习。以上所有配套的数字资源内容详见此页最后的二维码。

本书由西安航空职业技术学院徐竹任主编，其中绪论、项目 1、项目 4、项目 7 和项目 8 由徐竹编写，项目 2 由绵阳职业技术学院王启强编写，项目 3 由西安航空职业技术学院王凡编写，项目 5 由西安航空职业技术学院徐梦雅编写，项目 6 由上海职业技术学院宋晟编写。本书由西安航空职业技术学院张超任主审。在编写过程中，编者收集了国内航空航天复合材料企业的相关资料，并得到国内复合材料企业的技术人员和高校教师的帮助。在此对中航西安飞机工业集团股份有限公司、西安航天复合材料研究所、江苏恒神股份有限公司、菲舍尔航空部件（镇江）有限公司、西安鑫旌航空科技有限责任公司、陕西天翌科技股份有限公司、安徽理工大学、西安航空学院、成都航空职业技术学院等单位相关人员表示感谢。

由于编者水平有限，书中难免有不妥之处，诚挚地希望读者批评指正。另外，对本书引用的参考文献的作者表示衷心感谢。

徐　竹

在线开放课程二维码

目　录

绪论 …… 1
项目 1　手糊成型工艺 …… 12
项目目标 …… 12
任务 1.1　平板件手糊成型 …… 13
任务描述 …… 13
知识链接 …… 14
任务实施 …… 32
任务 1.2　U 形环氧碳纤维零件手糊成型 …… 35
任务描述 …… 35
知识链接 …… 35
任务实施 …… 38
任务 1.3　大型制件喷射成型 …… 40
任务描述 …… 40
知识链接 …… 40
任务实施 …… 44
项目拓展 …… 47
巩固练习 …… 48
项目 2　模压成型工艺 …… 50
项目目标 …… 50
任务 2.1　电绝缘子团状模塑料模压成型 …… 51
任务描述 …… 51
知识链接 …… 51
任务实施 …… 60
任务 2.2　SMC 电能计量箱模压成型 …… 64
任务描述 …… 64
知识链接 …… 64
任务实施 …… 73
任务 2.3　雷达天线罩模压成型 …… 75
任务描述 …… 75
知识链接 …… 75
任务实施 …… 79
项目拓展 …… 80

巩固练习 …… 81
项目3　缠绕成型工艺 …… 82
项目目标 …… 82
任务3.1　筒形零件湿法缠绕成型 …… 83
任务描述 …… 83
知识链接 …… 83
任务实施 …… 95
任务3.2　球形罐零件湿法缠绕成型 …… 99
任务描述 …… 99
知识链接 …… 99
任务实施 …… 112
项目拓展 …… 115
巩固练习 …… 116
项目4　预浸料热压罐成型工艺 …… 117
项目目标 …… 117
任务4.1　小曲面蒙皮零件热压罐成型 …… 118
任务描述 …… 118
知识链接 …… 118
任务实施 …… 140
任务4.2　弹体后部件的热压罐成型 …… 143
任务描述 …… 143
知识链接 …… 143
任务实施 …… 149
任务4.3　栅格天线反射面的热压罐成型 …… 151
任务描述 …… 151
知识链接 …… 151
任务实施 …… 153
项目拓展 …… 154
巩固练习 …… 156
项目5　拉挤成型工艺 …… 159
项目目标 …… 159
任务5.1　玻璃钢棒材拉挤成型 …… 160
任务描述 …… 160
知识链接 …… 160
任务实施 …… 172
任务5.2　梁型材预浸料拉挤成型 …… 174
任务描述 …… 174
知识链接 …… 174

任务实施 …… 183

项目拓展 …… 184

巩固练习 …… 186

项目 6　夹层结构成型工艺 …… 187

项目目标 …… 187

任务 6.1　平板蜂窝夹层件成型 …… 188

任务描述 …… 188

知识链接 …… 188

任务实施 …… 197

任务 6.2　天线整流罩蜂窝夹层结构成型 …… 198

任务描述 …… 198

知识链接 …… 199

任务实施 …… 201

任务 6.3　某飞机垂尾翼尖泡沫塑料夹层结构成型 …… 204

任务描述 …… 204

知识链接 …… 204

任务实施 …… 207

项目拓展 …… 209

巩固练习 …… 211

项目 7　复合材料液体成型工艺 …… 212

项目目标 …… 212

任务 7.1　树脂传递模塑成型工艺 …… 213

任务描述 …… 213

知识链接 …… 213

任务实施 …… 231

任务 7.2　真空辅助树脂渗透成型工艺 …… 233

任务描述 …… 233

知识链接 …… 234

任务实施 …… 239

任务 7.3　树脂膜渗透成型工艺 …… 241

任务描述 …… 241

知识链接 …… 241

任务实施 …… 245

项目拓展 …… 247

巩固练习 …… 250

项目 8　热塑性复合材料成型工艺 …… 251

项目目标 …… 251

任务 8.1　热塑性复合材料注射成型工艺 …… 252

任务描述 …… 252

知识链接 …… 252
任务实施 …… 262
任务 8.2 GMT 制品的成型工艺 …… 264
任务描述 …… 264
知识链接 …… 264
任务实施 …… 272
项目拓展 …… 273
巩固练习 …… 275
附录 数字资源一览表 …… 276
参考文献 …… 278

绪　论

材料是人类社会进步的物质基础，材料的水平决定着一个领域乃至一个国家科技发展的整体水平。现代高科技的发展对新材料提出了更高、更苛刻的要求，传统的单一材料无法满足综合需求。复合材料的出现是近代材料科学的伟大成就，也是材料设计的一个重大突破，它将人类物质文明推向新的台阶。进入21世纪以后，先进复合材料在航空航天飞行器中的结构用量逐渐超过金属材料，成为使用量最大的结构材料。

一、复合材料的分类及特点

GB/T3961—93《纤维增强塑料术语》中定义复合材料是由两个或两个以上独立的物理相，包含黏结材料（基体）和粒料、纤维或片状材料所组成的一种固体材料。

通常我们所说的复合材料是由两种或两种以上的材料按一定的方式复合而成的新材料，它既能保留原组分材料的主要特点，又能通过复合效应获得原组分所不具备的性能，还能通过材料设计使各组分的性能互相补充并彼此关联，从而获得新的优越性能。

1. 复合材料的分类

复合材料的分类方法很多，通常有以下几种分类方法。

（1）按基体材料分类，复合材料可分为树脂基（聚合物基）复合材料、金属基复合材料、无机非金属基复合材料。树脂基复合材料是以树脂（包括热固性树脂和热塑性树脂）为基体制成的复合材料。金属基复合材料是以金属为基体制成的复合材料，如铝基复合材料、铁基复合材料等。无机非金属基复合材料是以陶瓷材料（包括陶瓷、玻璃和水泥）为基体制成的复合材料。

（2）按增强材料种类分类，复合材料可分为玻璃纤维复合材料、碳纤维复合材料、有机纤维（如芳香族聚酰胺纤维、芳香族聚酯纤维、高强度聚烯烃纤维等）复合材料、金属纤维（如钨丝、不锈钢丝等）复合材料、陶瓷纤维（如氧化铝纤维、碳化硅纤维、硼纤维等）复合材料等。

（3）按增强材料形态分类，复合材料可分为连续纤维复合材料、短纤维复合材料、颗粒填料复合材料、编织复合材料。连续纤维复合材料是作为分散相的纤维，每根纤维的两个端点都位于复合材料的边界处。短纤维复合材料是短纤维无规则地分散在基体材料中制成的复合材料。颗粒填料复合材料是增强材料以微小颗粒状分散在基体中制成的复合材料。编织复合材料是以平面二维或立体三维纤维编织物为增强材料与基体复合而成的复合材料。

（4）按用途分类，复合材料可分为结构复合材料和功能复合材料。结构复合材料主要用作承力和次承力结构，要求质量轻、强度和刚度高，且能耐受一定温度，在某种情况下还要求膨胀系数小、绝热性能好或耐介质腐蚀等。功能复合材料指具有除力学性能外其他物理化学性能的复合材料，即具有各种电学性能、磁学性能、光学性能、声学性能、摩擦性能、阻尼性能以及耐化学腐蚀性能等的复合材料。目前，结构复合材料占绝大多数，而功能复合材料有广阔的发展前途。随着材料技术的发展将会出现结构复合材料与功能复合材料并重的局面，而且功能复合材料具有与其他功能材料竞争的优势。

在复合材料中，树脂基复合材料是最先开发和产业化推广的，因此应用面最广、产业化程度最高，树脂基复合材料用量最大，占所有复合材料总量的90%以上。本书中所出现的“复合材料”，如无特殊定语说明，均指树脂基复合材料。

2. 复合材料的特点

复合材料的突出优点是比强度（强度与密度的比值）和比模量（模量与密度的比值）高。比强度和比模量是衡量材料承载能力的一个指标：比强度越高，同一零件的密度越小；比模量越高，零件的刚性越大。复合材料的比强度和比模量是各类材料中最高的。玻璃纤维增强树脂基复合材料的密度为1.5~2.0g/cm^3，是普通碳钢的1/5~1/4，比铝合金还要轻1/3左右，而机械强度却能超过普通碳钢的水平，具体数据如表0-1所列。若按比强度计算，玻璃纤维增强的树脂基复合材料不仅超过碳钢，而且可超过某些特殊合金钢。碳纤维复合材料、有机纤维复合材料具有比玻璃纤维复合材料更低的密度和更高的强度，因此具有更高的比强度。

表0-1 几种常用材料的比强度、比模量

材料名称	比强度/[MPa/(g/cm^3)]	比模量/[GPa/(g/cm^3)]
结构钢	0.13	0.27
铝合金	0.17	0.26
钛合金	0.15	0.25
玻璃纤维聚酯复合材料	0.53	0.21
碳纤维/环氧复合材料	0.63	1.5
芳纶纤维/环氧复合材料	0.95	0.55
硼纤维/环氧复合材料	0.66	1.0
硼纤维/铝基复合材料	0.38	0.75

复合材料的另一个显著特点是可以根据不同的用途要求灵活地进行产品设计，具有很好的可设计性。对于结构件来说，可以根据受力情况合理布置增强材料，达到节约材料、减轻质量的目的。对于有耐腐蚀性能要求的产品，设计时可以选用耐腐蚀性能好的基体树脂和增强材料；对于其他一些性能要求，如介电性能、耐热性能等，都可以方便地通过选择合适的原材料来满足要求。复合材料良好的可设计性还可以最大限度地克服其弹性模量、层间剪切强度低等缺点。

二、复合材料成型工艺

1. 复合材料成型三要素

树脂基复合材料在由原材料加工出产品的整个成型过程中涉及三个重要的环节：赋形、浸渍和固化，也称成型三要素。对应于制品性能、产量、价格这3个基点，成型三要素实现的手段在不断地进步和改善。

(1) 赋形。赋形的基本问题在于增强材料如何达到均匀或保证在设定的方向上，如何可信度很高地进行排列。增强材料“预成型”使毛坯与制品最终形状相似，而最终形状的赋形则在压力下靠成型模具完成。

(2) 浸渍。浸渍意味着将增强材料间的空气置换为基体树脂，以形成良好的界面黏结和复合材料的低空隙率。浸渍机理可分为脱泡和浸润两个部分。浸渍好坏与难易受基体树脂黏度、种类、基体树脂与增强材料配比以及增强材料的品种、形态的影响。预浸料半成品制备，已将主要浸渍过程提前，但在加热成型过程还需进一步完善树脂对纤维的浸渍。

(3) 固化。热固性树脂的固化意味着基体树脂的化学反应，即分子结构上的变化，由线型结构交联形成三维网络结构。固化要采用引发剂、促进剂，有时还需加热，促进固化反应进行。对于热塑性树脂，则是由黏流态或高弹态冷却硬化定型的过程。

赋形、浸渍和固化三要素相互影响，通过有机地调整与组合，可经济地使复合材料制品成型。浸渍的好坏、赋形的快慢、固化的快慢同时影响产品性能和生产效率两个对立的方面。若强调经济性，加快成型周期，就要牺牲一部分性能；反之，若重视性能，就要牺牲经济性。这就意味着因原材料不同，存在一种最佳的组合，必须制作每种成型方法的三要素相关图，并进行研究，选择其最合理的方案。

2. 复合材料成型的特点

1) 材料和产品成型同步完成

复合材料产品的制造过程也是材料的生成过程。大部分金属结构件是先制造材料，再制造产品，如果材料有缺陷，可通过检测手段来阻止其进入产品制造阶段，从而有利于最终产品的质量稳定性控制，而复合材料成型工艺中组分材料的复合和产品最终外形的实现是在同一制造步骤中完成的且过程不可逆。因此复合材料产品的成型过程既要考虑产品形状能否按要求实现，又要兼顾材料能否按要求生成，工艺上所面临的问题相对较多。

2) 产品制造质量的影响因素错综复杂

在复合材料成型过程中，增强材料的形状变化不大，但基体的形状有较大变化。复合材料产品的制造既涉及组分材料的相互结合，又涉及组分材料自身物理特性或化学结构的变化。复合材料成型过程中温度、压力、时间对产品的质量有较大影响，原材料的质量控制也会影响产品制造质量。此外，由于复合材料的各向异性，成型后产品会因各向收缩不一致，以及残余应力的特殊分布方式而产生变形也会影响产品的质量。

3）对产品制造缺陷进行修复的可行空间窄小

对于复合材料，特别是目前大量应用的热固性树脂基复合材料，其产品在固化过程中一旦发生缺陷（包括材料质量缺陷或产品尺寸或形状缺陷），就要通过维修手段来改变产品，使其与无缺陷产品完全一致，可行性较小。其主要原因有以下三个方面：第一，若复合材料内部的纤维在维修过程中被切断，再行续接尚无可能；第二，在尺寸超出容差范围的情况下，即便可以通过机械加工将产品的尺寸修至要求范围，但加工后材料组分的复合状态会与要求相去甚远（如纤维的连续性，纤维/树脂的相对比例等）；第三，热固性树脂一旦固化，要降低其黏度再次加工是不可能实现的。因此，热固性树脂基复合材料结构件内部一旦出现缺陷，维修工作只能是清除缺陷部位，再进行胶接或机械连接，而无法通过熔融树脂来调整材料的内部状态。

4）存在特殊的制造过程数字化和自动化问题

从产品数字化定义的角度来看，复合材料产品与一般金属产品的显著不同之处在于：其数字模型要提供的信息不仅包含产品的形状、尺寸和材料，而且包含产品内部纤维的排列方式。由于大部分复合材料产品采用“层合”的结构，因此在产品制造中，如何实现铺层展开、裁剪、定位、铺贴等复合材料制造特有工序中产品数据信息的准确传递和转换，也是制造过程数字化面临的特殊问题。同时，铺层的裁剪、定位、铺贴操作也成为复合材料产品制造过程自动化所关心的、不同于一般金属加工的特殊问题。

5）提供了实现高度整体化产品的可能性

目前，飞机结构件制造的主要趋势是大型化和整体化，在功能要求给定的前提下，零件数量越少，即可认为其整体化程度越高，减重效果越明显。利用树脂基复合材料结构件材料与零件制备同时进行的特点，可以使大型结构件一次整体成型，从而简化制品结构，减少组成零件和连接件的数量，降低相应的装配工作量。这对减轻制品质量、降低工艺消耗和提高结构使用性能十分有利。

3. 复合材料成型工艺的类型及选择

目前，树脂基复合材料的成型方法很多，并且很多成型方法已经成功地用于工业生产。常用的复合材料成型工艺包括手糊成型工艺、喷射成型工艺、模压成型工艺、纤维缠绕成型工艺、预浸料热压罐成型工艺、拉挤成型工艺、夹层结构成型工艺、复合材料液体成型工艺、热塑性复合材料成型工艺等。因此，在选择成型方法时，应根据制品结构、用途、产量、成本以及生产条件综合考虑，选择最简单和最经济的成型方法。

复合材料成型工艺的选择应考虑：①产品的外形构造和尺寸大小；②材料性能和产品质量要求；③生产批量大小及供应时间要求；④生产设备条件及生产成本；⑤经济效益。复合材料的制造成本与加工设备、原材料、周期等有关，因此复合材料的制造在综合考虑复合材料的使用要求和生产成本的基础上依据复合材料制品产量、成本、性能、形状和尺寸大小等确定合适的成型工艺方法。

一般来讲，生产批量、数量多及外形复杂的小产品，如机械零件、电工器材等，多采用模压成型工艺；对造型简单的大尺寸制品，如浴盆、汽车部件等，适宜采用片状模塑料（SMC）大台面压机成型工艺，也可用手糊成型工艺生产小批量产品；数量和尺寸介于中间的则可采用树脂传递模塑成型工艺。对于回转体如压力管道、容器等，宜采用纤维缠绕成型工艺或离心浇铸工艺。对于批量小的大尺寸制品，如船体外壳、大型贮槽等，常采用手糊成型、喷射成型工艺；当要求制品表面带胶衣时，可采用手糊或喷射成型工艺，也可考虑用树脂传递模塑（RTM）成型工艺；对于板材和线型制品，可采用连续成型工艺如挤拉成型工艺。RTM 成型工艺、真空袋成型工艺、热压罐成型工艺的成熟发展更是极大地推动了先进复合材料的发展，目前较多采用的热压罐成型工艺存在成本过高，制件尺寸受限制的缺点。

三、复合材料的应用

先进复合材料具有比强度高、比模量高、材料可设计性强等一系列优点，是轻质高效结构可用的最理想的材料。随着复合材料成本逐渐下降，成型工艺的机械化、自动化程度不断地提高，复合材料的应用领域已逐渐由高端的航空航天飞行器延伸到其他各个领域。

1. 在航空、航天方面的应用

复合材料可以有效实现结构减重，其优异的抗疲劳性和耐腐蚀性，能提高飞机结构的使用寿命，降低飞机结构的全寿命成本。复合材料的发展和应用是大幅提高飞机安全性、经济性等市场竞争指标的重要保证，复合材料的用量已成为衡量飞机先进性和市场竞争力的重要标志。在当代的军用和民用飞机上，复合材料的应用部位覆盖了主承力结构、次承力结构及非承力结构；机身、机翼、襟翼、垂尾、进气道、副翼、口盖、起落架、舱门等都是其应用的主要部位。

20 世纪 90 年代以来，西方的战斗机大量采用复合材料结构，用量一般都在 25%以上，结构减重效率达 30%。表 0-2 列出了国外几种军用飞机上复合材料应用的情况。目前，美国最先进的战斗机 F-22 和 F-35，其复合材料占机体结构质量分别达到了 25%和 35%。图 0-1 所示为美国 F-22 战斗机的复合材料使用部位，图 0-2 所示为美国 F-35 战斗机的复合材料使用部位。

表 0-2 几种军用飞机上复合材料应用的情况

机种	国家	用量占比/%	应用部位	首飞年份/年
“阵风”	法国	30	垂尾、机翼、机身结构的 50%	1986
JAS-39	瑞典	30	机翼、垂尾、前翼、舱门	1988
F-22	美国	25	机翼、前中机身、垂尾、平尾及大轴	1990
EF-2000	英国、德国、意大利、西班牙	43	机翼、前中机身、垂尾、前翼、腹鳍	1994
F-35	美国	35	机翼、机身、垂尾、平尾、进气道	2000
B-2	美国	>20	机翼、机身	

当前，国内军用飞机型号应用复合材料的比例越来越高，复合材料制件已经完成从次承力制件到主承力制件应用的飞跃，复合材料垂直安定面、水平尾翼（简称平尾）、前机身、舱门、整流罩等制件已在多种型号飞机上工程化应用，复合材料机翼和机身制

件也已在型号飞机上工程化应用。

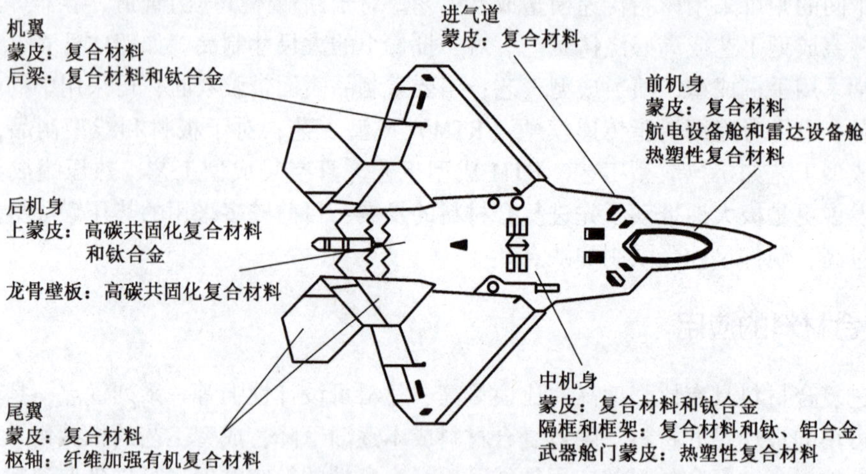

图 0-1 美国 F-22 战斗机的复合材料使用部位

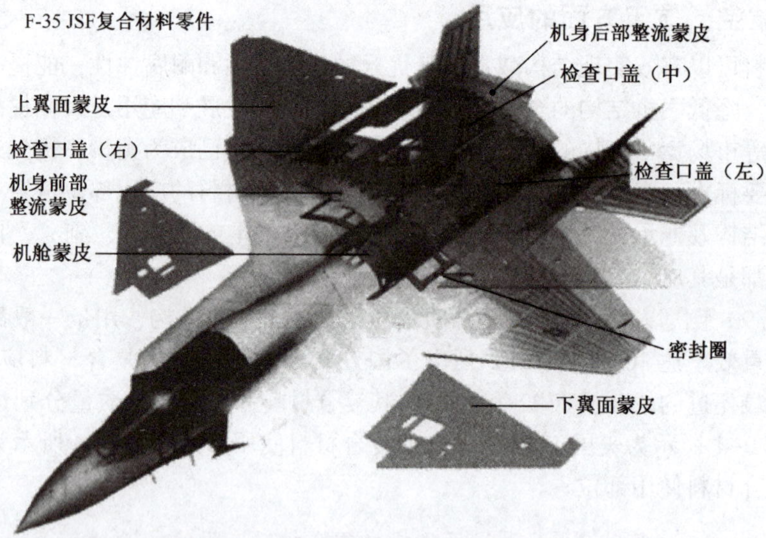

图 0-2 美国 F-35 战斗机的复合材料使用部位

在民用飞机方面，波音 787、空客 A380 的结构件都采用了大量的复合材料。图 0-3（a）所示为空客 A380，它是目前世界上唯一采用全机身长度双层客舱的飞机，也是最先进、最宽敞和最高效的飞机。图 0-3（b）所示为波音 787，其复合材料用量达到 50%，主要应用于机翼、机身、垂尾、平尾、机身地板梁和后承压框等部位，它是第一个采用复合材料机翼和机身的大型商用客机。

空客 A380 开创了先进复合材料在大型客机上大规模应用的先河，其复合材料占全机结构质量的 25%左右，主要应用在中央翼、外翼、垂尾、平尾、机身地板梁和后承压框等部位，图 0-4 所示为空客 A380 飞机上复合材料的具体应用部件。空客 A380 是第一个将复合材料用于中央翼盒的大型民机，该翼盒为 8m×7m×2.4m，重 8.8t，用复合材料 5.3t，减重 1.5t，机身上壁板则大量应用了玻璃纤维增强铝合金复合材料

GLARE 层板，共 27 块 470m^2。空客 A380 机身后承压框为 6.2m×5.5m，是世界上最大的树脂膜渗透成型（RFI）整体成型构件。

(a) 空客A380

(b) 波音787

图 0-3　新一代客机

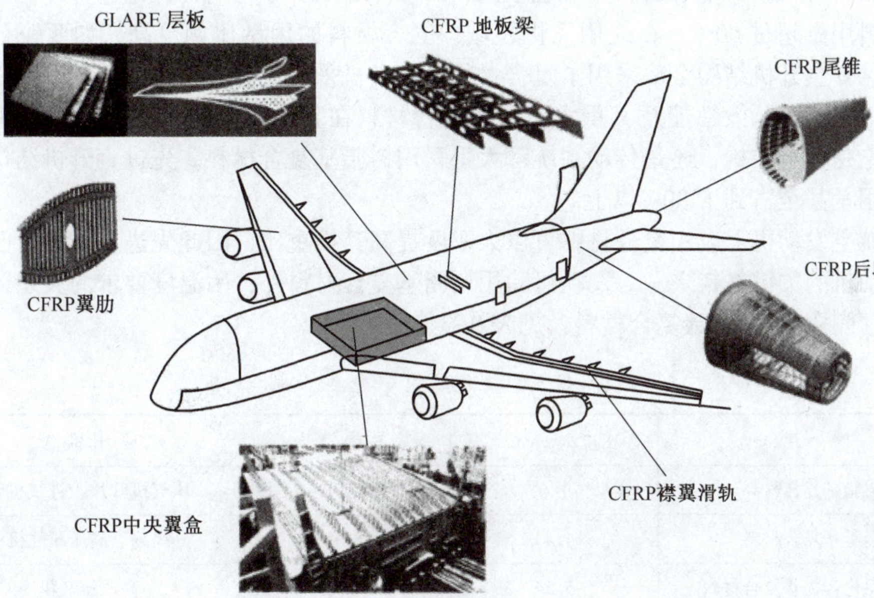

图 0-4　空客 A380 上复合材料的应用

当今世界大型民用飞机已经进入复合材料时代，我国自主研制的大飞机也正积极面对挑战，在跟进世界领先步伐。C919 飞机是我国自主研制的首型国产大型客机（大飞机）。先进复合材料在 C919 飞机机体结构上的用量达到 12%。图 0-5 所示为 C919 飞机上复合材料的应用，其中复合材料主要用于水平尾翼、中央翼、副翼、方向舵、翼身整流罩、雷达罩等。C919 飞机后机身前段由 4 块整体复合材料壁板、1 个整体复合材料球面加筋框、6 个复合材料 C 形框等组成，包含近 600 项零件。该部段是以新型复合材料为主体的主要机体结构，是大面积复合材料制造主体结构在国产民用飞机上的首次应用，有效地减少了国产大飞机的质量，提升了飞机的经济性。

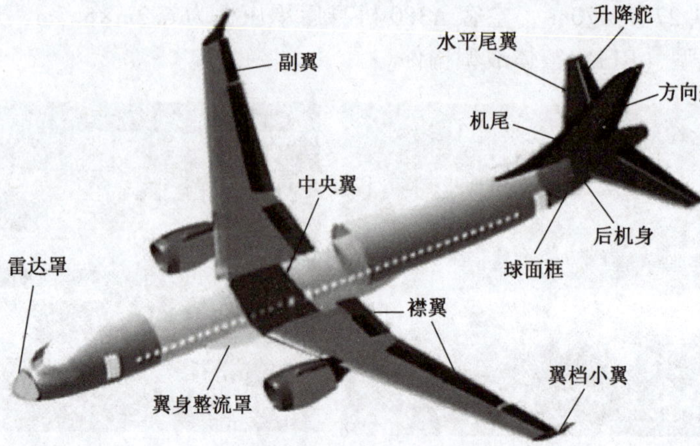

图0-5　C919飞机上复合材料的应用

民用直升机领域复合材料用量也很高，S-92、EH101等为代表的先进直升机的机身复合材料用量超过50%。在通用飞机领域，复合材料的用量比例更高，如西锐公司生产的SR-20直升机结构全部采用了复合材料。直升机采用复合材料不仅可减重，而且对于改善直升机抗坠毁性能意义重大，因而复合材料在直升机结构中应用更广、用量更大，无论是机身结构，还是传动系统都大量采用树脂基复合材料。先进直升机结构件复合材料用量甚至占到了80%以上。

在航空发动机上应用复合材料可以大幅度提高其推重比，因此先进复合材料已成为未来发动机的关键材料之一。发动机除用树脂基复合材料外，因温度要求的关系还用到金属基、陶瓷基和碳/碳复合材料，见表0-3。

表0-3　航空发动机用复合材料

种　　类	密度/(g/cm^3)	耐温/℃	应用部位
树脂基复合材料	1.6	427	压气机叶片、进气机匣
金属基复合材料	4.43	871	风扇、高压压气机
金属间化合物基复合材料	5.54	1371	高压压气机
陶瓷基复合材料	3.32	1760	燃烧室、高低压涡轮、喷嘴
碳/碳复合材料	2	2000	涡轮叶片和盘、热端部件等

在航天领域，大量采用先进复合材料制成了“哥伦比亚”号航天飞机，这架航天飞机上使用了树脂基、金属基和陶瓷基复合材料。用碳/环氧树脂制造长18.2m、宽4.6m的主货舱门，用凯夫拉纤维/环氧树脂制造各种压力容器，用硼/铝制造主机身隔框和翼梁，用碳/碳制造发动机的喷管和喉衬，发动机组的传力架全部用硼纤维增强钛合金复合材料制成，被覆在整个机身上的防热瓦片是耐高温的陶瓷基复合材料。

据有关资料报道，航天飞行器的质量每减少1kg，可提高升限40m，对于发射到太空中的卫星，若质量每减少1kg就可使运载火箭减轻1t。而一次卫星发射费用达几千万美元，高成本的因素使结构材料质轻、高性能显得尤为重要。运载火箭上使用碳纤维增强复合材料的部件主要包括发动机、仪器舱、整流罩等。利用纤维缠绕成型工艺制造的环氧基固体发动机罩耐腐蚀、耐高温、耐辐射，而且密度小、刚性好、强度高、尺寸稳定。火箭发动机壳体是火箭的重要组成部分，既是发动机推进剂的贮存箱体，又是推进剂的燃烧室，需要承受3500℃的高温和5~15MPa的高压。高强中模碳纤维（如T800）的应用使壳体的强度和刚度大为改观，壳体尺寸稳定，减少了推进剂储存箱体的变形，使其可以适应低温环境；碳纤维的热膨胀率较低，可使推进剂储存箱体的热应力减少，它与绝热层的黏结性好。另外，导弹弹头和卫星整流罩、宇宙飞船的防热材料、太阳能电池阵基板都采用了环氧基及环氧酚醛基纤维增强材料来制造。

在宇航工业中如“三叉戟”导弹仪器舱锥体采用环氧碳纤维复合材料后减重25%~30%，省工50%左右，此外，这种材料还用作仪器支架及“三叉戟”导弹上的陀螺支架、弹射筒支承环，弹射滚柱支架、惯性装置内支架和电池支架等多个辅助结构件。战略导弹的弹头端头目前一般采用碳/碳复合材料，不仅能缩小弹头端头的钝度，又能保持弹头的烧蚀外形，有利于提高弹头的再入速度和命中精度。美国卫星和飞行器上的天线、天线支架、太阳能电池框架和微波滤波器等均采用环氧碳纤维复合材料定型生产。国际通信卫星上采用环氧碳纤维复合材料制作天线支撑结构和大型空间结构。

2. 在交通运输方面的应用

由复合材料制成的汽车质量减轻，在相同条件下的耗油量只有钢制汽车的1/4，而且在受到撞击时复合材料能大幅度吸收冲击能量，保护人员的安全。复合材料的密度小，无论是玻璃纤维、碳纤维还是芳纶纤维树脂基复合材料，其密度仅是钢的1/5~1/4，将这些材料用于车辆可在很大程度上减轻自重、降低油耗、提高车速，同时还可以减少轴和轮胎的磨损，延长使用寿命。目前，世界上复合材料的产量逐年增长，其中交通运输业的用量所占比例最大。

铁路运输是国民经济的动脉，随着列车速度的不断提高，火车部件用复合材料来制造是最好的选择。复合材料常被用于制造高速列车的车厢外壳、内装饰材料、整体卫生间、车门窗、冷藏车保温车身、运输液体的储罐、集装箱等。玻璃钢集装箱自重轻、耐冲击性好、密封防水、防腐蚀、防污染，因而运载效率高，又经久耐用。除此之外，复合材料还是铁道通信线路工程中使用的优良材料。通常用它做成信号机、变压器箱、电缆盒、轨道绝缘材料等。

3. 在化学工业方面的应用

在化学工业方面，复合材料主要用于制造防腐蚀制品，用于各种防腐蚀管、罐等防腐设备的衬里等。以玻璃纤维增强的不饱和聚酯树脂、环氧树脂、酚醛树脂、呋喃树脂和聚酰亚胺等树脂的复合材料具有优异的耐腐蚀性能和耐化学介质腐蚀性。例如，环氧玻璃钢在碱溶液中可使用10年，而普通钢管只能使用1年左右。在酸性介质中，树脂基复合材料的耐腐蚀性能比不锈钢更为优异。因此近年来在石油化工等防腐蚀工程中，复合材料得到越来越广泛的应用，已成为不可缺少的新型耐腐蚀材料，用玻璃钢制造的化工耐腐制品有容器、泵、风机、烟囱、管道、弯头、三通、阀门等。

4. 在电气工业方面的应用

树脂基复合材料是一种优异的电绝缘材料，被广泛应用于电机、电工器材的制造，如绝缘板、绝缘管、印刷线路板、电机护环、槽楔、高压绝缘子、带电操作工具等。用碳纤维复合材料制造的电子屏蔽装置具有很好的电磁波吸收能力，同时使壳体的力学性能大大提高。

5. 在建筑工业方面的应用

玻璃纤维增强的树脂基复合材料具有力学性能优异，隔热、隔声性能良好，吸水率低，耐腐蚀性能好和装饰性能好的特点，因此它是一种理想的建筑材料。在建筑上，玻璃钢被用作承力结构、围护结构、冷却塔、储水箱、波形瓦、门及窗构件、落水系统和地面等。

6. 在机械工业方面的应用

复合材料在机械制造工业中，用于制造各种叶片、风机、各种机械部件，如齿轮、皮带轮和防护罩等。用复合材料制造叶片具有制造容易、质量轻、耐腐蚀等优点，各种风力发电机叶片都是由复合材料制造的。

7. 在体育用品方面的应用

体育休闲用品是复合材料应用的另一个重要领域。近年来，碳纤维高尔夫球杆、碳纤维制作的钓鱼竿、各种球拍（网球拍、羽毛球拍等）、赛车等所占的市场规模越来越大。除此之外，复合材料还被用于制造滑雪板、滑雪车、赛艇、皮艇、划桨、撑杆、弓箭、雪橇等体育用品。

四、未来复合材料的发展趋势

航空航天高新技术对先进复合材料的要求越来越高，促使先进复合材料向以下几个方向发展。

（1）高性能化。高性能化包括原材料高性能化和制品高性能化。如用于航空航天产品的碳纤维已由 T300 发展到 T700、T800，甚至 T1000。而一般环氧树脂也逐步被韧性更好的、耐温更高的增韧环氧树脂、双马树脂和聚酰亚胺树脂等取代；对复合材料制品也提出了低密度、高强度、高模量、耐磨损、耐腐蚀、耐低温、耐高温、抗氧化等要求。

（2）低成本化。低成本生产技术包括原材料、成型工艺和质量控制等各个方面的低成本技术。

（3）多功能化。航空航天先进复合材料正由单纯结构型逐步实现结构与功能一体化，即向多功能化的方向发展。例如，隐身材料进一步发展要求承载与隐身结构一体化，兼顾雷达、热红外、可见光、近红外的多频谱，同时融结构承载、隐身、防雷击、抗静电等多功能于一体。

（4）智能化。融自制功能、自控制性、自检测诊断、自修复性、自分解性等为一体的智能化材料，也是21世纪的重要发展趋势。

（5）复合化。复合材料可明显减轻结构质量和提高结构效率，欧美新研制飞机已经开始全复合材料化。国外新一代运载火箭、战略导弹及推进系统关键材料几乎已经全复合材料化。

（6）环保性。可持续发展是人类在地球上赖以生存的重要前提，在大气层内外的航空航天飞行所用的材料及其制备加工与回收，必须具有高度的环境相容性，无污染和易回收。

项目1　手糊成型工艺

项目目标

知识目标

(1) 熟悉手糊成型原材料的种类及特点；

(2) 熟悉手糊成型工具的种类和模具的结构；

(3) 掌握手糊成型工艺过程；

(4) 熟悉喷射成型的操作要点。

能力目标

(1) 能正确选用手糊成型工艺的原材料，合理剪裁纤维布、表面毡等；

(2) 选择合适配比完成树脂胶液的配胶操作；

(3) 具备手糊成型工艺操作的职业技能。

素质目标

(1) 树立节约材料，降低生产成本的意识；

(2) 培养绿色环保、规范操作的职业素养。

手糊成型工艺又称接触成型，是指用手工或在机械辅助下将增强材料和热固性树脂铺覆在模具上，经树脂固化而形成复合材料的一种成型方法。手糊成型是树脂基复合材料生产中最早使用和最简单的一种工艺方法。手糊成型工艺以手工操作为主，机械设备使用较少，适用于多品种、小批量制品的生产，尤其是大型的或形状特殊的制品。如图1-1所示的玻璃钢渔船采用手糊成型工艺生产。目前在国内采用手糊成型工艺生产的产品有浴盆、冷却塔、储罐、渔船、游艇、汽车壳体、天线罩、卫星接收天线、通风管道等。

手糊成型工艺是复合材料生产行业的工艺基础，在生产中有着举足轻重的地位。随着复合材料产业的发展，很多复合材料成型新工艺如喷射成型、RTM成型、真空灌注成型等的出现也都与手糊成型工艺有着不可分割的关系。

图1-1　玻璃钢渔船的手糊成型

任务1.1　平板件手糊成型

【任务描述】

有一聚酯玻璃钢平板件如图1-2所示，采用湿法手糊成型工艺制成，尺寸200mm×200mm，共7层，要求室温固化后的零件表面平整，无明显的凹坑、凸起、贫胶、富胶、皱褶等缺陷。该零件具体铺层角度及顺序如表1-1所列，按照手糊成型操作要求和步骤完成该零件的成型过程。

图1-2　聚酯玻璃钢平板件

表1-1　平板件铺层方案

层　数	材料名称	材料牌号、规格	角度/(°)
P1	玻璃纤维短切毡	EMC250	—
P2	玻璃纤维布	EWR200	0
P3	玻璃纤维布	EWR200	45

续表

层　数	材料名称	材料牌号、规格	角度/(°)
P4	玻璃纤维布	EWR200	-45
P5	玻璃纤维布	EWR200	-45
P6	玻璃纤维布	EWR200	45
P7	玻璃纤维布	EWR200	0

【知识链接】

1.1.1　手糊成型原材料选择

手糊成型工艺的原材料主要包括基体材料、增强材料、辅助材料等。要设计好一个产品，首先要熟悉和掌握各种原材料的性能特点，然后根据所设计的产品的条件和使用环境合理选用原材料，选择合适的成型工艺，最后才能制造出高质量的产品。

合理地选择原材料是保证产品质量、降低成本、提高经济效益的重要环节。因此，在选择原材料时必须考虑：①能满足产品设计的性能要求；②能适应手糊成型工艺的特点；③价格低廉，材料易得。

1. 基体材料选择

树脂基体对手糊成型制品的性能有直接影响，它的作用是将分开的纤维粘在一起，使之成为整体并将纤维定向或定位，同时起着应力作用。手糊成型制品的电性能、耐热性、耐燃性、耐酸性、耐水性及耐老化性等主要由树脂的性能决定。因此，正确地选择和使用树脂是保证产品制品质量及使用寿命的一个关键。

从手糊成型工艺特点来考虑，选用树脂要求有下列特征：①满足产品设计的性能要求；②黏度适宜，适宜手糊工艺的树脂黏度在0.5~1.5Pa·s，在成型倾斜面和垂直面时，涂刷上的胶液要不流胶；③树脂与增强材料间的黏结性和浸渍性能良好；④能在室温或较低温度下固化，且固化时收缩小，挥发物少；⑤无毒或低毒，价格便宜，来源有保证。

在选择树脂时，除了从工艺性能考虑，还要从力学性能、化学性能及电性能方面考虑，不同用途的产品要选择不同性能的树脂做基体。生产中常用的热固性树脂有不饱和聚酯树脂、环氧树脂、酚醛树脂等，其中以不饱和聚酯树脂用量最多，其次是环氧树脂。

1）不饱和聚酯树脂

在手糊成型工艺中，不饱和聚酯树脂的用量占各种树脂用量的80%以上。不饱和树脂是指由二元酸和二元醇经缩聚反应而生成的线型聚合物，经过交联单体或活性溶剂稀释形成具有一定黏度的树脂溶液。它是无色透明的，可配成各种颜色，价格便宜，应用范围极广。根据不饱和聚酯树脂的结构可分为邻苯型、间苯型、对苯型、双酚A型、乙烯基酯型等；根据其性能可分为通用型、防腐型、阻燃型、耐热型、低收缩型等。不饱和聚酯树脂品种多，在具体使用时应根据玻璃钢制品所要求的性能合理选用，如造船用的树脂应满足：具有好的耐水性能，浇铸体吸水率小；抗冲击性能好，在船冲撞时，不易产生微裂纹而发生渗水现象，一般要求浇铸体断裂伸长率大于2.0%，巴氏硬度大于35HBa；载荷变形温度要大于55℃；船体不同部位，如甲板等，对树脂耐热性和耐磨性也有一定要求，并且通过有关船级社的认证。

不饱和聚酯树脂的交联剂一般都采用苯乙烯，但由于苯乙烯在常温下易于挥发，在玻璃钢的成型过程中，散发到空气中的量较大，造成环境污染并影响人的身体健康。因而手糊成型工作场地中规定了空气中苯乙烯含量的极限值（参见1.1.4小节的内容）。

不饱和聚酯树脂的固化剂有引发剂和促进剂，引发剂可以产生自由基，引发树脂体系进行固化反应。引发剂一般为过氧化物，最常用的有过氧化甲乙酮。常用引发剂的临界温度均在60℃以上，单独使用有机过氧化物，不能满足不饱和聚酯树脂室温固化的要求，因此加入促进剂使引发剂降低分解活化能，降低引发温度。不饱和聚酯树脂胶液的配制是将树脂、引发剂、促进剂、填料和助剂等按照一定的配方混合均匀，值得注意的是引发剂和促进剂不能同时加入树脂中，应首先加一种搅拌均匀后再加入另一种，否则会引起剧烈反应，严重时会导致爆炸。

胶液的主要工艺指标是胶液黏度和凝胶时间，胶液的工艺性是影响手糊制品质量的重要因素。胶液黏度是表征树脂流动特性的工艺指标，黏度过高不易涂刷和浸透增强材料，黏度过低，在树脂凝胶前发生胶液流失，使制品出现缺陷。凝胶时间指在一定温度条件下，树脂中加入定量的引发剂、促进剂或固化剂，从黏流态到失去流动性，变成软胶状态凝胶所需的时间。凝胶时间是一项重要的工艺指标，手糊成型工艺要求树脂在成型操作完成以后40~60min内凝胶，使树脂能充分浸透增强材料。如果凝胶时间过短，在成型操作过程中树脂黏度迅速增加，树脂胶液难以浸透增强材料，造成黏结不良，影响制品质量；如果树脂凝胶时间过长，成型操作完成以后长期不能凝胶，引起树脂胶液流失和交联剂挥发，会使制品固化不完全，强度降低。但应注意，胶液的凝胶时间并不等于制品的凝胶时间。

树脂胶液的凝胶时间除与配方有关外，还与环境温度、湿度、制品厚度等有关。不饱和聚酯树脂凝胶时间的控制是通过调节促进剂（如环烷酸钴或异辛酸钴）的用量来实现的，凝胶时间随促进剂用量的增加而缩短。不同种类、不同生产企业的促进剂其凝胶时间具有很大的差异。不饱和聚酯树脂的固化温度对固化程度也有较大的影响，当室温低于15℃时，不饱和聚酯树脂的固化速率非常慢，相同的固化时间内固化程度较低。因此，当室温低于15℃时，应当采取加热或保温措施。

2）环氧树脂

环氧树脂是分子中含有两个或两个以上环氧基团的一类有机高分子化合物，可与多种类型的固化剂发生交联反应而形成三维网状结构的高聚物。在树脂基复合材料中，环氧树脂用量仅次于不饱和树脂，其综合性能明显优于不饱和树脂。在受力构件、耐碱、电性能要求较高的场合一般使用环氧树脂。环氧树脂是外观呈黄色至琥珀色的高黏度透明液体。

环氧树脂的品种繁多，根据分子结构不同可以分为5类：①缩水甘油醚型环氧树脂；②缩水甘油酯型环氧树脂；③缩水甘油胺型环氧树脂；④线性脂肪族型环氧树脂；

⑤脂环族型环氧树脂。其中，缩水甘油醚型环氧树脂是复合材料中使用量最大的环氧树脂类型，其中又以双酚A型环氧树脂为主。环氧树脂的代号及类别见表1-2。例如，常用的E-51环氧树脂是指以二酚基丙烷为主要组成物质的二酚基丙烷型环氧树脂，其环氧值的算术平均值为0.51mol/100g。环氧树脂本身是热塑性的线性结构，不能直接使用，必须再向树脂中加入固化剂，在一定温度条件下进行交联固化反应，生成体型网状结构的高聚物后才能使用。

表1-2　环氧树脂的代号及类别

代　　号	环氧树脂类别	代　　号	环氧树脂类别
E	二酚基丙烷型环氧树脂	N	酚酞环氧树脂
ET	有机钛改性二酚基丙烷型环氧树脂	S	四酚基环氧树脂
EG	有机硅二酚基丙烷型环氧树脂	J	间苯二酚环氧树脂
EX	溴改性二酚基丙烷型环氧树脂	A	三聚氰酸环氧树脂
EL	氯改性二酚基丙烷型环氧树脂	R	二氧化双环戊二烯环氧树脂
Ei	二酚基丙烷侧链型环氧树脂	Y	二氧化乙烯基环己烯环氧树脂
F	酚醛多环氧树脂	YJ	二甲基代二氧化乙烯基环己烯环氧树脂
B	丙三醇环氧树脂	D	环氧化聚丁二烯环氧树脂
L	有机磷环氧树脂	W	二氧化双环戊烯基醚树脂
H	3，4-环氧基-6-甲基环己烷甲酸	Zg	脂肪族甘油酯
H	3′，4′-环氧基-6-甲基环己烷甲酯	Ig	脂环族缩水甘油酯
G	硅环氧树脂		

常用环氧树脂固化剂有胺类固化剂和酸酐类固化剂。胺类固化剂包括脂肪族胺类、芳香族胺类和改性胺类，是环氧树脂最常用的一类固化剂。脂肪族胺类如乙二胺、二乙烯三胺等，由于具有能在常温下固化、固化速度快、黏度低、使用方便等优点，所以在固化剂中使用较为普遍。酸酐类如顺丁烯二酸酐、邻苯二甲酸酐等都可以作为环氧树脂的固化剂。固化后树脂有较好的力学性能和耐热性，但由于固化后树脂中含有酯键，容易受碱侵蚀。酸酐固化时放热量低，适用期长，但必须在较高温度下烘烤才能完全固化。一般在80℃以上才能进行固化反应。

3）酚醛树脂

酚醛树脂也称电木，又称电木粉，原为无色或黄褐色透明物，市场销售往往加着色剂而呈红色、黄色、黑色、绿色、棕色、蓝色等颜色，有颗粒、粉末状。酚醛树脂耐弱酸和弱碱，遇强酸发生分解，遇强碱发生腐蚀，不溶于水，溶于丙酮、酒精等有机溶剂中。酚醛树脂是由酚类化合物与醛类化合物缩聚而成，其中以苯酚与甲醛缩聚而得的最为重要。酚醛树脂有热塑性和热固性两类，酚醛树脂常用的固化剂有苯胺、六次甲基四胺、三聚氰胺等。

酚醛树脂的特性如下。

（1）原料价格便宜，生产工艺简单，制造及加工设备投资少，成型加工容易。

（2）抗冲击强度小，树脂既可混入无机填料或有机填料做成膜塑料，也可浸渍织物制层压制品，还可以发泡。

(3) 酚醛树脂固化后具有优良的耐热性，即使在非常高的温度下，也能保持其结构的整体性和尺寸的稳定性。酚醛树脂在200℃以下基本是稳定的，一般可在不超过180℃条件下长期使用。

(4) 在温度大约为1000℃的惰性气体条件下，酚醛树脂会产生很高的残碳，独特的抗烧蚀性酚醛树脂交联网状结构有高达80%左右的理论含碳率，在无氧气氛下的高温热解残碳率通常为55%~75%。酚醛树脂在更高温度下热降解时吸收大量的热能，同时形成具有隔热作用的较高强度的碳化层，当用于航天飞行器的外部结构时，在其返回地面穿过大气之际，酚醛树脂的热降解高残碳特性就起到了独特的抗烧蚀性作用和对航天飞行器的保护作用。

(5) 酚醛树脂具有良好的阻燃性，它不必添加阻燃剂便可达到阻燃要求，且具有低烟释放、低烟毒性等特征，其燃烧发烟起始温度在500℃以上。

(6) 电绝缘性能好，但耐电弧性差；化学稳定性好，耐酸性强，但不耐碱。

(7) 脆性较大，收缩率高，易潮，长时间置于空气中会变成红褐色。

4) 聚酰亚胺树脂

聚酰亚胺（PI）是分子结构含有酰亚胺基的芳杂环高分子化合物，是目前工程塑料中耐热性最好的品种之一。国外生产厂家主要集中在美国和日本，如美国的通用电气公司、杜邦公司，日本的宇部兴产公司、三井东压化学公司，中国生产厂家主要是上海合成树脂研究所和长春应用化学研究所。聚酰亚胺树脂的性能特点如下。

(1) 耐热性。全芳香聚酰亚胺按热重分析，其开始分解温度一般都在500℃左右。由联苯二酐和对苯二胺合成的聚酰亚胺，热分解温度达到600℃，是迄今聚合物中热稳定性最高的品种之一。聚酰亚胺可耐极低温，如在-269℃的液态氦中不会脆裂。

(2) 物理力学性能。聚酰亚胺具有优良的力学性能，未填充的塑料的抗张强度都在100MPa以上，均苯型聚酰亚胺薄膜为170MPa以上，而联苯型聚酰亚胺达到400MPa，具有突出的抗蠕变性。

(3) 电性能。聚酰亚胺具有良好的介电性能，介电常数为3.4左右，引入氟，或将空气纳米尺寸分散在聚酰亚胺中，介电常数可以降到2.5左右。介电损耗为10^{-3}，介电强度为100~300kV/mm，这些性能在宽广的温度范围和频率范围内仍能保持在较高的水平。

(4) 辐射性。聚酰亚胺具有很高的耐辐射性，其薄膜在5×10^{9}rad快电子辐射后强度保持率为90%。

(5) 化学性能。一些聚酰亚胺品种不溶于有机溶剂，对稀酸稳定，一般的品种不耐水解，可以用这一特点利用碱性水解回收原料二酐和二胺。例如，对于均苯型聚酰亚胺薄膜，其回收率可达80%~90%。

聚酰亚胺树脂作为基体材料用于先进复合材料，主要用于航天、航空器及火箭部件。它是最耐高温的结构材料之一，如美国的超声速客机计划所设计的马赫数为2.4，飞行时表面温度为177℃，要求使用寿命为60000h，据报道已确定50%的结构材料为以热塑性聚酰亚胺为基体树脂的碳纤维增强复合材料，每架飞机的用量约为30t。

5）双马来酰亚胺树脂

双马来酰亚胺（BMI）树脂是由聚酰亚胺树脂体系派生出来的一类树脂体系，是以马来酰亚胺（MI）为活性端基的双官能团化合物，其树脂具有与典型热固性树脂相似的流动性和可塑性，可用与环氧树脂相同的一般方法加工成型。同时，它具有聚酰亚胺树脂的耐高温、耐辐射、耐潮湿和耐腐蚀等特点，但它同环氧树脂一样，有固化物交联密度很高使材料显示脆性的弱点，溶解性能差。

双马来酰亚胺树脂有优良的耐高温性、耐辐射性、耐湿性、耐老化性、低吸水率，以及与聚酰亚胺相比合成简单、原料易得、价格较廉等优点。双马来酰亚胺树脂作为高强度、高模量和相对低密度的高级复合材料树脂，已经在航空航天业、电子电器业、交通运输业等诸多行业中日益获得广泛的应用，例如在军工中双马来酰亚胺树脂作为基体树脂用于歼击机的制造，正是由于双马来酰亚胺树脂能满足常规条件下机动性和失速条件下的可控性所必须具有的强度和刚度；同时在 130~150℃ 湿热条件下保持较高的强度和刚度，即使在结构受到低能量损伤后，仍有足够的剩余强度。此外，双马来酰亚胺树脂还具有优越的工艺性，能够确保复合材料结构的高成品率，适应大型构件与复杂型面构件的制造。但是 BMI 结构的双马来酰亚胺树脂在丙酮中的溶解度小，不能用于预浸料，给加工带来不便。

2. 增强材料选择

选择增强材料时，要根据产品设计要求的强度、刚度、加工精度及产品使用时的环境条件来确定。用于手糊成型的增强材料有玻璃纤维及其织物、碳纤维及其织物、芳纶纤维及其织物等，其中用量最多的增强材料是玻璃纤维及其织物。手糊成型选用的玻璃纤维及其织物要求容易被树脂浸润，有较好的形变性，能满足复杂形状制品的成型需要，价格便宜等。本任务主要介绍几种常用的玻璃纤维织物的种类。

1）方格布

方格布是指使用无捻粗纱（单丝直径为 9μm 以上）织成的机织物，一般经纱与纬纱以 90°上下交错编制而成，布面呈现明显的方格，因此也称无捻粗纱方格布。

无捻粗纱方格布是手糊成型工艺中应用最多的玻璃纤维制品，如图 1-3 所示，其型号一般是以克重或宽幅来分。方格布手糊成型方便，能有效地增加制品的厚度，变形性好，易被树脂浸透，气泡易排除，不需要脱蜡处理，价格便宜，是目前我国手糊成型最广泛应用的增强材料。方格布的品种有无碱方格布和中碱方格布，几种常用的方格布的性能见表 1-3。

表 1-3　常用的无碱、中碱方格布的性能

规格型号	断裂强度/（N/50mm）		单位面积质量/（g/m^2）	幅宽/cm
	经　向	纬　向		
EWR200	≥1300	≥1100	200±16	90/100
EWR400	≥2500	≥2200	400±20	100/127
EWR600	≥4000	≥3850	600±30	100/127
EWR800	≥4600	≥4400	800±40	100/127

续表

规格型号	断裂强度/(N/50mm)		单位面积质量/(g/m^2)	幅宽/cm
	经　向	纬　向		
CWR200	≥1150	≥1000	200±15	90/100
CWR400	≥2000	≥1900	400±32	90/100
CWR600	≥2750	≥2600	600±45	100/127

图 1-3　玻璃纤维无捻粗纱方格布

2）短切纤维毡

短切纤维毡是将连续纤维按一定长度切断，无序均匀地分散铺平成一定厚度，用黏合剂黏合成的薄片毡状物，如图 1-4 所示为玻璃纤维短切毡。短切毡覆盖性和浸渍性好、气泡易排除、形变性好、施工方便、制品含胶量高、增厚效率高、价格较适中，但制品无方向性、强度较低，适用于强度不高、厚度较大又有防腐、防渗漏要求的产品。短切毡的规格与性能见表 1-4。

图 1-4　玻璃纤维短切毡

3）表面毡

表面毡是用直径为 10~20μm 的单丝随机交替铺成的，厚度为 0.30~0.40mm。表面毡在手糊成型工艺中用于产品的表面层可以获得富树脂层，并具有光洁表面。表面毡的规格为 20~150g/m^2，最常用的有 30g/m^2和 50g/m^2两种。对于表面要求耐水、耐腐蚀的产品，使用表面毡可获得良好的效果。常用的表面毡的规格与性能见表 1-5。

表1-4 短切毡的规格与性能

品种规格	单位面积质量/(g/m^2)	断裂强度/(N/150mm)	幅宽/mm
EMC150	150	25	1040
EMC250	250	30	1040
EMC300	300	50	1040
EMC450	450	60	1040
EMC600	600	80	1040

表1-5 常用的表面毡的规格与性能

项目名称	规格型号				
单位面积质量/(g/m^2)	20	30	40	50	60
纵向断裂强度/(N/50mm)	≥15	≥20	≥30	≥40	≥50
渗透时间/s	≤5	≤6	≤9	≤12	≤15

用于手糊成型的增强材料，最好采用织点少、结构松软、易浸渍、厚度大、变形性好和强度高的织物，无捻粗纱方格布和玻璃纤维短切毡最适用于手糊成型制品。就无碱纤维和中碱纤维而言，无碱玻璃纤维的机械强度高，电绝缘性能好，耐风蚀性能也较好，但价格较贵；中碱玻璃纤维主要优势是成本低、耐酸性好，但耐水性差，吸湿性大，电绝缘性能低，机械强度比无碱玻璃纤维的低15%~20%。因此，在满足产品性能要求的前提下，尽可能选择中碱纤维，以降低成本，提高效益。

3. 辅助材料选择

复合材料手糊成型工艺常用的辅助材料主要包括固化剂、促进剂、稀释剂、脱模剂及填料等。

1）固化剂

固化剂是一种可使单体或低聚物变为线型高聚物或网状体型高聚物的物质。在复合材料成型中，固化剂是在一定的温度和湿度条件下，按一定的比例加入树脂中，搅拌均匀，在规定的时间内使基体树脂凝胶至固化的物质。表1-6为常用的树脂固化剂。

表1-6 常用的树脂固化剂

树脂类型	固化剂名称	英文缩写	用量/%	备注
不饱和聚酯	过氧化环己酮	CHP	4	50%邻苯二甲酸二丁酯白色糊状物
	过氧化甲乙酮	MEKP	2	无色透明液体
	过氧化苯甲酰	BPO	2~3	50%邻苯二甲酸二丁酯白色糊状物
环氧树脂	乙二胺	EDA	6~8	毒性较大，固化快，固化时间不易控制
	二亚乙基三胺	DETA	8~10	毒性较小，固化快，固化时间不易控制
	三亚乙基四胺	TETA	9~13	毒性较小，固化快，固化时间不易控制
	四亚乙基五胺		12~15	毒性较小，固化快，固化时间不易控制
	顺丁烯酸酐	MA	30~40	固化快，性脆
	邻苯二甲酸酐	PA	30~45	韧性好

2）促进剂

促进剂是一种加速固化、降低固化温度、缩短固化时间的一类物质，常用的促进剂如表 1-7 所列。

表 1-7　常用的促进剂

树脂类型	促进剂名称	适配的固化剂
不饱和聚酯	二甲基苯胺	过氧化苯甲酰
	环烷酸钴	过氧化甲乙酮、过氧化环己酮
	苯酚	胺类固化剂
	双酚 A	胺类固化剂
	DMP-30	胺类固化剂，酸酐类固化剂，低分子聚酰胺
	吡啶	胺类固化剂，酸酐类固化剂，低分子聚酰胺
环氧树脂	苄基二甲胺	胺类固化剂，酸酐类固化剂，低分子聚酰胺
	2-乙基-4-甲基咪唑	双氰双胺
	三氟化硼单乙胺	胺类固化剂
	三乙胺	酸酐类固化剂，低分子聚酰胺
	脂肪胺	低分子聚酰胺

不饱和聚酯树脂固化系统中，常用的促进剂主要有钴盐和叔胺两大类。各类促进剂对于不同化学结构的有机过氧化物有着不同的促进效果，如二甲基苯胺，对于过氧化二苯甲酰有非常明显的促进效果，而环烷酸钴则对于过氧化环己酮、过氧化甲乙酮相当有效。因此，正确选择促进剂与引发剂的搭配使用，是非常重要的。

3）稀释剂

环氧树脂在室温下黏度较大，不利于手糊作业。为了克服这一缺点，降低环氧树脂的黏度，提高流动性，常在使用过程中加入一定量的稀释剂，以增加环氧树脂对增强材料的浸润能力，改善成型工艺性能。同时可增加填料的加入量，降低成本，在涂刷上也更便于操作使用，并能延长使用期。稀释剂分为活性稀释剂和非活性稀释剂两类。表 1-8 为两类稀释剂的性能对比。属于活性稀释剂的有环氧丙烷丁基醚、环氧丙烷苯基醚、甘油环氧树脂等，常用的非活性稀释剂有丙酮、乙醇、甲苯等。稀释剂一般都有毒，在使用过程中必须注意，如无特殊工艺要求，一般用量不超过 15%。

表 1-8　两类稀释剂的性能对比

稀释剂类别	活性稀释剂	非活性稀释剂
是否参与反应	参与反应	不参与反应
加入量	少量	5%~15%
是否影响固化	对树脂固化后影响小	对树脂固化后有影响
适用要求	用于较高要求	
毒性	有毒	一般低毒

4）脱模剂

脱模剂是复合材料成型中重要的辅助材料之一。脱模剂是为了防止成型的复合材料制品黏模，用在制品与模具之间的隔离物质，以便制品很容易地从模具中脱出，同时保证制品表面质量和模具完好无损。理想的脱模剂应具有以下特性：不腐蚀模具、不影响树脂固化，对树脂黏附力小；成膜时间短，成膜均匀、光滑；操作简便，使用安全，无毒害作用，价格便宜。

常用的脱模剂如表1-9所列。选用脱模剂时应注意脱模剂的使用温度应高于固化温度。脱模剂分为外脱模剂和内脱模剂两大类。外脱模剂主要适用于手糊成型、喷射成型和冷压成型等常温成型工艺。内脱模剂主要用于模压成型和热固化系统。常用的外脱模剂主要有薄膜型脱模剂、混合溶液型脱模剂及蜡型脱模剂三大类。

表1-9 常用脱模剂

种 类	脱 模 剂	使 用 方 法
薄膜型脱模剂	各种薄膜	聚乙烯、聚酯、玻璃纸等，铺覆在模具表面
混合溶液型脱模剂	PMR、802、818	用在模具上，初次使用的模具一般涂3遍以上，每遍间隔10min以上
	聚乙烯醇	用在模具、玻璃、经过喷漆处理的木模上，通常涂1遍，若模具太粗糙可涂2~3遍
	醋酸纤维素	使用在木模与石膏模上，一般涂2~3遍
蜡型脱模剂	黄油	用在产品表面要求不高的木模和金属模具上
	8号油、10号油、汽车蜡等	一般涂2~3遍，每遍间隔10~30min抛光再涂1遍

（1）薄膜型脱模剂。薄膜型脱模剂在玻璃钢手糊成型中的应用最普遍。属于此类的有聚酯薄膜、聚乙烯醇薄膜等。其中，以聚酯薄膜的用量最大。

聚酯薄膜通常使用的规格有0.03mm、0.04mm、0.05mm、0.07mm以及0.1mm等。用聚酯薄膜作脱模材料，能获得平整光滑、光亮度特别好的制品。选用时，应根据不同的制品，选用不同厚度的聚酯薄膜。聚酯薄膜存在价格较贵、变形小的缺点，故不能用作曲面复杂制品的脱模材料。玻璃纸的强度稍次于聚酯薄膜，能获得光洁的制品，多用于要求不高的透明板材、波形瓦等制品。聚乙烯醇薄膜，膜质柔韧强度高，一般用在形体不规则、轮廓复杂的制品，如人体假肢制作。

（2）混合溶液型脱模剂。混合溶液型脱模剂中以聚乙烯醇溶液应用最多。聚乙烯醇溶液是采用低聚合度的聚乙烯醇与水、酒精按一定比例配制成的一种黏性透明液体，其黏度约为0.01~0.1Pa·s，干燥时间约为30min，其常用配方见表1-10。

表1-10 聚乙烯醇溶液脱模剂常用配方

原 料	聚乙烯醇	水	酒 精	洗衣粉	合 计
质量分数/%	5~8	60~35	35~60	少量	100~103

聚乙烯醇溶液脱模剂具有使用方便、成膜粗糙度高、脱模性能好、容易清洗、无毒、无腐蚀、价格适中、配制简单等优点。其既可单独使用，又可与其他脱模剂配合使用。其缺点是环境相对湿度高时，干燥速度慢、成膜时间长，往往影响生产周期和成膜

质量。使用时，膜层必须干燥，否则残存的水分将对聚酯的固化产生不良影响，这种脱模剂的使用温度为100~120℃时，效果最好。

此外，混合溶液型脱模剂还有聚丙烯酰胺脱模剂（PA脱模剂）、醋酸纤维素脱模剂、硅油脱模剂、硅橡胶脱模剂等。

（3）蜡型脱模剂。蜡型脱模剂使用方便、省工、省时、价格便宜，脱模效果好，主要有汽车上光蜡、脱模蜡和地板蜡。汽车上光蜡，若再与混合溶液型脱模剂如聚乙醇溶液、聚丙烯酰胺溶液复合应用，则制品外表质量更佳。脱模蜡可单独使用，它成膜时间短，蜡膜牢固、均匀、光滑，对树脂的黏附力小，脱模效果好（经首次对模具成型面认真进行处理后，可连续脱模数次），使用方便，对模具无腐蚀作用，不影响树脂固化。地板蜡只能用于大型的、外观要求不太严、尺寸精度不高的手糊制品。

脱模蜡的使用温度在80℃以下。其使用步骤如下：在清理好的模具成型面上薄薄地擦上一层脱膜蜡，经过一定时间（10min左右），待溶剂挥发后，用绒布、软毛布或细纱布进行抛光，放置2~3h，使蜡内溶剂充分挥发，从而形成光滑坚硬的蜡膜，再上第二道蜡（新玻璃钢模具需重复上述操作3~4次），如此重复操作，最后一次抛光后，放置2h以上，即可用于手糊成型生产。

（4）脱模剂复合使用。为了得到良好的脱模效果和理想的制品，常常同时使用几种脱模剂。例如，对于木质、石膏等多孔材料制成的模具，可采用漆片、过氯乙烯清漆或硝基喷漆封孔，以醋酸纤维素作中间层，聚乙醇溶液作外层，效果较好。对大型制品或外形复杂的制品，多采用几种脱模剂复合使用。

（5）其他辅助材料。常用的其他辅助材料如增韧剂、阻燃剂、光稳定剂、填料、着色剂等见表1-11。

表1-11 常用辅助材料

辅助材料名称	种类	作用
增韧剂	聚酰胺	降低脆性、提高复合材料抗冲击性能
	聚硫橡胶	
	聚醚	
	甘油环氧	
阻燃剂	溴、氯、磷及氢氧化铝	阻止聚合物燃烧
光稳定剂	二丙甲酮、苯并三唑等	抑制光的降解作用
填料	黏土、碳酸钙、白云石、滑石粉、石英砂、石墨等	加入量一般为树脂的15%~30%，改善复合材料制品的物理性能，降低成本
着色剂	无机颜料	加入量一般为树脂量的0.1%~5%，美化复合材料制品，使其具有各种各样的颜色
偶联剂	KH550/KH560/KH570等	提高与增强纤维的界面强度

1.1.2 手糊成型模具

模具是复合材料手糊成型工艺中的主要设备。合理选用模具是保证复合材料制品质量和降低成本的关键之一。

1. 手糊成型模具结构

手糊成型模具根据结构的不同可分为单模和对模两类。单模又分为阴模和阳模两种。单模或对模都可根据工艺要求设计成整体式或组合式，组合模可用螺钉或夹具固定成整体，脱模时拆去螺钉或夹具逐渐脱模。

1）阴模

阴模的工作面是向内凹陷的，见图1-5（a），用阴模生产的制品可获得光滑的外表面，尺寸准确。阴模常用作生产各种机罩、点式天窗、汽车车身和船壳等外表面要求高的产品，如图1-6所示某无人机壳体的模具结构图。但凹陷深的阴模，施工操作不便、排风困难、某些细小的缺陷也不易察觉，故质量不容易控制。

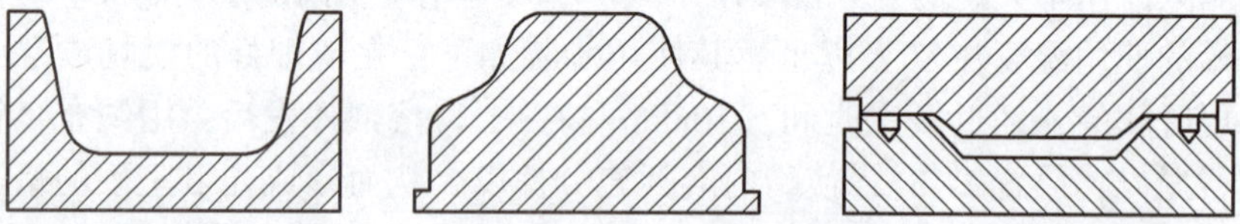

图1-5　手糊成型模具结构类型

2）阳模

阳模的工作面是向外凸出的，见图1-5（b），它能使制品获得光滑的内表面，尺寸准确、施工操作方便、制品质量容易控制、便于排风，它适用于内表面几何尺寸要求较严的制品，如浴缸、电镀槽等，如图1-7所示为天线罩的模具结构图。

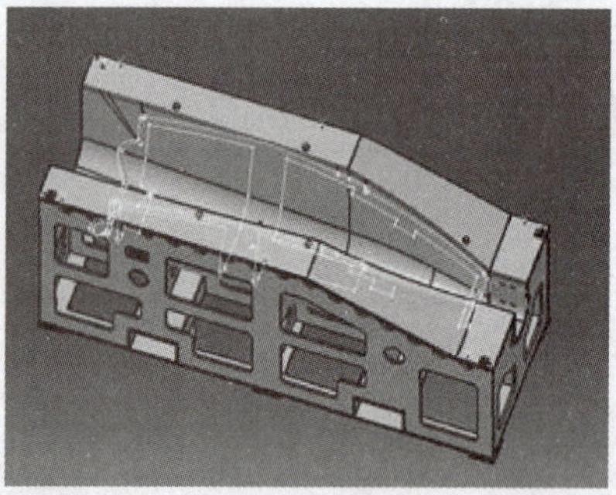
图1-6　某无人机壳体的模具结构图

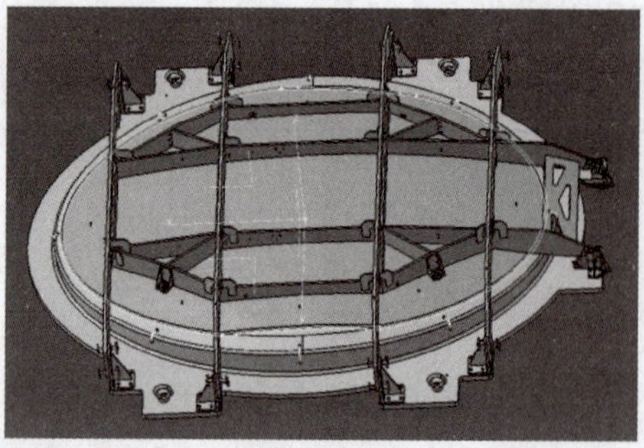
图1-7　天线罩的模具结构图

3）对模

对模由阳模和阴模两部分组成，见图1-5（c），并通过定位销固定装配。用对模生产的制品，因其两边都与模具接触，故内外表面均很光滑、厚度精确、质量稳定。对模主要用于制备对外观质量要求高、厚壁均匀的高精度制品，但此类模具在成型过程中要上下翻动，操作难度较大，不适用于大型制品的生产。

4）组合模

组合模的结构比较复杂，某些因结构复杂不易脱模的产品，为了便于脱模，常将模具制造成两块或若干块拼装而成，在成型前把模块拼装起来，固化后脱模时再把模块拆开，拼装模能解决单模和对模所不能解决的问题，但由于它需经常拼装，拆卸，故生产周期要延长，影响生产效率的提高，同时尺寸精度也受影响。

2. 手糊成型模具的材料

手糊成型模具的材料种类很多，常用的有木材、金属、玻璃钢、石膏、石蜡等。

1）木制模具

做模具用的木材要求结构均匀、无节、不易收缩变形。常用木制模具有红松、银杏、枣木等。木模不耐用，不耐高温，表面需经封孔处理，但木制模具加工容易，制造周期短，比较轻便，只适用于小批量生产的中小型制品或结构复杂而数量不多的产品以及制造玻璃钢模具。

2）金属模具

金属模具常用的材料有碳钢、铸铁、铸铝、铝合金等。模具制成后通常要进行镀铬、镀镍等表面处理。金属模具经久耐用，不易变形，尺寸精度高；但制造工艺复杂，制造周期长，造价较高加工费用高，因此其适用于小型、大批量生产的高精度制品。

3）玻璃钢模具

玻璃钢模具由木模或石膏模翻制而成。其优点是质轻、耐久、制造方便。它适合于表面质量要求高、形状复杂的中小型制品的批量生产。

4）石膏模具

石膏模具通常用半水石膏制成，优点是制造简便，费用低；但易变形不耐用，怕冲击，使用前要预先干燥，其表面也需进行加工和封闭毛细孔处理。它适用于一些形状简单的大型产品或几何形状较复杂的小型产品。

5）石蜡模具

石蜡模具制造容易，质量轻，成本低，可回收使用，不需要涂脱模剂。但由于石蜡熔点低，易变形制品的精度不高，它多用于制造形状复杂，数量不多且难脱模制品，一次性使用。

不管选用哪种材料制造模具都必须满足下列要求：能满足产品尺寸、精度、外观及数量的要求；选用的模具材料必须保证模具有足够的刚度及强度，不易变形，不易损坏；不受树脂及辅助材料的侵蚀，不影响树脂固化，能经受固化温度的影响，而不使模具的性能下降；脱模容易，使用周期长，能满足工艺的要求，便于操作；材料易得，价格低廉。

1.1.3　手糊成型的生产工具

1. 毛刷

手糊成型专用毛刷的鬃毛，黏结牢固，不易脱毛，如图1-8所示。普通油漆刷子，因其容易脱毛，在操作时，脱落的鬃毛会夹杂在制品内，影响制品的外观质量，故不宜使用。手糊成型专用毛刷的常用规格有51mm、64mm、76mm等。

2. 刮板

手糊成型用刮板如图1-9所示，刮板一般用玻璃钢平板、硬质泡沫塑料等材料制作而成，作为浸胶成型时用。刮板的工作面要在下面垫有平板玻璃的砂纸上磨成一定的角度，而且要平直。

图 1-8　手糊成型专用毛刷

图 1-9　手糊成型用刮板

3. 浸渍辊子

浸渍辊子是带槽的若干薄片组合而成的整体式辊子，也有钢支架及手柄，它是使用表面毡、短切毡、连续毡作增强材料时必不可少的工具，因为这种辊子能迅速而较容易地把气泡滚压出去。浸渍辊子的类型有横纹滚、竖纹滚、刺纹滚、角滚等，如图 1-10 所示。各种浸渍辊子使用后必须用丙酮清洗干净，并妥善保管好。

4. 电子天平

配置胶液时，电子天平能按照配比准确称量各组分，从而保证制品质量，如图 1-11 所示。电子天平应经常保持清洁，以保持称量的准确性。

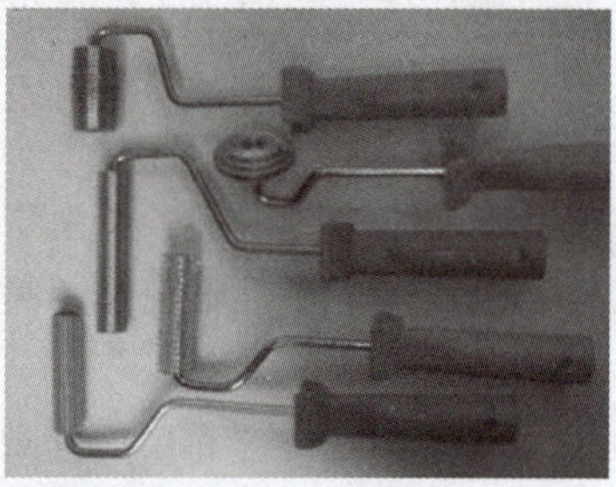

图 1-10　浸渍辊子

图 1-11　电子天平

5. 各种容器（桶、杯子等）

配制树脂时使用的各种容器内壁应光洁，便于搅拌均匀，防止促进剂等附在容器壁上。容器使用后应及时清洗干净，并应防止碰撞、损坏及树脂固化在容器内。

6. 软布与剪刀

剪刀用来裁剪下料，软布用来清洗模具及抛光等。各种软布应保持清洁，用作上蜡后抛光的软布应经常用洗衣粉清洗干净，防止发硬，影响操作。剪刀口容易变钝，故需要经常打磨，保持锋利，便于操作。

7. 橡胶锤子、木锤子与楔子

橡胶锤子、木锤子与楔子是脱模时常用的工具。其中，楔子用来把模具内的制品取出来而不损坏模具或制品。采用楔子能消除擦伤，减少损坏和修补。楔子可以采用木材或结实耐用的硬塑料制成，硬塑料楔子具有良好的抗磨性。

1.1.4 手糊成型生产准备与劳动保护

1. 手糊成型工作场地的布置

手糊成型工作场地的大小要根据产品大小和日产量决定，场地要求清洁、干燥、通风良好，空气温度应保持在15~35℃，后加工整修段要设有抽风除尘和喷水的装置。手糊成型工作场地应该有足够的通风，抽风口最好在地上；应该有足够的地漏，以便用水冲洗；场地通道畅通便于运输；玻璃纤维制品、树脂分别存放，并远离水源、电源；模具及设备应靠近通风。手糊成型工作场地的布局应按照生产过程的流向和工艺顺序布置设备，合理的工作场地布置有利于实施文明生产和提高企业的生产效率和经济效益。合理地布置工作场地，要保证生产安全，并尽可能为工人创造良好的工作环境，使采光、照明、通风、取暖、除尘、防噪声、卫生等条件良好。

2. 手糊成型工作场地的环保要求

（1）应该有良好的通风，以排除有毒气体和粉尘，其标准如下：

① 丙酮允许浓度：$400mg/m^3$；

② 玻璃钢粉尘允许浓度：$3mg/m^3$；

③ 苯乙烯浓度：小于5×10^5。

（2）严禁吸烟和使用明火以及使用砂轮机打磨金属。

（3）操作人员进入工作场地应穿工装、戴口罩与乳胶手套，必要时可擦防护油膏。

（4）机械设备应经常维护、检修，工具材料存放整齐，并由专人保管。过氧化酮类不能与奈酸钴溶液一起存放，存放间隔在1.5m以上并妥善密封。

3. 手糊成型过程的劳动保护

手糊成型过程中，常使用的原材料玻璃纤维、树脂、固化剂、促进剂及稀释剂、填料等基本上轻微毒性占大多数，长期接触这些原材料，对人体的健康是有害的。例如，苯乙烯及有机溶剂挥发性很大，极易在空气中扩散挥发，当操作人员长期接触或吸入量过大后，就会引起皮肤过敏、头晕等症状。因此在操作过程中，必须佩戴必要的防护用品。此外，复合材料切削和打磨所产生的粉尘和玻璃纤维、填料的飞扬问题也必须充分重视，粉尘直径在1μm以下时，对人体有害；当空气中的粉尘浓度达到$120g/m^3$时，会有爆炸危险。

为了更好地保护操作人员的健康，应在其暴露部分，如手、脸等的皮肤上涂抹防护膏、戴液体手套。操作人员进入生产现场，准备进行生产前，需穿好工作服、戴好口罩与手套等必需劳动保护用品，应尽量减少和有害物质的直接接触，配料时要戴防护眼镜，有时还要戴防毒面具。皮肤一旦被沾染，应立即用大量清水冲洗干净并涂凡士林等软膏。清洗时，要用热水和肥皂，不要用丙酮、甲苯或苯乙烯等洗手，这些溶剂对皮肤有脱脂作用。操作人员要经常洗澡和换洗工作服。

1.1.5 手糊成型工艺流程

手糊成型示意图如图1-12所示，其主要工序是铺层糊制和制品固化。先在模具上涂脱模剂，然后将配好的树脂混合料用刮刀或刷子涂刷到模具上，开始铺设第一层纤维增强材料，用刮刀或辊子、毛刷迫使树脂浸入增强材料内并赶出气泡，待树脂均匀浸透增强材料后，再铺放第二层增强材料，如此反复涂刷树脂和铺放增强材料，直至达到所需要的设计层数，最后进行固化、脱模和修整。手糊成型工艺流程如图 1-13 所示。

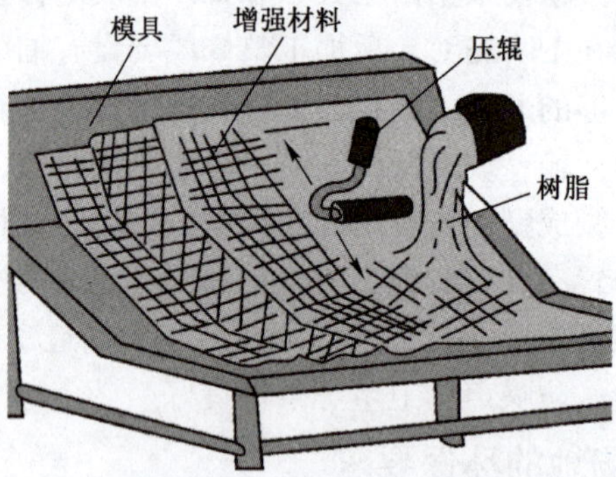

图 1-12　手糊成型示意图

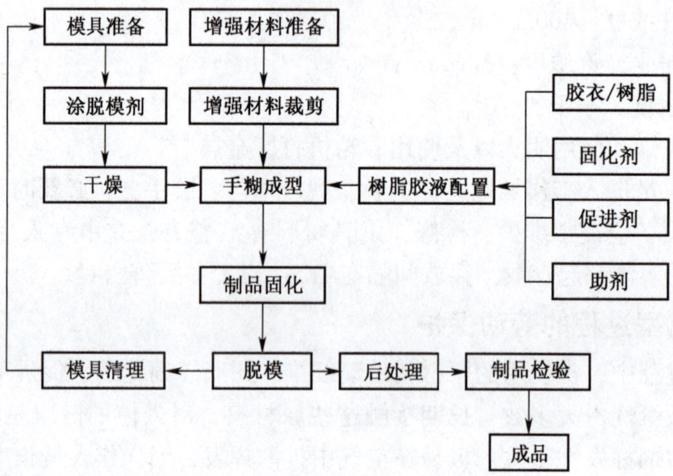

图 1-13　手糊成型工艺流程

1. 铺层糊制

铺层糊制过程必须精心操作，要求做到快速、准确，保证树脂含量均匀、无明显气泡、无浸渍不良、不损伤纤维及制品表面平整。制品质量的好坏，与操作者操作的熟练程度和工作态度认真与否关系极大。糊制时：首先在模具上刷一层树脂；然后铺一层纤维布，并注意排除气泡，涂刷时要用力沿布的经向顺一个方向从中间向两头把气泡赶净，使纤维层贴合紧密，含胶量均匀，如此重复，直到达到设计厚度。

对于外形要求高的受力制品，同一铺层纤维尽可能连续，切忌随意切断或拼接，否则将严重降低制品力学性能，但实际工作中往往由于各种原因很难做到这一点。铺层拼接的设计原则是：制品强度损失小，不影响外观质量和尺寸精度，施工方便。拼接的形式有搭接和对接两种，以对接为宜。对接式铺层可保持纤维的平直性，产品外形不发生畸变，并且制品外形和质量分布的重复性好。为了不降低接缝区强度，各层的接缝必须错开，并在接缝区多加一层附加布，如图 1-14 所示。

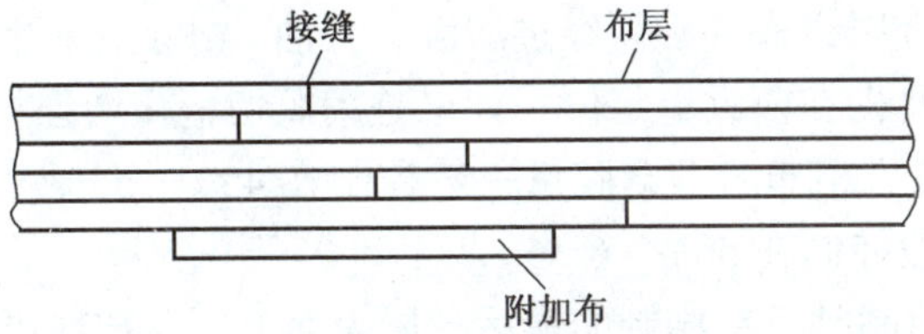

图 1-14　铺层接缝处理

多层布铺放的拼接也可按一个方向错开，形成“阶梯”接缝连接，如图 1-15 所示。将玻璃布厚度 t 与接缝距 s 的比称为铺层锥度 z，即 $z=t/s$。试验表明，铺层锥度 $z=1/100$ 时，铺层强度与模量最高，可作为施工控制参数。

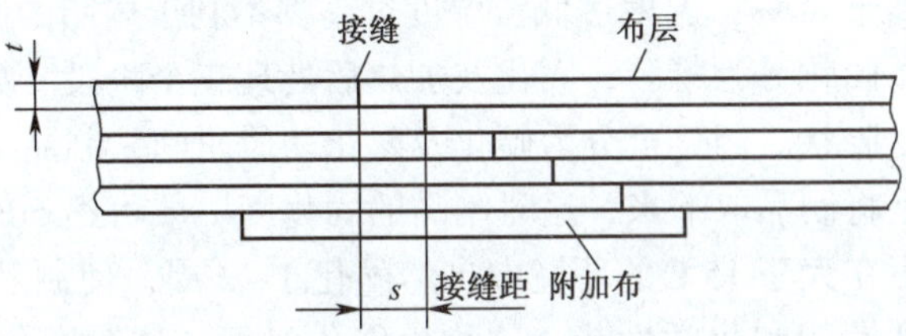

图 1-15　“阶梯”铺层拼接形式

当制品厚度超过 7mm 时，不能一次完成铺层固化，需要两次拼接铺层固化。铺层二次固化的拼接方法：先按一定铺层锥度糊制各层，使其形成“阶梯”形，达到一定厚度后（不超过 7mm），在阶梯上铺放一层无胶平纹玻璃布，固化后撕去该层玻璃布并保证拼接面的粗糙度和清洁；然后在阶梯面上对接糊制相应各层，补平阶梯面，二次成型固化，如图 1-16 所示。

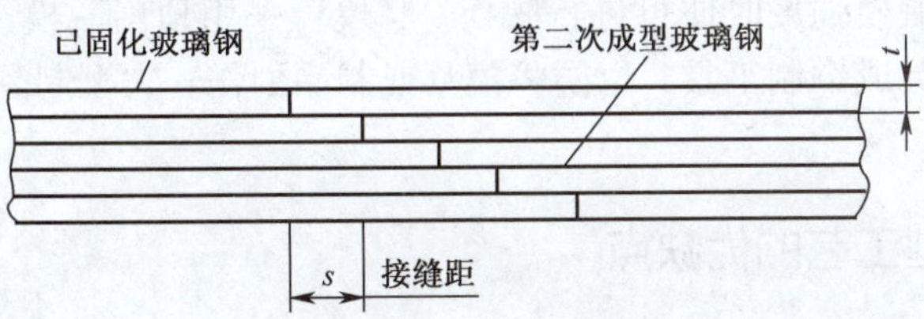

图 1-16　二次铺层拼接形式

糊制时常会遇到直角、锐角、尖角及细小的凸起、凸字等复杂的部位。这些直角、锐角、尖角等部位一般称为死角区。这些死角区在制品设计时应尽量避免，如不可避免，可酌情处理。具体处理方法：当制品几何形状规整时，可用添加触变剂的树脂填充成圆角，待凝胶后再糊玻璃布，当死角区不仅要求几何形状规整，而且要求一定强度时，必须在树脂中加一些增强材料，如短切玻璃纤维、长玻璃纤维束，甚至可以预埋粗钢丝。

对于细小的突起、柱、棱或凸字等的处理方法如下：当其对强度要求不高时，可用树脂浇铸的办法先把模具的沟槽部位填平，然后进行正常糊制；当其要求一定强度时，就不能只用树脂浇铸，最好先涂刷一层表面胶衣，待其凝胶后用浸胶乱纤维填满，再进行其他部分的正常糊制。另外一个比较方便的方法就是将预先加工的金属或玻璃钢件镶嵌于此处，这对于柱体或突起的块状物是很合适的。

糊制玻璃钢时，金属镶嵌件必须经过酸洗、去油，才能保证黏结牢固。为了使金属件几何位置准确，需要先在模具上定位。如果是用短切毡作增强材料，含胶量一般控制在65%~75%；用粗纱方格布时，含胶量一般控制在45%~55%；当短切毡和粗纱方格布合用时，含胶量一般控制在55%~65%。

此外，对于大表面制品，在糊制的最后一层表面上覆盖玻璃纸或聚氯乙烯薄膜，使制品表面与空气隔绝，从而可避免空气中氧对不饱和聚酯树脂胶液的阻聚作用，防止制品表面因固化不完全而出现发黏现象。

2. 制品固化

手糊成型的玻璃钢制品，一般是采用常温固化的树脂系统。固化工艺应保持温度在15℃以上，湿度不高于80%，温度过低、湿度过高都不利于树脂的固化。

在正常条件下，固化分为凝胶、固化及加热后处理三个阶段。凝胶是黏流态树脂失去流动性而形成的软胶状。固化可分为硬化及熟化两段时间。制品从凝胶到具有一定硬度，以致能从模具上将制品取下来，这时制品的固化度一般可达50%~70%，这称为硬化时间；制品脱模后在大于15℃的环境中自然固化1~2周，使制品具有一定的力学性能、比较稳定的物理性能和化学性能，这称为熟化时间。这时固化度一般可达85%以上，熟化通常是在室温进行的，也可用加热后处理的方法来加速，例如在80℃下加热3h。

为了缩短玻璃钢制品的生产周期，提高模具的利用率，加速硬化时间，常常采用加热后处理措施。在加热固化处理时，应先将制品在室温下放置24h以上。一般环氧玻璃钢的热处理温度可高一些，常控制在150℃以内；不饱和聚酯玻璃钢的热处理温度不超过120℃，一般控制在60~80℃，处理2~8h。

当制品固化到脱模强度时便可进行脱模。脱模可采用顶出脱模、压力脱模等方法，脱模最好用木制工具或铜制工具，以防将模具或制品划伤。大型制品的脱模可借助千斤顶、吊车等机械。

1.1.6 手糊成型工艺的优缺点

手糊成型工艺虽然简单，但对于操作人员的操作技能要求较高。它要求操作人员要有认真的工作态度、熟练的操作技巧和丰富的实操经验；对产品结构、材料性能、模具的表面处理、胶衣质量、含胶量控制、增强材料的裁减和铺放、产品厚度的均匀性及影响产品质量的各种因素都要有比较全面的了解，尤其是实操中对常见问题的判断和处理，不但需要有丰富的实践经验，还要有一定的化学知识和识图能力。

1. 手糊成型工艺的优点

（1）模具成本低，容易维护，设备投资少；

（2）生产准备时间短，操作简便，易懂易学；

（3）不受产品尺寸和形状的限制，适用于数量少、品种多、形状简单的产品或大型产品；

（4）可根据产品的设计要求，在不同部位任意补强，灵活性大；

（5）树脂基体与增强材料可实行优化组合，也可以与其他材料（如泡沫、轻木、蜂窝、金属等）复合成制品；

（6）室温固化、常压成型；

（7）可加彩色胶衣层，以获得丰富多彩的光洁表面效果。

2. 手糊工艺的缺点

（1）生产效率低，劳动强度大，生产环境条件差；

（2）产品质量稳定性差，受人的因素影响大；

（3）车间占地面积大，需要良好的通风设备。

1.1.7　手糊成型制品的应用

1. 石油化工方面

玻璃钢具有突出的耐酸、耐碱、耐油、耐有机溶剂的性能，常用它制作石油化工设备。用玻璃钢制造各种管道、阀门、泵、储罐、储槽、塔器等，是石油化工设备防腐蚀不可缺少的材料之一。如图1-17所示玻璃钢储罐和图1-18所示玻璃钢冷却塔。玻璃钢的应用使化工设备在不同介质、温度、压力条件下，延长了使用寿命，获得了良好的效果。当然目前还存在一些问题，如成型工艺比较落后，产品不配套、质量不稳定、树脂品种及数量有限等，这些都有待在今后的发展中去解决。

图1-17　玻璃钢储罐

图1-18　玻璃钢冷却塔

2. 交通运输方面

玻璃钢具有轻质高强、耐化学腐蚀、抗微生物作用以及成型方便等优点，在造船、汽车、铁路车辆、航空等工业部门得到了日益广泛的应用。

在造船工业方面，采用了玻璃钢制作船体及两栖装置，提高了船舶、舰艇的防腐蚀性与抗微生物的能力，在承载能力、航行速度及深潜性能方面也有了较大的改善。因此，从小型船艇、扫雷艇、深水探测器到大型巡航舰都成功地运用了玻璃钢零部件。

在汽车制造方面，用玻璃钢制造各种轿车、大型客车、三轮车、载重汽车、油槽车以及其他车辆的各种配件，减轻了车辆自重，提高了运输能力。在铁路运输方面，用玻璃钢制造了机车车身、货车车厢、客车、油箱等许多部件。随着陆路交通的发展，在铁路电气化、高速列车的制造方面，采用玻璃钢材料有效地提高了运输能力。

在飞机制造方面，早在第二次世界大战初期，美国就用玻璃钢制造了飞机油箱、螺旋桨的腹面及飞机后部部件。美国 F5A 战斗机使用玻璃钢后质量减轻 15%，缩短了降落航行距离 15%，增加航程 20%，增加负荷 20%，效果十分显著。

3. 电气工业方面

玻璃钢具有优良的电绝缘性能，因此它在电工器材制造方面得到了广泛的应用。玻璃钢可以制造各种开关装置、电力管道、印制电路板、插座、接线盒等。由于玻璃钢具有不反射无线电波、微波透过性好等特点，目前，在电信工程上普遍采用玻璃钢制造各种雷达罩、波导管和反射面，如直径 14~44m 的大型球体地面雷达罩、天线罩等。

4. 建筑工业方面

玻璃钢具有隔音、隔热、防水等特点，已经成为现代建筑中一种新型的结构材料。国外，在建筑材料上应用玻璃钢是比较普遍的现象，品种、数量也日益增多。例如：英国的国民议会大厦，外表面全部采用玻璃钢装饰板镶嵌；一些展览馆、博物馆建筑，铁路车站、公园温室以及民用住宅等方面都应用了大量的玻璃钢制品。中国的玻璃钢在建筑上目前应用最多的是玻璃钢波形瓦、装饰面板、活动房屋、通风与空调设备、冷却塔、道路灯具、壁雕、工艺雕塑、整体欧式雕花吊顶顶棚、采光屋面、大型饮用水箱、防渗漏化粪池和污水处理池罩、卫生设备和各种家具等。随着建筑事业的发展，玻璃钢在建筑上的应用也将越来越普遍。

5. 机械工业方面

玻璃钢材料在机械设备方面也得到了日益广泛的应用，如发电机罩、空气压缩机罩、泵罩、风机罩、纺织机罩、皮带轮防护罩、仪器罩等，以及柴油机、造纸机、水轮机、风机、拖拉机的各种部件如轴承、法兰圈、轴承套等，各种机械零件均采用了玻璃钢材料。机械设备采用玻璃钢不仅可以简化加工工艺与相应的工艺装备、节约劳动力、延长使用寿命、降低成本，而且可以大大节约各种金属材料，如不锈钢、铜、铝等。

6. 军械与装备方面

玻璃钢材料在国防工业上也得到了广泛的应用。玻璃钢应用于常规武器和装备，既减轻了质量，又节省了大量木材和各种钢材，而且提高了武器装备的机动灵活性，是一种军工武器上很有发展前途的材料。其具体应用于以下几个方面：①防护工程：安全帽、防弹背心、坦克壳体等；②火炮与箭弹；③炮管、热护套、发动机壳体、喷管、尾翼、发炮筒、引信结构等；④装甲内衬等。

【任务实施】

1. 材料及工具设备准备

（1）材料准备：玻璃纤维布 EWR200、玻璃纤维表面毡 EMC250，通用型不饱和聚酯树脂 191，过氧化甲乙酮，环烷酸钴，脱模剂等。

（2）工具准备：辊子、毛刷、刮板、尺子、剪刀（或裁布刀）、锤子、纸烧杯、药勺、打磨工具等。

（3）仪器设备：电子天平。

2. 手糊成型操作过程

1）增强材料准备

增强材料准备包括玻璃纤维织物的裁剪与标记。裁剪前首先根据产品的技术要求严格检查核对增强材料所用的规格、厚度是否满足要求；检查原材料观察表面是否有油污、杂物、不均等；用手感觉是否已经吸湿，若已吸湿则需烘干后再使用。手糊成型用的增强材料应是无蜡的，如有蜡应进行脱蜡处理，必要时还要进行表面处理。在使用前保持干燥，不受潮湿，不沾油污。

玻璃纤维织物裁剪前需要准备一个适当面积的裁布台，将织物在工作台上展平，不变形，保持纤维呈直线状态。可用厚纸板或明胶片做成样板，用样板在织物上剪裁，本任务中要求环氧玻璃钢平板零件尺寸 200mm×200mm，因此样板尺寸可按照（210~220）mm×（210~220）mm 裁剪。裁剪过程中布边过硬时要裁掉。形状单一、数量大的布片，特别是短切毡片，可以将毡叠在一起，用剪刀一次切割数层。裁剪玻璃纤维布时注意铺层角度，该平板零件玻璃纤维布采用对称铺层方案，分别裁好 0°、45°、−45°的玻璃纤维布各两层，铺层方向角度偏差应控制在±3°。裁剪好不同规格尺寸的布，做好记号分别放置，避免糊制时产生混乱。

剪裁时应注意以下几点。

（1）因玻璃布的经纬向强度不同，对于要求各向同性的制品，应将玻璃按纵横交错裁剪。

（2）若糊制圆环制品，玻璃布可沿径向 45°角的方向剪裁成布带，利用布在 45°方向容易弯折的特点，糊成圆形。对于圆锥形制品，可按扇形裁布。

（3）应根据产品形状、性能要求和操作难易来决定玻璃布裁剪的大小，并尽量减少接头数。

2）树脂胶液的配制

手糊成型工艺中的树脂胶液的配制是很重要的一道工序。配置时应严格按配方准确称量，并充分搅拌均匀，方可使用。不饱和聚酯树脂常用的配方见表 1-12，配制时将促进剂、固化剂分别用量桶计量加入，且一次只能加入一种，搅拌均匀后方可加入另一种，否则会出现两种辅助材料直接混合发生剧烈反应而燃烧和爆炸。如果胶液中有填料加入，则需要经常搅拌，以免填料沉淀分层。一次配胶量要根据环境温度、施工面积的大小和操作人的多少而定。

表 1-12　不饱和聚酯树脂常用的配方

组分编号	1	2	3	4
不饱和聚酯树脂	100	100	100	100
过氧化甲乙酮	2	2	2	
过氧化环己酮				4
环烷酸钴	1~4	1~4	1~4	2~4
二甲基苯胺		0.03~1		
邻苯二甲酸二丁酯			5~10	

3）模具准备

手糊成型的各种模具，使用前都应进行一定的处理及清洗。将模具上脱模后遗留的残胶，用扁铲小心铲除，注意不能损坏模具表面。在模具上涂一层薄薄的脱模剂，要保证脱模剂均匀分布在模具的表面。如果模具由多块组成，则需要组装在一起，要注意组装定位，合模缝隙不能过大，必要时用胶带贴封，防止流胶黏模，脱模部件要装好，顶出块要放平。

本任务使用的是300mm×300mm的平板模具。

4）铺层糊制

（1）首先在模具表面用毛刷或毡辊均匀涂刷一层树脂胶液，观察树脂，在即将凝胶时，将表面毡轻轻铺放于表面，注意不要使表面毡过分变形，以贴合为宜。

（2）将配好的树脂胶液淋浇在短切毡上，并用毛刷正压（不要用力刷涂，以免表面毡走样），使树脂浸透表面毡，不应有明显气泡。

（3）待表面毡和树脂凝胶时马上铺上第二层0°玻璃纤维布，注意控制铺层方向角，其偏差应控制在±7°，并立即涂刷树脂，一般树脂含量约50%，用毛刷、刮板或压辊刮涂或滚压铺层，使树脂充分浸润织物并排除气泡。允许用针刺法排除局部裹入的气泡。确认树脂浸透织物和气泡排除后可按照表1-1的铺层角度及顺序铺下一层。涂刷时要用力沿布的径向顺一个方向从中间向两头把气泡赶净，让玻璃纤维织物贴合紧密，含胶量均匀，如此反复，直至达到设计的铺层。

（4）对铺贴好的坯料进行边缘修整，切除边缘多余的部分。用蘸溶剂的棉纱擦拭四周黏附的树脂胶液。

5）固化

手糊成型的玻璃钢制品，一般采用常温固化的树脂系统。固化工艺应保持温度在15℃以上，湿度不大于80%，温度过低、湿度过大都不利于树脂固化。

铺贴完成的玻璃钢平板制件要在室温下放置24h常温固化。

6）脱模及后处理

当制品固化到脱模强度时，便可进行脱模。脱模时防止模具和制品划伤。脱模方法可采用顶出脱模、压力脱模等，脱模最好用木制工具或铜制工具，以防将模具或制品划伤。大型制品的脱模可借助千斤顶、吊车等机械。糊完后须待制件达到一定强度后才能脱模。通常气温在15~25℃时放置24h即可脱模。

正常条件下，玻璃钢平板件室温固化后固化度一般可达50%~70%，脱模后在大于15℃的环境中自然固化1~2周或者用加热后处理的方法来加速固化，加热60~80℃，处理2~8h，使制品具有一定的力学性能、比较稳定的物理性能和化学性能。

7）检验

产品的检验主要指检验产品的几何尺寸、外观、质量等。产品的外观检验主要以目测为主，检验产品是否有色差、杂质、裂痕、气泡、分层等，若有需要可借助强光和放大镜进行检测。

任务1.2 U形环氧碳纤维零件手糊成型

【任务描述】

U形环氧碳纤维零件及截面尺寸如图1-19所示，零件长度为400mm，外表面圆角为*R*3，该零件厚度采用碳纤维布手糊成型制作，要求加热固化后的零件内表面平整，无明显的凹坑、凸起、贫胶、富胶、皱褶等缺陷。圆角过渡平滑，无明显缺陷。U形零件铺层角度及顺序如表1-13所列。

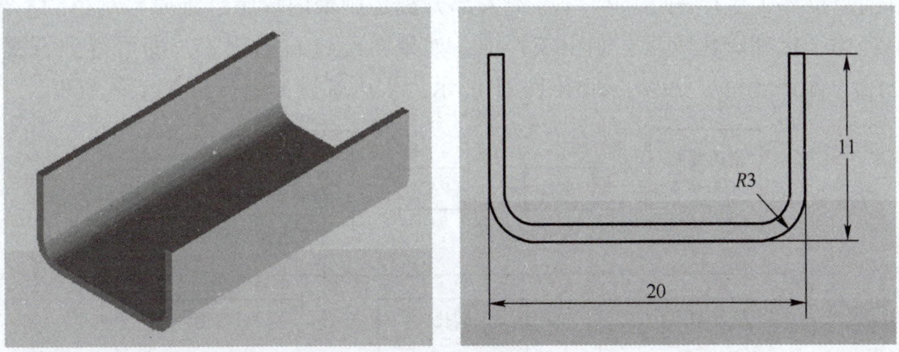

图1-19 U形环氧碳纤维零件结构及截面尺寸

表1-13 U形零件铺层方案

层 数	材料名称	材料规格	角度/(°)
P1	碳纤维布	3k碳纤维平纹布	0
P2	碳纤维布	3k碳纤维平纹布	45
P3	碳纤维布	3k碳纤维平纹布	-45
P4	碳纤维布	3k碳纤维平纹布	0

【知识链接】

1.2.1 碳纤维

碳纤维是有机纤维在惰性气体中经高温碳化而成的纤维状碳化合物，其碳含量在90%以上。碳纤维具有高的比强度和高模量，热膨胀系数小，尺寸稳定性好。被大量用作复合材料的增强材料。碳质量分数95%左右的有机纤维称为碳纤维，碳质量分数99%左右的有机纤维称为石墨纤维。用碳纤维制成的树脂基复合材料比模量比钢和铝合金高5倍，比强度高3倍以上，同时耐腐蚀、耐热冲击、耐烧蚀性能均优越，因而在航空和航天工业中得到应用并得到迅速发展。碳纤维及制品如图1-20所示。

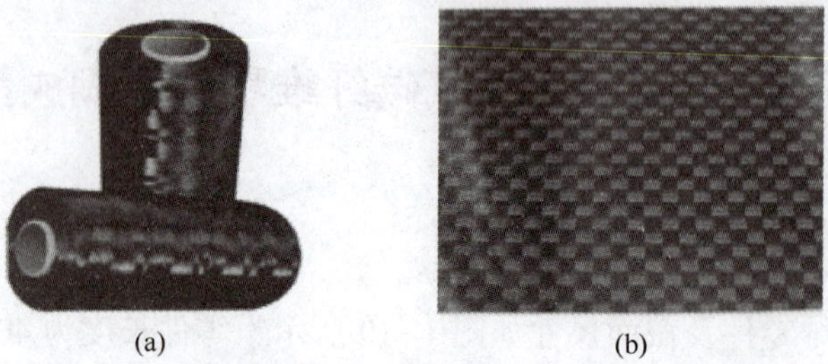

图 1-20　碳纤维及其制品

1. 碳纤维的制备方法

目前，世界上生产销售的碳纤维绝大部分都是用聚丙烯腈纤维原料制得的。聚丙烯腈纤维经预氧化和碳化等工艺制得碳纤维，如果再经过石墨化工艺即可得到石墨纤维。石墨纤维的含碳量超过 99%，如图 1-21 所示为聚丙烯腈制备碳纤维工艺流程。

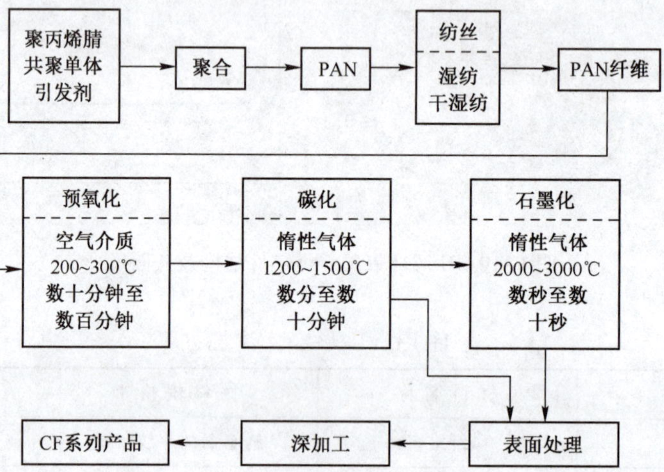

图 1-21　聚丙烯腈制备碳纤维工艺流程

预氧化是将聚丙烯腈纤维原料在空气中加热，并维持在 200~300℃ 中数十分钟至数百分钟。预氧化的目的是使聚丙烯腈纤维的线性分子链转化为耐热的梯形结构，以使聚丙烯腈纤维在高温碳化时不熔不燃而保持纤维状态，从而得到高质量的碳纤维。预氧化过程会伴随着纤维颜色变化，纤维由白色→黄色→棕褐色→黑色变化的现象。

碳化是指将经预氧化的聚丙烯腈纤维放在惰性气体中加热至 1200~1500℃，并维持数分钟至数十分钟，就可制成碳纤维产品。所用的惰性气体可以是高纯的氮气、氩气或氦气，但一般多用高纯氮气。在碳化过程中，纤维中非 C 原子（如 N、H、O）被大量去除，预氧化时形成的梯形大分子发生脱 N 交联，转变为稠环状，形成了碳纤维。

石墨化是在聚丙烯腈纤维碳化的基础上，再在惰性气体中加热至 2000~3000℃，维持数秒至数十秒，制得石墨纤维。石墨化的目的主要是引起纤维石墨化晶体取向，使之与纤维轴方向的夹角进一步减小，以提高碳纤维的弹性模量。石墨化过程中结晶碳含量不断提高，可达 99%以上，纤维结构不断完善。

2. 碳纤维布

碳纤维布由碳丝按经纬向编织而成，是一类多品种、多规格的纤维织物，按编织方法不同，可分为平纹布、斜纹布及缎纹布，如图1-22所示。

(a) 平纹布　(b) 斜纹布　(c) 缎纹布

图1-22　碳纤维布的编织示意图

1） 平纹布

平纹布是指经纱与纬纱以90°上下交错编织而成的机织物，一般是用细纱（单丝直径为9μm以下）来织。这种布编织紧密、交织点多、强度较低、表面平整、气泡不易排除，只适用于制作型面简单或平面的制品。

2） 斜纹布

斜纹布是每根经纱都是从两根纬纱下面通过，然后压在另外两根纬纱上面，布面呈现斜纹。这种布较致密、柔性好、铺覆性较好、强度较大，适于制作有曲面的和各方向都需要强度高的制品，适用于手糊成型。

3） 缎纹布

缎纹布的经纱或纬纱相互间从一根纱下面通过，压在另外多根（3根、5根、7根）纱上面，布面几乎只见经纱或纬纱。这种布质地柔软、铺覆性好、强度较大、与模具接触性好，适用于型面复杂的手糊制品。

1.2.2　手糊成型工艺过程

手糊成型工艺过程参照本项目任务1.1中1.1.4~1.1.5的内容。

1.2.3　复合材料烘箱

复合材料烘箱也称恒温鼓风干燥箱，是一种复合材料成型固化的专用设备。它是用电加热并用空气循环的加热设备，烘箱上安装了指示仪表和监控仪表，记录使用过程的时间和温度，如图1-23所示。复合材料成型用烘箱是通过电能使加热管加热，并通过风道送风，控制系统能保持整个设备内的温度高度均匀性，并且设定温度范围广，连续可调。

复合材料烘箱固化的基本工艺要求：①烘箱的容积必须能够容纳所成型固化的复合材料制件。②加热设备必须能提供一定的升温速度，并且能够保证复合材料制品要求的固化温度。烘箱设备属大功率高温设备，使用时要注意安全，防止火灾、触电及烫伤等事故发生。烘箱内外严禁放置易挥发、易燃易爆物品，烘箱应定期检查及维护保养。

图 1-23　复合材料烘箱

【任务实施】

1. 材料及工具设备准备

（1）材料准备：3k 碳纤维平纹布、环氧树脂 E-51、胺类固化剂、稀释剂、脱模剂等。

（2）工具准备：辊子、毛刷、刮板、剪刀、榔头、纸烧杯、药勺等。

（3）仪器设备：电子天平、烘箱。

2. 手糊成型操作过程

1）增强材料准备

首先按 U 形碳纤维环氧零件尺寸画出几何展开图，将厚纸板裁剪成尺寸 400mm×420mm（加工余量可根据实际情况调整）制作下料样板，再按样板剪裁 3k 碳纤维布。

2）环氧树脂胶液的配制

常用环氧树脂胶液配方参照表 1-14。本任务采用环氧树脂体系的配胶比例为：环氧树脂 E-51 100 份，乙二胺固化剂 6~8 份，稀释剂采用丙酮 5~20 份。将稀释剂加入环氧树脂中，搅拌均匀，使用前加入固化剂搅匀。

表 1-14　常用环氧树脂胶液配方

树脂种类编号	1	2	3	4	5	6	7
环氧树脂	100	100	100	100	100	100	100
助剂（丙酮等）	5~20	5~20	5~20	5~20	5~20	5~20	5~20
乙二胺	6~8						
二乙烯三胺		8~12					
三乙烯四胺			10~14				
多乙烯多胺				10~15			
间苯二胺					14~15		
间苯二甲胺						20~22	
酰胺基多元胺							40

3）模具准备

根据本任务 U 形碳纤维环氧零件要求加热固化后的零件内表面平整，无明显的凹坑、凸起、贫胶、富胶、皱褶等缺陷，本任务选择阳模模具成型零件，阳模能使制品获得光滑的内表面，尺寸准确、施工操作也方便。

手糊成型前对模具进行清理，用喷洒丙酮的抹布擦洗模具工作面，以确保模具表面清洁、无油脂。然后在模具工作面上涂一层薄薄的脱模剂，要保证脱模剂均匀分布在模具的表面。不能将脱模剂倾倒在模具工装上，要用干净的不脱毛的抹布蘸取脱模剂擦涂或用不脱毛的刷子涂刷。施加后一层脱模剂时，其擦涂方向应与上一层脱模剂擦涂方向垂直，以确保脱模剂能够完全涂覆。每遍涂层应采用单一的方向进行擦涂。首次使用脱模剂的模具工装工作面温度应在 15℃以上，在模具工作面至少涂 3 遍脱模剂涂层，各涂层之间至少间隔 15min，糊制开始前，在环境温度下干燥至少 15min。

4）糊制

(1) 在模具表面均匀涂刷一层树脂，观察树脂即将凝胶时，按铺层表顺序对照模具工装上的铺层坐标系，在模具上铺上第一层碳纤维布，注意不要使纤维布过分变形，以贴合为宜。

(2) 将配好的环氧树脂胶液淋浇在碳纤维布上，并用毛刷正压，使树脂浸透表面毡，不应有明显气泡。紧接着第二层、第三层依次重复操作，注意圆角过渡的位置，注意排除气泡，每层之间不应有明显气泡。涂刷时要用力沿布的径向，顺一个方向从中间向两头把气泡赶净，让碳纤维布贴合紧密，含胶量均匀，如此反复，直至达到设计的铺层。

5）烘箱固化

为了缩短制品的生产周期，提高模具的利用率，加速硬化时间，可以采用烘箱加热固化。本任务采用 80℃加热固化，保温 2h。

典型的烘箱操作规程如下。

(1) 开机前检查电路是否正常。检查烘箱内是否有可燃物，若有，则将其去除。

(2) 准备就绪后，放置要固化的制品，物品间应留有空隙，切勿过密过重。取放工件时要戴防护手套。

(3) 接通电源，设定所需温度，运行温度不得超过额定温度，然后开启烘箱加热开关及鼓风开关。

(4) 在烘箱工作过程中，工作人员要经常检查烘箱是否处于正常状态。尽量避免在工作过程中打开柜门，若需要检查工件情况，应先关掉风机，且时间应尽可能短。烘箱整个运行过程中操作者不得离开。

(5) 烘箱工作完毕切断电源，清理箱内物品，并保持箱内外、搁板的清洁。

6）脱模、修整及检验

当制品固化结束后，冷却到室温时便可进行脱模。本任务采用手工脱模，先用橡胶锤敲击模具，通过敲击产生的振动使制品局部与模具脱开。一般根据敲击声音判断是否脱开，若敲击声实而重则未分开，若敲击声空而轻则为已分开。一处脱开后再多扩展敲击点，使脱开范围逐渐扩大，最后在一端用工具撬动，即可把制品脱模。用工具撬动时，最好撬制品的翻边部分。脱模时防止模具和制品划伤，脱模之后将模具表面清理干净，随后用无水乙醇将模具表面清洗干净。

制件脱膜后进行尺寸修整，将成型的制品按设计尺寸切去多余部分。可以采用常规的锯切、车削、铣削、研磨等加工方法。

最后是制件的检验，制件的检验主要包括制件的几何尺寸、制件的外观和制件的缺陷检验等。

任务 1.3　大型制件喷射成型

【任务描述】

喷射成型是在手糊成型的基础上发展起来的，它在手糊操作中的纤维铺覆和浸胶工作由设备完成，是一种相对效率较高的成型工艺。喷射成型工艺速率可高达 15kg/min，适用于大型制品和形状复杂制品的成型，同时还能够成型带嵌件、加强筋的制品。喷射成型工艺在复合材料成型工艺中所占比例较大，广泛用于加工浴盆、机器外罩、整体卫生间、普通列车前端、汽车车身结构件、大型船体及大型浮雕制品等中。

【知识链接】

1.3.1　喷射成型工艺概念

喷射成型工艺示意图如图 1-24 所示。喷射成型工艺是通过喷射设备将短切纤维和雾化的树脂同时均匀沉积到模具表面上，经辊压、固化成复合材料制件的工艺方法。

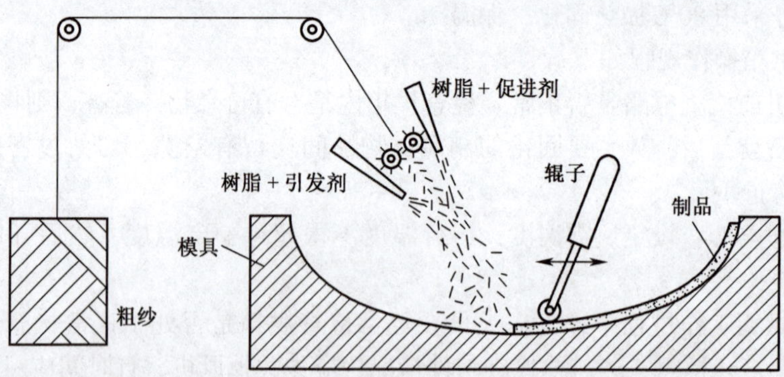

图 1-24　喷射成型工艺示意图

1.3.2　喷射成型工艺分类

1. 按喷射的动力形成分类

1）气动型

气动型是由压缩空气从喷嘴高速流出，将胶液雾化并喷涂到芯模上的一种方式。其特点是雾化效果好，但部分树脂和引发剂容易扩散到周围空气中，飞溅严重，烟雾弥漫，浪费，有污染。另外，操作环境极差。

2）液压型

液压型是采用常规动力给封闭腔内的树脂施加一定的压力，再经枪口射出，利用喷嘴的特殊结构进行雾化。其特点是减轻了飞溅，改善了操作环境。

2. 按胶液的混合形式分类

1）预混型

预混型是指树脂液体在加入喷射设备之前就将各组分混合好，再送入设备经喷嘴喷出。其主要特点是设备简单，但需要清洗全部管路，容易出现树脂固化堵塞。

2）内混型

内混型是指将树脂和固化剂等组分在枪头内部的紊流混合器内混合后，经喷嘴喷出。其特点是没有直接雾化固化剂，环境污染小，但枪头部分仍需要清洗，如有不当，则会造成堵塞。

3）外混型

外混型是指树脂和固化剂均单独、同时喷出枪嘴雾化，在雾化空间中混合的一种类型。其特点是可实现枪头免清洗，但由于固化剂的单独雾化，对环境造成的污染比较严重。

1.3.3　喷射成型设备

喷射成型工艺所用的主要设备是喷射机，喷射机主要由树脂喷射系统和无捻粗纱切割喷射系统组成。其功能是将树脂与固化剂等助剂混合喷出并雾化，将纤维按设定长度切断并分散喷向树脂的雾化扇面上，由树脂夹带纤维落向模具表面，在模具表面形成一层疏松的纤维、树脂混合物。其中，树脂的喷出速度和纤维的切割速度均单独可调，从而实现产品要求的纤维含量。不同类型的喷射机，其各组分的混合顺序、喷出方式、速度和比例的调整方式可能存在差异，但均可实现上述功能。

喷射机的树脂喷射系统包括树脂输送、树脂混合及树脂喷射三部分。树脂输送主要为树脂原料提供足够的动力，同时可以实现树脂与固化剂的不同比例设定。按照树脂输送的方式不同，喷射机有压力罐式、柱塞泵式、齿轮泵式等，目前应用最多的是柱塞泵式喷射机。

1. 柱塞泵式喷射机

柱塞泵式喷射机主要结构如图1-25所示。包括两个联动的柱塞泵，一个树脂泵和固化剂伺服泵。树脂泵用于输送树脂液体，树脂的输送量由往复气缸的运行速度决定，也就是由电动机的供给气压和流量决定的。固化剂伺候泵是一种经计算的机械联动泵，理论上可以保证固化剂的配比，结构简单，成本低，所以被广泛使用。稳定的固化剂比例是树脂输送系统的最关键指标。为了避免柱塞泵泵速过慢，或有一定程度的磨损，或有脏污时会有内部泄漏的情况发生，造成固化剂的比例不足，可以在固化剂的管路中增加检测及报警装置。

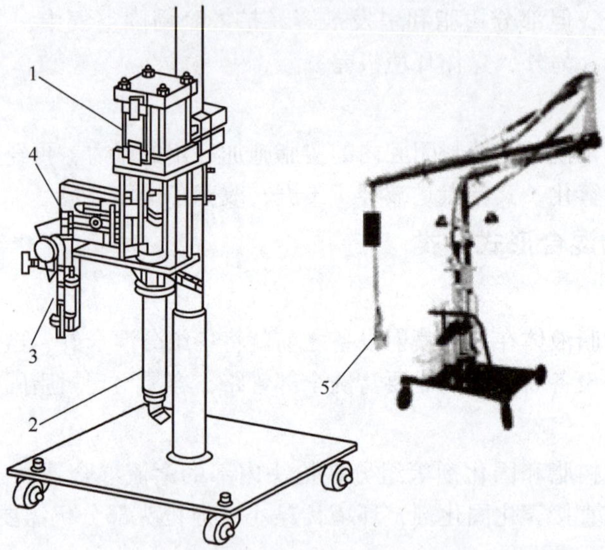

图1-25　柱塞泵式喷射机

1—往复气缸；2—树脂泵；3—固化剂伺服泵；4—固化剂比例调节钮；
5—枪头（包括树脂喷头和切纱器）。

柱塞泵式喷射机固化剂的配比范围为0.5%~4.0%，适合不饱和聚酯树脂体系。在生产过程中，如果还需要加入第三种以上组分，则只能将其他组分预先加入树脂中并搅拌均匀后，才能接入喷射机。柱塞泵式喷射机是将树脂胶液和固化剂两组分同时输送到枪头，是两组分单独喷出枪头，喷出后以雾状相互交织碰撞，实现混合。树脂的喷出是由不同型号的喷嘴来实现的，可根据要求，选用不同流量、不同角度的喷嘴。

喷射机上用的玻璃纤维切纱器是一种专用的切纱器，体型小巧，可以固定在喷射枪头上随枪头运动，其功能主要是将无捻粗纱切成12.7~50.8mm长的短切纤维，然后分散喷出与雾状树脂碰撞混合，再落到模具表面形成积层。喷射枪头的切纱器如图1-26所示。

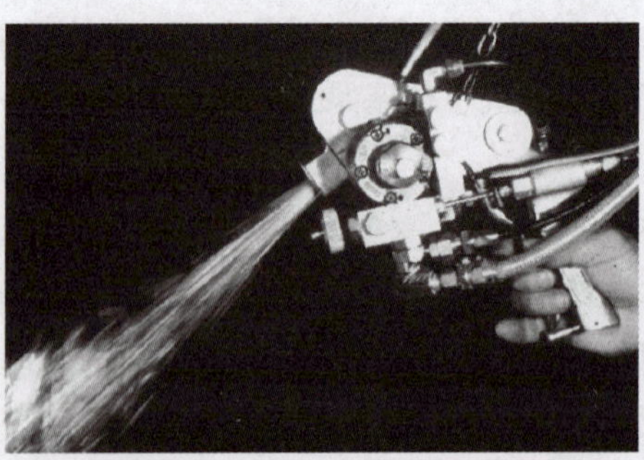

图1-26　喷射枪头的切纱器

切纱器上可调的参数主要有两个；一是切纱速度；二是短切纱的长短。切纱速度主要由调节气动电动机的转速来控制；纤维的长短主要由刀片的安装间距来决定，常用的短切纱长度为25.4mm，过短时制品强度下降幅度较大，过长时不宜切割和分散，故障率会明显增加，浸渍困难，生产效率也会受到影响。切纱器在使用中，与刀轮对应的支撑辊会发生磨损，需要定期检查调校或更换。

2. 压力罐式喷射机

压力罐式喷射机有单罐式和双罐式，属于预混型设备。单罐式喷射机就是一次性将树脂所有组分都混合好，加入压力罐中，然后加压，使之通过管路输送到枪头。双罐式喷射机是将树脂胶液分别装在两个压力罐中，靠进入罐中的气体压力，使胶液进入喷枪连续喷出。

压力罐式喷射机工作时，接通压缩空气气源，使压缩空气经过气水分离器进入树脂罐、纤维切割器和喷枪，使树脂和玻璃纤维连续不断地由喷枪喷出，树脂雾化，玻纤分散，混合均匀后沉落到模具上。这种喷射机是树脂在喷枪外混合，故不易堵塞喷枪嘴。

3. 齿轮泵式喷射机

齿轮泵式喷射机是将树脂引发剂和促进剂分别由泵输送到静态混合器中，充分混合后再由喷枪喷出，属于内混合型设备。内混型设备和外混型设备的性能比较见表1-15。

表1-15 内混型设备和外混型设备性能比较

项目	内混型	外混型
枪头质量	较大，增加了混合器及一组内部阀门	稍小
混合效果	较好，所有物料都必须经过混合器，比较稳定	一般，因为两组分的扇面总会有交集以外的部分
环境影响	稍好，枪内混合，避免了固化剂的大量挥发	很差，固化剂挥发严重，现场感觉明显
清洗及维护性	停机后必须在凝胶时间内清洗枪头	停机数小时内可不必清洗
故障率	较高，即便是清洗后，枪头内部的渗出液仍可能引起枪内固化	

齿轮泵式喷射机组成部分为气动控制系统、树脂泵、助剂泵、混合器、喷枪、纤维切割喷射器等。树脂泵和助剂泵由摇臂刚性连接，调节助剂泵在摇臂上的位置，可保证配料比例。在空压机作用下，树脂和助剂在混合器内均匀混合，经喷枪形成雾滴，与切断的纤维连续地喷射到模具表面。这种喷射机只有一支胶液喷枪，结构简单，质量轻，引发剂浪费少，但因胶液是内混合，喷射完成后要立即清洗，以防止堵塞。齿轮泵式喷射机输送压力大，不易发生内部泄漏，可定量输送，设备维护次数少，性能较好，但价格偏高。

1.3.4 其他辅助工具

在玻璃钢喷射成型工艺中，除毛刷、剪刀外，还经常使用的手工工具是压辊。压辊的种类很多，按结构和形状分有圆柱形、圆盘状、异形、柔性压辊等。圆柱形压辊用于产品的平面和圆柱状曲面部分的滚压，盘状和异形压辊则用于产品上的沟槽及内、外角的成型，柔性压辊用于玻璃钢喷射成型制品的异形曲面。

压辊的作用是将喷射后蓬松的纤维层压实，排出其中的气泡，压辊的凸出部分在辊压纤维的同时，其沟槽结构可以顺利地导出气泡，并且在树脂偏多的地方，沟槽内还可以蓄积一定量的树脂，在辊压其他树脂少的地方时，会自动释放以浸渍纤维，故而在一定程度上起到调节含胶量的作用。

1.3.5 喷射成型工艺的优缺点

喷射成型是由手糊成型发展而来的，主要针对手糊成型工艺中的一些瓶颈问题进行改进，如增强材料的铺覆以及树脂的均匀浸渍等，喷射成型工艺与手糊成型工艺相比，主要有以下优点。

（1）用玻璃纤维粗纱代替织物，可降低材料成本；

（2）生产效率比手糊成型工艺的生产效率高2~4倍；

（3）产品整体性好，无接缝，层间剪切强度高，树脂含量高，抗腐蚀、耐渗漏性好；

（4）可在生产过程中，自由调节产品壁厚、纤维含量及纤维长度等。

喷射成型工艺的主要缺点如下。

（1）产品纤维含量、厚度均匀程度等在很大程度上取决于操作工人的技术水平，可控性较差；

（2）增强材料以短切形式存在，树脂含量较高，产品强度不高；

（3）操作过程中由于需要雾化和分散，原材料的损耗较大。同时雾化和分散污染环境，操作现场环境差；

（4）阴模成型比阳模成型难度大，大型制品比小型制品更适合喷射成型工艺；

（5）由于需要设备，初期投资比手糊成型工艺投资大。

【任务实施】

1. 原材料的选择

喷射成型工艺原材料的选取一般要满足以下要求：产品要求的各种性能指标，适应喷射成型的工艺特性，价格低、货源充足等。

1）树脂的选择

用于喷射成型的树脂，一般要满足以下条件。

（1）黏度。对于喷射成型工艺，要求树脂易于喷射并易于雾化，这样才能更好地浸润玻璃纤维，还可以加入更多的填料，以降低产品成本。如树脂黏度过大，喷出、雾化、浸润都可能出现问题。一般可选用黏度为0.3~0.8Pa·s的树脂。

（2）触变性。触变性是喷射成型树脂最重要的特点，因为在对大型模型或有垂直面的模具进行操作时，树脂很容易流动，造成较高位置出现干纱。采用黏度更大的树脂或增加填料用量：一是不易浸渍纤维；二是辊压时排泡困难，无法进行。所以，树脂的触变性显得尤其重要，其作用是尽量保证树脂留在所喷落的位置不流动。喷射成型工艺中树脂的触变性一般控制在1.5~4.0Pa。

（3）固化特性。喷射操作需要一定的时间，而且产品的大小与形状不同，操作时间也会有差异，这就需要所用树脂有较适宜的固化特性和可控性。

(4) 浸渍脱泡性。对于喷射成型工艺，要求树脂对纤维的浸润性要好，经过辊压浸渍，气泡容易排出。

目前，用于喷射成型的树脂体系主要为不饱和聚酯树脂和乙烯基酯树脂，大部分产品均采用室温固化体系，为进一步提高生产效率，也有人采用80%以下中温固化体系材料。

2）增强纤维的选择

从成型工艺角度考虑，纤维应满足以下基本条件。

(1) 硬挺度适当，切割性良好；

(2) 不易产生静电，分散性好；

(3) 浸渍性好，浸渍速度快。

喷射成型工艺中采用的增强材料是玻璃纤维粗纱，为防止其快速运动和摩擦中产生静电，常采用沃兰、硅烷类等表面处理剂。纤维分散性好是保证喷射制品厚度及均匀性的重要因素，同时也能使其与树脂的混合更充分，从而使喷射在立面上的纤维不易脱落，也能加速浸润过程。

2. 喷射成型模具结构设计

模具是喷射成型中必不可少的工装。喷射成型工艺中合理的模具设计同样是质量和成本的重要决定因素之一，在模具设计中，主要需要考虑以下因素。

(1) 符合产品设计的精度要求。

(2) 有足够的强度和刚度，能够承受生产过程中接触的外力作用。

(3) 脱膜性良好。

(4) 对产品的收缩放量有充分的考虑，喷射产品的树脂含量一般较高，成型后的制品收缩率也相对较大，在模具设计中，特别是阴模成型时，要充分考虑材料收缩将会给产品尺寸带来的影响。

(5) 模具的圆角设计，在产品允许的范围内，模具的圆角设计得越大，越有利于喷射成型。

(6) 模具材料，一般可用于复合材料成型的模具材料均适用，如玻璃钢、金属等。

3. 喷射成型工艺参数控制

在喷射成型时，大部分工艺参数都是通过操作设备来控制的，所以选用不同类型或不同型号的喷射机，其控制参数的操作会有所不同。在实际生产中，要结合设备自身的参数，制定该设备专用的操作说明书，标明控制点及控制范围。一般在调整好设备参数后，都要先在容器中试喷一些树脂，通过称量来确定喷射的流量或速度。以气动柱塞外混式喷射机为例，喷射成型操作时需要控制的或可以调整的参数主要有以下几项。

(1) 纤维含量与长度。喷射用无捻粗纱在制品中的含量（质量分数）通常控制在25%~45%。纤维含量低于25%时辊压方便，但制品强度太低；纤维含量高于45%时辊压困难，气泡也较多。纤维长度以25~50mm为宜，小于10mm，制品强度降低，大于50mm时，不易分散。

（2）引发剂比例。在喷射系统中，促进剂用量一般是固定的，引发剂用量可根据环境（温度和湿度）和制品的要求在0.5%~4.0%之间调整，故每次喷射前应做凝胶试验。在喷射装置中，一般先将树脂与引发剂分别通过树脂泵和引发剂泵在喷枪内部或外部混合。

（3）树脂含量。喷射制品采用不饱和聚酯树脂，含胶量为60%左右。含胶量过低，纤维浸润不均、黏结不牢；含胶量过高，制品强度太低。通过调节喷枪气缸中的气体压力控制胶液喷射量。

（4）喷射量。喷射量太大影响制品质量，喷射量太小又降低生产效率，因此应适中。喷射量与喷射压力和喷嘴直径有关，改变动力源压力可以调节喷射压力。喷嘴直径在1.2~3.5mm之间选择，可使喷射量在8~60g/s之间调整。

（5）喷枪夹角。喷枪夹角对树脂与引发剂在喷枪外混合程度影响极大。不同夹角喷射出来的树脂混合程度不同，一般喷枪夹角为20°，喷枪口与模具表面距离为350~400mm，这样便于操作，且胶液混合的质量均匀。如果要改变喷射距离，则需要调整喷射夹角以保证树脂在到达成型面前交集混合。确定喷射距离时，要考虑制品的形状和胶液飞散等因素。

（6）喷雾压力。喷雾压力要保证被切断的纤维在落到模具之前应与喷出的树脂系统充分混合。压力太小，混合不均匀；压力太大，树脂流失过多。一般喷雾压力主要根据树脂温度、黏度、喷涂面积等因素选择，压缩空气管径和管长对喷雾压力也有较大影响。实际生产中通常通过试验确定。当压力合适时，喷在模具上的树脂飞溅、夹带的空气少，气泡能在1~2min内自行消失，表明喷涂面宽度适中。

4. 喷射成型工艺操作要点

通过设备参数的调整，可以实现对喷射速度、混合效果、纤维含量的控制；通过操作工人的操作，实现产品厚度的均匀性、可控性和对复杂产品的工艺适应性。喷射成型的制品分散性高，因此喷射成型工序尽量标准化，以免因操作者不同而产生过大的质量差异。喷射成型工艺操作规程主要有以下几方面。

（1）喷射成型宜在20~30℃环境温度进行，温度太高，树脂固化过快，易引起喷枪堵塞，影响制品质量；温度过低，胶液黏度剧增，浸渍困难，固化慢。

（2）为避免压力波动，造成喷射量不稳定，喷射机应有独立管路供气，气体要彻底除湿，以免影响固化。盛装胶液的容器最好有加热保温功能，以保证胶液的黏度适宜。

（3）喷射开始时调整气压，控制纤维和树脂的喷出量。纤维切割不准时，还要调整切纱器的辊间距，必要时，需用转速表重新校验切纱转速。

（4）喷射成型时，在模具表面先喷涂一层树脂，然后再开动纤维切割器，喷射初层和最后层时，应尽量薄一些，以获得光滑的表面。

（5）一般的喷射走向是从上到下、从右到左、平行、匀速地移动，喷枪移动速度要均匀，不允许漏喷，不能走弧线，相邻两个行程间的重叠宽度为前一个行程宽度的1/3，以得到均匀连续的涂层，前后涂层的走向应交叉或垂直以达到均匀覆盖的目的。

（6）每个喷射面喷完后，立即用压辊辊压、排气泡、修毛刺后再喷下一层，要特别注意棱角和凹凸表面，保证每层压平，排出气泡，防止带起纤维造成毛刺。每层喷完后，要进行检查，合格后再喷下一层；喷射机用完后要立即清洗，防止树脂固化，损坏设备。

(7) 特殊部位的喷射：喷射曲面时，喷射方向应始终沿曲面的法线方向；喷射沟槽时，应先喷四周和侧面，然后再在底部补喷适量纤维，防止底部的树脂含量过高；喷射转角时，应从夹角部位向外喷射，以防在尖角处出现胶液聚集。

5. 喷射成型工艺制品的缺陷

喷射成型工艺制品的缺陷主要有流挂（垂流）、空洞、气泡、纤维堆积、厚度不均、浸渍不良、固化不良、白化及龟裂等现象。产生缺陷的原因很多，实际生产中根据具体的原因采用相应的解决措施避免缺陷的产生。

项目拓展

袋压成型是将手糊成型的未固化制品通过橡胶袋或其他弹性材料向其施加气体或液体压力，使制品在压力下密实、固化。袋压成型法与手糊成型工艺的区别仅在于加压固化这道工序。因此，它是手糊成型工艺为了提高制品的密实度和层间黏结强度而作的改进。袋压成型法的优点是产品两面光滑；能适应聚酯、环氧和酚醛树脂；产品质量比手糊高。袋压成型分压力袋法和真空袋法两种。

1. 压力袋法

压力袋法是将手糊成型未固化的制品放入一个橡胶袋，固定好盖板，然后通入压缩空气或蒸汽（0.25~0.50MPa），使制品在热压条件下固化，如图1-27所示。

2. 真空袋法

此法是将手糊成型未固化的制品，加盖一层橡胶膜，制品处于橡胶膜和模具之间，密封周边，抽真空（0.05~0.07MPa），使制品中的气泡和挥发物排除。真空袋成型原理如图1-28所示。真空袋成型法由于真空压力较小，故此法仅用于聚酯和环氧复合材料制品的湿法成型。

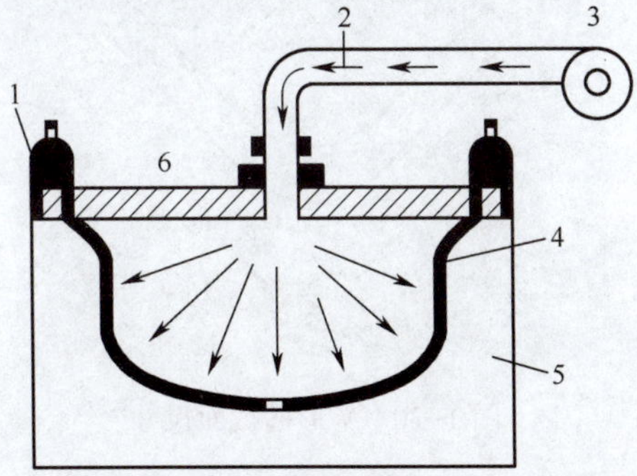

图1-27　压力袋成型原理

1—密封夹紧装置；2—压缩空气；3—空气压缩机；4—压力袋；5—模具；6—盖板。

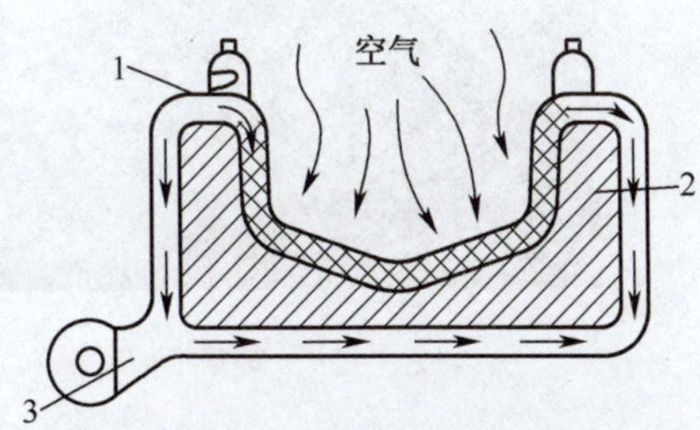

图1-28　真空袋成型原理

1—真空袋；2—模具；3—真空泵。

袋压成型应注意的事项有以下几个方面。

（1）袋压成型的模具要有足够的强度，能经受成型过程中的热压作用和外力冲击等。

（2）模具和橡胶袋用前要仔细检查，防止漏气。为了防止溶剂对橡胶袋的侵蚀，橡胶袋应用硅酮处理，或采用聚乙烯袋代替。

（3）袋压成型加盖胶袋之前，一切工序按手糊工艺操作；覆盖橡胶袋后，要严格检查，防止漏气。对于形状简单的制品可加盖聚酯薄膜于橡胶袋和制品之间，改善表现质量。

（4）真空袋成型法真空压力较小，成型大尺寸制品时，真空袋表面真空度不够均匀，需要在抽真空过程中用刮板加压，排出气泡。

（5）加压排气应在树脂凝胶之前开始，加热固化应在排气和凝胶之后进行。

巩固练习

（1）手糊成型原材料包括哪些？

（2）手糊成型所用胶液中通常含有哪些辅助材料？它们的作用及用量范围是什么？

（3）手糊成型模具材料种类有哪些？模具结构有几种类型？

（4）手糊成型的生产工具有哪些？

（5）试述手糊成型工艺流程、工艺特点及其应用？

（6）手糊成型工艺的脱模剂种类有哪些？应具备什么特点？

（7）试述喷射成型工艺特点及其应用？

（8）角度为90°的V形环氧玻璃钢零件如图1-29所示，尺寸如图1-30所示，该零件采用1层玻璃纤维表面毡和5层玻璃纤维布手糊成型，要求固化后的零件外表面平整，无明显的凹坑、凸起、贫胶、富胶、皱褶等缺陷。圆角过渡平滑，无明显缺陷。

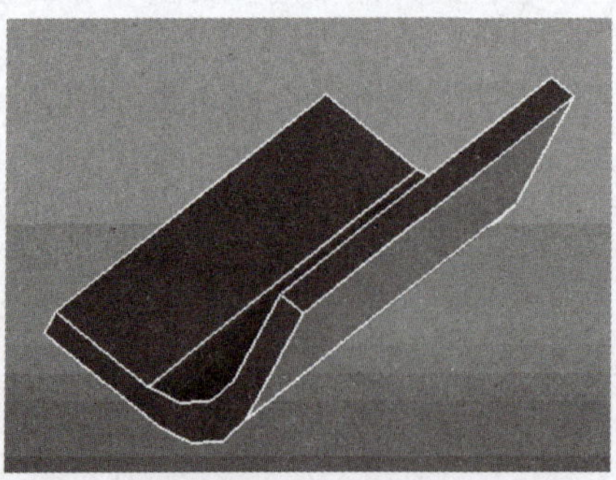

图1-29　玻璃钢零件

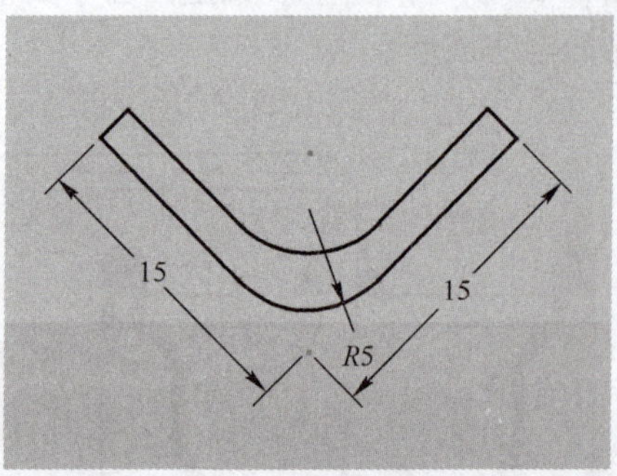

图1-30　V形槽截面尺寸

V形槽铺层方案如表1-16所列。

表1-16　V形槽铺层方案

层　　数	材 料 名 称	材料牌号/规格	角度/(°)
P1	玻璃纤维短切毡	EMC250	
P2	玻璃纤维布	EWR200	0
P3	玻璃纤维布	EWR200	45
P4	玻璃纤维布	EWR200	0
P5	玻璃纤维布	EWR200	45
P6	玻璃纤维布	EWR200	0

项目2　模压成型工艺

项目目标

知识目标

（1）熟悉SMC、BMC模压料的制备工艺及方法；

（2）掌握模压成型设备结构和操作方法；

（3）了解模压设备的清洁、维护与保养；

（4）掌握模压成型模具的结构与种类；

（5）掌握模压工艺参数对制品的影响。

能力目标

（1）能正确设置温度、时间、压力等压制参数以进行模压制品的压制；

（2）具备模压成型工艺操作的职业技能。

素质目标

（1）团结协作，与人沟通交流合作；

（2）具有规范操作、安全生产与劳动保护的职业素养。

模压成型工艺是复合材料生产中最古老而又富有无限活力的一种成型方法。它是将一定的预混料或预浸料加入金属对模内，经加热、加压固化而成型的一种方法。近年来，随着复合材料生产自动化和建立在二维织物与三维织物的先进工艺基础上的复合材料半成品材料工业的发展，以长纤或短纤维为增强材料，以热塑性、热固性树脂为基体材料的各类复合材料模压制品工艺发展很快，产品性能价格比高，环境污染小，生产效率高，已经或正在不断适应汽车公交业、航空航天业、化工业、桥梁、通信等领域工业化发展的需要。常用的热固性复合材料模压料品种有SMC、BMC和TMC等；热塑性复合材料模压料品种有GMT、D-LFT和G-LFT等。本项目主要介绍热固性复合材料SMC、BMC成型工艺以及预浸料模压成型工艺，热塑性复合材料GMT模压成型工艺参照本书项目8的内容。

模压成型工艺的优点主要有重现性好，不受操作者和外界条件的影响；改善了劳动条件操作环境清洁、卫生；模压产品流动性好，可生产异形制品；模压工艺生产效率高，成型周期短，易于实现全自动机械化，生产成本相对较低。模压成型工艺的缺点在于模具制造复杂，投资较大，加上受压机限制，适于大批量生产中小型复合材料制品。

任务 2.1　电绝缘子团状模塑料模压成型

【任务描述】

采用短纤维模压料制备方法制备出团状模塑料（bulk molding compound，BMC），并通过调节模压工艺参数制备出如图 2-1 所示的电绝缘子的模压制品。BMC 具有良好的物理性能、电性能和力学性能，不仅在传统的电器领域内广泛应用，还要求在抗震、阻燃、美观、耐用的航空、建筑、家具等方面也得到广泛应用。

图 2-1　玻璃钢绝缘子

【知识链接】

团状模塑料是一种半干法制造玻璃纤维增强热固性制品的模压中间材料，国内常称作不饱和聚酯团状模塑料。其主要原料由短切玻璃纤维（GF）、不饱和树脂（UP）、填料碳酸钙（MD）以及各种添加剂充分混合而成的团状模压料。

模压成型基本过程是将一定量预处理的模压料放入预热的模具内，施加较高的压力使模压料填充模腔。在一定的压力和温度下使模压料逐渐固化，然后将制品从模具内取出，再进行必要的辅助加工即得产品，如图 2-2 所示为模压成型基本过程。

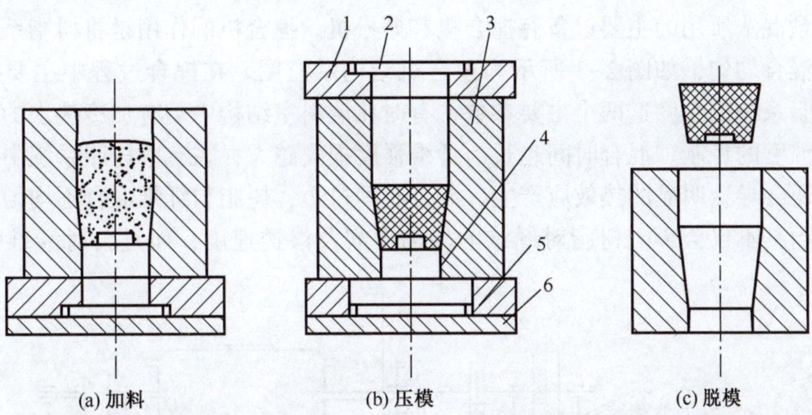

图 2-2　模压成型基本过程

1—凸模；2—上型芯；3—凹模；4—下型芯；5—垫块；6—下模座板。

2.1.1　短纤维模压料的制备方法

短纤维模压料的制备一般有三种：预混法、预浸法和浸毡法。

1. 预混法

预混法是先将玻璃纤维（或者其他纤维型增强材料）短切成15~50nm的长度，然后与一定量的树脂混合均匀，撕松后烘干制成的模压料的工艺方法。这种方法的特点是纤维比较松散，并且无定向。预混料制备短纤维模压料可根据要求条件的不同分为手工法和机械法。

1）手工预混法

手工预混法不需要任何特殊设备，操作简单，易适应要求的变化，多用于小型研制用料的制备。对于一些特殊材料如高硅氧，一般情况下只用手工操作，而不采用机械混合，因为高硅氧纤维十分脆弱，在强力的机械混合下，其强度的损失极大。在手工预混法批量生产模压料时，也可和机械撕松过程配合。

以氨酚醛—玻璃纤维—KH-550模压料的手工制备为例，说明手工预混法的工艺过程。其操作过程如下。

（1）将玻璃纤维切成15~30nm长的短切纤维。

（2）用热处理法除去玻璃纤维表面的石蜡乳剂型浸润剂，使其残留量小于0.3。

（3）将氨酚醛树脂配成（50±3）%的工业酒精溶液，按比例（纯树脂质量的1%）滴入KH-550，搅拌均匀后待用。

（4）将配好的树脂溶液按纤维：树脂=60∶40（质量比）的比例准确称量，并与短切纤维用手工均匀混合。

（5）用手工撕松混合料，并均匀铺放于钢丝网屏上。

（6）在（80±1）℃的条件下，烘干50min。

（7）经烘干的预混料放在塑料袋中封存待用。

2）机械预混法

机械预混法所用的主要设备有捏合机和撕松机。捏合机的作用是将树脂系统与纤维系统充分混合均匀，如图2-3所示为捏合机结构示意图。在捏合过程中主要控制捏合时间和树脂系统的黏度这两个主要参数，有时在混料室结构中装有加冷热水的夹套，以实现混合温度的控制。混合时间越长，纤维强度损失越大，在有些树脂系统中，过长的捏合时间还会导致明显的热效应产生。混合时间过短，树脂与纤维混合不均匀。树脂黏度控制不当，不仅会影响树脂对纤维的均匀浸润及渗透速度，而且会对纤维强度有影

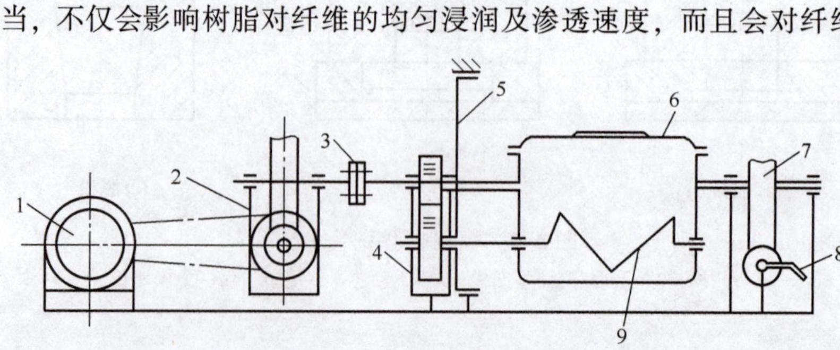

图2-3　捏合机结构示意图

1—电机；2—减速箱；3—连轴；4—三齿轮同步传动箱；
5—滑动齿圈；6—混料箱；7—蜗轮；8—手动蜗杆；9—混料桨。

响。撕松机的主要作用是将捏合后的成团物料进行蓬松。撕松机主要由进料辊和一对撕松辊组成如图 2-4 所示。通过撕松辊的反向运动将送入的料团撕松。

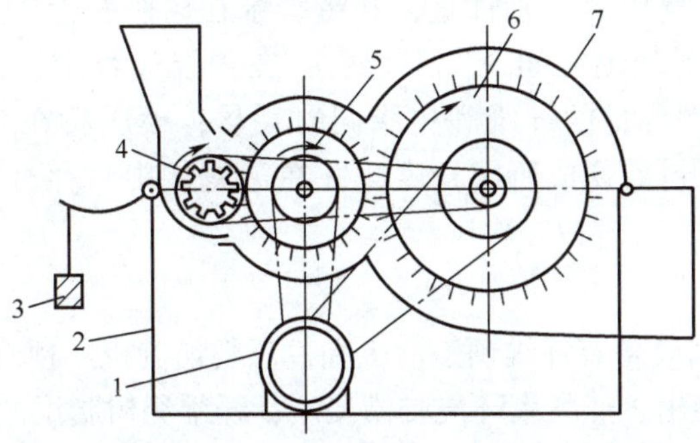

图 2-4　撕松机结构示意图

1—电动机；2—机体；3—配重；4—进料辊；5、6—撕松辊；7—罩体。

以镁酚醛—短玻璃纤维模压料为例说明机械混合法的工艺过程，其操作过程如下。

（1）玻璃纤维撕松后，在 180℃下处理 30~60min；

（2）将烘干后的纤维切成 30~50mm 的短纤维；

（3）用工业酒精调配树脂的黏度，相对密度控制在 1.0 左右；

（4）按纤维：树脂=55∶35（质量比）的比例准确称量树脂和纤维，并将树脂溶液和短纤维送入捏合机中充分混合，直至无白丝裸露为止；

（5）捏合后的预混料，逐渐加入撕松机中撕松；

（6）将撕松后的预混料均匀铺放在清洁的金属网屏上，铺层不宜过厚；

（7）预混料经晾置后，在 80℃的烘房中烘干 20~30min；将烘干后的模压料，放入塑料袋中封存待用。

短纤维模压料的连续化生产系统所用设备简单、效率高、制造方便、产品质量高、劳动强度低。由于整个工艺过程是在一个封闭系统内进行，因此大大改善了劳动条件和环境。但在操作过程中，对每个步骤都必须严格控制与细心管理，以防止局部故障而造成生产线的停顿。

2. 预浸法

预浸法是将纤维束通过浸胶、烘干和短切等工艺程序制成模压料的工艺方法，这种方法的特点是纤维呈束状、比较紧密。预浸法除手工预浸法外，一般都采用连续无捻粗纱。由于在备料过程中，纤维不需要受到捏合和蓬松、撕松过程的强力搅动，因而纤维的原始强度不会有严重的损失，这种方法制成的模压料体积小、使用方便、纤维取向性好、便于定向铺设压制成型。预浸法制备模压料的机械化程度较高、操作简单、劳动强度小、设备简单、便于制造、可连续化生产；但日产量比预混法小，而且只适用于连续纤维制品（如无捻粗纱）。为了有利于树脂对纤维束的快速渗透和纤维束之间在成型时的互溶性，对粗纱制品有特殊的要求，并且结带性要小。预浸法分手工预浸法和机械预浸法两种类型。

1）手工预浸法

以环氧酚醛—玻璃纤维模压料的手工预浸法为例，按环氧：酚醛为 60∶40 的质量比，分别称量树脂后进行混合，并用丙酮稀释树脂，使树脂溶液的相对密度在1.000~1.025范围内；将纤维剪切成定长纤维（一般为600~800mm），并进行分束；按树脂：纤维=40:60（质量比）分别称重，并将纤维在树脂胶液中预浸渍，然后使经浸渍的纤维在一对简易刮胶辊之间，人工牵引；在预浸过程中，需经常调节树脂溶液的黏度，并保证按比例称量的纤维和树脂同时耗尽；模压料在80℃烘箱中烘干20~40min；将烘干的模压料剪切成所需长度，并在塑料袋中封存，或在使用前取出模压料再进行切割。

2）机械预浸法

机械预浸法采用的设备有纤维预浸渍机和模压料切割机。预浸渍机的结构示意图见图2-5。纤维从纱架导出，经集束环浸胶槽浸渍；纤维经树脂浸渍后，通过刮胶辊进入第1、2级烘箱烘干，经烘干的预混料由牵引辊引出；采用冲床式物料切割机割引出的浸料。整个过程中，需要控制的主要参数有树脂溶液密度、烘干箱各级温度及牵引速度等。

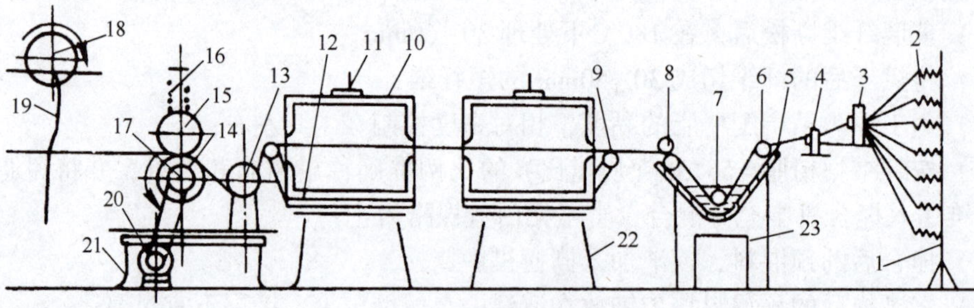

图2-5 预浸渍机的结构示意图

1—纱架；2—纱筒；3—瓷扣1（集束环）；4—瓷扣2（集束环）；5—浸胶槽；6—张力辊；7—浸胶辊；8—刮胶辊；9—张力轮；10—烘箱；11—温度控制仪；12—电热管；13—牵引张力辊；14—牵引机主动辊；15—压力辊；16—压力辊调整器；17—牵引机链轮；18—切割机轮；19—切割机；20—电动机；21—切割机支架；22—烘箱支架；23—浸胶机支架。

3. 浸毡法

浸毡法的工艺过程大体上和预浸法相同，所用的浸毡机结构原理也和预浸机大体相同。所不同的仅是浸毡法先将短切玻璃纤维均匀地铺洒在玻璃底布上，再用玻璃面布覆盖，然后使夹层浸胶、烘干，即得成品。其工艺流程：按环氧:酚醛为65:35的质量比准确称量并混合均匀，用工业酒精来调节胶液黏度，配好的胶液倒入浸毡机胶槽内；把经短切并蓬松的玻璃纤维均匀撒在玻璃底布（0.1mm×900.0mm）上，短纱密度为800g/m，然后用同样规格的玻璃面布覆盖；玻璃布夹层进入卧式浸毡机的胶槽进行浸渍。浸渍时间约为40s；经浸渍后的夹层毡进入烘干炉烘干。烘干条件是先在130℃下烘干20~25min，再于115~120℃下烘20min左右，即得制品。

2.1.2 短纤维模压料制备过程中主要控制的因素

在不同的备料工艺方法中，所需控制的参数有所不同。模压料的质量指标主要包括模压料的流动性、收缩性和压缩性。

短纤维模压料在制备过程中的主要控制因素有以下几个。

1. 树脂胶液黏度

在配制树脂溶液时，除了正确的配料计算和称量外，为使树脂能在纤维间均匀快速地渗透与附着，一般需在树脂中加入适量的溶剂来调节树脂黏度。树脂溶液黏度降低，有利于树脂纤维的渗透和减少纤维强度的损失。但若黏度过低，在预混过程中，反而会导致纤维的离析，影响树脂对纤维的附着，从而影响模压料质量指标控制。

2. 纤维的短切长度

在预混法生产模压料时，玻璃纤维不应切得过长，否则会导致物料缠结、不易撕松和烘干。通常，采用机械预混法时纤维切割长度为（30±5）mm，采用手工预混法时纤维切割长度为（40±5）mm。

3. 浸胶时间

在确保纤维均匀渗透的情况下，浸胶时间应尽可能缩短。尤其是在预混料制备过程中，过长的捏合时间会损失纤维的原始强度，溶剂过多挥发会增加浸渍工序的困难。

4. 烘干条件

模压料烘干的目的主要是去除溶剂等挥发物分，使树脂部分由A阶段向B阶段转化。更确切地说是取决于所用树脂的固化性能，在预混料烘干时，料层要铺放均匀，且料层不宜过厚。在预浸料的制备过程中，除了控制上述几个主要因素外，还需注意刮胶辊的位置、捏合机桨叶的形式，桨叶与捏合机壁的间隙、撕松机的结构和速度、牵引速度及纤维、张力等因素，以确保模压料质量的有效控制。

2.1.3　模压设备

液压机是模压成型的主要设备，其作用是提供模压工艺成型所需要的压力以及开模脱出制品的脱模力。液压机是由液体（油或水）来传递压力的设备，液压机一般由机身、工作油缸、活动横梁、顶出结构、液压传动机构和电气控制系统组成。

1. 液压机的分类

液压机按机身结构分为框架式和三梁四柱式，如图2-6所示。框架式液压机机身由槽钢将上横梁、下横梁焊接成一个框架，或者整体铸造。三梁四柱式液压机机身是由上横梁、动横梁、下横梁及4根立柱构成一个封闭的机身。

液压机按油缸部位和压力方向分为上压式和下压式。上压式液压机的油缸在液压机上部，动横梁受油缸活塞推动从上往下加压，下横梁作为工作台固定不动。下压式液压机的油缸在液压机下部。上横梁固定不动，而下横梁受油缸活塞推动从下往上加压。此类液压机上、下两根横梁，整机重心低，稳定性好。

此外，液压机按控制方式分类，可分为手控、半自动及自动式等。液压机按应用领域可分为各种专业应用液压机。液压机按最大压力可分为小型、中型、大型及超大型液压机等。

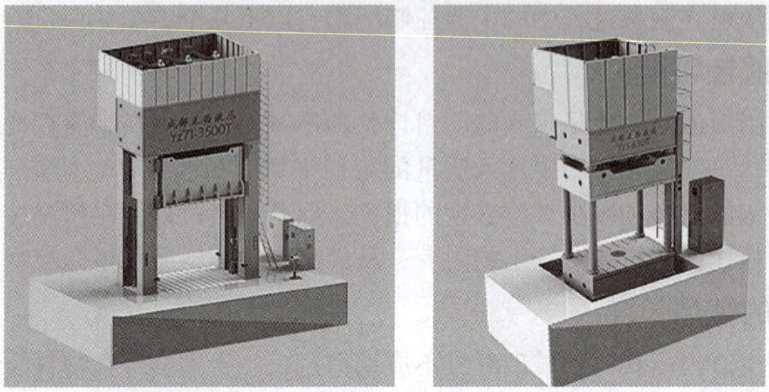

(a) 框架式液压机　　(b) 三梁四柱式液压机

图 2-6　常见液压机的机身结构

2. 液压机的性能参数

1）压力

（1）公称压力（p_c）。液压机标牌或说明书中所示的公称压力，是液压机的最大计算压力。

（2）最大使用压力（p_s）。液压机实际施加于模具的压力。

（3）液压机效率（f）。一般在 85%以上。经常检查液压机的效率是非常重要的。

（4）最大回程压力（p_w）。在没有顶出油缸的液压机中，常利用回程压力来顶出制品。

（5）最大顶出压力（P_T）。利用液压机回程压力带动顶出机构时的压力。

2）液压机的最大及最小成型压力

液压机所能产生的最大成型压力，是随制品受压投影面积的减少而增加，理论上没有限制。实际上不允许成型压力过大以免损坏模具和压机工作台面。有的规定常用液压机最大成型压力不允许超过 80MPa。最小成型压力也是考核液压机性能的一项指标。

3）运行速度

一般上压式液压机都采用双作用式油缸，活塞运行速度有下行运行速度、回程（上行）运行速度、差压下行运行速度。差压下行运行速度是液压机作差压下行时，将油缸下部的油液压入油缸上部的运行速度。

液压机空负荷运行时，要求运行速度快以提高生产率；模具闭合时，要求运行速度慢，使模压料较好地流动；模压时，要求液压机不动作，以便在一定时间内保持一定成型压力（保压）。

3. 液压机的选型

采用液压机成型复合材料制品时，一般应考虑以下因素。

（1）液压机吨位。在选择成型 BMC 制品的液压机时，应按照制品最少承受 7MPa 的单位压力来选择压机的最小吨位。而对于模压料需横向流动的偏心制品或深度尺寸大的制品，液压机吨位可以按照制品投影面积承受高达 21～28MPa 的单位压力来计算液压机吨位。

（2）液压机行程。液压机行程是指液压机活动横梁可移动的最大距离。液压机行程应满足：当模压时能对模具施压；脱模时能从模具中取出制品。液压机的最小量程应不小于 960mm，相应的液压机开挡尺寸为 1200mm。对于大型液压机而言，以上尺寸都要相应增大。

（3）液压机台面尺寸。液压机工作台面尺寸适宜。模具宽度应小于液压机立柱或框架之间距离，使压模能顺利进入液压机模板。压模的最大外形尺寸不宜超过模板（工作台面）尺寸，以便于压模安装固定。液压机上、下模板多设有 T 形槽，槽开设方向或对角线交叉或平行。压模的上、下模可用螺栓分别固定在上、下模板上。对于小吨位液压机，其台面尺寸应为 750mm（从左到右）×960mm（从前到后），较大吨位的液压机，其台面尺寸最小应为 1200mm（从左到右）×9600mm（从前到后）。

（4）液压机台面精度。当液压机的最大吨位全部均匀地施加于 2/3 台面的面积上时，活动横梁和液压机台面被支撑在四角支座上时，其平行度为 0. 025mm。

（5）液压力增长。当压力从零增长到最大吨位时，所需要的时间最长为 5s。

（6）液压机速度。液压机速度可用两速制和三速制。采用两速制时，高速推进速度为 7500mm/min，慢速闭合时，速度为 0~250mm/min，其间速度可以调节。采用三速制时，高速推进速度为 10000mm/min，中速推进速度为 2500mm/min，慢速闭合时，速度为 0~375mm/min，其间速度可以调节。

2. 1. 4　模压成型工艺过程

模压成型工艺过程包括压制前的准备、模压成型过程和制品后处理 3 个阶段，其工艺过程如图 2-7 所示。

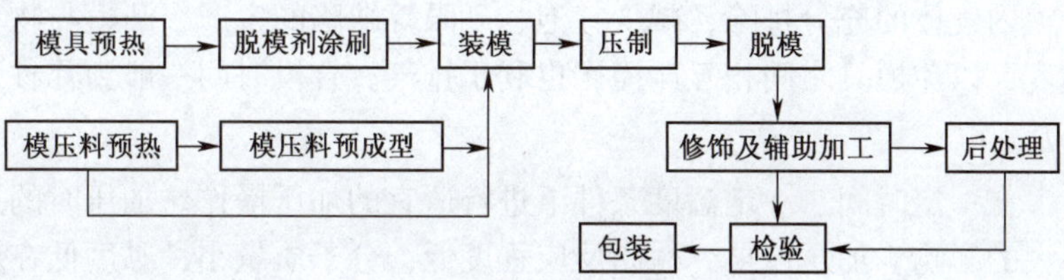

图 2-7　模压成型工艺过程

1. 压制前的准备

热固性模压料在压制前应对其进行预热和干燥处理，有时还要进行预压处理。

（1）预热与干燥。在压制前将模压料于烘箱或红外线加热炉中加热，去除水分和其他挥发分，可以提高固化速度，缩短压制周期；增进固化的均匀性，提高制品的物理力学性能，提高模压的流动性。

（2）预压。预压是将松散的粉状或纤维状模压料预先用冷压法压成质量一定的密实体，采用预压作业可提高生产效率、改善劳动条件，有利于产品质量的提高。

（3）涂刷脱模剂。在模压成型工艺中，除使用内脱模剂外，还在模具型腔表面上涂刷外脱模剂，常用的有油酸、石蜡、硬脂酸、硬脂酸锌、有机硅油、硅酯和硅橡胶等。所涂刷的脱模剂在满足脱模要求的前提下，用量尽量少些，涂刷要均匀。一般情况下，酚醛型模压料多用有机油、油酸、硬脂酸等脱模剂，环氧或环氧酚醛型模压料多用硅酯和有机硅油脱模剂，聚酯型模压料多用硬脂酸锌、硅酯等脱模剂。

2. 模压成型过程

首先将模具装上压力机并进行预热。若制品带有嵌件，在加料前应将其放入模具型腔内一起加热。模压成型过程一般可分为装料、合模、加压、排气、固化和脱模等几个阶段。

1）装料

在模压成型中，向模具中加入制品所需用的模压料的过程称为装料，装料的关键是要控制好所加物料的量，它直接影响制件的密度和尺寸精度。对于不同尺寸模压制品要进行装料量的估算，以保证制品的几何尺寸的精确，防止物料不足造成的废品，或者物料损失过多而浪费材料。装料量按估算结果，经试压后确定。常用的估算方法如下。

（1）形状、尺寸简单估算法。将复杂形状的制品简化成一系列简单的标准形状，进行装料量的估算。

（2）密度比较法。对比模压料制品及相应制品的密度，已知相应制品的体积，即可估算出模压制品的装料量。

（3）注型比较法。在模压制品模具中，用树脂、石蜡等注型材料注成产品，再按注型材料的密度、质量及制品的密度求出制品的装料量。

2）合模

装料完成后将模具闭合，即通过压力机的压力将模具闭合。在凸模未接触物料前应尽量使合模速度加快，避免物料过早固化和过多降解，缩短模压成型周期。上模下行要快，在与模压料将要接触时，其速度要放慢。下行快，有利于操作和提高效率；合模要慢，有利于模内气体的充分排除，减少气泡、砂眼等缺陷的生产。凸模与物料接触后可放慢合模速度，以免模具之间相互碰撞，也利于排气。合模时间一般为几秒到几十秒。

3）加压

合模后，在一定时间、一定温度条件下进行适宜的加压操作。加压时的选择对制品的质量有很大的影响。加压过早，树脂反应程度低，分子质量小，黏度低在压力下易流失，在制品中产生树脂集聚或局部纤维裸露；加压过迟，树脂反应程度高，黏度大，物料流动性差，难以充满模腔，形成废品。通常快速成型不存在加压时机的选择。

4）排气

热固性模压料在成型过程中会放出水蒸气、低分子挥发物以及交联反应的体积收缩产生的气体。为了保证制品的密实性，避免制品产生气泡、分层现象，在模压过程中需要卸压，让凸模适当抬起以排除模腔中的气体。排气不但可以缩短固化时间，还有利于提高制件的性能和表面质量。一次性模压成型的排气次数为1~3次，时间为3~20s。

5）固化

热固性模压料模压成型过程中需要经过交联反应才能固化成型，这个过程称为固化或硬化。模压料固化程度与模压料的品种、模具的温度、成型压力以及固化时间有关。通常压缩酚醛塑料制品的热烘温度为90~150℃，时间在几小时到几十小时。模内固化的时间，一般是针对不同的物料品种由实验或试模决定，过长或过短对制品的性能都不利。

6）脱模

当制件固化完成后，压力机便可卸压回程，打开模具，通过推出机构将制件推出模具外，有侧向型芯的应先抽侧型芯再脱模。

3. 制品后处理

制品后处理是指将已脱模的制品在较高温度下进一步加热固化一段时间，其目的是保证树脂完全固化，提高制品的尺寸稳定性和电性能，消除制品的内应力，减少制品的变形。制品后处理温度一般比成型温度高 10~50℃，对于壁厚和壁厚差较大的制件采用低温和较长时间为宜；对于形状复杂、薄壁、面积大的制件，为防其变形，后处理时可用夹具固定。

在模压制品定型出模后，为满足制品设计要求还应建立毛边打磨和辅助加工工序。毛边打磨是去除制品成形时在边缘部位的毛刺飞边，打磨时一定要注意方法和方向，否则很有可能把与毛边相连的局部打磨掉。

对于一些结构复杂的产品，往往还需进行机械加工来满足设计要求。模压制品对机加工是很敏感的。如加工不当，很容易产生破裂、分层。

2.1.5　模压成型工艺参数

模压成型的工艺参数主要有模压成型压力、模压成型温度和模压成型时间。

1. 模压成型压力

模压成型压力是指压力机通过凸模施加在制件分型面单位投影面上的压力，简称成型压力。成型压力能够使物料流动充模，提高制件的密度和内在质量，克服塑料树脂在成型过程中的胀模力，使模具闭合，保证制件有稳定的形状尺寸，减少飞边，防止变形，但成型压力过大会降低模具的寿命。

成型压力的选择取决于以下两个方面的因素。

（1）模具料的种类及质量指标。如酚醛模压料的成型压力一般为 30~50MPa，环氧酚醛模压料的成型压力为 5~30MPa。

（2）制品的结构、形状、尺寸。对于结构复杂、壁厚较厚的制品，其成型压力要适当增加。外观性能及平滑度要求高的制品一般也选择较高的成型压力。

2. 模压成型温度

模压成型温度是指模压成型时所需的模温。模压温度主要包括装模温度、升温速率、成型温度、保温时间以及降温。

1）装模温度

装模温度是指将物料放入模腔时模具的温度，它主要取决于物料的品种和模压料的质量指标。一般地，模压料挥发分含量高，不溶性树脂含量低时，装模温度较低；反之，要适当提高装模温度。制品结构复杂及大型制品装模温度一般宜在室温与 90℃之间。

2）升温速率

升温速率是指由装模温度到最高压制温度的升温速率。对于快速模压工艺，装模温度为压制温度，不存在升温速率问题。而慢速模压工艺，根据模压料种类的不同，应慎重选择升温的速率。由于模压料本身导热性差，升温过快，在制品中易造成内外固化不均匀而产生内应力，影响制品强度。升温过慢又降低生产效率。

3）成型温度

树脂在固化过程中会放出或吸收一定的热量，根据放热量可判断树脂缩聚反应的程度，从而为确定成型温度提供依据。一般情况下，先取一个稍大于树脂固化温度的温度范围，再通过工艺—性能试验选择合理的成型温度。成型温度与模压料的品种有很大关系。成型温度过高，树脂反应速度过快，物料流动性降低过快，常出现早期局部固化，无法充满模腔；成型温度过低，制品保温时间不足，则会出现固化不完全等缺陷。

4）保温时间

保温时间是指在成型压力和成型温度下保温的时间，其作用是使制品固化完全和消除内应力。保温时间的长短取决于模压料的品种、成型温度的高低和制品的结构尺寸和性能。

5）降温

在慢速成型中，保温结束后要在一定压力下逐渐降温，模具温度降至60℃以下时，方可进行脱模操作。降温方式有自然冷却和强制降温两种。快速压制工艺可不采用降温操作，待保温结束后即可在成型温度下脱模，取出制品。

3. 模压成型时间

模压成型时间与模压料的种类（树脂种类、挥发物含量等）、制件形状、模压成型的工艺条件（温度、压力）以及操作步骤（是否排气、预压、预热）等有关。模压成型温度升高，制件固化速度快，所需模压成型时间减少；模压成型压力增加也会使成型时间减少，但没有像升高温度那么明显。另外，模压成型时间还会随制件壁厚的增加而增加。

模压成型时间的长短对制件的性能影响很大。模压成型时间过短，制件硬化不足（欠熟），外观质量差，力学性能下降，易变形；适当增加模压成型时间，可减少制件收缩率，提高其耐热性和其他物理、化学性能；但模压成型时间过长，不仅会降低生产率，还会使制件收缩过多，内应力增加，制件容易破裂。一般酚醛模压料压缩时间为1~2min，有机硅模压料为2~7min。

【任务实施】

BMC绝缘子压制成型时，是将一定量准备好的BMC模压料放进已经预热的钢制压模中，然后以一定的速度闭合模具；BMC模压料在压力下流动，并充满整个模腔；在所需要的温度、压力下保持一定的时间，待其完成物理和化学作用过程而固化、定型并达到最佳性能时开启模具，取出制品。

1. BMC的制备

BMC的制备采用机械预混法制备，在捏合机中各部分原料的混合分两步进行。首先将树脂、颜料、引发剂及填料充分混合，然后加入增强材料。在增强材料加入之前，混合时间不能太长，混合强度不能太大。而加入增强材料后，混合时间仅需要保证其均匀分布即可。

1）典型的混合程序

（1）在同一容器中，将引发剂和氧化镁加入已经混合好的树脂中搅拌 10min；

（2）将填料加入容器中，搅拌 10min；

（3）加入增强材料后捏合 5min；

（4）挤压或按需要保持松散状态；

（5）增稠 24 h 后可以使用。

2）混料工艺中影响因素的控制

（1）树脂体系的黏度。树脂体系的黏度应控制在一定范围内，以使其对增强材料的离析倾向的影响最小。就成型过程而言，为防止因某一种组分优先流动而导致产品产生孔穴和不均匀现象，树脂糊体系应具有较高的黏度。但是对混合过程而言，过高的黏度会造成制品的浸渍效果变差，影响其力学性能。

（2）增强材料的类型和长度。常用的增强材料为玻璃纤维增强材料。玻璃纤维具有较高的机械强度和低吸水率，但是在混合过程中容易产生纤维离析的现象。为减少此种倾向，混合器的桨与壁间隙至少不低于 6. 4mm。纤维的类型对制品的性能也具有很大的影响。高集束性纤维在混合过程中保持高的集束性，并且制备的预混料的拉伸强度尤其是熔接痕处的拉伸强度比普通纤维提高 50%。中集束性纤维在混合过程中的损伤少，但制品的成型工艺性能及表面性能差。

（3）加料顺序。混合时各组分的加入顺序和每次加料后的混合时间非常重要。加料不能太快以免混合不均匀，也不能太慢，以免引起纤维和材料的破坏，从而降低材料的强度。混合也不能过早地停止，以免混合物中存在未浸渍纤维，从而影响制品的表面质量。玻璃纤维一般在其他成分混合好后才均匀而缓慢地加入，而不是同时加入混合器中。较好的方法是采用机械供给器，使玻璃纤维均匀地分布在混合器的整个区域内。

（4）混合温度。热混合可以改善混合工艺，提高制品强度。在热混合过程中，所有的组分都是温热的。树脂和填料的温度在 49 ~ 54℃。玻璃纤维的预热温度为 66℃，并且少量分批加入混合器中。

（5）混合时间。混合时间对制品的力学性能有明显的影响。增加混合时间将会降低制品的力学性能。如对纤维含量为 35% 的高集束纤维进行热分散时，混合时间由 5min 延长到 13min、30min 时，制品的弯曲强度分别从原来的 113MPa 降低至 83. 3MPa、65MPa。

2. BMC 压制成型过程

BMC 压制成型过程如图 2-8 所示。

1）装料量的称量

一般来说，首先要知道所压制制品的体积和密度，再加上毛刺、飞边等的损耗，然后进行装料量的计算。

2）模具的预热

模具预热的温度与所压制的 BMC 模压料的种类、配方、制品的形状及壁厚、所用成型设备和操作环境等都有关系。应注意的是，在模温未达设定值并均匀时，不要向模腔中投料。

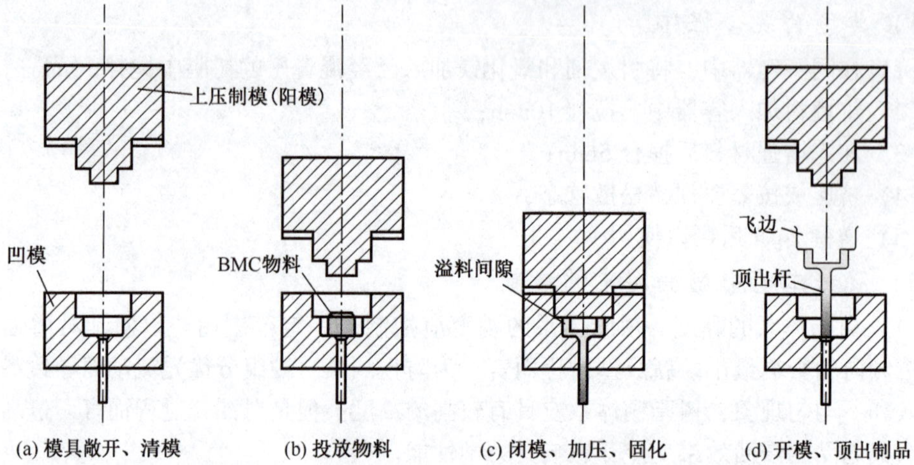

图 2-8　BMC 压制成型过程

3）嵌件的安放

需要设置嵌件时，则在装料、压制前应先将所用的嵌件在模腔中安放好。嵌件应符合设计要求，如果是金属嵌件，在使用前还需要进行清洗。对于较大的金属嵌件，在安放之前还需要对其进行加温预热，以防物料与金属之间的收缩差异太大而造成破裂等缺陷。

在同一模腔中，如安放不同类型、不同规格的嵌件，还应认真地检查嵌件的安放情况。嵌件的错位不但会产生废品，更严重的是有可能损坏型腔。总之，嵌件应安放到位、准确并紧固可靠。

4）装模

将称量好的整块（团）BMC 模压料投放到压模型腔的中心位置上，装模操作时还应考虑以下几个问题。

（1）所投放的 BMC 模压料的温度一般应在 15℃以上；

（2）应根据压制时能获得最短的流动路径来选择投放物料的位置，最好是保证物料能同时到达模腔的各个角落，对于有可能出现物料滞留或“死角”的地方可预先在该处投放物料；

（3）通用 BMC 模压料在 150℃时所需的固化时间还不到 1min/mm，因此投料应迅速；

（4）对于形状比较复杂的制品，可先将物料预压成与制品相似的坯块，这样可以避免压制出的制品在凸出的部位上出现缺料或产生熔接线等问题；

（5）切忌将物料松散地投满模腔，这不利于压制时顺利地将气体排出、减少制品起泡。

5）闭模、加压加热和固化

当完成向模腔内投料以后，则进行闭模压制。由于 BMC 模压料的固化速度非常快，而且为了缩短成型周期，防止物料出现过早固化（局部的过早固化会影响压制物料的流动），在阳模未触及物料前，应尽量加快闭模速度；而当模具闭合到与物料接触时，为避免出现高压对物料和嵌件等的冲击，并能更充分地排除模腔中的空气，此时应放慢闭模速度。

（1）成型压力。对于大多数的 BMC 模压制品来说，3.5~7.0MPa 压力已经足够了；但对于不溢式压模和表面要求比较高的制品，有时可能要用到 14MPa 的成型压力。

（2）成型温度。BMC 的压制成型温度是十分重要的工艺参数。成型温度的高低与物料的类型、配方（组分）、所使用的成型压力、制品的复杂程度及壁厚、收缩的控制、流动条件以及有无预热等都有关。一般来说，希望制品能留在其上的该半模的温度应低为 5~15℃。

（3）固化时间。若根据制品的厚度来选定固化时间，那么一般来说，制品的壁厚为 3mm 时，固化时间约为 3min；壁厚为 6mm 时，固化时间为 4~6min；壁厚为 12mm 时，固化时间为 6~10min。

（4）合模速度。由于 BMC 具有快速固化的特性，因此，向模腔投放物料后可以马上进行快速合模成型。一般来说，整个合模过程应在 50s 内完成。

6）开模及脱模（顶出制品）

当制品完全固化后，为减少成型周期，应马上开模并脱出制品。如果制品的形状比较简单，而且模具的脱模斜度、模腔的表面光亮度等都比较合适，则制品的脱模不会有什么困难。对于形状比较复杂的制品，脱模的难度有可能提高。

7）制品的后处理

BMC 的成型收缩率很小，制品因收缩而产生翘曲的情况并不严重。对于有些制品如出现上述现象，可采取将其置于烘箱中进行缓慢冷却的方法来消除。

8）制品的修整

由于 BMC 模压制品往往都会产生一些飞边与其连在一起，需要将其除去。飞边的最大厚度应该限制在 0.1mm 的范围内，操作者可以在闭模固化的间隔时间里用锉刀片、修饰砂带、压入棒等工具将制品上的飞边和孔洞等进行清理，小的制品通常都用滚轮磨边机来清除飞边。

9）模具的清理

制品脱出后，应认真地清理模具。首先应把残留在模具中的 BMC 碎屑、飞边等杂物全部清理干净，特别是应将渗入模腔结合面各处间隙中的物料彻底清除，否则不但会影响制品的表面质量，而且会影响模具的开合和排气。

清理模具一般要采用压缩空气、毛刷和铜质的非铁工具，目的是在清理时不会损伤模腔表面。模具清理后对于容易出现黏模的地方可涂刷一定量的脱模剂，然后再仔细地检查模腔内是否还有其他外来物存在，当做完上述工作后，即可进入下一个工序。

3. BMC 压制工艺特点

（1）浪费料量少，通常只占总用料量的 2%~5%，实际的物料损耗量还取决于所成型制品的形状、尺寸及复杂程度。

（2）在成型过程中，BMC 模塑料虽然含有大量的玻璃纤维，但是不会产生纤维的强烈取向，故制品的均匀性、致密性较高，而残余的内应力较小。

（3）在加工过程中，由于填料和纤维很少断裂，故可以保持较高的力学性能和电性能。

（4）在压制时由于其流动长度相对来说较短，故模腔的磨蚀也不严重，模具的保养成本也较低。

（5）与注射成型相比，其所采用的成型设备、模具等的投资成本较低，因此整个制品的成型成本也较低。

任务2.2　SMC电能计量箱模压成型

【任务描述】

利用片状模塑料生产制造电能计量箱如图2-9所示，浙江天顺玻璃钢有限公司利用模压工艺制备的电能计量箱在国家电网中广泛应用。根据电能计量箱用SMC配方制备SMC原料，参考生产工艺过程完成制品制备并进行后处理。

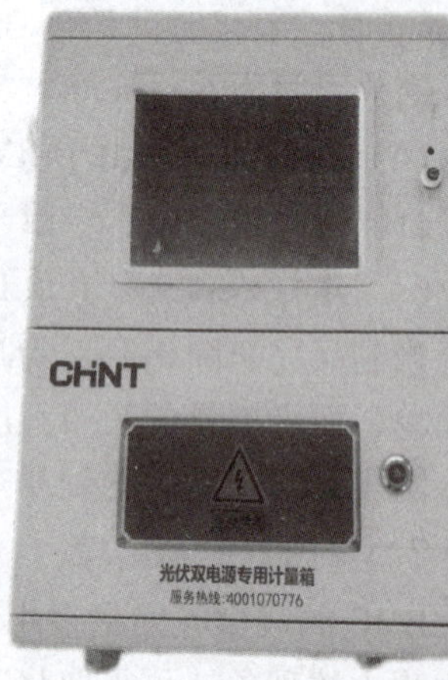

图2-9　SMC电能计量箱

【知识链接】

片状模压料（sheet molding compound，SMC）是用不饱和聚酯树脂、增稠剂、引发剂、交联剂、低收缩添加剂、填料、内脱模剂和着色剂等混合成树脂糊浸渍短切纤维粗纱或玻璃纤维毡，并在两面用聚乙烯或聚丙烯薄膜包覆起来形成的片状模压料。使用时除去薄膜，按尺寸裁剪，然后进行模压成型。

SMC作为一种发展迅猛的模压料，重现性好，制造不易受操作者和外界条件的影响，操作处理方便，操作环境清洁、卫生，大大改善了劳动条件；SMC模压成型所得制品表面粗糙度高；生产效率高，成型周期短，成本低，易实现机械化和自动化。

2.2.1　SMC模压料的制备

SMC生产工艺流程主要包括树脂糊制备、纤维切割、沉降及浸渍、树脂稠化等过程。如图2-10所示为SMC生产工艺流程图。

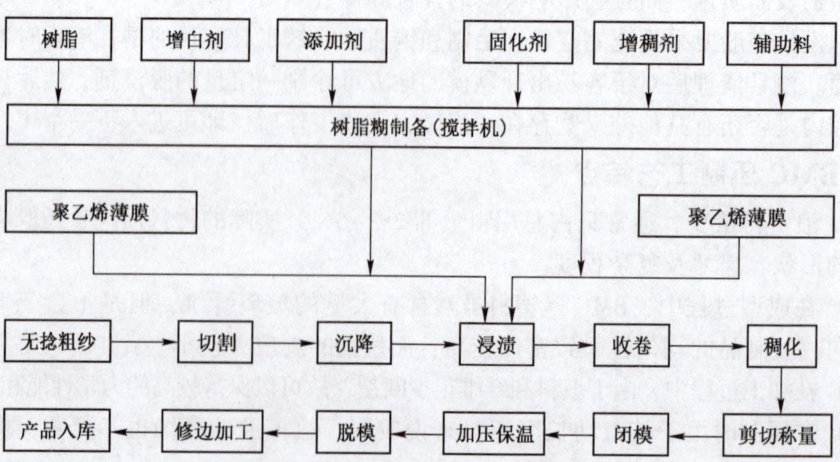

图2-10　SMC生产工艺流程图

1. 树脂糊的制备及上糊操作

树脂糊的各组分在涂敷于 SMC 成型机承受模上之前，必须预先进行严格计量和充分混合。树脂糊的制备方法有以下 3 种。

1）批混合法

批混合法将除增稠剂外的各组分计量后先进行混合，再通过计量和混合泵加入 MgO 增稠剂，保证每批树脂糊的增稠时间均一。用批混合法制成的树脂糊的储存寿命受增稠时间的限制，一般增稠剂加入后，通常在 30min 内使用完。时间过长树脂开始快速增稠影响玻璃纤维浸渍。但设备造价低，适用于小批量生产。

2）连续混合法

连续混合法是将树脂糊分为两部分单独制备，然后通过计量装置进入静态混合器。混合均匀后连续喂入 SMC 成型机的上糊区。在双组分配制中，A 组含有树脂、引发剂和填料，B 组分含有惰性聚酯或其他载体、增稠剂和少量作悬浮体中的填料。

3）批混合/连续混合法

该工艺的特点是用两个混料釜系统混合。一个混料釜装不饱和聚酯树脂、低收缩添加剂、引发剂、脱模剂和填料，一个混料釜装载体树脂、着色剂、增稠剂。生产时，用计量泵通过混合器进行混合。

2. 玻璃纤维的切割与沉降

SMC 用短切玻璃纤维将连续玻璃纤维引入三辊切割器切割成要求长度。连续玻璃纤维经切割器切成短切玻璃纤维，依靠其自重，在沉降室中自然沉降。为使沉降均匀，在切割器下可设置打纱器或吹入空气。整个切割器的长度应大于片材的幅宽，可根据工艺要求设置切割器。粗纱的切割速度一般以 80~130m/min 为宜，速度过慢粗纱分散性不好，过快易产生静电。解决静电效应的措施是严格控制切割区温度和湿度；粗纱浸润剂中加入抗静电剂；设备上安装粗纱静电消除器等。

3. 浸渍和压实

在 SMC 成型中，浸渍过程的目的是使树脂浸透纤维、驱赶气泡、使片材压紧。浸渍、脱泡、压实主要靠 SMC 机组中各种辊及片材自身所产生的弯曲、延伸、压缩和揉捏等作用实现。为使纤维被树脂浸透、驱赶气泡和使片压模塑料压实成均匀的厚度。一般机组中有两种浸渍压实结构，即多辊筒的环槽压辊式和输送带的弯曲双带式。如图 2-11 和图 2-12 所示。当片材从这些辊的上部、下部及周围经过时，将树脂糊和短切玻璃纤维紧紧压在一起，经过多次反复，使短切玻璃纤维浸渍树脂并赶走其中的气泡，形成密实而均匀的连续 SMC 片材。

4. 收卷与稠化

收卷装置的作用，就是将经过浸渍的 SMC 收集成卷。对于试验性机组或小批量生产机组，一般采用双轴双位转台式收卷装置，这种装置可在生产过程中实现换卷。SMC 从成型机卸下后，要经过一定时间熟化，当黏度达到模压黏度范围并稳定时，才能交付使用。如果 SMC 在室温下存放，熟化需 1~2 周。为使其尽快达到模压黏度，多采用加速稠化的方法。稠化条件为 40~50℃下在稠化室处理 24~36h。目前，也有人在 SMC 机组上增设增稠区域或采用一些新型的增稠剂，SMC 制备成片材后即可进行压制。

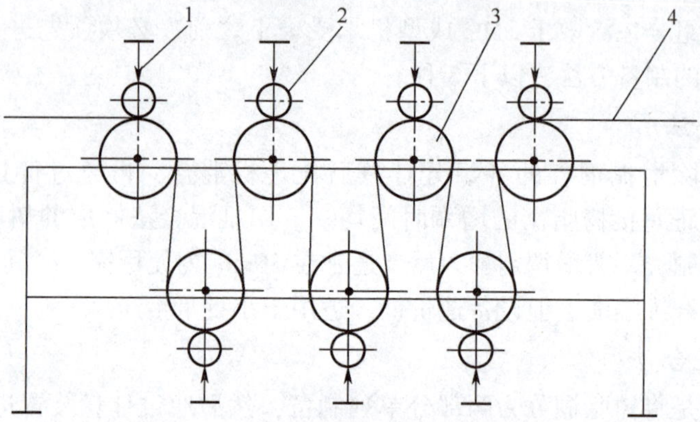

图 2-11　多辊筒的环槽压辊式浸胶装置

1—压簧；2—螺纹辊；3—光辊；4—SMC 片材。

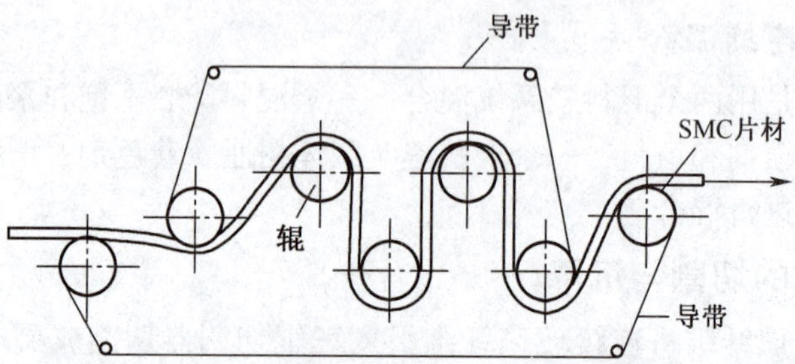

图 2-12　输送带的弯曲双带式浸胶装置

5. 存放

SMC 片材的储存期与其储存状态和条件有关。为防止 SMC 中苯乙烯挥发，存放必须用非渗透性薄膜密封包装。环境温度对 SMC 片材的储存期有明显的影响。在密封状态下环境温度 15℃以下储存期一般为 3 个月，如在 2～3℃下保存，储存寿命可达 6 个月。片材的储存期也与配方有关。如在配方中加入阻聚剂，储存期就会增长一些。

2.2.2　SMC 专用模压设备

SMC 多用来制造大型薄壁或结构不规则的高深度制品，所需成型压力和温度较低，但成型时间短，需要在一定程度上控制流程状态，因此针对 SMC 制品的成型特点出现了专用的 SMC 液压机。SMC 专用液压机总压力高，工作台面大，活塞空载运行速度高，并具有多种加压速度，对上、下工作台面的平行度和刚度要求高。

SMC 专用压机可分为两种：一种是成型小型制品（相比一般的 BMC 制品而言要大一些）用的压机；另一种是成型大、中型制品用的压机。由于 SMC 材料本身的特点以及它最大的应用领域汽车工业的独特要求，因此对 SMC 成型压机的要求更加严格。SMC 尤其适合生产表面积很大的薄壁制品，因而要求压机必须有“三大”：即大工作台、大工作行程和大的吨位；同时，必须有良好的刚性，能承受较大的偏心载荷，以及精密地确保压机台面平行度的控制装置，以保证材料在高温成型过程中，上、下模具始终保证有理想的平行度，从而使制品厚度在一定范围内仍保持均匀。

目前，SMC 专用压机一般具有以下特点。

（1）压力不高，工作台面大。SMC 制品要求单位面积成型压力较低，但工作台面积大。表 2-1 列出了 15000(kN)SMC 压机性能，台面尺寸至少为 3.0m×2.0m，压机吨位按台面面积乘以 4.2~5.6MPa。

表 2-1　15000(kN)SMC 压机性能

压力/kN		活塞行程/mm	最大开启高度/mm	工作台面积/mm	动横梁运行速度/(mm/s)					油泵型号	电动机功率/kW
最大公称压力	最大顶模压力				下降	预压	加压	顶出	回程		
15000	3000	1800	2500	3000×2000	250	31	5.0~0.5	20	165	B2740	110
		2000	3000	3500×2000							220
		2500	3500	4000×2500							

（2）SMC 压机的开档一般都比较大，某些大型制品的开档甚至可达 2.5m。

压机开档是指压机工作台和活动横梁之间的全开距离。一般可根据模具闭合高度与预定压制的最深制品高度尺寸和的 2 倍来确定。

（3）压机行程至少为预定压制的最深制品高度尺寸的 3 倍。SMC 压机的行程一般在 1.5~2.0m。

（4）SMC 成型时间短，为避免合模前物料局部固化，空载运行速度要高，可达到 200~300mm/s，比普通液压机高 4~6 倍。

（5）新型 SMC 模压设备还具有下列功能：微机控制，控制系统分开环、闭环两种，能自动调节液压机上、下台面平行度；下台面装置导轨，便于压制大型制品时装料及脱模取出制品；进料出模全自动。

此外，液压机还必须具备和满足模压工艺的温度制度、压力制度以及运行速度的要求。

2.2.3　模压成型模具

1. 模压成型模具的结构

模压成型模具又称压缩模，典型的压缩模结构如图 2-13 所示，分为上模和下模两大部分。上模装在压机的上工作台面或滑块端面上，下模固定在压机的下工作台面上。上、下模闭合形成型腔，上、下模分离，利用推出装置将制件推出模外。

根据压缩模具各部分的作用，将其细分为以下几个部分。

1）成型零件

直接成型制品的零件，即构成模具型腔的零件。图 2-13 中模具的成型零件由上型芯 3、下型芯 8、型芯 7、型腔 4 和侧型芯 18 等构成。压缩模型腔不仅有成型制品的作用，而且在加料时还能和加料腔一起起装料的作用。

2）加料腔

型腔上部一段装填模压料的空腔。图 2-13 中型腔 4 的上半部分，即凹模断面尺寸扩大部分为加料腔。由于模压料和制品相比具有较大的体积，成型前单靠型腔往往无法容纳所需的全部原料，因此许多压缩模在型腔之上设有一段加料腔。

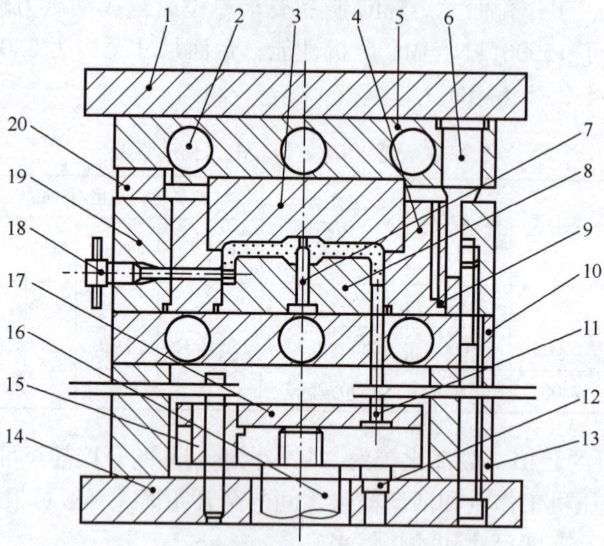

图2-13　典型的压缩模结构

1—上模座板；2—加热孔；3—上型芯；4—型腔；5、10—加热板；6—导柱；7—型芯；8—下型芯；9—导套；11—推杆；12—挡钉；13—垫块；14—下模座板；15—推板；16—拉杆；17—推杆固定板；18—侧型芯；19—型腔固定板；20—承压板。

3）导向机构

图2-13中导向机构由布置在模具上模周边的4根导柱6和装在下模的导套9组成。导向机构用来保证上、下模合模时的对中性。为了保证脱模机构平稳运动，该模具在下模座板14上还设有垫块13以及2根推板导柱，推板上则配置了相应的导套。

4）侧向分型抽芯机构

当制品带有侧孔或侧凹时，模具应设有侧向分型抽芯机构。图2-13中制品带有侧孔，在制件脱模前须先将侧型芯18抽出。

5）脱模机构

开模时脱出制品的机构。图2-13中脱模机构由推杆11，拉杆16，推板15等零件组成。

6）加热装置

热固性模压料压制成型需在较高的温度下进行，因此模具必须加热。图2-13中加热装置由加热板5、10组成，分别对凸模、凹模进行加热，加热板上的圆孔中插入电加热棒。

7）其他结构零件

除了上述各类功能件之外，还有起连接、固定、支承等作用的满足模具结构要求的结构零件，如固定板、支承板、连接螺钉等。

2. 模压成型模具的分类及特点

压缩模的分类方法很多，可按模具在压机上的固定方式分类，也可按压缩模的上、下模配合结构特征分类，还可以按型腔数目多少、分型面特征、制品推出方式等分类。

1）根据模具在压机上的固定方式分类

压缩模根据模具在压机上的固定方式分为移动式压缩模、半固定式压缩模以及固定式压缩模。

（1）移动式压缩模。移动式压缩模如图 2-14 所示。这种压缩模的特点是：模具不固定在压机上，成型后移出压机，用开模工具（如卸模架）开模，取出制品。因此结构简单、制造周期短。但由于加料、开模、取件等工序均为手工操作，模具易磨损、劳动强度大，所以模具质量不宜超过 20kg。它适用于压制批量不大的小型制品以及形状复杂、嵌件较多、加料困难的制品。

（2）半固定式压缩模。半固定式压缩模如图 2-15 所示，一般将上模固定在压机上，下模可沿导轨移动，用定位块定位；也可按需要采用下模固定的形式，合模时靠导向装置导正定位。成型、开模后移出下模或上模，用手工或卸模架取件。该结构便于安放嵌件和加料，降低劳动强度，当移动式模具过重或嵌件较多时，为便于操作，可采用此类模具。

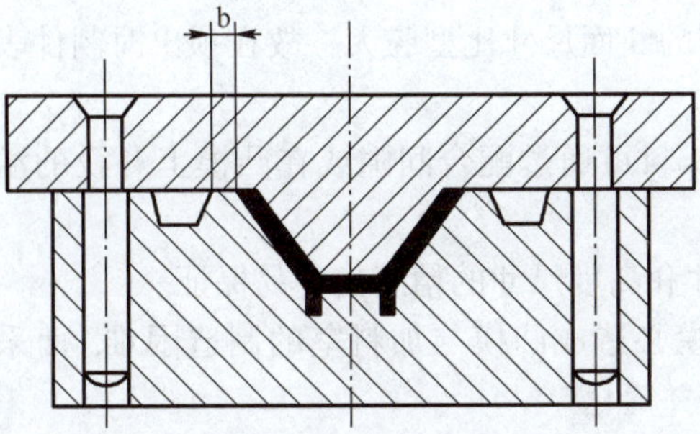

图 2-14　移动式压缩模

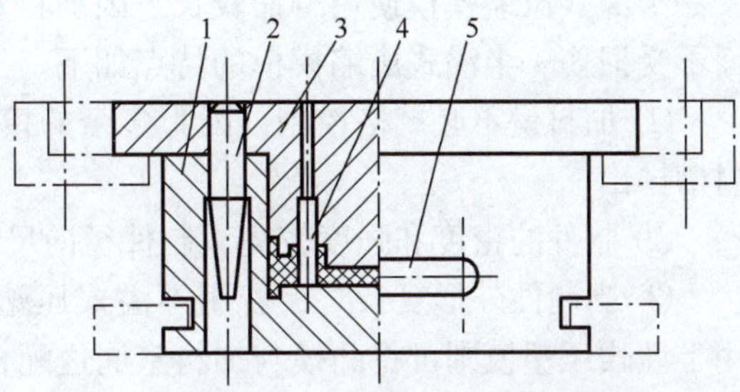

图 2-15　半固定式压缩模

1—凹模；2—导柱；3—凸模；4—型芯；5—手柄。

（3）固定式压缩模。固定式压缩模如图 2-16 所示，上、下模都固定在压机上，开模、合模、脱模等工序均在机内进行，生产效率高，操作简单，劳动强度小。模具寿命长，但结构复杂，成本高，安放嵌件不方便。适用成型批量较大或尺寸较大的制品。

2）按上、下模配合结构特征分类

压缩模根据压缩模上、下模的配合结构特征可分为溢式压缩模、半溢式压缩模和不溢式压缩模。

（1）溢式压缩模（敞开式压缩模）。溢式压缩模如图 2-17 所示。这种压缩模无加料腔，型腔可加料，型腔总高度 h 基本上就是制品高度。由于凸模、凹模闭合后为型腔，凸模、凹模无配合部分，完全靠导杆定位，故压缩成型时，制品的径向壁厚尺寸精度不高。压制时过剩的模压料从分型面溢出，宽度为 B 的环形面积是承压面（溢料面），因其宽度比较窄，可减薄制品的飞边。

用溢式压缩模成型的制件密度较低，强度性能较差，溢料较多，浪费材料。但是，模具结构简单、造价低廉、耐用；制品易取出，特别适于压制扁平的制品，特别是强度和尺寸无严格要求的制品。这种压缩模不宜成型薄壁或壁厚均匀性要求很高的制品，制品的外形尺寸和强度很难达到一致。

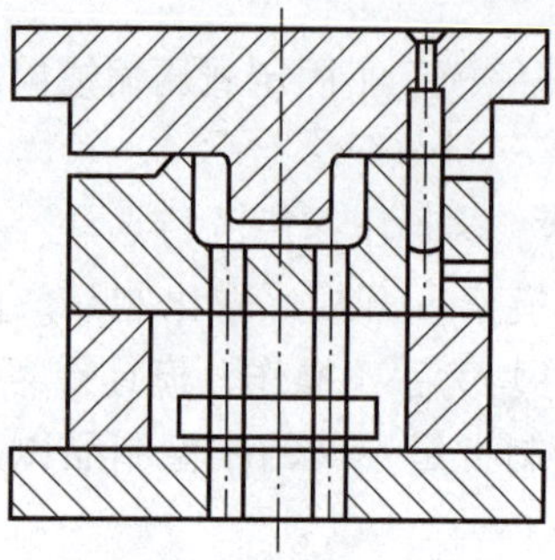

图 2-16　固定式压缩模

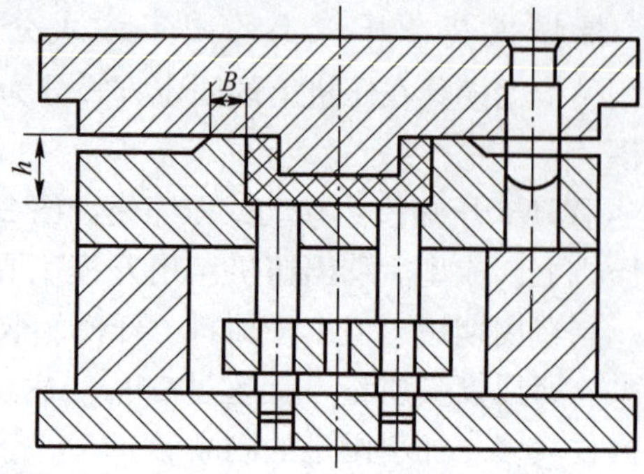

图 2-17　溢式压缩模

（2）半溢式压缩模。半溢式压缩模如图 2-18 所示。其特点是在凹模上部有截面尺寸大于制件尺寸的加料室，凸模的密封凸台与加料室属间隙配合，加料室与型腔分界处有一个环形挤压面，其宽度为 4～5mm。合模时，凸模凸台下压到挤压面为止，若有过剩的模压料可以溢出。

半溢式压缩模模使用寿命较长。因加料室的断面尺寸比型腔大，故在顶出时制件表面不受损伤。半溢式压缩模模的特点如下。

① 加料量不必严格控制，因为多余的模压料可通过配合间隙或在凸模上开设的溢料槽排出。

② 制件的密度和强度较高，制件径向尺寸和高度尺寸的精度也容易保证。

③ 当制件外形复杂时，若用不溢式压塑模必造成凸模与加料室的制造困难. 而采用半溢式压塑模则可将凸模与加料室周边配合并简化。

④ 半溢式压缩模由于有挤压边缘，在操作时要随时注意清除落在挤压边缘上的废料，以免此处过早地损坏和破裂。

由于半溢式压缩模兼有溢式压缩模和不溢式压缩模的特点，因而被广泛用来成型流动性较好、形状较复杂的、带有小型嵌件的制品，且各种压制场合均适用。

（3）不溢式压缩模（封闭式压缩模）。不溢式压缩模如图 2-19 所示。该模具的加料腔是型腔上部截面的延续，凸模与加料腔有较高精度的间隙配合，因此制件径向壁厚尺寸精度较高。凸模与凹模的配合高度不宜过大，凸模上部截面尺寸减小，也可将凹模对应部分尺寸逐渐增大形成锥面。

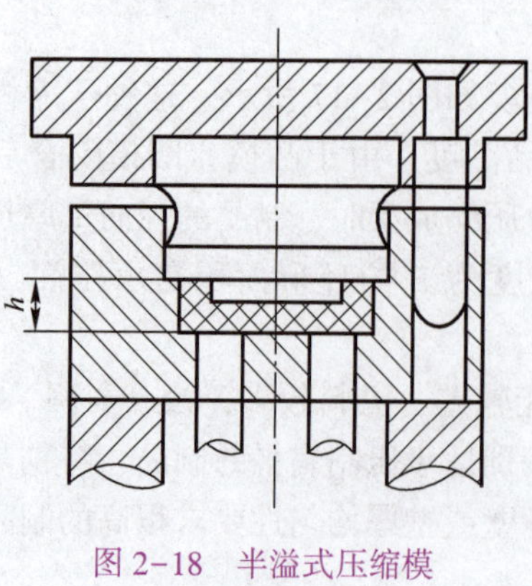

图 2-18　半溢式压缩模

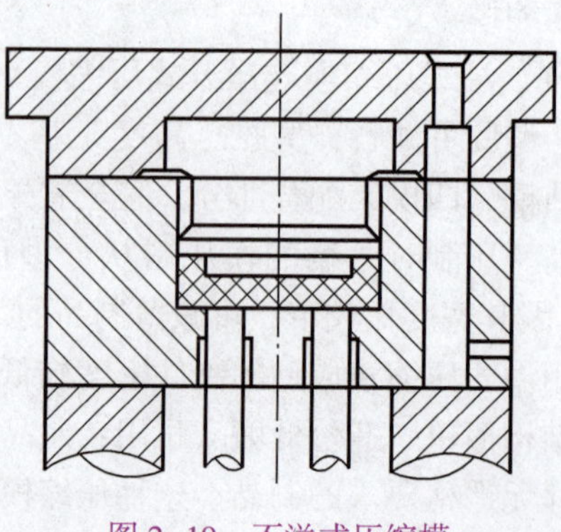

图 2-19　不溢式压缩模

不溢式压缩模的最大特点是制品承受压力大，故致密性好、强度高，因此，适用于压制形状复杂、薄壁、深形制品。不溢式压缩模的缺点是每次加料都必须准确，加料量多少直接影响塑料制品的高度尺寸。另外，这种模具的凸模与加料腔内壁有摩擦，不可避免地划伤加料腔内壁。由于加料腔截面尺寸与型腔截面尺寸相同，在推出时，带有划伤痕迹的加料腔会损伤制品外表面。不溢式压缩模必须设置推出装置，否则制品很难取出。这种压缩模一般为单型腔，因为多型腔如果加料不均衡，会造成各型腔压力不等，引起一些制品欠压。

3. 模具材料

选用模具材料时，应根据产品的批量、工艺方法和加工对象进行选择。SMC 模具应选择易切削、组织致密、抛光性好的材料，以下几种钢材是制造模具经常选择的材质。

P20($3Cr_2Mo$)：常用于注塑模具，是质量较好的钢材。

738：注塑模具钢，超级预加硬塑胶模钢，适合高要求持久性塑胶模具，抛光性好，硬度均匀。

718(3CrNiMo)：预加硬钢，长期生产的注塑模用，抛光性、饰花加工性更佳，质量比 P20 略好。

40Cr：合金调制用钢，适用于制作模具 A 板、B 板，硬度及抛光性略胜于 50Cr 钢材。

50Cr：模具普遍使用的钢材，适用于制作注塑模架、五金模架及零件。

45 钢：以前常用的模具材料，硬度较低，不耐磨，可塑性、韧性较好，因此加工性较好，价格也相对低廉。现在通常用 35 钢来加工垫块、压板等辅助备件。

2.2.4　SMC 模压成型工艺

1. 压制前准备

(1) SMC 质量检验。SMC 片材的质量对成型工艺过程及制品的质量有很大的关系。因此，压制前必须了解料的质量，如树脂糊配方、树脂糊的增稠曲线、玻璃纤维含量、玻璃纤维浸润剂类型、单重、薄膜剥离性、硬度及质量均匀性等。

(2) 裁减。按制品的结构形状、加料位置、流程决定片材剪裁的形状与尺寸，制作样板，再按样板裁料。剪裁的形状多为方形和圆形，尺寸多按制品表面投影面积的 40%~80%截剪。为防止外界杂质的污染，上、下薄膜在装料前才揭去。

2. 模具与压机的准备

(1) 模具安装一定要有水平，并确保安装位置在压机台面的中心，压制前要先彻底清理模具，并涂脱模剂。加料前要用干净纱布将脱模剂擦均匀，以免影响制品的外观。对于新模具，用前须去油。

(2) 熟悉压机的各项操作参数，尤其是要调整好工作压力和压机运行速度及台面平行度等。

3. 加料

(1) 加料量的确定。每个制品的加料量在首次压制时可按式 (2-1) 计算：

$$加料量=制品体积\times 1.8g/cm^3 \tag{2-1}$$

（2）加料面积的确定。加料面积的大小直接影响制品的密实程度、料的流动距离和制品的表面质量。它与SMC的流动与固化特性、制品性能要求、模具结构等有关。一般加料面积为40%～80%，加料面积过小，会因流程过长而导致玻璃纤维趋向，降低强度，增加波纹度，甚至不能充满模腔；加料面积过大，不利于排气，易产生制品内的裂纹。

（3）加料位置与方式。加料位置与方式直接影响制品的外观。在加料前，为增加片材的流动性，可采用在100℃或120℃下预热操作。

4. 成型

当料块进入模腔后，压机快速下行。当上、下模吻合时，缓慢施加所需成型压力，经过一定时间的固化后，制品成型结束。在成型过程中，要合理地选择各种成型工艺参数及压机操作条件。

2.2.5 SMC模压成型工艺参数

1. 模压成型温度

模压成型温度的高低取决于树脂糊的固化体系，制品厚度、生产效率和制品结构的复杂程度。模压成型温度必须保证固化体系引发、交联反应的顺利进行，并实现完全固化。一般来说，厚度大的制品所选择的成型温度应比薄壁制品低，这样可以防止过高温度在厚壁制品内部产生过度的热积聚。如制品厚度为25～32mm，其模压成型温度为135～145℃。成型温度的提高，可缩短相应的固化时间；反之，当成型温度降低时，则需延长相应的固化时间。成型温度应在最高固化速度和最佳成型条件之间权衡选定。一般认为，SMC模压成型温度在120～155℃。

2. 模压成型压力

SMC模压成型压力随制品结构、形状、尺寸及SMC增稠程度而异。形状简单的制品仅需25～30MPa的成型压力；形状复杂的制品，成型压力可达140～210MPa。SMC增稠程度越高，所需成型压力也越大。

成型压力的大小与模具结构也有关系。垂直分型结构模具所需的成型压力低于水平分型结构模具。配合间隙较小的模具比间隙较大的模具需更高的压力。外观性能和平滑度要求高的制品，在成型时需较高的成型压力。总之，成型压力的确定应考虑多方面的因素，一般来说SMC成型压力为3～7MPa。

3. 固化时间

SMC在成型温度下的固化时间（也称保温时间）与它的性质及固化体系、成型温度、制品厚度和颜色等因素有关。

固化时间一般按40s/mm计算。对3mm以上厚制品，有人认为每增加4mm，固化时间增加1min。

2.2.6 模压成型制品典型缺陷分析

模压成型制品常见的缺陷及产生原因见表2-2。

表 2-2 模压成型制品常见的缺陷及产生原因

常见的缺陷	产生的原因
翘曲变形	模压料挥发物含量过多；制品结构设计不合理，厚薄变化悬殊；脱模温度过高；升温过快；脱模不当
裂纹	制品厚度不均，过渡曲率半径过小；脱模不当；模压设计不合理；新老料混用或配比不当
表面或内部气泡	模压料挥发物含量过大；模压温度过高、过低；成型压力小；放气不足
树脂集聚	模压料挥发分过大；加压过早；模压料“结团”或互溶性差；树脂含量过大
局部缺料	模压料流动性差；过失；加料不足
局部纤维裸露	模压料流动性差；加压过早，树脂大量流失；装料不均，局部压力过大；纤维“结团”
表面凹凸不平、光洁度差	模压料的挥发物含量过大；脱模剂过多；模压料互溶性差；装料量不足
脱模困难	模压设计不合理，配合过紧、无斜度等；顶出杆配置不好，受力不均；加料过多，压力过大；黏膜
黏膜	脱模剂处理不当；局部无脱模剂；压制温度低，固化不完全；模具型腔表面粗糙；模压料挥发物含量过高

【任务实施】

1. 电能计量箱用 SMC 模压料制备

SMC 生产工艺流程主要包括树脂糊制备、纤维切割、沉降及浸渍、树脂稠化等过程。根据生产经验，常用电能计量箱 SMC 配方见表 2-3。按照表中的参考配方完成电能计量箱用 SMC 模压料制备过程，图 2-20 和图 2-21 是 SMC 模压料制备过程图。

表 2-3 电能计量箱 SMC 配方

材料名称	质量分数
不饱和树脂	62.6
聚苯乙烯溶液（苯乙烯 60%，聚苯乙烯 40%）	37.4
苯乙烯	0.27
固化剂	1.09
脱模剂	3.47
阻聚剂	0.34
氢氧化铝	119
碳酸钙	21.8
MK35 氧化镁	2.25
色浆	7.48
玻璃纤维	85.37

注：助剂 9010 根据制品要求添加。

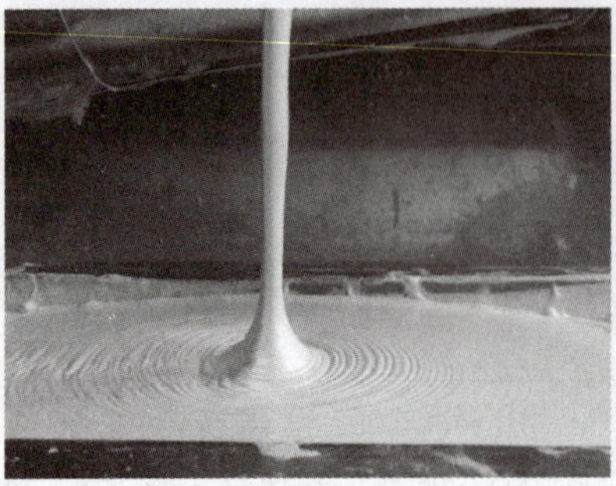

(a) 浆、浸渍

(b) 压实

图 2-20 树脂上浆、浸渍和压实

图 2-21 SMC 片材收卷

2. 电能计量箱制备

电能计量箱模压生产工艺参数见表 2-4，典型成型周期如下。

表 2-4 工艺参数

压机参数设置			模具温度设置	
设备	保压时间/s	压力/MPa	上模/℃	下模/℃
2500T	300±5	22±10	146±3	141±3
天段 2000T	270±10	22±1	146±3	141±3

（1）清模：模压前用气枪、铜片清理模腔，每组模具喷一次脱模剂，如遇脱模不顺可适当增加频次；

（2）裁料：按要求形状、尺寸、质量要求划料，将薄膜和边角料有白纱的区域去除；

（3）铺料：按铺层设计方案放置材料，整个放料过程需在 20s 内完成；

（4）压制：铺完料后，在保证人员已退至安全区域后马上合模；

（5）开模：到保压时间前 30s 开启上模气顶，开模后关闭上模气顶；

（6）取件：开启下模气顶，顶出比例速度 55% 顶出产品，缓慢提取，注意产品面不得沾染 SMC 边料及划伤（轻拿轻放，注意产品防护）；

（7）定型：将模压出的产品去除较大飞边后，在 20s 内放入定型工装定型。

任务 2.3　雷达天线罩模压成型

【任务描述】

根据工程图纸图 2-22，利用给定的碳纤维预浸料制备出雷达天线罩，按照铺层设计完成铺层后进行模压成型。预浸料是制造复合材料的中间材料，它是用树脂基体在严格控制的条件下浸渍连续纤维或织物形成树脂基体和增强体的组合物。四川某材料科技有限公司开发生产的雷达天线罩采用了预浸料模压成型工艺，其主要运用于军工领域。

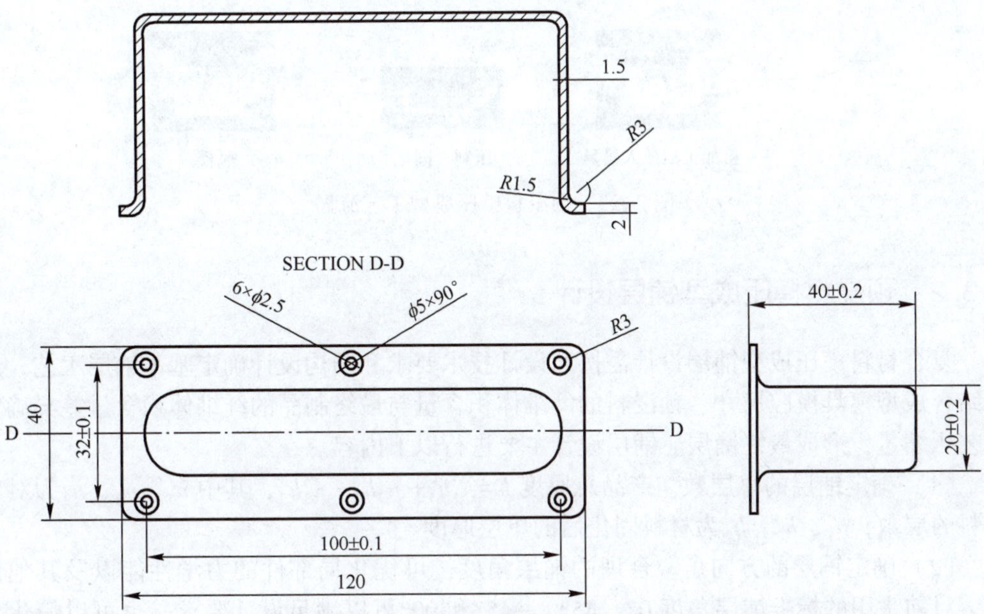

图 2-22　天线保护壳生产图纸

【知识链接】

2.3.1　预浸料模压成型工艺

预浸料模压成型工艺是指将一定量经预处理的预浸料铺贴而成的预成型体放入预热的模具内，借助温度、压力，在一定时间内将预成型体压制成型，然后将制品从模具内取出，再进行必要的辅助加工即得产品的工艺过程，如图 2-23 所示为预浸料模压成型工艺流程。利用模压工艺制造的玻璃纤维复合材料雷达罩已经应用在了 C919 大型客机、战斗机等飞机中。

预浸料模压成型工艺成型速度快，设备要求简单，操作简单，与热压罐、VARI 及 OOA 工艺相比，产品两个面表观质量皆优，尺寸稳定性好，工艺过程易控制。预浸料模压工艺理论上可制造任何结构的产品，产品结构若过于复杂，如倒扣、翻边区域过多，导致模具成本及生产难度大幅增加。预浸料模压成型工艺优点：①树脂体系流动性好，反应速度快，可高温脱模；②成型效率高；③人工铺层尽可能采用±45°，要考虑2~4mm的边缘料片延展性；应注意平纹、斜纹、缎纹纤维织物的编织形式不同，延展性不同；④尺寸精度有保障，外观无缺胶、无针孔。

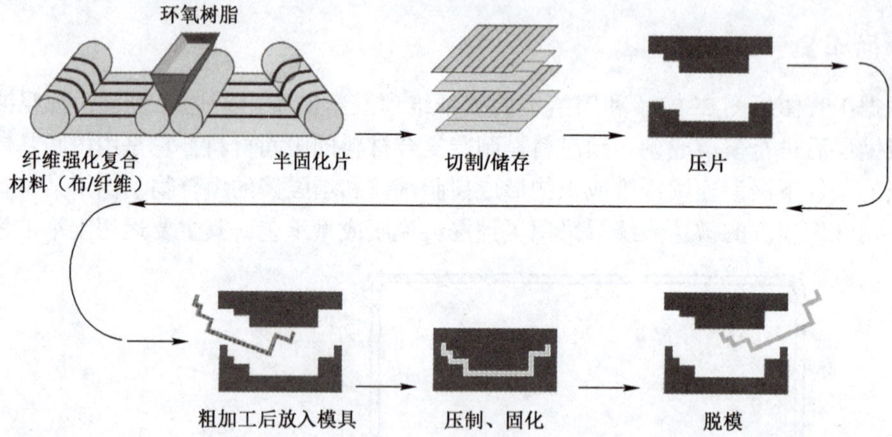

图2-23　预浸料模压成型工艺流程

2.3.2　预浸料模压成型铺层设计

复合材料模压成型铺层设计需按照设计技术要求和结构设计确定基本铺层工艺，然后结合成型模具模腔尺寸、预浸料的纤维体积含量与最终制品的纤维体积含量差异确定工艺压缩量，形成最终铺层。铺层设计主要进行以下内容。

（1）确定铺层的总层数。产品总厚度 $h=n_1h_1+n_2h_2+n_3h_3$，其中 n_1、n_2、n_3 为对应材料的层数，h_1、h_2、h_3 为材料固化后的单层厚度。

（2）确定铺层的方向角。合理的铺层角度，可优化局部件的力学性能以及其他性能，目前常用的标准铺层角度0°、45°、−45°和90°可以满足设计要求，也可以简化分析和制造。除纵横剪切强度试样外，只在有特殊需求时采用任意铺层角度铺层，且所用铺层角种类应尽可能少。

（3）确定铺层各方向角所占的比例。

（4）确定各铺层各方向角的堆叠顺序。为了减少固化过程中的变形，整体铺层顺序应该在层压板结构铺层中心线两侧对称，中心线一般位于层压板的中部区域。并且为确保均匀的铺层顺序，不同的铺层角度应该在铺层顺序中均匀分布。

2.3.3　预浸料模压成型工艺过程

预浸料模压成型工艺具有工艺成熟，尺寸精度高、可设计性强的优点。生产效率的关键点在于叠层和模压环节。预浸料模压成型工艺基本过程如下。

1）成型前准备

（1）准备工作。做好预浸料、成型工装模具、随炉试件的配套工作，并清理模具中上一次使用残留的树脂、杂物，保持模具的干净和光滑。

（2）下料量计算。

薄板按层数下料法确定；厚板按重量下料法确定（按张数下料，尺寸误差大）。

层数计算法：压制层压板前可先取几张预浸料，称取质量，确定1mm所需张数，然后视要求厚度计算张数。

预浸料的计算下料量公式如下：

$$G=\frac{FHd(1+\alpha)}{1000} \tag{2-2}$$

式中：G为板材用料量（kg）；F为所压制板材的面积（cm^2）；H为所压制板材厚度（cm）；d为所压制板材密度（g/cm^3）；α为物料损失系数，5mm以下薄板，α取0.02～0.03，厚板α取0.03～0.08，若压制预浸料已经预先切边整齐，一般取0.01～0.02。

2）预浸料预定型

（1）预浸料的铺层展开设计与裁切。主要的裁切技术包括多层裁切技术、热进热出技术、净尺寸成型技术。

① 多层裁切技术：多层预浸料一次性裁切；不同角度预浸料一次裁切，提高裁切效率。

② 热进热出技术：将模具直接加热到固化温度，将预成型体放入模具压制成型，缩短成型时间，降低能耗。

③ 净尺寸成型技术：先将预成型体冲裁至净尺寸，再放入净尺寸模具中固化，减少切割工序。

（2）预浸料铺层。将预浸料复验合格后，计算好原料的用料面积、用料的张数，把原料一层层地叠加起来，同时对叠加的材料进行预压，压成形状规整、质量一定的密实体。铺层一般采取对称均衡形式布置，以避免拉-弯、拉-剪耦合而引起上盖发生翘曲变形。

铺层结束之后，需要对坯件进行抽真空，这一步可在室温或者加热的状态下进行，全部时长控制在5～15min。如果生产的产品壁厚较厚，每铺三四次就可以进行一次预压实，能够更好地将预浸料内部平整，更有利于后续的成型。

（3）预浸料的预热。预热过程注意凝胶控制，避免固化。

3）预浸料压制成型

（1）装模固化。把叠好的原料放置到模具中，同时在内部放入塑料气囊，合模，将整体放入合模机中，对内部塑料气囊加一定的恒定压力、恒定的温度，设置恒定的时间，使其固化。

（2）冷却脱模。对经过加压处理一段时间的模具先冷置一段时间，然后揭开模具，进行脱模处理且清理好工装模具。

（3）模具垂直侧壁不易产生压力，可设计几度的斜角增加一定的压力；阴阳模膨胀系数不同，阴模热膨胀系数低，阳模膨胀系数高，升温固化阳模膨胀量大向预浸料提供压力，降温阳模收缩量大自动脱模，预浸料低压成型可考虑使用阳模铝模具、阴模钢模具。

（4）带有铝嵌件的预浸料压制时采用高温低压（1～5MPa）可防止铝嵌件变形和龟裂。

4）成型后处理

（1）加工成型。脱模后的产品需要对其进行清理，用钢刷或铜刷刮去残留的塑料，并用压缩空气吹净，对成型的产品进行打磨，使表面光滑整洁。

（2）无损检测及最终检验。按设计文件要求对制品进行无损检测和最终检验。

2.3.4 预浸料模压成型易出现的问题

1. 预浸料模压制品的缺陷和影响因素

树脂集聚、局部缺料、变形、裂纹、气泡、表面凹凸不平、粗糙度差、边角强度太低、局部强度显著下降、黏模、局部纤维外露、脱模困难等都是碳纤维模压成型过程中经常出现的问题，有时以单一形式出现，更多的是以多种缺陷共存的形式出现。

树脂积聚和局部缺料是在铺料等成型过程中就会产生的问题，造成树脂积聚的主要原因是树脂含量的比例过大，当物料挥发分太大、物料结团或互溶性差时同样也会引起树脂积聚，即便上述因素不存在偏差，加压过早往往也会造成树脂积聚。加料不足、加压过迟以及料流动性差是造成局部缺料的主要因素。除了加压时间需要多次的经验积累，其余的因素也都可以在铺料的过程中不断调整，从而较大限度地减少这类缺陷的产生。

变形、裂纹、气泡、表面凹凸不平、粗糙度差是比较常见的碳纤维制品表面缺陷。其中，变形和裂纹往往和模压成型的起始工作及脱模操作有关。首先要看制品本身的结构设计及模具的设计是否合理，如果这两方面不够合理，就很容易造成模压的成品在脱模后出现断裂或翘曲等现象。

在强度方面，碳纤维制品的缺陷表现为边角强度过低或局部强度显著下降。如果制品本身的结构设计不合理，如角根曲率半径过小，成品在边角处的强度必然会受到影响。如果铺料时未能准确计算制品所需用料量，造成用料富余，就会在边角等局部位置造成铺料叠加现象，一旦有了料结团，制品的整体强度就存在不均匀性。如果加压过早，树脂本身反应程度较低，相对分子质量较小，黏度低，在压力下极易流失，在制品中产生树脂集聚或局部纤维裸露的概率就会比较大，进而影响到整个制品强度。

2. 模压工艺对预浸料模压制品缺陷的影响

从模具设计到脱模成型，碳纤维制品模压工艺中的每个步骤都有可能对制品的质量产生直接的影响，其中对制品质量影响较大的有以下几种：制品设计、模具设计、铺料的量与均匀度、树脂含量配比、温度控制和加压时间、脱模剂的使用。

需要特别留心升温的速度和脱模时对温度的控制，升温过快就会使制品固化不均引起内部应力，压制保温结束后，要在保压下逐渐降温，脱模操作要尽量谨慎小心，防止对制品及模具造成损坏。而气泡、表面凹凸不平、粗糙度差均和料挥发物含量有关，除了料挥发物过高，放气不够也会产生气泡，与此同时，因脱模剂使用过量或者成型时温度过低对制品表面质量所造成的影响也应得到重视。在选择模压工艺初期就应充分考虑到脱模的实际操作性，要保证制品本身的设计存在一定的斜度，模具设计要有一定的锥度，配合不能过紧，这样才能便于脱模。另外，脱模剂的使用不宜过多，但涂覆必须均匀，否则不仅会影响制品表面粗糙度，也会对脱模造成阻碍。当然，较为重要的还是合适的用料量、温度和压力，合适的温度才能保证充分的固化，合适的用料量和压力控制才能确保成品尺寸和强度的标准化，这些同时决定了成品最终能否顺利脱模。

【任务实施】

1. 材料裁剪及铺层顺序

雷达天线罩模型如图 2-24 所示，按照表 2-5 的材料裁剪及铺层顺序进行铺层方案设计，完成铺层后进行模压成型。

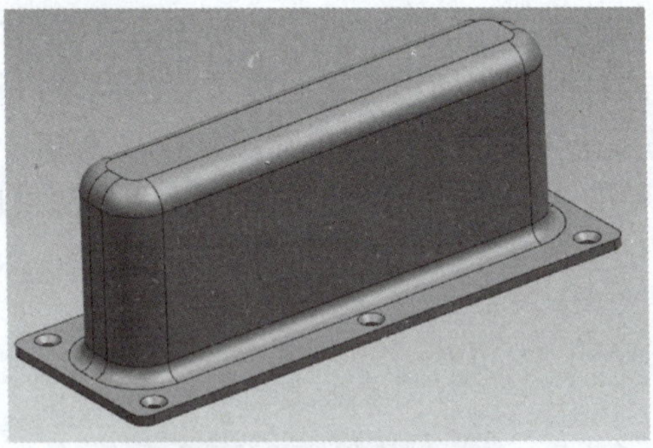

图 2-24　雷达天线罩模型

表 2-5　材料裁剪及铺层顺序

铺　数	规　格	材料序号	数　量	角度/(°)	料　号	备　注
P1	130×100	A1	1	90；0	1	抽真空
P2	3×250	A3	1	90；0	1	补 R 处 1 层
P3	130×100	A1	2	90；0	1	抽真空
P4	20×320	A2	1	90；0	1	补平台处 1 层
P5	3×250	A3	1	90；0	1	补 R 处 1 层
P6	130×100	A1	2	90；0	1	抽真空
P7	3×250	A3	1	90；0	1	补 R 处 1 层
P8	130×100	A1	1	90；0	1	抽真空
P9	20×320	A2	1	90；0	1	补平台处 1 层
P10	3×250	A3	1	90；0	1	补 R 处 1 层
P11	130×100	A1	1	90；0	1	抽真空
P12	20×320	A2	1	90；0	1	补平台处 1 层
P13	3×250	A3	1	90；0	1	补 R 处 1 层
P14	130×100	A1	1	90；0	1	抽真空

注：抽真空：真空度≥-0. 08MPa；时间≥5min。

2. 模压成型固化工艺

常温，抽真空至-0. 09MPa 以上→升温至（80±5)℃→保温（30±3) min→升温至（100±5)℃→保温（30±3) min→升温至（130±5)℃→保温（90±5) min→关闭加热、加压系统，进行降温→降温至 60℃以下，取制件，后处理。

项目拓展

近年出现了一些新的模压工艺，生产效率、产品品质大为提高，成本显著降低；一些传统的工艺，由于作业方式和（或）基材的改进，也可制造复杂精良、力学性能好的产品。

1. 湿法模压工艺

2013年，德国克劳斯玛菲公司面向市场推出了湿法模压工艺（wet compression molding，WCM），意大利康隆（Cannon）公司和德国迪芬巴赫公司相继开发了湿法模压技术，采用在复合毡或纤维布表面喷涂聚氨酯或者涂刷环氧树脂，进行快速模压成型。2018年，克劳斯玛菲公司推出新的全自动湿法模压系统，与传统人工方法相比，该系统生产时间减半，精准度大大提升。图2-25所示为湿法模压工艺原理图（维基媒体）。图2-26所示为湿法模压工序（迪芬巴赫）。

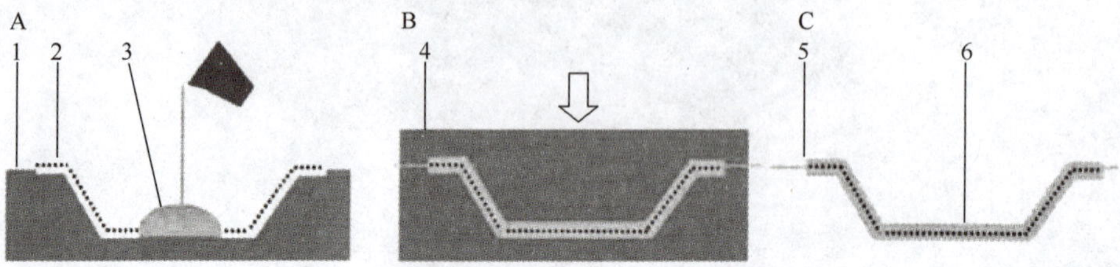

图2-25　湿法模压工艺原理图（维基媒体）

1—阴模；2—纤维料；3—树脂；4—阳模；5—成品边料；6—成品。

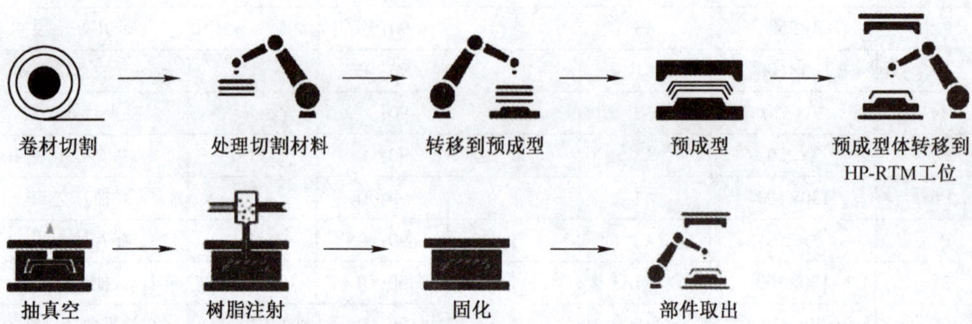

图2-26　湿法模压工序（迪芬巴赫）

湿法模压成型需要的设备主要包括树脂计量泵、注胶机（或喷射成型机）、混合头、液压机。湿法模压在压机之外就将混合树脂涂于纤维增强体表面，这使压机外的树脂浸渍工序和压机内的树脂固化工序能够同时进行。同时，树脂（通常为环氧树脂）由于固化前无须接触热模具，因此活性也会更高。德国迪芬巴赫报告显示湿法模压工艺能够将压制周期缩短180s，明显高于HP-RTM。

2. 动态流体模压成型

动态流体模压成型（dynamic fluid molding，DFCM）压制技术是2016年美国亨斯迈（Huntsman）公司推出的在湿法模压基础上开发的一种流动态模压生产技术，是将混合均匀的高流动性树脂基体浸渍纤维增强材料织物，并对其进行抽真空和快速热压成型，其工艺流程如图 2-27 所示。

(a) 放入材料　(b) 合模　(c) 固化　(d) 脱模

图 2-27　动态流体模压成型工艺流程

此法兼具 HP-RTM 工艺的质量和 WCM 工艺的速度。该工艺压力不大于 30MPa，可以省去高压注塑工艺，而且在很多情况下也可省略纤维预浸料工艺。与 HP-RTM 及 WCM 相比，DFCM 的主要优点是大多无须预成型，可以减少层压板层间缝隙，无空穴气泡、复合材料孔隙率低于 1%，性能可媲美 HP-RTM 工艺，且高达 66%（体积分数）纤维体积含量（FVC）的复合材料可以在没有特殊处理的条件下实现，生产周期仅为 1min，飞边和树脂浪费少，生产设备投资少。这不仅适用于工业厚布的生产，而且满足 2. 5D 或 3D 复杂结构件的生产。

3. 纸蜂窝芯材工艺

意大利康隆公司和德国克劳斯玛菲公司相继在湿法模压的基础上开发了蜂窝芯材（paper honeycomb core，PHC）工艺。该法首先在纸蜂窝芯材及其他填充材料外包裹玻纤毡或布，再采用全自动喷涂系统在基材上下表面喷涂聚氨酯树脂，并用模具热压成型制备 PHC 基板，最后在表面黏附毛毡无纺布等外层面料，制备超轻质夹层复合材料制件。2009 年，浙江杉盛模塑科技有限公司引进克劳斯玛菲的生产技术，采用国产压机和购入的亨内基混料机，开发了 PHC 基板生产线。

巩固练习

（1）简述短纤维模压料的质量指标及生产控制因素。

（2）BMC 模压工艺压制前的准备包括哪些内容？压制制度包括哪些内容？

（3）SMC 是指什么？

（4）压模结构由哪几部分组成，其功能是什么？

（5）模压成型模具按在压机上的固定方式有哪些？各有什么特点？

（6）压缩模按上、下模的配合结构特征分为哪几种？其结构各有什么特点？

（7）SMC 专用液压机有哪些特点？

（8）简述 SMC 的生产工艺过程。

（9）模压温度选定过高或过低有什么弊病？

（10）简述预浸料模压成型工艺过程。

项目3　缠绕成型工艺

项目目标

知识目标

（1）熟悉缠绕成型工艺特点及分类；

（2）掌握缠绕成型工艺中的原材料选用和芯模结构的种类等；

（3）熟悉纤维缠绕成型线型，掌握缠绕成型工艺过程及工艺参数制定；

（4）熟悉数控缠绕机的线型设置与调试方法；

（5）掌握计算机控制缠绕机的操作规程。

能力目标

（1）能正确选择缠绕线型，会操作缠绕设备；

（2）具备纤维复合材料缠绕成型工艺的操作技能。

素质目标

（1）树立敬畏规章、敬畏职责的意识；

（2）培养严谨细致、精益求精的工匠精神。

在复合材料成型工艺中，缠绕成型是最早开发且使用最广泛的加工技术之一，也是目前生产复合材料的重要工艺和技术。缠绕成型最早起始于20世纪50年代的美国，用于军事武器的生产。1947年，成功研制了世界上第一台缠绕机，随后缠绕了第一台火箭发动机壳体。20世纪60~70年代缠绕技术进入了飞速发展的阶段，随着各种新的纤维不断问世，纤维缠绕领域得到了不断拓展，渐渐从军事领域扩展到化工、污水处理、石油及风能系统等重要的民用领域。20世纪80年代，第一台计算机控制的纤维缠绕机问世，使生产缠绕精度更高、形状更复杂的产品成为可能。20世纪90年代，纤维缠绕技术发展速度明显加快，进入新的高速发展阶段。用于生产汽车、救生设备、运动器材的多轴缠绕机已出现并得到发展。

相对于其他复合材料成型工艺，缠绕成型工艺可用较低的成本生产性能优异的回转体零件，但也存在对制品形状结构有要求等缺点。目前，纤维缠绕技术已广泛应用于发动机机匣、燃料储箱、发动机短舱、飞机副油箱等航空航天领域，导弹、鱼雷发射管、机枪枪架、火箭发射筒等军事领域，以及各种压力管道、储罐、天然气瓶、轴承、储能飞轮、绝缘制品、体育器材、交通工具等民用领域。

任务 3.1　筒形零件湿法缠绕成型

【任务描述】

采用玻璃纤维和环氧树脂体系完成图 3-1 所示圆形管道零件（筒形零件）的湿法缠绕成型过程，按照缠绕参数要求进行管道的纤维缠绕操作。缠绕参数如下。

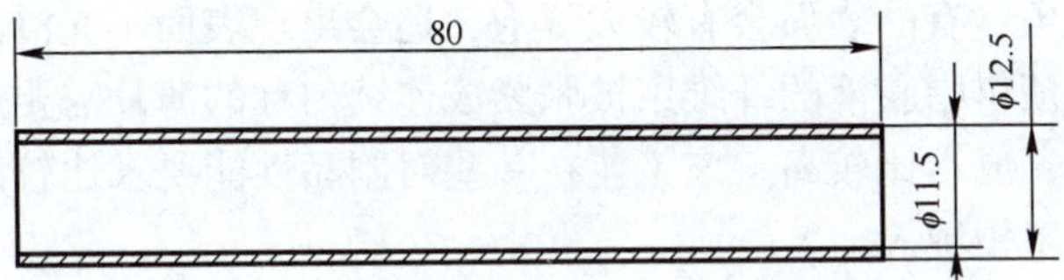

图 3-1　圆形管道零件图

螺旋缠绕 1 层，缠绕角 40°，螺旋缠绕线型段长度 500mm，总长度不超过 700mm。

环向缠绕 1 层，环向缠绕长度在螺旋缠绕的基础上两侧长度各短 40mm。

【知识链接】

纤维缠绕成型工艺是一种在控制张力和预定线型的条件下，应用专门的缠绕设备将连续纤维或布带浸渍树脂胶液后连续、均匀且有规律地缠绕在芯模或内衬上，然后在一定温度环境下使之固化，成为一定形状制品的复合材料成型方法。

纤维缠绕成型工艺过程示意图如图 3-2 所示。

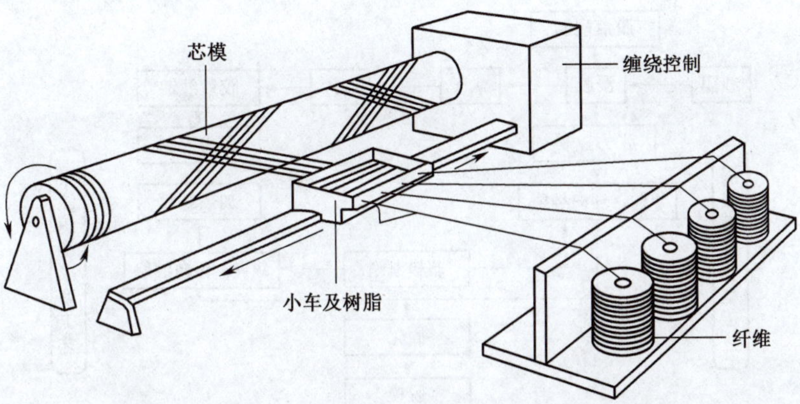

图 3-2　纤维缠绕成型工艺过程示意图

3.1.1　纤维缠绕成型工艺的分类

根据纤维缠绕时的工艺特点，缠绕工艺可分为干法缠绕、湿法缠绕和半干法缠绕 3 种成型工艺。

1. 干法缠绕成型工艺

干法缠绕是采用经过预浸胶处理的预浸纱或带，在缠绕机上经加热软化至黏流态后缠绕到芯模上。由于预浸纱（或带）是专业生产的，因此能严格控制树脂含量（精确到2%以内）和预浸纱质量。干法缠绕成型工艺工程易于控制，设备比较清洁，可以改善劳动卫生条件。采用该法制成的制品质量较为稳定，缠绕速度可以大大提高，达到100~210m/min，并且此法容易实现机械化和自动化。

干法缠绕成型工艺要求所使用的固化剂在纱带烘干时不应出现升华、挥发等现象，尤其是采用酸酐及二氨基二苯砜类等高温固化的树脂基体体系，常常会出现制品内层贫胶、外层富胶的现象，有的表面会有较大气泡，还会出现表面不光滑的现象。由于纱片缠绕时，每束已浸渍树脂胶液的纤维束被张紧成连续匀称的薄片需要烘干和络纱，因此所需设备比较复杂，成本比较高。该工艺在一些对制品性能要求比较高的场合使用，如航空航天领域、军事领域等。

2. 湿法缠绕成型工艺

将连续玻璃纤维粗纱或玻璃布带浸渍树脂胶液后，直接缠绕到芯模或内衬上然后固化的成型方法称为湿法缠绕成型工艺。湿法缠绕成型工艺的设备比较简单，对原材料的要求不是很严格，便于选择不同的材料。

湿法缠绕时，纱带是浸胶后马上缠绕，因此纱带的质量不易控制和检验，同时胶液中存在大量的溶剂，固化时容易产生气泡，缠绕过程中纤维的张力不容易控制。缠绕过程的每个环节，如浸胶辊、张力控制器、导丝头等，经常需要进行维护，不断清洗，使之可以保持良好的工作状态。如果某一环节发生纤维间互相缠结，则会影响整个缠绕工艺及缠绕质量，有时会造成浪费。

图3-3所示为干法和湿法缠绕成型工艺流程图。

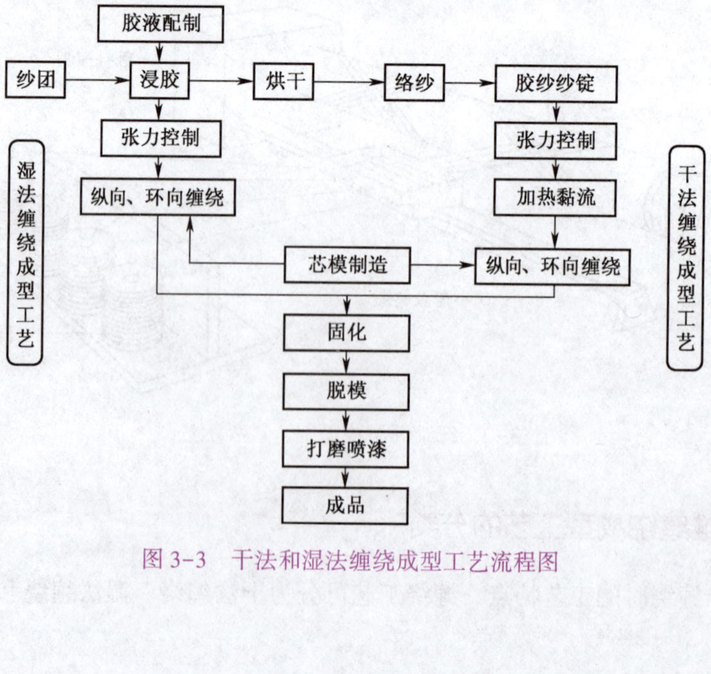

图3-3　干法和湿法缠绕成型工艺流程图

3. 半干法缠绕成型工艺

半干法缠绕成型工艺与湿法缠绕成型工艺相比，增加了烘干程序；与干法缠绕成型工艺相比，缩短了烘干时间，降低了绞纱烘干程度，可在室温下进行缠绕。这种成型工艺既除去了溶剂，提高了缠绕速度，又减少了设备，提高了制品质量，降低了产品中产生气泡等缺陷的概率。

缠绕成型的各个工艺方法都是根据现实生产条件的限制，以及对工艺制品的质量要求制定的。表3-1为3种纤维缠绕工艺的对比，从中可以看出不同工艺方法的适用条件及优缺点。

表3-1　三种纤维缠绕成型工艺的对比

项　目	干法缠绕	湿法缠绕	半干法缠绕
缠绕场所的清洁状态	最好	最好	与干法相近
增强材料规格	有一定要求，并非所有规格都可以	任何规格	任何规格
使用碳纤维可能引发的问题	不存在	碳纤维飞丝可能导致机器故障	不存在
树脂含量控制	最好	最差	黏度可能有变化
材料储存条件	冷藏	一般条件	与干法相近，且储存期较短
纤维损伤	取决于预浸装置，损伤可能性较大	损伤机会最小	损伤机会较小
室温固化可能性	不可能	可能	可能
制造成本	最高	最低	略高于湿法
质量控制	某些方面有优势	需要严格的品质控制程序	与干法类似
应用领域	航空航天	广泛应用	类似于干法

3.1.2　纤维缠绕成型工艺的原材料

纤维缠绕成型工艺中用到的原材料主要分为纤维增强材料和基体材料，还有常用的助剂，包括稀释剂、增韧剂及填料等。

1. 纤维增强材料

纤维增强材料是复合材料缠绕成型的关键组分之一，它起着提高强度、改善性能的作用。适合纤维缠绕工艺的增强纤维的品种很多，其中既包括已广泛应用的玻璃纤维，也包括碳纤维、芳纶纤维等各种新型的高性能纤维。

用于纤维缠绕成型工艺的纤维按其状态可分为有捻纱和无捻纱。由于加捻会增加纤维的弯曲度，容易使纤维强度降低。对强度要求比较高的缠绕成型制品多采用无捻纱，但是无捻纱缠绕过程中易出现松散、起毛等情况，且控制张力较困难。选用增强纤维时除了考虑成本、强度、模量等因素，还应从化学稳定性、损伤容限等方面考虑。同时作为缠绕成型的增强材料，还应做到与树脂浸渍性好，浸透速度快；各股纤维张力均匀；成带性好，不起毛，不断头。

1）玻璃纤维

玻璃纤维具有不燃、耐高温、电绝缘性能好、拉伸强度高、化学稳定性好等优异性能，是最早用于制备树脂基复合材料（俗称玻璃钢）的低成本增强纤维，也是现代复合材料最常用的增强材料之一。虽然玻璃纤维的比强度很高，但是比模量只是中等，而且使用温度不高。

纤维缠绕成型工艺用玻璃纤维可用单束粗纱或者多束粗纱。一般玻璃纤维都经硅烷偶联剂处理。目前最常用的玻璃纤维是E玻璃纤维或S玻璃纤维，以内抽头或外抽头锭子包装。

2）碳纤维

纤维缠绕用碳纤维为3k、6k、12k、48k单束纤维。与玻璃纤维和芳纶纤维不同，碳纤维是脆性材料，容易磨损和折断，因此操作时必须小心。为减少碳纤维单纤的断裂，在生产过程中应尽可能地减少弯曲次数和加捻数目。碳纤维是导电材料，缠绕碳纤维时应使用一个封闭式纱架，以便尽早使纤维浸渍上树脂，尽可能避免碳纤维飞扬造成附近电器的短路。碳纤维用于缠绕成型时，用于内压容器时一般选用高强度型，而制造外压结构制品或其他以刚度为主要指标的结构制品时通常选用高模量型。

3）芳纶纤维

芳纶是由芳香族聚酰胺树脂纺成的纤维，也称聚酰胺纤维。芳纶纤维是一种高性能纤维，最早开发芳纶纤维的是美国杜邦公司，因此芳纶纤维以该公司的商品名称Kevlar而闻名于世。芳纶纤维的密度小（$1.44g/cm^3$）、比强度高（高于碳纤维、硼纤维），韧性、抗冲击性、加工性及热稳定好，耐火、不溶、真空中长期使用温度为160℃，温度低至-60℃时也不变脆，玻璃化转变温度为250~400℃，热膨胀系数低（300℃以下为负值）。芳纶纤维具有良好的耐化学介质性、耐疲劳、耐磨、电绝缘和透电磁波性能，广泛应用于航空、航天领域。芳纶纤维用于缠绕成型时多用于内压容器等几乎不用后加工的制品。

2. 基体材料

纤维缠绕用树脂基体决定了复合材料制品的工艺性、耐热性、耐老化性及耐化学腐蚀性等性能。缠绕制品树脂体系的选用原则是树脂对纤维（增强材料）应具有良好的黏结力和浸润性；具有较高的机械强度和弹性模量；伸长率应比纤维略高；具有良好的工艺性；如有较适宜的使用周期及初始黏度；不太高的固化温度；溶剂易排除、毒性小等；具有一定的耐温性和良好耐老化性能；来源广泛，价格便宜等。

纤维缠绕用树脂基体主要包括环氧树脂、乙烯基酯树脂、不饱和聚酯树脂、酚醛树脂、双马树脂（BMI）以及聚酰亚胺树脂等。目前，缠绕制品的树脂系统多用环氧树脂。对于常温使用的内压容器，一般采用双酚A型环氧树脂。而高温使用的容器则需采用耐热性较好的酚醛型环氧树脂或脂肪族环氧树脂。

1）环氧树脂

环氧树脂（EP）分子结构中含有活泼的环氧基和羟基，所以可在多种类型固化剂或促进剂的作用下，于常温或加热条件下发生交联反应，形成三维体型结构的不熔不溶固化物。环氧树脂浇铸体的拉伸、弯曲、剪切强度均较聚酯及酚醛树脂高，高性能的绝缘制品均采用环氧树脂。环氧树脂种类很多，其中双酚A缩水甘油醚类环氧树脂产量最大，因其用途最广而被称为通用型环氧树脂，同时也是纤维缠绕工艺中使用最多的环氧树脂。国内通用的商品牌号主要有E-42、E-44、E-51等。

2）不饱和聚酯树脂

不饱和聚酯树脂（UP）是由饱和或不饱和的二元醇和二元酸缩聚而成的线性高分子化合物。由于可以在过氧化物引发下进行室温固化，且价格便宜，来源广泛，作为缠绕用树脂大量用于大批量的管道和储罐的工业化生产。

3）乙烯基酯树脂

乙烯基酯树脂的工艺性能和不饱和聚酯树脂相似，是一种兼有环氧与聚酯两种树脂长处的新型树脂。其特点是可以通过引发剂的引发而迅速固化，固化工艺和不饱和聚酯树脂相近；对玻璃纤维具有优良的浸润和黏结能力，和环氧相似；耐化学性能优良；通过控制交联结构，可以获得中等或较高的热变形温度，同时可获得较大韧性。目前，乙烯基酯树脂主要应用于对耐化学腐蚀有特殊要求的防腐材料，如各种管道、储罐、槽车、洗涤器和管件等。

4）酚醛树脂

酚类与醛类的缩聚产物通称为酚醛树脂（PF），一般常指由苯酚和甲醛经缩聚反应而得的合成树脂。酚醛树脂是一种耐腐蚀、耐热、绝缘性好、具有良好阻燃性和突出的瞬时高温耐烧蚀性能的树脂。一般酚醛树脂在反应固化过程中有小分子放出，因此必须在高压条件下固化。近年来出现的常压固化的线性酚醛树脂，适用于以纤维缠绕工艺制备具有耐高温和防火要求的复合材料制品。

3. 其他助剂

在纤维缠绕用树脂基体中常用的助剂有稀释剂、增韧剂及填料等。采用前者可满足改善树脂体系工艺性的要求，后两者则可有效改善缠绕制品性能。

1）稀释剂

一般来说，湿法缠绕用环氧树脂基体的黏度应小于1.0Pa·s，但是市售的纯环氧树脂的黏度绝大部分大于此黏度。通常采用加稀释剂的方法来降低树脂基体的黏度。

稀释剂可分为两类：一类是非活性稀释剂，它没有活性基团，不参与反应，所以在固化过程中应全部挥发，否则会对固化物的很多性能产生不良影响；另一类为活性稀释剂是含有环氧基等活性基团的低分子化合物，可参与环氧树脂的固化反应，结合到固化物的结构中。

常用的非活性稀释剂有丙酮、乙醇等。活性稀释剂有501、660、690等型号，一般以10%为宜。用于高性能制品的树脂基体中必须选择活性稀释剂，以保证制品的性能。

2）增韧剂

增韧剂主要有非活性增韧剂、活性增韧剂及热塑性耐热聚合物增韧剂三大类。非活性增韧剂不适用于纤维缠绕的树脂体系。活性增韧剂是一类含活性基团和柔性链的低聚物，固化时与环氧树脂反应而交联，从而增加固化后分子结构的柔性。若能形成多相微观结构，韧性会明显提高，但其耐热性、模量及强度会有所下降。热塑性耐热聚合物增韧剂主要有高模量耐热性热塑性树脂，添加热塑性耐热聚合物增韧剂可大幅度提高树脂基体韧性，同时也不会降低其耐热性和模量，但会造成树脂黏度的增加，因此只可少量添加。

3）填料

填料可赋予复合材料阻燃、减摩、导电、吸波等特定的性能，对改善制品性能有着极其重要的作用。但填料可增加树脂基体的黏度，因此一般添加量不大于10%（质量分数）。

3.1.3 芯模或内衬的准备

芯模的形状决定制品的几何尺寸。对芯模设计的基本要求是：具有足够的强度和刚度，能够承受制品成型加工过程中施加于芯模上的各种载荷（自重、缠绕张力、固化时的热应力、制品二次加工时作用于芯模的切削力等）；能满足制品内腔形状尺寸和精度要求（如同心度、不直度、椭圆度、表面粗糙度等）；能顺利地从已固化的制品中脱出；取材方便，制造简单。

1. 芯模的材料

1）湿法芯模材料及其制造

湿法芯模与干法芯模的不同之处是湿法芯模不需要设置加热装置，而干法芯模中要求设置加热装置。湿法缠绕用芯模材料主要有以下几种。

（1）金属材料。一般金属芯模采用机械脱模方式，如制作复合材料管道时，需通过脱模设备将金属芯模拔出。若采用低熔点金属，可先将其热熔化，采用空壳制造法或外壳冷硬铸造法制成壳体状芯模。脱模时采用热蒸汽熔化掉即可。

（2）低熔点盐类。通过加热熔化并采取空壳铸造法浇铸成壳体状芯模，脱模时用水溶解掉芯模即可，经干燥后方可使用。

（3）溶性石膏。铸造制成壳体状态芯模，经干燥后方可使用，脱模时用水溶解掉芯模即可。

2）干法芯模材料及其制造

干法缠绕成型要求对芯模加热，通常要在芯模里放置加热元件（如电阻元件、过热油管等）。其设计和制造成本比湿法缠绕芯模高，主要的制造材料有以下几种。

（1）低熔点金属。先在铸模内放置带有绝缘体的导线，再浇注液体金属，这样可制成带有绝缘体导线的壳体，也可采用柔性管或者金属蛇形管制造，不论使用什么导体，都必须有足够的柔性。在脱模时，待低熔点金属熔化后取出还可反复再用。

（2）石膏芯模。可溶性石膏芯模的制造方法同低熔点金属相似。但加热时要防止元件与石膏铸体之间产生过大温差，以免造成芯模开裂。脱模时，用水溶解掉石膏，加热元件可重复利用。

敲碎法脱模的石膏芯模主要用于大型制品或外形复杂的制品。大型石膏芯模上装有一根金属轴，部分金属件埋置在石膏芯模的外部区域，浇注制成。脱模时敲碎石膏芯模，取出金属轴。

（3）铝芯模。采用纯铝材料先铸成半个芯模壳体，再铸另一半，在壳体内布有加热元件和接线装置，最后将两半壳体黏结成一个中空芯模。由于这种芯模要用腐蚀性溶液才能腐蚀掉，为保护好缠绕制品的内表面，要在芯模外表面铺一层橡胶保护层。铝芯模传热性能好，但成本高。

(4) 蜡模。主要用于由不对称的断面构成特殊结构。这种蜡由蜂蜡和石蜡混合而成，熔点约为74℃，可挤成各种各样的断面，但使用最多的是矩形断面。在蜡模挤出过程中，浸了树脂的玻璃纤维带以螺旋形缠绕在蜡模上。这类缠绕芯模直接在缠绕机上制作，在容器的内壳缠好以后，把蜡模按照轴向或环向放置在内壳上，当整个内壳表面都覆满时，即可开始外层缠绕。这种夹层结构的固化温度不得高于蜡模的熔化温度。制品固化以后，还必须再把它加热到74℃以上，使蜡从纤维缠绕结构预留口淌出来。

2. 芯模的结构形式

芯模的结构形式和制造方法与芯模材料密切相关，下面介绍几种常用的芯模结构形式。

1) 不可拆卸式金属芯模

这类模具通常可由钢、铝、铸铁等浇注而成，也可以焊接而成，它既是内衬又是芯模，适用于内压容器成批生产。

2) 可拆卸式金属芯模

若缠绕带封头而又不需要将其切掉的筒形容器时，可用金属拆卸式芯模。这种芯模是由多块零件拼凑而成的筒形物，它的内部是用圆盘形肋板作为撑架，而后再用螺栓把各块零件连接在一起。制造制件时，待制件硬化后，拧下螺栓并拆除圆盘，组合芯模的各个零件散落下来，便可从极孔中抽出。采用这种芯模的成型工艺比较复杂。

3) 可敲碎式芯模

这种芯模是用石膏、石膏-砂、石蜡或陶土等制成的。芯模待制品硬化后拆模时，可打碎或用水冲刷。例如，向制成的容器内部加入水和金属小球，连续转动，便可将芯模冲刷成泥浆倒出，清洗干净即可。这种芯模造价低廉，但只能用一次，而且制造过程比较麻烦。

4) 橡皮袋芯模

对于直径不大的筒形制品，可以用压缩空气吹胀的橡皮袋做芯模。当制品绕完并硬化后，放掉压缩空气，即可从壳体极孔中把橡皮袋取出。对于大直径制品来说，橡皮袋芯模是不适合的，因为它的变形太大。球形壳体也可采用这种芯模。

5) 组合芯模

包括金属-橡胶、金属-石膏等多种组合芯模。例如，先将石膏做成圆盘肋板，肋板外周刻有半圆形槽孔，再将金属管子放到槽孔中，使许多管子组成一个圆柱体，并在管子上涂一层石膏，而后加工到需要的直径和粗糙度。在其两端装上石膏封头后即可作为芯模使用。制造制品时，当制品缠绕完并硬化后，打碎圆盘的肋板，管子即掉下，再从极孔中抽出。

3. 内衬

缠绕成型获得的复合材料制品往往是非气密性的，因此需要在内部加入具有保证气密性作用的内衬。内衬材料需具有耐腐蚀和耐高低温等性能，还必须与缠绕壳体牢固黏结、变形协调、共同承载，具有适当的弹性和较高的延伸率。目前，可以用作内衬的材料有铝、橡胶、塑料等。

1）铝内衬

用作内衬的铝气密性好，延展性能、可焊接性能及耐疲劳性和耐腐蚀性均好。缠绕制品筒身和封头可用纯铝做内衬，而接嘴部位应该采用轻度高的铝合金。铝内衬主要由筒身、封头、接嘴和接尾组成。

2）橡胶内衬

橡胶内衬的优点是气密性好、弹性高、耐疲劳性好，且制造工艺简单等，但其强度低，必须加芯模才能缠绕。

3）塑料内衬

塑料内衬的特点与橡胶内衬基本相同，也需加芯模才能缠绕。

3.1.4 缠绕规律

缠绕规律是描述或研究绕丝嘴与芯模之间相对运动关系的规律，使纱带能均匀排布在芯模表面。缠绕规律应满足的条件：（1）纤维不重叠；（2）纤维不离缝，并连续均匀地布满整个芯模表面，稳定而不打滑。

1. 缠绕规律分类

缠绕制品的规格、形状、种类繁多，缠绕形式千变万化，但缠绕规律可以归结为三种：环向缠绕、纵向缠绕和螺旋缠绕。

1）环向缠绕

环向缠绕是指沿容器圆周方向进行的缠绕。缠绕时芯模绕自身轴线做匀速运动，导丝头在平行于芯模轴线方向的筒身区间运动。芯模每旋转一周，导丝头移动一个纱片的距离。如此循环往复，直至纱片均匀布满芯模圆筒段表面位置，如图3-4所示。

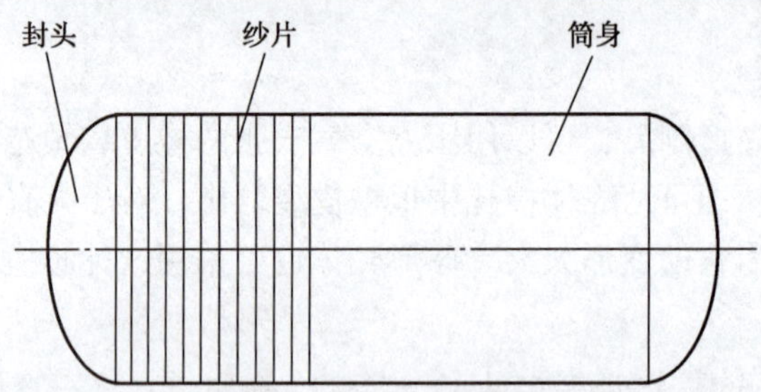

图3-4　环向缠绕示意图

环向缠绕的特点是缠绕只能在筒身段进行，不能缠到封头上去。邻近纱片之间相接但是不重叠。纤维的缠绕角通常是85°～90°。为了使纱片能够一片挨着一片地布满芯模表面，必须保证芯模和导丝头的平行，以保证两个运动的相互协调。

2）纵向缠绕（平面缠绕）

纵向缠绕又称平面缠绕，在进行缠绕时，导丝头在固定平面内做匀速圆周运动，芯模绕自身轴线慢速旋转。导丝头每转一周，芯模转过一个微小的角度，反映到芯模表面是一个纱片的宽度。纱片与芯模纵轴之间的交角为0°～25°，并与两端的极孔相切，依次连续缠绕到芯模上。平面缠绕的纱片排布是彼此间不发生纤维交叉的，纤维缠绕轨迹是一条单圆平面封闭曲线。平面缠绕的速比是指单位时间内芯模转数与导丝头旋转的转数比，纱片与纵向的交角称为缠绕角，用 α 表示，如图 3-5 所示。

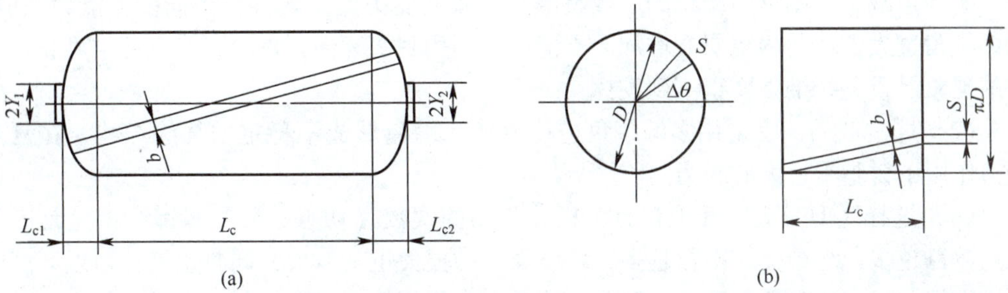

图 3-5　纵向缠绕示意图

纵向缠绕规律主要用于球形、椭球形及长径比小于 1 的短粗筒形容器的缠绕。纵向缠绕时容器头部纤维可能出现严重的架空现象。

3）螺旋缠绕

螺旋缠绕也称测地线缠绕。在缠绕时芯模绕自身轴线做匀速运动，导丝头按特定速度沿芯模轴线方向做往复运动，从而实现在芯模筒身和封头上的螺旋缠绕。螺旋缠绕的缠绕角通常为 15°~85°，如图 3-6 所示。为更好地发挥玻璃纤维的强度，一般缠绕角 α 应接近 55°。

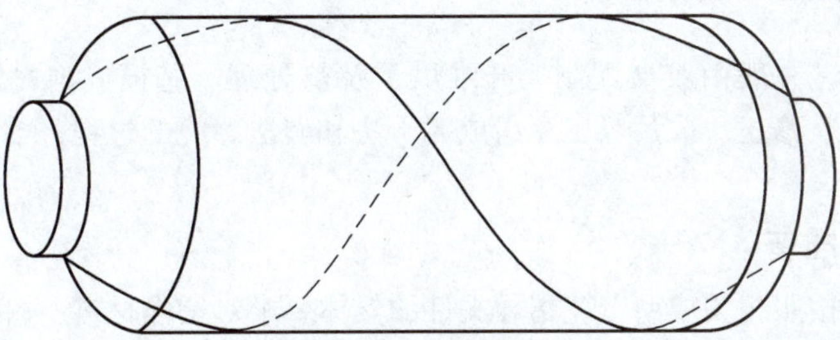

图 3-6　螺旋缠绕示意图

在螺旋缠绕中，纤维缠绕不仅在圆筒段进行，而且在封头上进行。其缠绕过程为：纤维从容器一端的极孔圆周上某一点出发，沿着封头曲面上与极孔圆相切的曲线绕过封头，并按螺旋线轨迹绕过圆筒段，进入另一端封头，然后再返回到圆筒段，最后绕回到开始缠绕的封头，如此循环下去，直至芯模表面均匀布满纤维。由此可见，螺旋缠绕的轨迹由圆筒段的螺旋线和封头上与极孔相切的空间曲线组成，即在缠绕过程中，纱片若以右旋螺纹缠到芯模上，返回时，则以左旋螺纹缠到芯模上。

螺旋缠绕的特点是每束纤维都对应极孔圆周上的一个切点；相同方向邻近纱片之间相接而不相交，不同方向的纤维则相交。这样，当纤维均匀缠满芯模表面时，就构成了双层纤维层。相对于其他两种缠绕方式，螺旋缠绕的规律较为复杂，也是纤维缠绕技术研究的重点内容。

2. 选择缠绕线型需注意的问题

（1）测地线缠绕纤维是实现等张力封头的条件。测地线缠绕角过大或过小对缠绕都是不利的。因此，缠绕角的选取应尽量等于或接近测地线缠绕角。从封头强度的角度分析，若缠绕角过小，就破坏了等张力封头纤维受力的理想状态。从筒身段强度计算知道，缠绕角减小，则纵向缠绕的层数就减少。轴向受力能力增强、环向受力能力减弱。如缠绕角过大，环向缠绕层数增加，不能全部利用封头环向强度，封头上纤维堆积、架空的现象严重，纤维强度得不到发挥。

（2）同一产品，宜采用多缠绕角进行缠绕，以免形成不稳定的纤维结构，在复杂应力作用下树脂受过大的应力。

（3）选择线型时应使纤维在封头极孔相切的次数（切点数）尽量减少。这是因为切点数目越多，纤维交叉次数越多，纤维强度的损失也就越大，同时使极孔附近区域的纤维堆积、架空的现象严重，出现不连续应力和不相等应变。

（4）封头缠绕包络圆直径应逐渐扩大，使纤维在封头分布均衡，减轻纤维在极孔附近的堆积现象，不会使封头外形曲线发生较大变化，有利于发挥封头处纤维的强度。

（5）对于湿法缠绕，实际缠绕角应控制在与测地线缠绕角的偏离值不超过±10°，以保证在封头曲面上纤维不发生滑移。

（6）在缠绕过程中，环向缠绕应与螺旋缠绕交替进行。

（7）使用环链式缠绕机时，如果缠绕角过小，将使链条长度增大，设备将变得大而笨重。同时由于链条长度增大，使纤维缠绕张力难以控制，影响纤维的强度。

3.1.5 缠绕成型工艺流程

缠绕成型工艺一般由胶液配制、纤维烘干及热处理、芯模或内衬制造、浸胶、缠绕、固化、检验、修正、成品等工序组成。干法和湿法缠绕的过程，主要在纱线处理的方法上有所不同。

1. 原材料准备

缠绕前，需按照相关成型工艺指导文件的具体要求对增强材料、树脂基体及其他辅助材料的名称、规格型号、生产厂家等进行复查。

纤维在使用前需进行烘干处理，根据其纱团大小一般在60~80℃的烘箱内干燥24~48h。芳纶纤维极易吸水，所以在使用过程中应采用密封、加热的方式，使之与湿气隔绝。

树脂基体在使用前通常应检查树脂种类、牌号、生产厂家等是否与工艺指导文件规定的一致，并依据作业指导文件对外观、黏度、生产日期等规定的指标进行复测。环氧树脂通常需复测的指标主要有环氧值、羟值、氯含量、黏度等。不饱和聚酯树脂通常需复测的指标主要有黏度、酸值、固体含量、羟值、反应活性、凝胶时间、树脂热稳定性等。树脂固化物的性能对复合材料制品的性能影响较大，通常需进行力学性能、热稳定性、浇铸体硬度、热变形温度等检测，确认满足性能指标要求后方可使用。

2. 胶液配制

根据工艺设计文件要求首先选用合适量程的天平、台秤、磅秤、电子秤等进行各组分的称量。按照配方要求向树脂基体中依次加入溶剂、固化剂、促进剂或其他辅助材料，经人工或搅拌器充分搅拌均匀后方可使用。考虑到不同树脂体系适用期不同，一次配制的胶液数量不能过多，以免造成浪费。

应特别注意的是配制不饱和聚酯树脂体系前，需按照当时的环境温度情况调节固化剂、促进剂的用量，测试凝胶时间，使树脂具有较合适的使用期。不饱和聚酯树脂的固化剂和促进剂不能直接混合，以免发生危险。

3. 设备检验、调试和程序的输入

缠绕前需对缠绕机进行必要的检验、调试和程序输入等工作。

1）设备检验

对缠绕机进行空转，检查机械系统（缠绕机架、电机、传动系统等）、控制系统、辅助系统（纱架、胶槽、加热器等）、张力控制系统（传感器、控制器、测控系统）的运转情况。如发现异常情况应停止使用，并及时修理。

2）缠绕线型设计与调试

安装缠绕芯模，并将有关设计参数输入缠绕机。机械式缠绕机的缠绕线型主要由机械系统来控制，通过调节挂轮比、链条等获得需要的缠绕线型。数控缠绕机的缠绕线型通过数控系统来实现。缠绕时通过专用的缠绕软件，来进行线型设计。线型调试时，将芯模安装到缠绕机上，进行预定线型缠绕，保证不出现纱片离缝、滑线等现象。

3）辅助设备安装调试

对纱架、胶槽、绕丝嘴、加热器等辅助设备进行检验，确保运转正常，过纱路径光滑，不影响缠绕制品的质量。

4. 芯模的处理和安装

1）金属芯模的准备

（1）在缠绕前首先要清除金属表面的油污，用丙酮或乙酸乙酯清洗干净。如果有铁锈，先用砂纸打光芯模表面，而后再清洗干净。

（2）在清洗干净的芯模表面涂敷脱模剂。脱模剂的种类很多，如聚乙烯醇、有机硅类、醋酸纤维素、聚酯薄膜、玻璃纸等，应严格按照不同脱模剂的使用方法进行涂敷操作。初次使用的模具应反复涂敷几次。

2）石膏芯模的准备

将已做好的石膏芯模表面涂敷一层胶液，用树脂或油漆均可。其主要是将里面的小气孔封闭，待固化后，然后再涂上一层或数层聚乙烯醇，充分晾置后待用。或者将已做好的石膏芯模表面糊上一层玻璃纸，赶出里面的气泡，待用。石膏芯模不适合固化温度高于150℃的产品。

3）水溶性芯模的准备

制作水溶性芯模常用的黏结剂主要有聚乙烯醇和硅酸钠。制品固化温度低（小于150℃）时，常用聚乙烯醇体系。固化温度较高（高于150℃）时，常用硅酸钠体系。水溶性芯模在使用前处理方法与石膏芯模类似。

5. 缠绕成型

（1）缠绕前首先进行纤维张力的调节，用张力器测量纤维张力，并对张力控制机构进行调节，以达到工艺文件规定的张力精度。

（2）将胶液倒入胶槽中，使纤维经过浸胶槽和挤胶辊，然后将已浸胶的多根纤维

分成若干组，通过分纱装置后集束，引入绕丝嘴。

（3）按设计要求进行设定线型的缠绕，并随时调节浸胶装置控制纤维带胶量。缠绕时随时将产品表面多余的胶液刮掉，并观察排纱状况，如遇纱片滑移、重叠或出现缝隙等情况，应及时停车处理。

（4）缠绕中应不断地调节张力，不断地添加新胶液，清除胶辊上的纱毛和滴落在缠绕设备上的胶液，保持整个生产线的清洁卫生，做到文明生产。

（5）当缠绕即将结束时，测其厚度，达到设计要求时即可停机。

（6）将产品卸下，进入固化炉或放置于室温下固化。

6. 固化

产品固化应严格按照工艺规定的固化制度进行。将产品放于烘箱、固化炉、真空罐或常温下固化。产品视其需要可采用水平放置、垂直放置或旋转放置的方式，按已确定的固化制度进行固化。在固化过程中要严格遵守操作规程，随时检查和调试温度，如遇温度过高、过低或升温过快等情况应停止固化，及时检修设备。固化结束后，通常自然冷却。严禁高温出炉，出炉温度过高会使产品收缩产生裂缝，影响产品质量。

7. 脱模

制品固化后要将其中的芯模脱除，根据芯模的结构形式不同，其脱模的方法也不相同。

（1）金属芯模。一般采用机械脱模方式，如制作复合材料管道时，需通过脱模设备将金属芯模拔出。

（2）组合模具。首先将模具拆散；然后小心地移除，注意不要碰伤产品。

（3）水洗砂芯模。首先用水将砂芯模部分冲掉；然后脱除金属轴。有时为了脱模方便，常采用热水高压冲洗。

8. 产品加工与修整

复合材料制品一般都需要机械加工，基本上沿用了对金属材料的一套加工方法，如车、铣、刨、磨、钻等，可以在一般木材加工机床或金属切削机床上进行。由于复合材料的性质与金属不同，因此在机械加工上有其特殊性。

（1）制品由硬度高的纤维增强材料和软质的树脂组成，切削加工时是软硬相间，断续切削，每分钟可达百万次以上冲击，致使切削条件恶化，刀具磨损严重。

（2）由于复合材料制品导热性差，在切削过程中金属刀具和复合材料摩擦产生的热量无法及时传递出去，极易造成局部过热，致使刀具发生退火，硬度下降，加速刀具的磨损，缩短使用寿命，因此要求刀具耐热和耐磨性要好。

（3）缠绕制品在加工时，由于其缠绕成型的特点和加工中的过热及振动，容易产生分层、起皮、撕裂等现象，因此要考虑切削力方向，选择适当的切削速度。

（4）复合材料制品中的树脂不耐高温，高速切削时胶黏状碎屑遇冷又硬化，碎屑极易粘刀，所以切削速度不能太高。

（5）制品在机械加工过程中，会产生大量粉尘，因此必须采取有效的除尘通风措施。

【任务实施】

1. 缠绕前的准备

1）原材料准备

本任务采用增强材料玻璃纤维纱，基体材料是环氧树脂，采用常用配胶比例：环氧树脂 E-51 100 份，EP 固化剂 15~20 份，稀释剂采用无水乙醇 15~20 份。将稀释剂及其他辅助剂加入环氧树脂中，搅拌均匀，使用前加入固化剂搅匀。

2）芯模准备

圆形管道缠绕模具芯模结构如图 3-7 所示。

图 3-7　圆形管道缠绕模具芯模结构

3）缠绕设备

采用 3FW 300×2500 型数控纤维缠绕机：缠绕机是门式结构，三轴控制，主轴、小车、伸臂全伺服独立控制。主轴和小车减速机为低侧隙高精度蜗轮蜗杆减速机；控制系统采用西门子数控系统。

4）芯模的安装

将芯模安装并固定在缠绕机主轴上。先调整好尾锥座位置，再拧紧最下边的两个松紧螺栓；将芯模一侧用三抓卡盘固定，另一侧用顶针顶紧，主轴装卡与芯模之间不能有滑动，否则缠绕线型不准。

2. 缠绕制品的线型设计

在计算机上进行缠绕制品的线型设计，主菜单有筒形缠绕、筒形罐缠绕。每个主菜单都包含三个子菜单；缠绕线型 CAD、缠绕线型 CAPP、缠绕程序生成与传输。

1）筒形缠绕线型 CAD 设计

本任务主要介绍筒形螺旋缠绕线型 CAD 设计，在主菜单中选择“筒形缠绕”菜单下的“筒形螺旋缠绕线型 CAD”。线型设计时输入初始参数见图 3-8 所示。根据任务要求和芯模尺寸设定相应参数：

芯模直径：测量芯模的直径尺寸并输入。

制品长度：制品长度为螺旋、环向缠绕长度。根据实验要求设定制品长度。

纱片宽度：当纱线缠绕在芯模上时，测量纱线的宽度并输入。

缠绕角：根据实验要求设定缠绕角。

摩擦系数：一般取值为 0. 2~0. 3，参考值为 0. 25。

丝嘴芯模距离：丝嘴出纱处到芯模表面的最短距离。

切点选择：取值为 1。

切点数：取值为 1。

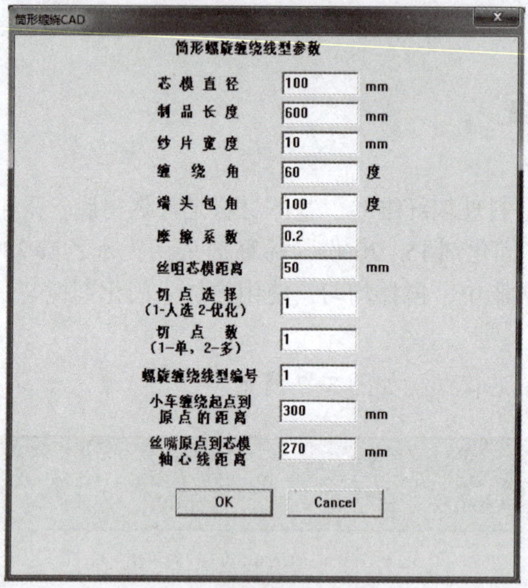

图3-8　筒形螺旋缠绕线型参数

螺旋缠绕线型编号：自行设定，可设为1~8。

小车缠绕起点到原点的距离：原点为小车在原点位置时丝嘴中间点。

丝嘴原点到芯模轴心线距离：原点为丝嘴出纱处。

根据线型设计输入的初始参数计算出设计值，若符合设计要求则确认。

2）缠绕线型CAPP设计

单击筒形缠绕线型CAPP子菜单，出现用户编辑窗口，用户在此窗口内编辑螺旋和环向交替缠绕工艺程序，如图3-9所示。

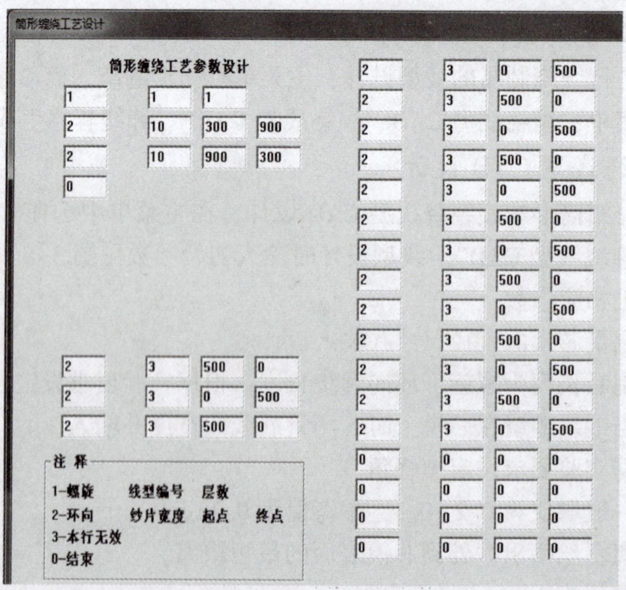

图3-9　缠绕工艺参数设计

具体规定如下：

每行3列或4列，第一列表示此行功能。

当第一列为1时表示此行为长螺旋和短螺旋缠绕，第二列为缠绕线型编号为1，第三列为本次螺旋缠绕层数（一个缠绕层实际为2个物理层）；

当第一列为2时表示此行为环向缠绕，第二列为环向缠绕纱片宽度，第三列为环向缠绕小车起点（以小车回到原点时的丝嘴中间位置为零点，取绝对坐标），第四列为环向缠绕小车终点（以小车回到原点时的丝嘴中间位置为零点，取绝对坐标）；

当第一列为3时表示注释，本行无效。当第一列为0时表示编辑结束。

编辑完成后，按回车键或单击“确定”按钮，返回主菜单。

3）缠绕程序生成与传输

单击筒形缠绕程序生成传输子菜单对话框如图3-10所示：可输入1~20的数字。（若输入1，则自动缠绕的程序名为：HKXYt1. mpf）按回车键或单击“OK”按钮，进入输入/输出界面，利用光标方向键移动光条至DATA OUT，按两次回车键；找到HKXYt1. mpf的程序名，回车；在此前（或后），在西门子数控的键盘上按PROGRAM MANAGER（程序管理）键，在数控主界面按“RS-232”，再按“接收”软键，此时数控主界面上有数字在变动；计算机主界面有字母翻动，完成后在数控主界面下边右角，按“NC目录”，在数控主界面上移动光标到所需的程序名上（如HKXYt1. mpf），再按“执行”软键，则该程序（如HKXY1. mpf）即被选上，并出现在主界面的右上角；此时在操作台上可进行自动缠绕。在计算机界面上，按“左、右移动”键，使光标移动到EXIT上，按回车键，按两次“Y”键，则回到主界面。

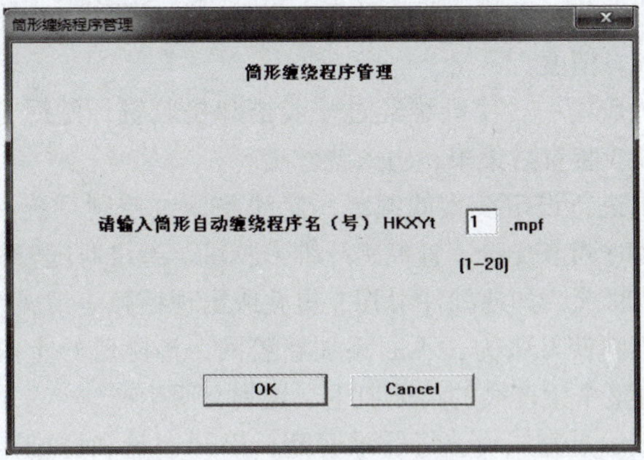

图3-10　筒形缠绕程序管理

3. 缠绕设备控制系统的启动与操作

（1）控制系统通电后，在控制面板上扭动开关到“手动”，缠绕机处于手动状态，按“进给使能”，扭动“主轴正转”“主轴反转”“小车左移”“小车右移”“伸臂前进”“伸臂后退”可对缠绕机各轴进行调整。各轴调整完，方向旋钮要打到中间位置。

（2）自动缠绕前，主轴（C轴）必须先回原点；伸臂（X轴）退到100mm以内、小车（Z轴）右移到200mm以内；伸臂（X轴）、小车（Z轴）不用回原点。自动缠绕时，要调用正确的程序名（号），单击“缠绕启动”和“进给使能”按钮，扭动

“进给倍率开关”，自动开始缠绕。

（3）主轴回原点的方法是：将扭动开关扭动到“原点”位置，再扭动开关扭向“主轴反转”，数控屏幕 C 轴显示为 0 即可。

（4）调用自动缠绕程序的方法：在手动或自动状态下，按数控键盘上的“PROGRAM MANAGER”（程序管理）键，按“NC 目录”，数控屏幕上出现所有自动缠绕程序名的列表，按↑或↓“移动键”，将光条移动到所需的程序名上，按“执行”软键，即可选上该程序。

（5）在数控上删除程序的方法：在数控主界面上，按“PROGRAM MANAGER”（程序管理）键，按“NC 目录”，按↑或↓“移动键”，将光条移动到所要删除的程序名上，按“删除”软键再按“确认”和“接受”键即可。

（6）在数控上查看程序的方法：在数控主界面上，按“PROGRAM MANAGER”（程序管理）键。

（7）小车、伸臂有限位功能，当小车、伸臂达到软限位时，扭动相应的反方向旋钮，即往反方向移动，恢复正常。

（8）值得注意的是：在实现手动、回原点、自动等功能时，先扭动这些功能旋钮，再扭动相应方向旋钮，按“进给使能”按钮，最后扭动“进给倍率”开关，调节速度的快慢。

在缠绕罐体时，丝嘴到芯模表面距离要大于 1/2 丝嘴的宽度。

4. 缠绕成型过程

（1）缠绕前按纱团数要求，安装纱团、排好纱线、将纱线穿过丝嘴并挂在模具上。首先进行纤维张力的调节，用张力器测量纤维张力，并对张力控制机构进行调节，以达到工艺文件规定的张力精度。

（2）将胶液倒入胶槽中，使纤维经过浸胶槽和挤胶辊，然后将已浸胶的多根纤维分成若干组，通过分纱装置后集束，引入绕丝嘴。

（3）按设计要求进行设定线型的缠绕，启动并调试控制系统，调试好控制系统后进行缠绕操作，并随时调节浸胶装置控制纤维带胶量。缠绕时随时将产品表面多余的胶液刮掉，并观察排纱状况，如遇纱片滑移、重叠或出现缝隙等情况，应及时停车处理。

（4）缠绕中应不断调节张力，不断添加新胶液，清除胶辊上的纱毛和滴落在缠绕设备上的胶液，保持整个生产线的清洁卫生，做到文明生产。

（5）当缠绕参数运行完成后，将纤维剪断，松开卡盘和尾椎，将芯模和制品一起拆下。

5. 固化脱模及修整

1）固化

产品固化应严格按照工艺规定的固化制度进行。将产品放于烘箱、固化炉、真空罐或常温下固化。产品视其需要可采用水平放置、垂直放置或旋转放置的方式，按已确定的固化制度进行固化。在固化过程中要严格遵守操作规程，随时检查和调试温度，如遇温度过高、过低或升温过快等情况应停止固化，及时检修设备。固化结束后，通常自然冷却。严禁高温出炉，因为出炉温度过高会使产品收缩产生裂缝，影响产品质量。

2）脱模

本任务是金属芯模，制品固化后采用机械脱模方式，通过脱模设备将金属芯模拔出。

3）产品加工与修整

按制品尺寸要求进行加工修整。

任务3.2 球形罐零件湿法缠绕成型

【任务描述】

通过设计缠绕参数，在缠绕成型时选择合适的芯模材料，完成图3-11所示模具的纤维缠绕制品的成型过程，制品为球形罐制品，两端开有小孔，要求制品厚度为1mm。

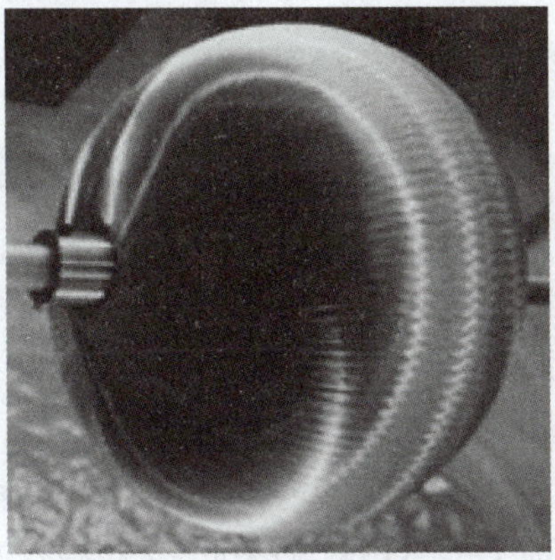

图3-11 球形罐模具示意图

【知识链接】

3.2.1 缠绕设备

缠绕机是缠绕成型工艺的主要设备，缠绕制品的设计意图和性能都要通过它才能实现。

1. 缠绕机的自由度概念

在纤维缠绕成型工艺中，称纤维的每个可以移动的方向为一个自由度，也称一个轴。自由度越多，可以实现的缠绕方式就会越复杂。机械式缠绕机实现的工艺比较简单，通常情况下只能实现两个方向上的运动，即主轴在绕自身轴线做圆周运动的同时，小车沿轴向运动，因此也被称为两轴缠绕机。

计算机控制缠绕机的发展，使多自由度的运动变得越来越简单，也使各种多轴缠绕机不断被研制出来。目前，市场上实现商品化的缠绕机达到了6轴。如图3-12所示，该缠绕机具有以下几个自由度。

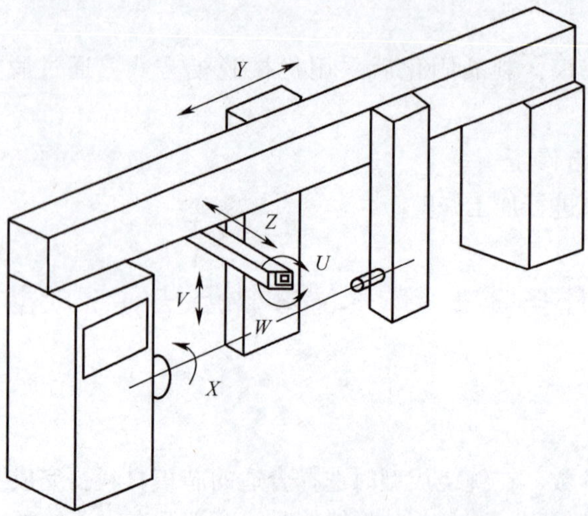

图 3-12　缠绕机运动各个自由度示意图

（1）主轴（X），使芯模做回转运动。

（2）小车水平轴（Y），使丝嘴沿芯模轴向做往复运动。

（3）小车伸臂轴（Z），使丝嘴沿芯模做径向运动。

（4）丝嘴翻转轴（U），使丝嘴绕伸臂轴转动。

（5）降轴（V），使丝嘴做垂直于伸臂轴和主轴方向的运动。

（6）扭转轴（W），使丝嘴绕升降轴转动。

2. 缠绕机的类型

缠绕机历经半个世纪的发展，从原来的机械式、数字控制式到现在的计算机控制式，种类很多，就控制方式而言，常用的缠绕机分为机械式缠绕机和计算机控制缠绕机两种。

1）机械式缠绕机

机械式缠绕机具有结构简单、传动可靠、维修方便、容易制造等优点，适用于形状比较简单的制品缠绕。按实现缠绕规律的特征，可分为平面缠绕机和螺旋缠绕机两大类，平面缠绕机又有卧式轨道缠绕机、立式轨道缠绕机、绕臂式缠绕机、螺旋缠绕机等不同形式。

（1）卧式轨道缠绕机。卧式轨道缠绕机（图 3-13）的芯模轴线和小车运行轨道均呈卧式布置，纱盘、胶槽和丝嘴均装在小车上，当小车沿环形轨道绕芯模转 1 周时，芯模绕自身轴线转过一个纱片宽。芯模轴线与水平面倾斜一个角度（平面缠绕角 α）。卧式轨道缠绕机适于大型构件的干法缠绕或湿法缠绕。

（2）立式轨道缠绕机。当芯模和轨道皆为立式放置时常称为立式轨道缠绕机（图 3-14），它的运动特点也是小车转 1 周，芯模转过一个纱片宽。当改变二者的转比，使芯模旋转 1 周小车移过一个纱片宽时，也可实现容器圆筒段环向缠绕，但这种缠绕设备更适用于球形或扁球形构件的干法缠绕。

（3）绕臂式缠绕机。绕臂式缠绕机（图 3-15）属于平面缠绕机，其运动特点是绕臂（丝嘴装在绕臂上）围绕芯模做匀速旋转运动；芯模绕芯模轴线做慢速连续转动，绕臂每转一周，芯模转过一个小角度，此小角度对应容器上一个纱片宽度，因而可以保持纱片紧挨布满容器表面。由于芯模轴线垂直于地平面，直立装置实现缠绕，因此也称立式缠绕机。当芯模快速旋转，丝嘴沿垂直地面方向缓慢向上（或下）移动时，即可实现容器的环向缠绕。绕臂式缠绕机缠绕时芯模受力均匀，横向变形小，机构运动平稳且排线均匀，它适用于短粗筒形容器的干法缠绕。

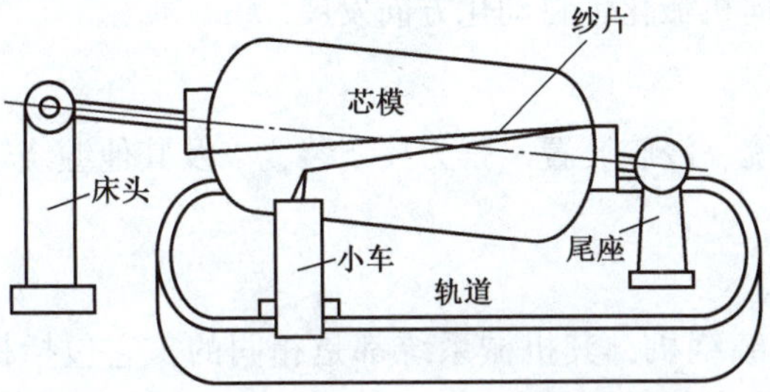

图3-13　卧式轨道缠绕机示意图

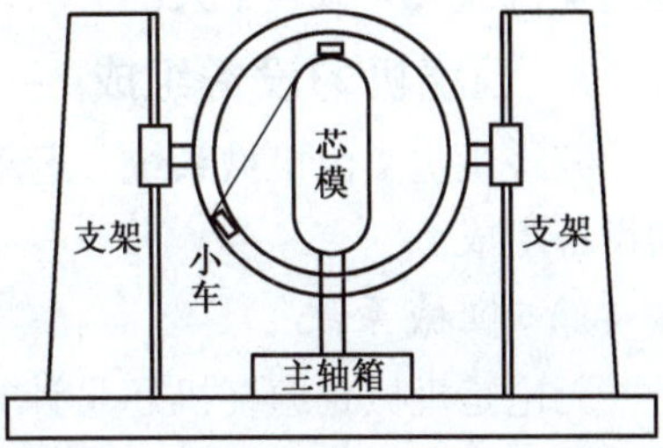

图3-14　立式轨道缠绕机示意图

(4) 螺旋缠绕机。螺旋缠绕机（图3-16）一般为卧式，它适于缠绕细长筒形容器。小车通过链轮带动丝嘴往复运动，并在封头两端有瞬时停歇，芯模绕自身轴线做等速旋转，两者的合成运动便实现螺旋缠绕，小车与链轮脱开而由丝杆带动丝嘴做慢速布线移动，同时芯模绕自身轴线做等速旋转，则实现环向缠绕。目前常见的是链条式螺旋缠绕机，它由齿轮系、链轮、链条或丝杆来保证小车移动和芯模旋转的匹配。该机结构简单，操作调整比较方便，多用在湿法缠绕，也可进行干法缠绕。

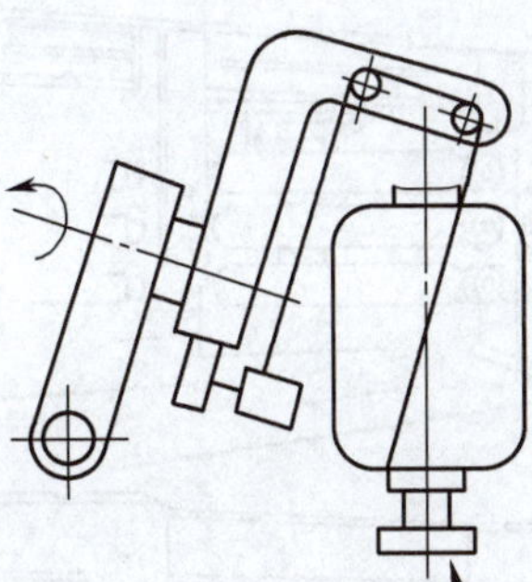

图3-15　绕臂式缠绕机示意图

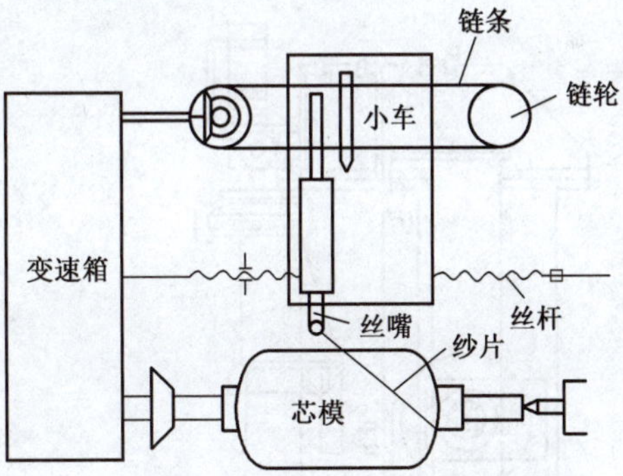

图3-16　螺旋缠绕机示意图

2）计算机控制缠绕机

计算机控制缠绕机除缠绕机主体外，还有控制和伺服传动两个系统。控制系统由控制介质及控制装置组成。控制介质用于记载整个加工工艺过程，以便为控制装置所接受。控制机构也就是整个设备的计算部分。与机械式缠绕机相比，计算机控制缠绕机的执行机构动力源均采用独立的伺服电机，各个机构（运动轴）间的运动关系不是由机械传动链确定的，而是由计算机控制的伺服系统实现，伺服传动系统主要是经伺服机构（包括伺服放大及功率放大）后驱动执行机构，往往还有检测装置，执行机构多采用精密的传动器件，落纱准确、张力控制稳定。

计算机控制缠绕机的计算机控制缠绕机和机械式缠绕机相比，具有无可比拟的优点：它可以使缠绕工作变得更加科学，如对工艺参数的优化组合不需要再进行常规实验，借助计算机就可以直接完成，这就保证了整个缠绕工艺过程中每个对产品质量有影响的因素都被视为工艺参数。工艺参数可以在计算机上用示数法进行优化组合。优化组合工艺参数被作为指令输入计算机控制系统中付诸实施，这不仅减轻了过去反复实验、数据归纳、分析计算的工作量，也扩大了缠绕制品的应用领域。目前，已有机械手操纵的缠绕机，大大减轻了人的劳动强度，并向机械化、自动化方向发展。

3. 缠绕机的设备组成

缠绕机主要由机械系统、运动控制系统、浸胶装置、张力控制装置以及其他缠绕辅助设备组成。

1）机械系统

无论是机械式缠绕机还是计算机控制缠绕机，其机械系统都是相同的，它包括机架、动力系统、传动系统、运动系统和芯模夹持系统等。

(1) 机架。机架是缠绕机的主体和各个系统安装的基础，按主轴位置可以分为立式和卧式。卧式结构是最常见的结构形式，门架式和支座式是卧式结构的两种主要形式。

门架式系统是中、小型缠绕机最常见的结构形式，又可分为单工位和多工位，其中多工位有并联和串联两种形式。如图3-17所示的门架式缠绕机具有以下优点：架整体性好，刚性大，运输、安装方便，可以有效地利用空间；芯模可以从下面推入，装卸方便，地面清洁；导轨倒悬挂，不容易污染。

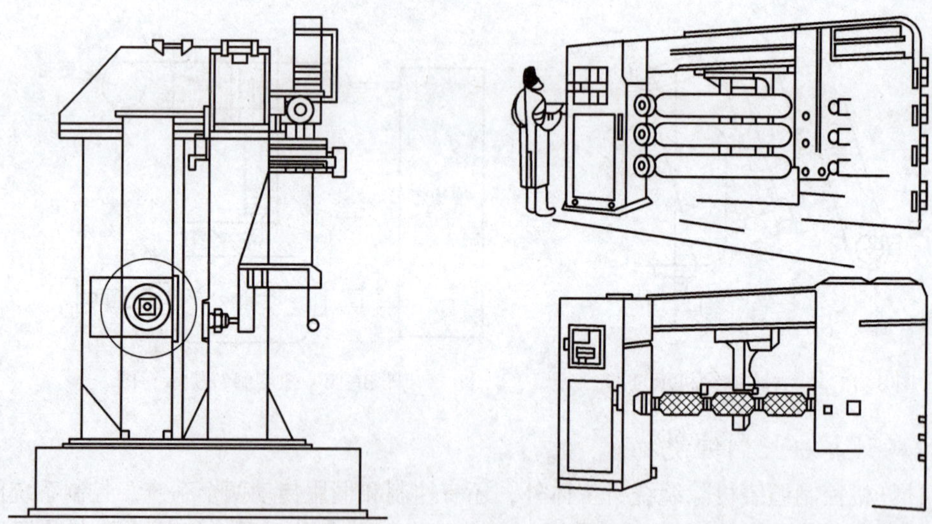

(a)　　(b)

图3-17　门架式单工位及多工位缠绕机

支座式系统主要适用于大型缠绕机，芯模尺寸大、质量大，采用支座式结构，配以天车可便捷地完成装卸芯模。由于主轴与小车控制系统分开，安装调试难度较大。

(2) 动力系统。缠绕机动力系统主要有两种方案：一种方案是主轴与其他系统均采用伺服电机，可以实现0°缠绕，但成本高，尤其是主轴系统功率较大时更突出；另一种方案是主轴采用普通调速电机，其他系统均采用交流伺服电机，以主轴运动参数为基准实施控制。

（3）传动系统。缠绕机的传动系统主要有齿轮-链条传动、齿轮-齿条传动、滚珠-丝杠传动和齿轮传动等。缠绕机传动系统的精度主要由传动精度控制，因此选择合适的传动系统相当重要。

（4）运动系统。由于缠绕机运动系统速度较高，目前普遍采用滚动导轨和直线轴承，以提高精度，对于精度要求不高的系统，如普通管道缠绕机，考虑到成本，也可以用普通导轨导轮系统。

（5）芯模夹持系统。芯模夹持主要有卡盘-顶针式、卡盘-卡盘式、法兰-轴承支架式。卡盘-顶针式适用于中等尺寸的芯模，单端驱动，安装方便，为提高自动化程度，可以采用气动顶针。卡盘-卡盘式主要适用于细长杆缠绕，一方面可以采用双端驱动，避免由于扭矩使芯模产生扭角，另一方面可以安装气动/液压拉伸芯轴，缠绕时芯轴受拉，降低由芯模重力引起的挠度。法兰-轴承支架式主要适用于大型芯模，驱动力矩大。

2）运动控制系统

机械式缠绕机的运动控制系统较为简单，运动关系是由机械系统确定的。数控缠绕机运动控制系统是缠绕机的核心，靠其完成各轴间的运动关系，从而实现各种线型的缠绕，主要有以下两种方案。

（1）采用通用数控系统。如 SIEMENS 810D（3 轴联动）、SIEMENS 840D（4 轴联动）等，采用通用数控系统的缠绕机，集成程度较高，维护方便，但成本高，运动轴数少，缠绕编程灵活性和机器拓展性差。

（2）采用分布式专用数控系统。采用分布式专用数控系统即依据缠绕机的特点与具体需求，将多轴运动控制卡等集成为一个缠绕专用数控系统，如南京航空航天大学和上海万格复合材料技术有限责任公司共同开发的 FWP2000 系统（7 轴联动）等，具有成本低、运动轴数多、缠绕编程灵活等优点，但应用尚不够广泛。

3）浸胶装置

纤维缠绕工艺中最常见的浸胶形式有三种：浸胶法、擦胶法和计量浸胶法，如图 3-18 所示。最简单的浸胶法采用的浸胶槽通常没有运动的部件，由浸胶辊、胶槽和压胶辊组成。首先多根纤维纱通过浸胶辊浸上树脂，然后通过第二次浸胶辊和压胶辊及分纱，最后缠绕到芯模上。在高速缠绕时。纤维束的浸润可以通过一个转动的辊使纤维束铺开以改善浸透性，在此基础上加装限胶孔有助于控制缠绕制件的树脂含量。

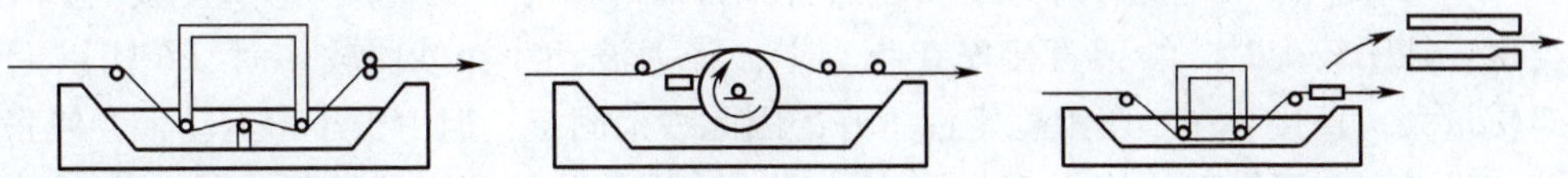
(a) 浸胶法　(b) 擦胶法　(c) 计量浸胶法

图 3-18　三种不同的浸胶形式

擦胶法适用于玻璃纤维和芳纶纤维缠绕，因为玻璃纤维和芳纶纤维损伤容限较大。擦胶法浸渍装置中，一个转动的圆筒和树脂槽内的树脂接触带起树脂，经过刮刀后在圆筒表面形成树脂薄层，纤维在圆筒上部经树脂薄层浸胶，由于纤维在低应力水平下浸渍，因此纤维不易损伤。擦胶法的缺点主要是纤维如有损伤，断裂的纤维会粘在转动圆筒的表面，而且越积越多，从而影响树脂的含量并增加纤维的损伤，必须随时注意并加以清洗。

计量浸胶法，即限胶法浸渍。将纤维和树脂引入一个一端开口大的通道，通道的另一端是一定宽度的机加孔，在通道内树脂充分浸渍纤维，经过机加孔时多余的树脂被挤出。这种方法的优点是树脂含量可严格控制，缺点是纤维的接头不能通过，对于不同的树脂体系和含胶量都必须更换机加孔。

4）张力控制装置

在纤维缠绕中纤维张力控制是获得优良性能复合材料的关键，缠绕张力的控制精度在很大程度上决定了缠绕制品的质量。张力控制系统有机械式和电子式两种，均由张力传感器、张力控制器和张力测控系统组成。张力装置应具有以下功能：缠绕张力可变、可控；缠绕张力便于调整；张力器有绕紧功能，避免纤维松弛；随着纱管尺寸的变化张力可自动补偿，大多数高级增强材料多采用纱管形式包装，因此张力器常常安装在纱管上，这样便于远距离控制张力，同时又便于在绕丝嘴运动中控制供纱系统的张力。最新一代的张力器装有传感装置，通过监控器监控纱束上的实际张力，实时调整缠绕张力，使其保持均衡。

5）其他缠绕辅助设备

（1）纤维铺展装置（绕丝嘴和导向环）。对于不同的树脂、纤维体系选用纤维铺展装置时应考虑尽量减少对纤维的损伤和浸胶纱带在芯模上的合理展开与铺叠，利用大而光滑的弧形绕丝嘴和导向环能减少纤维损伤。缠绕中纤维的覆盖状况取决于纤维束宽度。在纤维束宽度方一面的变化能导致缠绕缝隙或不希望的纤维重叠，而纤维宽度是利用不同的绕丝嘴来控制的，图3-19为几种常见的纤维绕丝嘴形式。

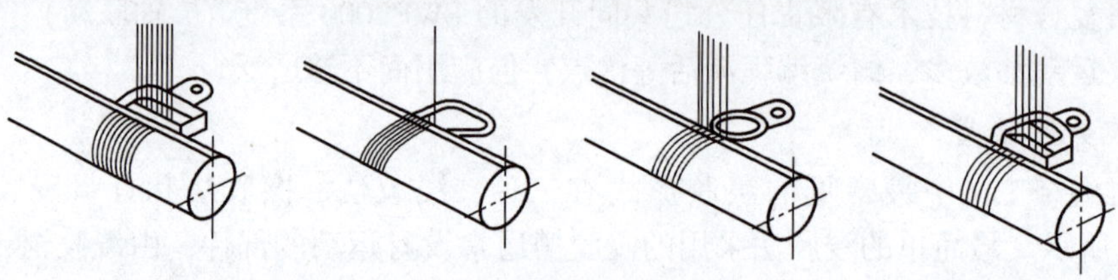

图3-19 几种常见的绕丝嘴形式

（2）纱架。纱架是储存纤维、安装后置张力器的部件，质量较大，其主要有以下3种类型：纱团较少时，纱架直接安在小车上，张力波动小；纱团较多时（6团以上），纱架质量大，直接装在小车上稳定性不好，因此纱架固定，但由于小车运动，会使张力波动；为减少由于纱架固定引起的张力波动，采用随动纱架，即纱架由另一套系统驱动，与小车同步。

（3）加热装置。电加热或气加热烘箱是传统的固化设备，投资少，可做成不同的尺寸和形状。采用烘箱固化，所需固化压力由收缩带或空气袋提供。在许多情况下，如对于缠绕管和另外一些圆形制件，在固化过程中这些制件保持转动以减少下垂和树脂滴落。这是因为不仅要加热制件，而且包括周围的空气以及辅助设备（如芯模和支撑体）。烘箱的能耗花费较多，大的烘房也会占用较大的空间。

加热灯可提供一个最高在170℃的固化温度。在使用加热灯作为热源时，应注意尽量使制件各部分受热均匀。加热灯固化的缺点是树脂外首先形成一层表皮，而这层表皮阻止在固化过程中的进一步热传递。红外灯是复合材料固化常用的加热灯，常在使树脂从A阶段转变到B阶段的过程中使用。

而对于航空航天用的高质量制件而言，树脂基体往往采用高性能环氧树脂、双马来酸亚胺或聚酰亚胺，有必要采用真空袋/热压罐固化纤维缠绕件。热压罐固化能提供400℃的固化温度和3.5MPa的固化压力，热压罐固化的主要缺点是长的固化周期以及尺寸等方面的限制。

许多缠绕管材的厂家还使用蒸汽作为树脂固化的热源。当管道缠绕完时，热蒸汽经金属芯模端部接头通过管状芯模，使缠绕件快速固化。完全固化后，利用冷却水快速冷却。这样做既能方便操作，提高效率，也能提供足够的收缩力以使脱模更容易。

此外，超声波可以使树脂体系快速固化，但这种固化不均匀。射频固化已得到许多研究，并被认为是一种有应用前景的加热固化方式。微波固化炉初始投资高，固化效率高，能源利用率高，具有显著的节能效果，但是对于导电的碳纤维不能使用。

3.2.2　缠绕成型工艺参数

缠绕成型工艺一般由胶液配制、纤维烘干及热处理、芯模或内衬制造、浸胶、缠绕、固化、检验、修正、成品等工序组成。选择合理的缠绕工艺参数，是充分发挥原材料特性、制造高质量缠绕制品的重要条件。影响缠绕制品性能的主要工艺参数包括玻璃纤维的烘干和热处理、玻璃纤维浸胶、缠绕速度和环境温度等。

1. 玻璃纤维的烘干和热处理

玻璃纤维表面含有水分，不仅影响树脂基体与玻璃纤维之间的黏结性能，同时将引起应力腐蚀，并使微裂纹等缺陷进一步扩展，从而使制品强度和耐老化性下降。因此，玻璃纤维在使用前最好经过烘干处理。在湿度较大的地区和季节烘干处理更为必要。纤维的烘干制度视含水量和纱锭大小而定。通常，无捻纱在60~80℃烘干24h即可。

当用石蜡型浸润剂的玻璃纤维缠绕时，使用前应先除蜡，以便提高纤维与树脂基体之间的黏结性能。

2. 玻璃纤维含胶量分布

玻璃纤维含胶量的高低及其分布对缠绕制品性能影响很大，直接影响制品的质量及厚度。含胶量过高，制品的复合强度降低；含胶量过低，制品里的纤维空隙率增加，使制品的气密性、耐老化性及剪切强度下降，同时也影响纤维强度的发挥。此外，含胶量变化过大会引起应力分布不均匀，并在某区域引起破坏。因此，纤维浸胶过程必须严格控制，必须根据制品的具体要求决定含胶量。缠绕玻璃钢制品的含胶量一般为25%~30%（质量分数）。

纤维含胶量是在纤维浸胶过程中进行控制的。浸胶过程首先是将树脂胶液涂覆在增强纤维表面，之后胶液向增强纤维内部扩散和渗透，这两个阶段常常是同时进行的。缠绕工艺的浸胶通常采用浸渍法和胶辊接触法，如图3-20所示。浸渍法是通过胶辊压力大小来控制含胶量的。胶辊接触法是通过调节刮刀与胶辊的距离，以改变胶辊表面的胶层厚度来控制含胶量的。

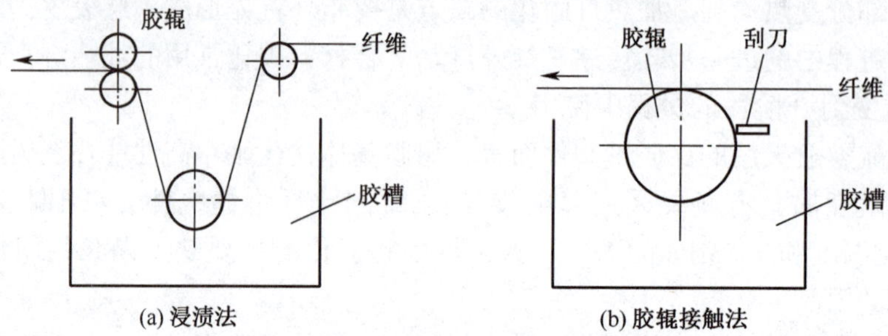

图 3-20　浸胶方式示意图

在浸胶过程中，纤维含胶量的影响因素有很多，如纤维规格、胶液黏度、胶液浓度、缠绕张力、缠绕速度、刮胶机构、操作温度及胶槽面高度等。其中，胶液黏度、缠绕张力及刮胶机构影响最大。

3. 缠绕张力

缠绕张力是缠绕工艺的重要参数。张力大小、各束纤维间张力的均匀性以及各缠绕层之间纤维张力的均匀性，对制品的质量影响极大。

1）缠绕张力对制品力学性能的影响

缠绕制品的强度和疲劳性能与缠绕张力有密切关系。张力过小，制品强度偏低，内衬所受压缩应力较小，因而内衬在充压时的变形较大，疲劳性能越低；张力过大，则纤维磨损大，使纤维和制品强度都下降。此外，过大缠绕张力还可能造成内衬失稳。

各束纤维之间张力的均匀性对制品性能影响也很大。假如纤维张紧程度不同，当承受载荷时，纤维就不能同时承受力，导致各个击破，使纤维强度的发挥和利用大受影响。研究表明，各纤维束所受张力的不均匀性越大，制品强度越低。因此，在缠绕玻璃钢制品时，应尽量保持纤维束之间、纤维束内纤维间的张力均匀。为此，应尽量采用低捻度、张力均匀的纤维，并尽量保持纱片内各束纤维的平行。

为了使制品里的各缠绕层不会由于缠绕张力作用而产生内松外紧的现象，应有规律地使张力逐层递减，使内、外层纤维的初始应力都相同，容器充压后内、外层纤维能同时承受荷载。

2）缠绕张力对制品密实度的影响

制品致密的成型压力与缠绕张力成正比，与制品曲率半径成反比。对于干法缠绕生产，为了生产密实的制品，必须控制缠绕张力。对于湿法缠绕，在固定的成型压力下，可使制品具有较高的密实度。另外，空隙率是影响制品性能的重要因素。空隙率是随着缠绕张力的变化而变化的，张力增大，空隙率降低，这也是增大缠绕张力可以提高制品强度的一个重要因素。

3）缠绕张力对含胶量的影响

缠绕张力对纤维浸渍质量及制品含胶量的大小影响非常大，随着缠绕张力的增大，含胶量降低。在多层缠绕过程中，由于缠绕张力的径向分量（法向压力）的作用，外缠绕层将对内层施加压力。因此，胶液将由内层被挤向外层，从而出现胶液含量沿壁厚方向内低外高。采用分层固化或预浸材料缠绕可减少或避免这种现象。

此外，如果在浸胶前施加张力，那么过大的张力使胶液向增强纤维内部空隙扩散渗透困难，使纤维浸渍质量下降。最佳缠绕张力并非一成不变，它依芯模结构、增强纤维强度、胶液黏度及芯模是否加热等具体情况而定，一般取其极限值为 1.1~4.4 *N*/股。

4）缠绕张力作用位置对纤维强度的影响

纤维张力可在纱轴或纱轴与芯模之间某一位置施加。前者比较简单，但在纱团上施加全部缠绕张力会带来困难。对于湿法缠绕来说，纤维的胶液浸渍情况不好，且在浸胶前施加张力，将使纤维磨损严重而降低其强度，张力越大，纤维强度降低越多。对于干法缠绕来说，如果预浸纱卷安装不够精确，施加张力后易使纱片勒进去。一般认为，湿法缠绕宜在纤维浸胶后施加张力，而干法缠绕宜在纱团上施加张力。

在纤维通过张力器的时候，最好将各股纤维分开，以免打捻、发团、曲折和磨损。张力器直径太小会引起纤维磨损，降低纤维的机械强度，张力器最小直径为 50mm，张力器上的辊过多，纤维要多次弯曲，也会降低强度。一般张力器应安装在距内衬最近的地方。

4. 纱片宽度的变化和缠绕位置

纱片间隙是富树脂区，是结构上的薄弱环节。纱片宽度随着缠绕张力的变化而变化，因而很难精确控制，通常纱片宽度为 15~30mm。

纱片的缠绕位置是缠绕机的精度与芯模的精度的函数。容器上最敏感的部位为封头部分及封头筒体连接处，对于测地线缠绕等张力封头，由于普通环链式缠绕机精度不够，封头缠绕的纤维路径不是测地线，即使纤维不滑线也难于实现封头等张力缠绕。而对于其他形式的封头缠绕，如平面缠绕，则可能由于滑线，致使纤维偏离理论位置，进而破坏了封头的等张力缠绕状态。如果纱片缠绕轨迹不是封头曲面的测地线，则纱带在缠绕张力作用下：一方面要被拉成曲面上两点间最短的线；另一方面便要向测地线曲率不为零的方向滑动，这就是滑线的原因。为避免滑线，应增大曲面的摩擦力，如采用预浸纱缠绕，具有一定的黏性，可减少滑线的可能性。

5. 缠绕速度

缠绕速度通常是指纱线速度，应控制在一定范围。因为纱线速度过小，生产率低；而纱线速度过大，会受到限制。

1）湿法缠绕

湿法缠绕时，纱线速度受到纤维浸胶过程的限制。当纱线速度很大时，芯模转速很高，有出现树脂胶液在离心力作用下从缠绕结构中向外迁移和溅洒的可能。纱线速度最大不宜超过 0.90m/s。

2）干法缠绕

干法缠绕时，纱线速度主要受限制的两个因素是，要保证预浸纤维用树脂通过加热装置后能熔融到所需黏度，且须避免杂质被吸入制品结构中。

导丝头装在小车上，一般纱线速度是通过控制小车速度来实现的。小车是往复运动的，小车在行程两端点处加速度最大，因而惯性冲击必定很大，特别是在小车质量较大时更是如此。车速过大，运行不稳，易产生颠簸振动，影响缠绕质量。因此小车速度最大不宜超过0.75m/s。

6. 固化制度

缠绕制品有常温固化和加热固化两种，这由树脂系统决定。固化制度是保证制品充分固化的重要条件，直接影响玻璃钢制品的物理性能及其他性能。不同树脂系统的固化制度不一样。如环氧树脂系统的固化温度随环氧树脂及固化剂的品种和类型不同而有很大差异。对各种树脂配方没有一个广泛适用的固化制度，只有根据不同树脂配方、制品的性能要求，并考虑到制品的形状、尺寸及构造情况，通过试验确定出合理的固化制度，才能得到高质量的制品。

1）加热固化

高分子物质随着聚合（固化）过程的进行，分子量增大，分子运动困难，位阻效应增大，活化能增高，因此需要加热到较高温度下才能反应。加热固化可使固化反应比较完全，因此加热固化比常温固化的制品强度至少可提高20%。此外，加热固化可提高化学反应速度，缩短固化时间，缩短生产周期，提高生产率。加热固化制度包括加热时的温度范围、升温速度、恒温温度及保温时间。

升温阶段要平稳，升温速度不应太快，升温速度太快会导致化学反应激烈，使溶剂等低分子物质急剧逸出而形成大量气泡。通常，当低分子变成高分子或液态转变成固态时体积都会收缩。对于玻璃钢，其热导率小，如果升温过快，各部位间的温差必然很大，因而各部位的固化速度和程度必然不一致，收缩不均衡，致使制品由于内应力作用变形或开裂，形状复杂的厚壁制品更是如此，通常采用的升温速度为0.5~1.0℃/min。

保温一段时间可使树脂充分固化，产品内部收缩均衡。保温时间的长短不仅与树脂系统的性质有关，而且与制品质量、形状、尺寸及构造有关。一般制品热容量越大，保温时间越长。

降温冷却要缓慢均匀，由于玻璃钢结构中顺纤维方向与垂直纤维方向的线膨胀系数相差近4倍，制品若不缓慢冷却，各部位各方向收缩就不一致，特别是垂直纤维方向的树脂基体将承受拉应力，而玻璃钢垂直纤维方向的拉伸强度比纯树脂还低，当承受的拉应力大于玻璃钢强度时，就会发生开裂破坏。

2）分层固化

较厚的玻璃钢层压板需采用分层固化工艺，其工艺过程如下：先固化内衬，然后在固化好的内衬上缠绕一定厚度的玻璃钢缠绕层，使其固化，冷却至室温后，再对表面打磨喷胶，缠绕第二次，依此类推，直至缠到设计所要求的强度及缠绕层数为止。

分层固化的优点有：可以削去环向应力沿筒壁分布的高峰；提高纤维初始张力，避免容器体积变形率增大，纤维疲劳强度下降；容器内、外质量的均匀性。从工艺角度看，随着容器壁厚度的增加，制品内、外质量不均匀性增大。特别是湿法缠绕，由于缠绕张力的作用，胶液将由里向外迁移，因而使树脂含量沿壁厚方向不均匀，并且内层树脂系统中的溶剂向外挥发困难，形成大量气泡。采用分层固化，容器中纤维的位置能及时得到固定，不会使纤维发生皱褶和松散，树脂也不会在层间流失，从而减缓了树脂含量沿壁厚方向不均匀的现象，并有利于溶剂的挥发，保证了容器内、外质量的均匀性。

7. 环境温度

树脂系统的黏度随着温度的降低而增大。为了保证胶纱在制件上进一步浸渍，要求缠绕制品的周围温度高于15℃。用红外灯加热制品表面，使其温度在40℃左右，可有效提高产品质量。

3.2.3　缠绕成型制品的结构特点

缠绕工艺制造的管、罐等产品结构大体上分为三层：内衬层、结构层和外保护层。

1）内衬层

内衬层是制品直接与介质接触的层，它的主要作用是防腐、防渗、耐温。因此，要求内衬材料具有优良的气密性、耐腐蚀性，并且耐一定温度等。

内衬材料有金属、橡胶、塑料、玻璃钢等不同材质，可根据不同用途与生产工艺要求来选定。用作化工防腐时，玻璃钢内衬则是最佳选择，既可避免粗而重的金属制品，又可避免内衬层与结构层之间缠结的麻烦，而且这种玻璃钢内衬的适应性强，通过改变内衬材料的种类、配方，使之可以满足化工防腐上各种不同工艺的要求。另外，也可根据容器内所储存介质的种类、浓度和温度等技术要求选择内衬材料。

2）结构层

结构层即增强层，它的作用主要是保证产品在受力的情况下，具有足够的强度、刚度和稳定性。增强材料是主要的承载体，树脂只是对纤维起黏结作用，并在纤维之间起着分布和传递载荷的作用，因此选择高强度、高弹性的增强材料和性能良好的树脂是提高结构层承载能力的重要因素，这对航空及军用制品尤为重要。对于普通工业防腐及民用产品，在保证产品具有足够的承载能力的前提下，还需要从经济成本、工艺性能等因素综合考虑，选择增强纤维和树脂。

另外，结构层的承载能力还要受到纤维缠绕方向的影响，要求增强层在不同的方向上具有不同的强度。这时，可以通过结构计算确定缠绕角。例如，对内压容器，确定合适的缠绕角，使环向强度和轴向强度相比，近似等于内压载荷所引起环向应力和轴向应力的比。目前，采用最多的纤维铺设方式有螺旋缠绕和环向缠绕两种，有时可以将这两种铺设方式结合，使螺旋方向缠绕承受轴向应力，环向缠绕则主要承受环向应力。试验表明，对于内压圆筒形容器，组合缠绕比单一螺旋缠绕更有效；而对于外压圆筒，加筋是加强层提高承载能力的一种结构形式。例如，地下管道、储罐采用加筋形式会更有效地抵抗由土壤产生的压力（外压力）所引起的形变和翘曲。

随着复合材料技术的不断发展，采用夹层结构（如夹砂层）纤维缠绕可有效提高玻璃钢管的刚度，夹层结构管材具有强度高、刚度大、质量小、造价低、使用寿命长、耐腐蚀、无毒无味等特性，优于传统的钢管、预应力水泥管、铸造管等。随着夹层结构技术的发展，夹砂（石英砂）纤维缠绕玻璃钢管材正逐步取代传统的输水管材。

3）外保护层

为了延长玻璃钢制品的使用寿命，不仅要求内衬防腐性能好、加强层具有足够的承载能力，而且要求产品外表面也应具有一定的防护功能。对于安装在室外的玻璃钢制品，在间苯二酸或双酚A型树脂中加入石蜡，就足以保护制品8~10年。由于紫外线可损害聚酯树脂，因此当采用聚酯树脂时宜添加紫外线吸收剂，这样可以将紫外线转变成热能或次级辐射放出，大大降低产品变黄的速度，提高透光率，从而提高玻璃钢的耐候性。一般情况下，要严格限制这类材料的使用，若必须使用，要尽可能地使其价格和对聚酯树脂改变的性能减至最小。紫外线吸收剂的使用量（按树脂质量计）为0.2%~0.5%。

3.2.4 纤维缠绕成型工艺的特点及应用

1. 纤维缠绕成型工艺的优点

（1）易于实现高比强度制品的成型。与其他成型工艺相比，纤维缠绕成型工艺的复合材料制品中纤维按规定方向排列的整齐度和精确度高，制品可以充分发挥纤维的强度，因此比强度和比刚度均较高。

（2）易于实现制品的等强度设计。由于缠绕时可以按照承力要求确定纤维排布的方向、层数和数量，因此易于实现等强度设计，制品结构合理。

（3）制造成本低，制造质量高度可重复。缠绕制品所用增强材料大多是连续纤维、无捻粗纱和无纬带等材料，无须纺织，从而减少工序，降低成本，同时可以避免布纹交织点与短切纤维末端的应力集中。纤维缠绕工艺容易实现机械化和自动化，产品质量高而稳定，生产效率高，便于大批量生产。

（4）适用于耐腐蚀管道、储罐和高压管道及容器的制造。

2. 纤维缠绕成型工艺的局限性

（1）在缠绕过程中，特别是湿法缠绕过程中易形成气泡，会造成制品内部孔隙过多。这会降低层间剪切强度、压缩强度和抗失稳能力。因此，在生产中要求采用活性较强的稀释剂，控制胶液黏度，改善纤维的浸润性及适当增大纤维张力等，以便减少气泡和孔隙率。

（2）开孔会使缠绕制成的复合材料制品在孔的周围出现应力集中现象。因连接需要进行的切割、钻孔或开槽等操作都会降低缠绕结构的强度。因此要对结构进行合理的设计，要尽量避免完全固化后对制品进行切割、钻孔等破坏性操作。必须进行开孔、开槽的复合材料制品需要采取局部补强措施。

（3）缠绕成型工艺不太适用于带凹曲线部件的制造，在制品的形状上存在一定的局限性。采用纤维缠绕技术制成的制品多为圆柱体、球体及某些正曲率回转体。对于非回转体或负曲率回转体制品的缠绕规律和设备都比较复杂，尚未形成成熟的工艺。

3. 缠绕制品的应用

缠绕制品具有上述特点，因此在化工、食品制造、运输以及军工方面获得了比较广泛的应用。

1）管道

纤维缠绕管道因其强度高、整体性好、综合性能优异、容易实现高效的工业化生产、综合运营成本较低而被广泛应用于炼油厂管道、石油化工防腐管道、输水管道、天然气管道和固体颗粒（如粉煤灰和矿物）输送管道等方面。

目前，美国各地用的纤维缠绕管道总长占整个运输工具的 1/3，所负担供应的能量（包括石油、天然气、煤、电）占全国需用量的 1/2 以上。在中国工业生产中，纤维缠绕管道同样已被大量采用，如图 3-21 所示。

(a)　　(b)

图 3-21　纤维缠绕管道制品

2）储罐

对于储运化工腐蚀液体，如碱类、盐类、酸类等，采用钢罐很容易腐蚀渗漏，使用期限很短；改用不锈钢成本很高，效果也不及复合材料；采用纤维缠绕工艺地下石油储罐，可防止石油泄漏，保护水源。用纤维缠绕工艺制成的双层壁复合材料储罐和管道，已在加油站获得广泛应用，如图 3-22 所示。

(a)　　(b)

图 3-22　大型缠绕储罐

这类储罐和管道通常用 E 玻璃纤维-不饱和聚酯树脂制成，在制造过程中可通过加入石英砂或其他填料来提高刚度，降低制造成本。

3）压力制品

纤维缠绕工艺可用于制造承受压力（内压、外压或两者兼具）的压力容器（包括球形容器）和压力管道制品。缠绕压力容器多用于军工方面，如固体火箭发动机壳体、液体火箭发动机壳体、压力容器、深水外压壳体等，缠绕压力管道可充装液体和气体，在一定压力作用下不渗漏、不破坏，如海水淡化反渗管和火箭发射管等。先进复合材料的优异特性使纤维缠绕工艺制造的多种规格火箭发动机壳体和燃料贮箱得到成功应用，成为现在乃至将来发动机发展的主方向，它们包括小到直径只有几厘米的调姿发动机壳体，大到直径3m的大型运输火箭发动机壳体。

纤维缠绕复合材料压力容器已在航空航天、造船等领域获得了广泛应用。用碳纤维和芳纶纤维缠绕的薄壁金属内衬高压容器以其高结构效率、高性价比成为航天飞机和人造地球卫星的首选。所用的内衬材料包括不锈钢、铁合金、铝合金和热塑性塑料等。容器充装的介质有氮气、氧气、氢气和氦气，形状多为环形、球形和扁球形，直径范围为0.30~1.01m。

小型压力容器已在个人生命保障系统获得成功应用，属于这类用途的容器有消防员的供氧器、登山队员的供氧器等。这类容器大多由芳纶纤维-环氧树脂或玻璃纤维-环氧树脂制成，具有质量轻、便于携带、疲劳寿命长和可靠性高的综合特性。纤维缠绕工艺制造的压缩天然气（CNG）气瓶，已经成为标志性的新型能源载体。

4）其他

在机械工程上有时需要轻质、高强的部件，如新型无梭纺织机上的箭杆，它是代替“梭子”穿线的，来回往复速度快，要求轻质、高强、刚度大，在此方面纤维缠绕工艺制备的碳纤维-环氧复合材料管具有其他材料无法比拟的优势。

复合材料传动轴是为宇航工业研制并得到应用的，主要用于直升机，如尾旋翼长套轴、主旋翼厚壁传动轴等。

电气设备中的开关装置、高压熔断器、回路断路器及高压绝缘体等均可采用纤维缠绕工艺制造，在这些制品中纤维缠绕复合材料爆破强度高、电绝缘性好的特点得到了充分发挥。此外，大型电机上的绑环和护环、车用飞轮转子等也是纤维缠绕复合材料制造的，其强度高，线膨胀系数小，蠕变率低，电绝缘性良好，非磁性和性价比远优于无磁钢。纤维缠绕复合材料在电气工程上应用很广，可用纤维缠绕技术制造输配电电线杆、天线杆及工程车臂杆等。

纤维缠绕制品在体育器材方面的应用，会使竞技体育提高到一个新的水平，所以发达国家在这方面均有大量人力与资金的投入。如纤维缠绕高尔夫球杆、滑雪杖、冰球杆、羽毛球拍、猎枪管等均可采用碳纤维-环氧复合材料制造。

【任务实施】

1. 芯模材料和胶液的准备

球形罐制品为球形制品，两端开有小孔，在缠绕成型时芯模材料可选择低熔点金属、低熔点盐类、石膏等材料，在缠绕成型后将芯模熔化或敲碎，从两侧小孔处脱模；也可以选择橡皮袋芯模，成型前进行充气，成型后将橡皮袋放气后从小孔处抽出。

本任务采用的是环氧树脂体系，采用常用配胶比例：E-51环氧树脂100份，EP固化剂15~20份，稀释剂采用无水乙醇15~20份。将稀释剂及其他辅助剂加入环氧树脂中，搅拌均匀，使用前加入固化剂搅匀。

2. 缠绕制品的线型设计

1）球形罐缠绕线型CAD设计

球形罐缠绕线型CAD初始参数说明见表3-2。

表 3-2　球形罐缠绕线型 CAD 初始参数说明

参数名称	使用范围或说明
芯模直径	50~300mm
纱片宽度	1~15mm
丝嘴芯模距离	用大丝嘴时，其最小值大于 1/2 丝嘴宽度
扩孔次数	1~4 次
第一极孔直径	小于芯模直径
第二极孔直径~第四极孔直径	小于芯模直径
小车原点（丝嘴中间）到赤道圆距离	赤道圆为垂直主轴中心线的芯模最大圆
丝嘴原点到芯模轴心线距离	原点为丝嘴出纱处

按照本任务的球形罐大小输入初始参数，如图 3-23 所示，根据输入的初始参数计算出设计值，若符合设计要求则确认。

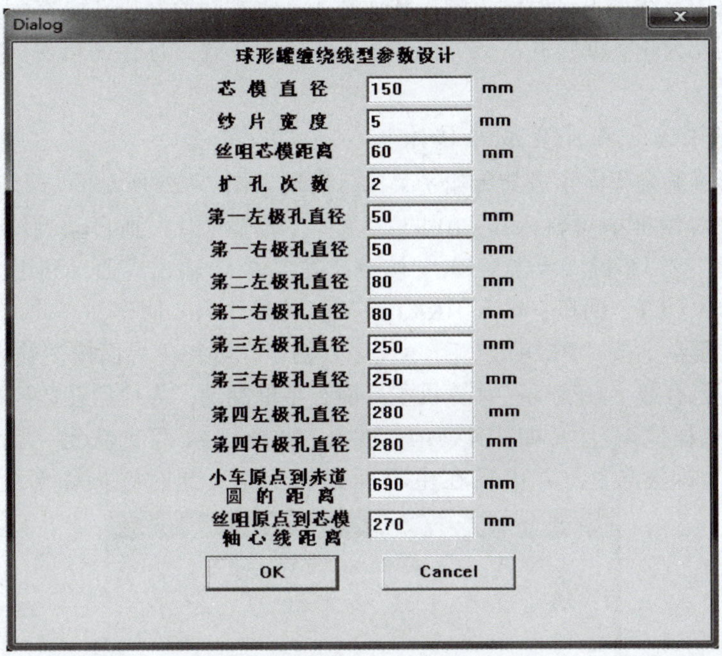

图 3-23　球形罐缠绕线型参数设计

2）球形罐缠绕线型 CAPP 设计

在球形罐缠绕线型 CAD 设计完成之后，单击球形罐缠绕线型 CAPP 子菜单，出现如图 3-24 用户编辑窗口，用户在此窗口内编辑螺旋缠绕工艺程序。

编辑窗口中每行共两列，当第一列为 1~4 时，第一列表示第几次扩孔，第二列表示缠几层。当第一列为 0 时表示编辑结束。编辑完成后，按“回车”键或单击“OK”按钮，返回主菜单。

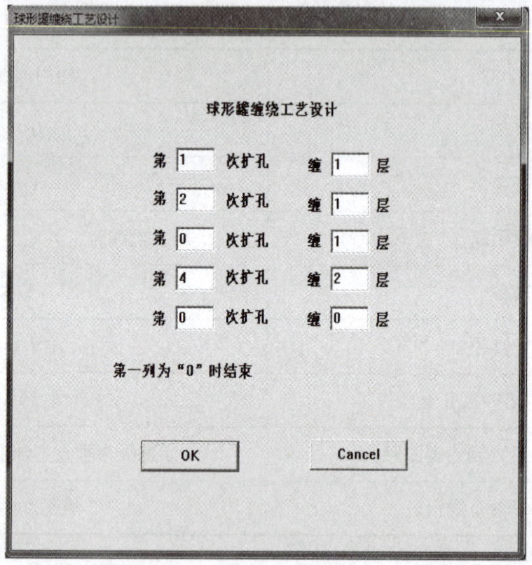

图 3-24　球形罐缠绕工艺设计用户编辑窗口

值得注意的是线型设计时输入的扩孔次数为几，则在第几极孔内有效，且在编辑窗口第一列就到几为止。如扩孔次数为 2，第 2 极孔内有效，且在编辑窗口第一列就到 2 为止。

3）球形罐缠绕程序生成与传输

单击球形罐缠绕程序生成与传输子菜单，出现如图 3-25 所示的球形罐缠绕程序管理对话框，在对话框中可输入 1～10 的数字。（若输入 1，则自动缠绕的程序名为：HKXYq1. mpf）按回车键或单击“OK”按钮；进入输入/输出界面，利用光标方向键移动光条至 DATA OUT，回车；输入 HKXYq1. mpf 的程序名，回车，在此前（或后），在西门子数控的键盘上按“PROGRAM”（程序）键，在数控主界面按“输入”软键，此时数控主界面上有数字在变动；计算机主界面有字母翻动，完成后在数控主界面上移动光标到所需的程序名上（如 HKXYq1. mpf），再按“执行”软键，则该程序（如 HKXYq1. mpf）即被选上，并出现在主界面的右上角；此时在操作台上可进行自动

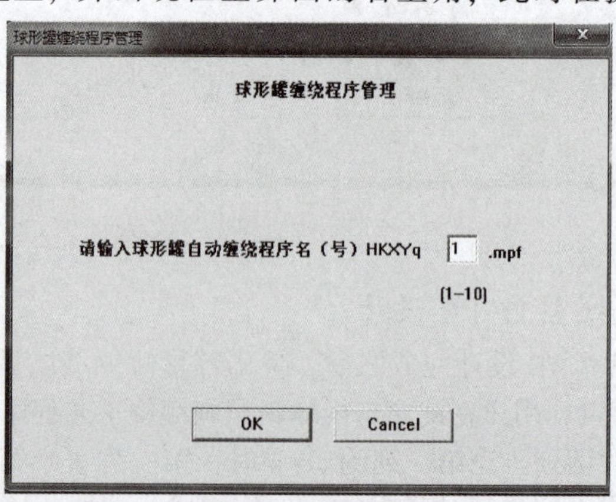

图 3-25　球形罐缠绕程序管理对话框

缠绕。

在计算机界面上，按左右移动键，使光标移动到 EXIT 上，按回车键，再按两次“Y”键，则回到主界面。按“M”键，数控返回操作主界面。

3. 纤维缠绕控制系统的启动与缠绕成型操作

控制系统的启动与缠绕成型操作方法参照任务 3.1【任务实施】中纤维缠绕控制系统的启动与缠绕成型操作的内容。

4. 固化脱模及修整

对于缠绕成型壳体类的零件脱模，由于芯模在制品内部，制品开口处较小，往往需要采用可低温熔化、可敲碎或可充气的材料作为芯模。这里采用石膏模具作为芯模，固化后将内部石膏芯模敲碎后从开口处去除，将制品内部清理干净以备后续工序。

项目拓展

随着复合材料相关技术的发展，纤维缠绕工艺呈现出多工艺复合化、热塑性树脂缠绕逐渐增多以及新型固化技术不断应用的发展趋势，具体体现在以下几方面。

（1）拉挤成型、带铺放、带缠绕及纤维编织、压缩模塑等工艺与传统缠绕工艺相结合，提高了缠绕工艺的适应性。纤维缠绕技术有一个明显的局限性，就是沿制品轴向铺设纯纵向，即0°纤维（纤维与筒体母线夹角为0°）较为困难，限制了它在某些结构类管状制品制造中的应用。将纤维缠绕工艺与带铺放工艺、拉挤工艺结合起来可解决这一问题。纤维铺放技术集传统缠绕技术与带铺放技术于一体，可进行任意角度缠绕，也可任意增减纤维，还可在凹形表面缠绕，克服了传统缠绕工艺的不足；缠绕-拉挤工艺制造的薄壁管改善了力学性能，已用于汽车司机驾驶室框架；缠绕与注射模塑结合制造的自润滑多面滑动轴承具有优异的摩擦性能；纤维缠绕预制件与树脂传递模塑成型（RTM）技术相结合扩大了纤维缠绕工艺的应用范围。

（2）热固性树脂缠绕向热塑性树脂缠绕方向发展。热塑性复合材料良好的力学性能、高的耐温性、良好的介电常数和良好的可循环性，尤其是它的可回收、可重复利用和不污染环境的特性适应了当今材料环保的发展方向。欧美一些国家已有一些产品用于航空航天和民用领域，如美国用 CF/PEEK 缠绕制件作为飞机水平安定面，德国用 CF/FA 缠绕管件制造超轻质自行车等。中国有北京航空材料研究院先进复合材料国防科技重点实验室等少数机构对热塑性预浸带进行了缠绕实验，并对制品性能进行了初步分析。

（3）出现新型固化技术及在线固化监测技术。红外加热、微波加热、火焰加热、电子束等技术可缩短固化周期，减少残余应力，提高复合材料力学性能、物理性能，降低成本。法国航空航天公司已对固体火箭发动机纤维缠绕壳体的电子束固化技术进行了成功演示，其综合性能优于常规的加热固化复合材料。此外，超声技术以及光纤传感技术等都被用于在线固化监测。苏联在缠绕壳体制造中采用了在磁场中缠绕及固化的工艺方法，可以使制品实现更为良好的固化。

巩固练习

（1）什么是纤维缠绕成型工艺？缠绕工艺的优缺点有哪些？

（2）常用的芯模结构形式有哪些？制造湿法芯模与干法芯模的材料主要有哪些？

（3）根据缠绕时缠绕工艺特点不同，缠绕工艺可分为________、________和________三种。

（4）将连续玻璃纤维粗纱或玻璃布带________后，直接缠绕到________上然后固化的成型方法称为湿法缠绕成型工艺。

（5）缠绕规律的概念是什么？缠绕规律应满足的条件是什么？

（6）缠绕规律可以归结为哪三种？试分别说明不同缠绕规律的缠绕运动特点。

（7）制作缠绕玻璃钢制品的主要原材料有哪些？

（8）缠绕机主要由哪些部分组成？按实现缠绕规律的特征，缠绕机可分为________和________两大类，平面缠绕机又有________、________、________等不同形式。

（9）缠绕工艺制造的管、罐等产品结构大体上分为三层：________、________和________。

项目4　预浸料热压罐成型工艺

项目目标

知识目标

(1) 掌握预浸料的种类与制备方法；
(2) 掌握热压罐成型工艺中辅助材料的种类和制袋工艺；
(3) 掌握复合材料成型模具的材料与结构特点；
(4) 掌握热压罐设备在操作过程中的注意事项；
(5) 掌握复合材料的热压罐成型的工艺过程。

能力目标

(1) 能正确选用热压罐成型工艺中的主体材料和辅助材料；
(2) 具备正确操作热压罐设备的操作技能；
(3) 具备复合材料热压罐成型工艺的操作技能。

素质目标

(1) 树立敬畏生命、敬畏规章、敬畏职责的意识；
(2) 培养严谨、细致的科学观和精益求精的工匠精神；
(3) 增强团结合作精神和环保节约的职业理念。

热压罐成型技术是航空、航天领域等高科技领域重点发展的一项复合材料成型技术。复合材料热压罐成型工艺起始于20世纪60年代，是目前生产航空航天高质量的树脂基复合材料制件的主要方法。热压罐成型工艺是将复合材料预制件、夹芯结构或胶结结构用真空薄膜密封在模具上，置于热压罐中，在真空（或非真空）状态下，经过升温、加压、保温、降温、卸压等过程，使其成为所需要的形状和质量的成型工艺方法。其原理是利用热压罐提供的均匀的压力和温度，促使预浸料中的树脂流动和浸润纤维，并充分压实，排除材料中的孔隙，然后通过持续的温度使树脂固化成复合材料。

热压罐成型工艺主要用于大尺寸、结构复杂、尺寸精度要求高的复合材料构件的制造，如蒙皮件、肋、框、壁板件、整流罩等；也适用于具有层合结构、夹芯结构、胶结结构、缝纫结构等多种结构的整体成型。

任务 4.1　小曲面蒙皮零件热压罐成型

【任务描述】

某无人机小曲面蒙皮零件的成型模具结构图如图 4-1 所示。模具材质 Q235，模具外形结构尺寸（长×宽×高）67mm×216mm×130mm。采用碳纤维单向预浸料干法铺层完成试验件。要求铺层方案 7 层，具体铺层方案见表 4-1。

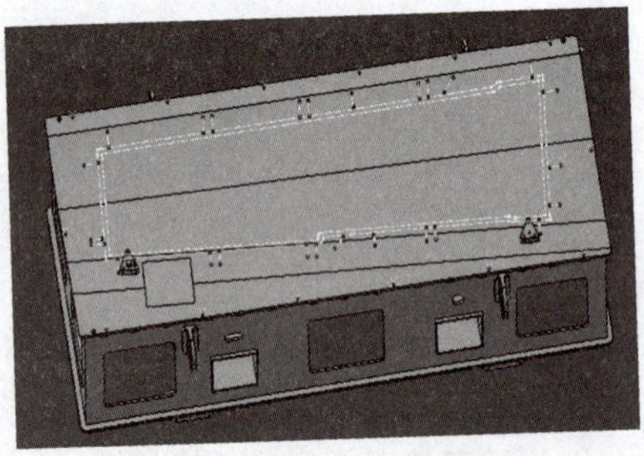

图 4-1　小曲面蒙皮零件的成型模具结构图

表 4-1　小曲面蒙皮零件铺层方案

层　数	材 料 名 称	材料牌号、规格/mm	角度/(°)
P1	碳纤维单向预浸料	3k，厚度 0.125	0
P2	碳纤维单向预浸料	3k，厚度 0.125	45
P3	碳纤维单向预浸料	3k，厚度 0.125	-45
P4	碳纤维单向预浸料	3k，厚度 0.125	90
P5	碳纤维单向预浸料	3k，厚度 0.125	-45
P6	碳纤维单向预浸料	3k，厚度 0.125	45
P7	碳纤维单向预浸料	3k，厚度 0.125	0

【知识链接】

4.1.1　预浸料

预浸料是复合材料热压罐成型工艺中的主要原材料，它是用树脂基体在严格控制的条件下浸渍连续纤维或织物形成树脂基体和增强体的组合物，是制造复合材料的中间材料。预浸料的组成和质量决定着复合材料制件的力学性能、物理性能和化学性能。预浸料可按复合材料的性能要求进行铺层设计，充分发挥树脂基复合材料的可设计性。

预浸料的主要成分是纤维和树脂体系，目前国内外已开发和生产多种树脂基体和纤维复合的多个牌号的预浸料。纤维包括碳纤维、玻璃纤维、芳纶纤维、硼纤维等，树脂体系包括各种热固性或热塑性树脂如环氧树脂、酚醛树脂、双马来酰亚胺树脂、氰酸酯、聚酰亚胺等。其中，应用最多的航空级碳纤维预浸料已由第一代脆性基体预浸料，经由第二代增韧改性基体预浸料，发展到第三代高韧性基体预浸料。第三代高韧性基体预浸料的应用提高了先进复合材料的综合性能，从而显著提高了减重效率。

1. 预浸料的分类

预浸料按照纤维的排列形式，分为单向预浸料和编织预浸料。单向预浸料又称单向预浸带，由树脂浸渍单向长纤维，或含少量纬向纤维的经向纤维制成。因宽度、树脂种类、含量和单位面积的质量不同而有不同的品种和规格。国内多用单向预浸料，如图 4-2 所示，这种预浸料固化后的单层厚度有 0.125mm 和 0.150mm 两种。

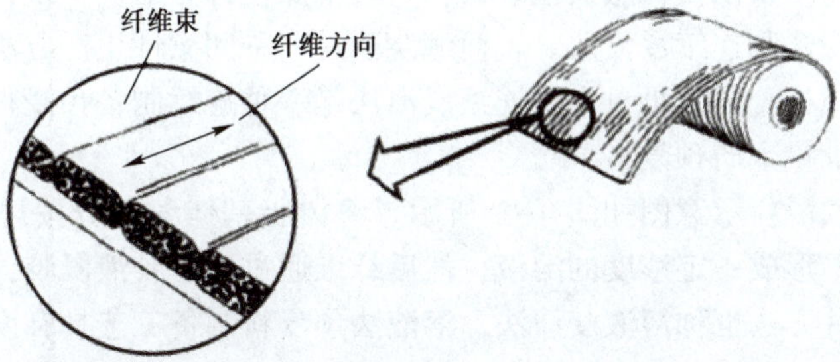

图 4-2　单向预浸料

编织预浸料是先将纤维按一定比例分配为经向和纬向，并编织成织物形式如平纹、斜纹和缎纹等，然后再在织物上浸涂树脂而制成。织物预浸料有良好的铺贴性，便于制造形状复杂的复合材料结构，抗断裂和层间分离能力强，制件的损伤容限较高。因为织物预浸料主要用于手工铺贴材料，因此一般以宽卷提供，最大宽度可达 1524mm，以此减少制件内部的铺层拼接数量。编织预浸料的厚度一般大于单向预浸料的厚度。

2. 预浸料的特点

预浸料的品种和性能由树脂基体和纤维的类型决定。预浸料的规格则由其宽度、树脂含量和单位面积的纤维质量决定。预浸料常以卷材和板材形式密封于聚乙烯塑料袋内，要保持在低温条件（-25～-18℃）下进行运输和贮存。预浸料的通用规格如表 4-2 所列。

预浸料的主要优点如下。

（1）预浸料的原材料、产品均经过严格的质量控制，产品性能稳定、质量可靠。

（2）预浸料的可设计性强，可根据产品强度和刚度要求进行设计，充分发挥纤维的性能。

（3）预浸料孔隙率低，可以提高制品的品质和均衡性。

（4）预浸料可以直接使用，避免了现场备料、配胶、刷胶，劳动强度减少，工作条件改善，性能稳定，可以保证产品重复生产，质量稳定。

表 4-2　预浸料的通用规格

单向预浸料	宽度/mm	75	150	300	600	1200	1500
	长度/m	100~250					
编织预浸料	宽度/mm	300	900	1000	1200	1500	
	长度/m	50~100					

3. 预浸料的制备方法

预浸料的制备方法可分为溶液法（又称湿法）和热熔法（又称干法）。

1）溶液法预浸料制备工艺

溶液法是将树脂溶于低沸点的溶剂中，形成具有一定浓度的溶液，纤维通过树脂溶液并停留一定的时间，以使树脂浸渍纤维，再经干燥使部分溶剂挥发，最后收卷。溶液法又分为辊筒缠绕法和连续浸渍法。辊筒缠绕法是一种间歇性生产方法，设备简单，生产效率低，产品规格受限，批量小。连续浸渍法是一种连续制备预浸料的方法，其生产效率高，适于大批量生产预浸料。

溶液法制备预浸料示意图如图 4-3 所示。将树脂基体各组分按规定的比例溶解到低沸点的溶剂中，形成一定浓度的溶液，然后纤维通过树脂胶液浸胶，经烘干除去溶剂即得预浸料，这种方法也称溶液浸渍法。溶液法预浸料制备工艺具有设备简单、操作方便、树脂对纤维浸透性好、预浸料厚度范围宽等特点。其主要缺点是增强纤维与树脂基体的比例难以精确控制，树脂基体材料的均匀分布不易实现，挥发分含量的控制较为困难。此外，由于溶液法制备预浸料的过程中使用的溶剂挥发会造成环境污染，并对人体健康造成一定危害，因此溶液法工艺在国外已逐步被淘汰。

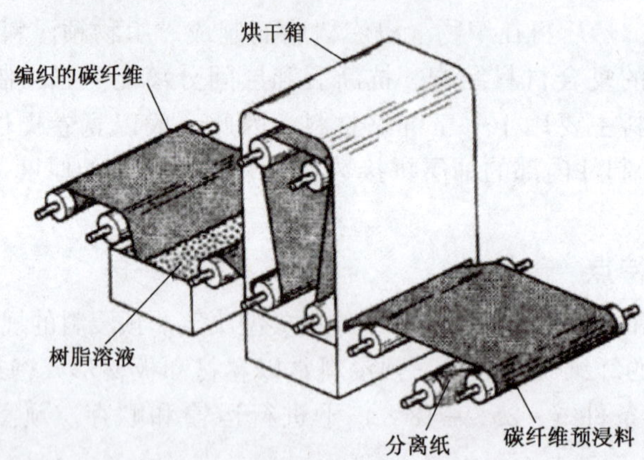

图 4-3　溶液法制备预浸料示意图

预浸料表面通常有一层分离纸，分离纸的作用是防止预浸料被污染，又可为在预浸料上画线以利于剪裁提供方便，分离纸还可防止单向预浸料横向开裂。分离纸应易于与预浸料分离，且不与树脂发生化学反应或污染树脂；当环境温度湿度发生变化时，分离纸的长度、宽度都应保持不变，以免预浸料起皱；分离纸应有足够的致密度，防止水分进入预浸料中，分离纸的伸长率应与纤维的伸长率保持一致，以免受牵引时预浸料变形或扭曲，分离纸的厚度和单位面积的质量应均匀一致，否则预浸料中树脂的含量就不易精确控制。

2）热熔法预浸料制备工艺

热熔法是将树脂加热熔融，然后浸渍纤维制成预浸料。热熔法又分为熔融直接浸渍法（又称一步法）和胶膜法（又称两步法）。一步法是直接将纤维通过含有熔融树脂的胶槽浸胶，然后冷却收卷。两步法是先将热熔状态的树脂均匀涂覆在分离纸上制成一层薄薄的树脂膜，待树脂膜厚度均匀化后与被加热的平行排列的纤维束夹芯复合，树脂在热压辊作用下熔融浸渍纤维形成预浸料。目前，生产航空级高精度预浸料基本都是采用两步法。采用两步法制备预浸料的树脂须满足以下 3 个基本要求：①能在成膜温度下形成稳定的胶膜；②具有一定的黏性，以便于预浸料的铺贴；③熔融时的最低黏度不能太高，以便树脂浸渍纤维。热熔法制备预浸料示意图如图 4-4 所示。

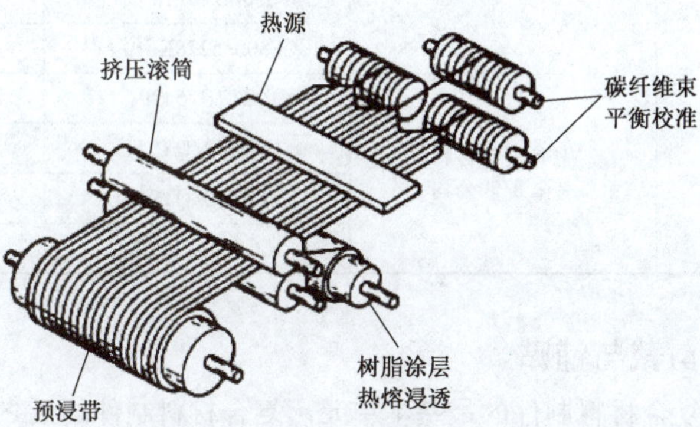

图 4-4　热熔法制备预浸料示意图

热熔法制备预浸料时，预浸料树脂含量可以精确控制，特别是胶膜法在制膜阶段可以采用红外监控等手段精确控制树脂膜的面密度，因此预浸料树脂含量精度可达到±2%；热熔法制备预浸料由于没有溶剂，预浸料挥发分含量低，减少了环境污染和对人体的危害；预浸料固化后的复合材料表面外观较好，孔隙率低。热熔法的缺点主要是生产设备复杂昂贵，要求树脂熔点较低且在熔融状态下树脂黏度较低。

4. 国内外常用的预浸料种类及性能

1）国外具有代表性的预浸料种类及性能

具有代表性的国外预浸料品牌有日本东丽公司的 3900-2 预浸料、美国赫氏（Hexcel）公司的 Hexply M21 预浸料、美国氰特（Cytec）公司的 X850 预浸料、美国 Cytec 公司的 5260 预浸料等。表 4-3 列出国外常用的预浸料种类与牌号。

表 4-3　国外常用的预浸料

预浸料种类	生产厂家	牌　　号	备　注
第三代高韧性环氧预浸料	日本东丽公司	T800/3900-2 预浸料	180℃高温固化
	美国赫氏（Hexcel）公司	IM7/M21 预浸料（IM7 为高强中模碳纤维）	180℃高温固化
	美国氰特（Cytec）公司	IM7/977-2 预浸料	180℃高温固化
第三代高韧性双马预浸料	美国氰特（Cytec）公司	IM7/5250-4 预浸料	177~204℃固化

2）国内具有代表性的预浸料种类及性能

国内具有代表性预浸料主要是中航复合材料有限责任公司的生产的预浸料。表 4-4 列出国内常用的预浸料种类与牌号。

表 4-4 国内常用的预浸料

预浸料种类	生产厂家	牌号	备注
第三代高韧性环氧预浸料	中航复合材料有限责任公司	LT03A	低温固化
		CCF300/BA9913 预浸料	120℃中温固化
		CCF300/BA9916-Ⅱ预浸料	180℃高温固化
		CCF300/5228A 预浸料	180℃高温固化
		CCF800/BA9918 预浸料	180℃高温固化
		CCF800/5228E 预浸料	180℃高温固化
第三代高韧性双马预浸料	中航复合材料有限责任公司	ZT7H/5429	177~204℃固化
		CCF800/QY9511	177~204℃固化
		CCF800/QY9611	177~204℃固化
		CCF800/AC531	177~204℃固化

5. 预浸料的剪裁与铺贴

预浸料是组成复合材料制件的最基本单元。复合材料制件的最终形状是由许多铺放在模具表面的预浸料铺层固化形成的，通常每个零件的不同区域厚度有所不同，而且是逐步变化的。预浸料的剪裁与铺贴过程是将主要原材料按照设计要求以不同尺寸和铺层方式剪裁，再按照设计的铺层方式进行铺贴，最后进行预压实处理。

复合材料铺层的主要参数如下。

（1）铺层组：多个具有相同特性的铺层构成的连续铺层。

（2）坐标方向与铺层方向：方向基准的建立是通过定义方向坐标系来实现的，如图 4-5 所示预浸料铺层的坐标方向和 45°、0°、90°和-45°的 4 铺层方向。

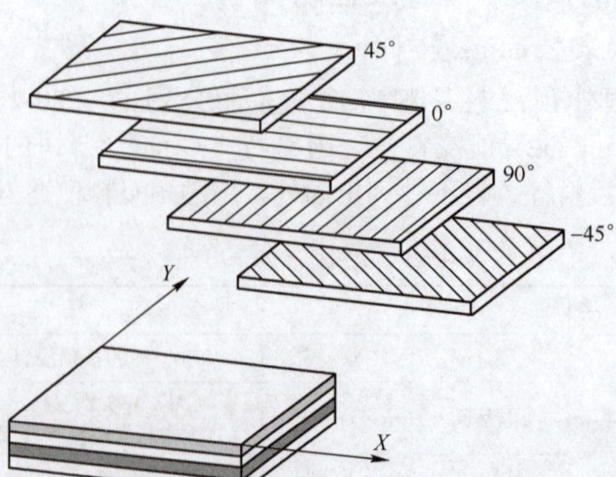

图 4-5 预浸料铺层坐标方向与铺层方向

(3) 铺层顺序：铺层在层合板中的铺贴排列顺序，是层合板铺层结构的具体体现。

(4) 铺层递减：复合材料制件中，铺层数量在某一区域沿一定方向逐步减少的情况。

(5) 铺层设计：针对给定的使用要求，选择铺层角、铺层比（层数），确定铺层顺序和铺层递减等细节的铺层设计过程。

预浸料的剪裁与铺贴是复合材料制造中的关键工序之一，铺贴质量直接影响复合材料制件的性能。目前，航空制件的预浸料铺贴主要有两种途径：手工铺贴和全自动铺贴。

1) 手工铺贴

手工铺贴可以满足大多数复合材料制件的铺贴要求，在国内航空领域，手工铺贴仍是主要采用的铺放方式。传统的手工铺贴工艺是简单零件按尺寸直接进行裁切，复杂形状需先制作样板，按样板裁切预浸料，然后进行手工铺贴。这种纯手工工艺存在尺寸精度差、效率低、材料利用率低等缺点，已经不符合现代飞机数字化设计制造的要求。目前，我国航空用先进复合材料制件手工铺贴工艺大部分使用了数字化专用设备来控制和保证铺层的质量，采用铺层自动裁切+铺层的激光投射定位+手工铺贴等。铺贴操作的主要步骤包括铺层展开、铺层裁切和手工铺贴。

(1) 铺层展开。由于预浸料为平面二维结构，而航空复合材料结构多为双曲面结构，预浸料铺层直接在双曲面模具表面铺放时，会产生褶皱、纤维路径改变等制造问题。因此首先需要采用专业的复合材料设计制造软件（Fiber SIM 或 Catia CPD 模块），将复合材料结构各铺层展开成平面或近似地展开成平面；然后再将展开的平面铺层转化为适用于自动裁切机使用的铺层数据文件。无法满足这一要求时，织物预浸料铺层可采用局部拼接的形式，单向带预浸料铺层则必须将铺层分片，消除材料变形后铺贴到模具表面。

(2) 铺层裁切。每卷预浸料常用的规格为：幅宽 1000mm，长度 100m，为满足制件尺寸、形状和铺覆性要求，铺层须进行分片铺贴，因此需要按分片铺层尺寸和角度进行铺层裁切。

① 手工裁切：采用直尺、三角板等画图工具或根据图样制造的样板进行预浸料裁切，将样板（或直尺、三角板）铺放在预浸料上，使铺层方向角度刻线与纤维方向平行。用切割刀沿样板边缘切割，切割时防止样板错位和边缘不齐。手工裁切灵活，投资少，但效率低，适于单件和小尺寸零件的生产。

② 自动裁切机裁切：自动裁切机由计算机系统、预浸料吸附平台及切割系统组成，其工作原理是利用复合材料设计制造软件，将复合材料零件铺层生成下料文件，采用专用软件对下料文件进行排版，然后将数据输给切割系统，进行自动裁切。采用自动裁切下料机进行预浸料裁切，每一铺层的形状和纤维方向更加准确，铺层编号标识减少了铺放过程中的错误，效率比手工裁切提高 3 倍以上，节约原材料 20%左右。图 4-6 所示为预浸料自动裁切机，自动裁切机具有裁切精度高、速度快、质量高、材料利用率高、可准确估算生产成本等优点，适于工程化批量生产。

(3) 手工铺贴 。手工铺贴仍是目前被广泛使用的铺贴方法。其优点是可实现型面变化大的蒙皮铺贴，复杂梁肋结构的铺贴等，缺点是要求铺层人员有相应的技艺和施工经验，手工铺贴费工、费时、效率低、成本高，不适用于大批量生产和大型复合材料制件的生产。

铺层位置的保证主要有模线样板定位和激光投影定位两种方式。在激光投影仪应用以前，复合材料铺层的铺贴多采用模线样板进行定位，这种定位方法的缺点是操作比较麻烦，效率低。目前激光投影定位是手工铺贴操作主要的定位方式。激光投影仪由计算机及激光定位系统组成。激光投影定位的工作原理是利用计算机技术，将复合材料零件铺层生成投影文件，再将铺层的数据信息传递给激光定位系统，激光定位系统在铺贴模具上投射出铺层的位置和边界。图 4-7 为激光投影定位操作示意图，一般蒙皮及复杂长梁结构类制件铺贴过程采用激光辅助定位铺贴，激光辅助定位铺贴精度高、效率高。

图 4-6　预浸料自动裁切机

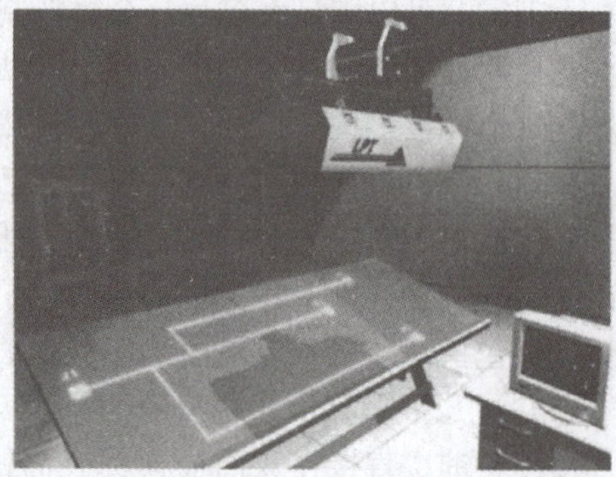

图 4-7　激光投影定位操作示意图

2）全自动铺贴

全自动铺贴包括自动铺带技术和自动铺丝技术，具有铺放质量好，效率高，工艺一致性好等优点，自动化设备铺贴的实现需要设计人员与工艺人员的共同推进，铺层设计满足自动化设备铺贴工艺要求，获得高质高效的铺贴效果。一般小型结构的蒙皮采用手工铺贴，大型翼面类结构的蒙皮采用自动铺带，大型机身类结构的蒙皮采用自动铺丝。

（1）自动铺带技术（ATL）。自动铺带是按照计算的纤维方向和顺序对一定宽度的连续预浸料进行机械化连续铺贴。自动铺带机由美国 Vought 公司在 20 世纪 60 年代开发，用于铺放 F-16 战斗机的复合材料机翼部件。随着大型运输机、轰炸机和商用飞机复合材料用量的增加，专业设备制造商（如 Cincinnati Machine 公司、Ingersoll 公司）在国防需求和经济利益的驱动下开始制造自动铺带设备，此后自动铺带技术日趋完善，应用范围越来越广泛。自动铺带技术采用有隔离衬纸的单向预浸带，其裁剪、定位、铺贴、辊压均采用数控技术自动完成，由自动铺带机实现如图 4-8 所示。利用多轴龙门式机械臂完成铺带位置的自动控制，铺带头上装有预浸带输送和切割系统，根据待铺放工件边界轮廓自动完成预浸带的

图 4-8　自动铺带机

铺放和特定形状位置的切割，预浸带在加热状态时，在压辊的压力作用下铺贴到模具表面。在自动铺带过程中，铺带压辊对铺好的顶浸料可以施加一个合适、均匀的压力。这样使铺出的坯料规整、密实，并能驱赶出夹在层间的气泡，有利于提高固化制件的质量。

复合材料自动铺放系统由预浸带供料盘、自动铺放机（包含铺带头）、构件模具、数控系统、复合材料构件、CAD/CAM 软件等组成。自动铺放机根据铺放制件的几何特征可分为平面铺带和曲面铺带两类。平面铺带采用 150mm 和 300mm 宽的预浸带，主要用于平板铺放。曲面铺带主要采用 75mm 和 150mm 宽的预浸带，适于小曲率壁板的铺放，如机翼蒙皮、大尺寸机身壁板等部件。自动铺带的主要工作过程为：将复合材料预浸带安装在铺放头中，多轴机械臂对铺带位置进行自动控制，预浸带由一组滚轮导出，预浸带加热后在压辊的作用下铺叠到工装或上一层已铺好的材料上，切割刀将预浸带按设定好的方向切断，能保证铺放的材料与工装的外形一致，在铺放的同时，回料滚轮将背衬材料回收。

与手工相比，先进铺带技术可降低制造成本 30%～50%。目前，最先进的第五代铺带机是带有双超声切割刀和缝隙光学探测器的 10 轴铺带机，铺带宽度最大可达到 300mm，生产效率可达到手工铺贴的数十倍。

自动铺带技术可提高复合材料产品的质量和生产效率、降低制造成本、减轻结构质量，因此该技术已广泛应用于波音 B787（中央翼盒、主翼蒙皮、尾翼）、空客 A400M（机翼、翼梁）和空客 A350XWB（机翼、蒙皮、中央翼盒）等型号飞机。

（2）自动铺丝技术（AFP）。自动铺丝技术结合了自动铺带技术和纤维缠绕技术的优点，丝束铺放头把缠绕技术中的不同预浸纱束独立输送和把铺带技术所用的压实、切割、传送功能结合在一起，由丝束铺放头将数根预浸纱束在压辊下集束成为一条宽度可变的预浸带，然后铺放在芯模表面，铺放过程中加热软化预浸纱束并压实定型，预浸带宽度变化可以通过程序控制预浸丝束根数自动调整。纤维丝束铺放设备一般由丝束铺放头、支座、预浸纱架等部分组成，典型的丝束铺放设备系统包括 7 个运动轴和 12～32 个丝束或 3. 175mm、6. 35mm、12. 7mm 等规格的输送轴见图 4-9。根据丝束铺放支座形式的不同，丝束铺放设备可分为悬臂式和龙门式两种。

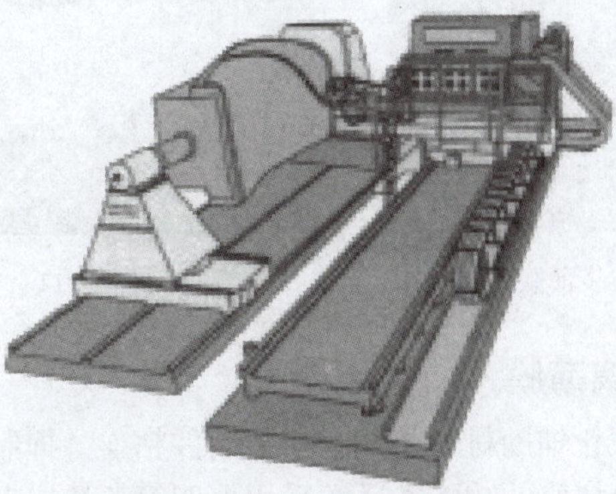

图 4-9　纤维丝束铺放设备

纤维丝束铺放技术可以在铺层时切割预浸丝束及增减预浸丝束根数，可以对铺层进行剪裁以适应局部加厚/混杂、铺层递减及开口铺层等多方面的需要。由于各预浸丝束独立输送，其铺放轨迹自由度更大，对制品的适应性更强，既可以实现凸面也可以满足凹面等大曲率复杂型面结构的铺叠，能够满足各种设计要求，实现低成本、高性能要求和设计制造一体化。

与自动铺带技术相比，自动铺丝技术有两个突出的优点。

① 采用多组预浸纱，具有增减纱束根数、根据构件形状自动切纱以适应边界的功能，几乎没有废料，且不需要隔离纸就可以完成局部加厚、混杂、加筋、铺层递减和开口铺层补强等多种设计要求。

② 由于各预浸纱独立输送，不受自动铺带中自然路径轨迹的限制，铺放轨迹自由度更大，可以实现连续变角度铺放，适合大曲率复杂构件成型。

4.1.2 工艺辅助材料

热压罐成型工艺常用到各种工艺辅助材料，它们在真空袋组合系统中分别起着不可替代的作用。

1. 真空袋膜与密封胶带

真空袋膜与密封胶带共同构成密闭的真空袋系统。如图4-10所示为真空袋薄膜，在100℃以下的真空袋膜可用聚乙烯薄膜，200℃以下可利用各种改性的尼龙薄膜，而对于高温下成型的复合材料所使用的真空袋膜需要用耐高温的聚酰亚胺薄膜。真空袋薄膜提供良好的覆盖性，并在固化温度下不透气，应具有较好的强度、延展性、耐温性、耐磨性和韧性。真空袋薄膜厚度为0.05~0.075mm，伸长率为300%~400%。

如图4-11所示，密封胶带是一种有黏性的挤出橡胶带，适用于各种成型模具，能牢固地粘接真空袋薄膜和模具，保证热压罐成型过程中真空袋的气密性要求。密封胶带常温下具有良好的黏性，高温下密封性好，固化后易清理和储存时间长等。

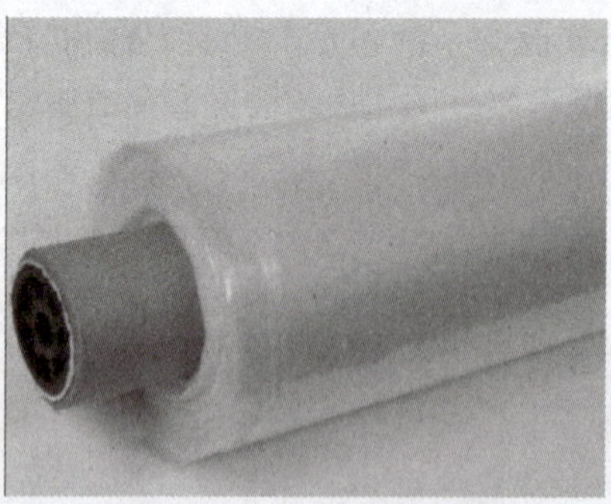

图4-10 真空袋薄膜

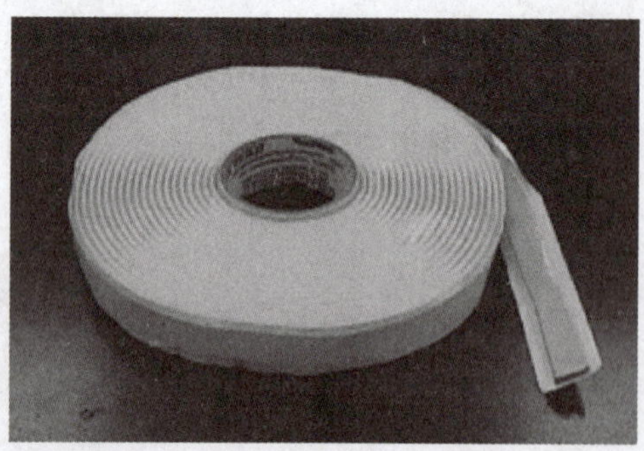

图4-11 密封胶带

2. 有孔或无孔隔离薄膜

隔离薄膜的作用是防止辅助材料与复合材料制件粘连，抑制流胶等。有孔隔离膜还有让气体通过而吸出多余树脂的功能。通常采用聚四氟乙烯或者其他改性氟塑料薄膜作为隔离膜，如图4-12所示。主要有聚四氟乙烯玻璃布、可剥布、A4000等。

3. 透气材料

透气材料通常采用较厚的透气毡，如图 4-13 所示，透气毡是为了连续排除真空袋内的空气或固化成型过程中生成的气体的一种通气材料。通常与隔离薄膜并用，不直接与复合材料制件接触。

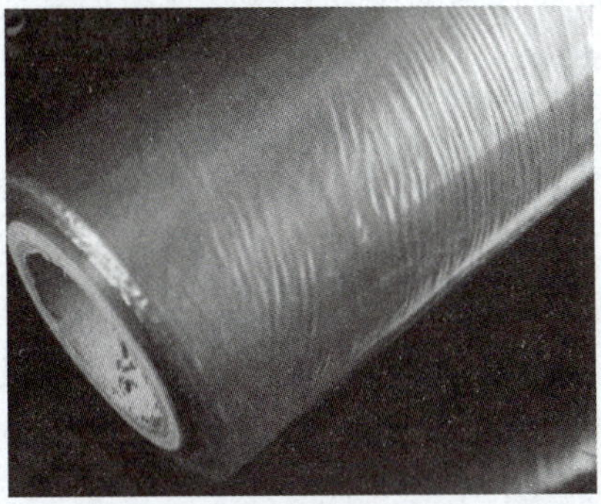

图 4-12　隔离薄膜

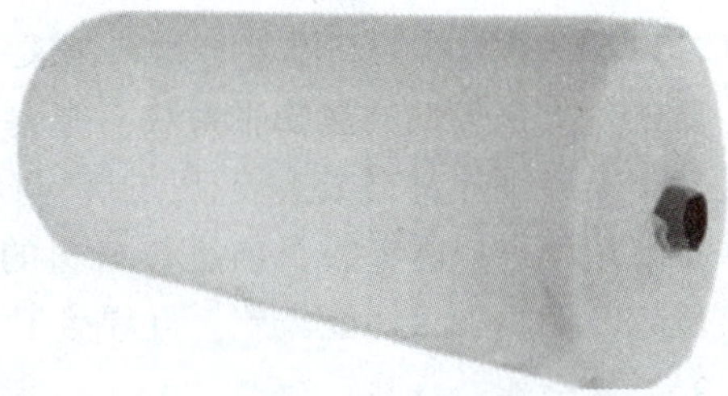

图 4-13　透气毡

4. 吸胶材料

吸胶材料的主要用途是在复合材料制品成型工艺过程中吸出多余的树脂基体材料。使用时根据复合材料制件纤维体积含量要求，确定固化成型工艺参数，来选择吸胶材料的种类和层数，以保证复合材料制件质量的稳定性。常用的吸胶材料有吸胶毡、玻璃布、吸胶纸等。

5. 压敏胶带

压敏胶带的主要用途是将隔离膜、透气毡、吸胶毡等用辅助材料固定于成型模具上。要求压敏胶带具有很强的黏结力，固化后在成型工装模具表面不留黏结剂的残渣。

6. 周边挡条

周边挡条的作用是阻止预浸料在固化成型过程中树脂向边缘流动，通常应用一定厚度的硫化或未硫化的橡胶作挡条。

4.1.3　热压罐成型的模具

1. 模具的材料

1）普通钢

普通钢作为复合材料成型模具的主要材料之一，主要适用于尺寸较小或者对型面精度要求较低的复合材料制件。普通钢材料成本较低；设计技术成熟，设计成本较低；具有较好的加工切割性能，制造加工成本较低；焊接工艺和焊接设备要求简单，适用于制造框架式模具，工装气密性容易保证；硬度比殷钢（INVAR）和铝材大，成型面光洁度较好，不易产生凹痕及划伤。

普通钢作为复合材料成型模具，最大的缺点是热膨胀系数与复合材料膨胀系数不匹配。普通钢的热膨胀系数一般在 $10\times10^{-6}\sim12\times10^{-6}$/℃，而碳纤维复合材料热膨胀系数

一般在 $2\times10^{-6}\sim4\times10^{-6}$℃，相差近一个数量级。因此在模具设计时需要考虑热膨胀因素，可根据计算对模具尺寸进行校正。

2）殷钢

殷钢（INVAR，殷瓦合金钢）是一种镍铁合金，其成分为镍 36%，铁 63.8%，碳 0.2%；因具有与碳纤维复合材料相近的热膨胀系数而成为大型复合材料成型模具的首选。在 200℃之内，殷钢的热膨胀系数一般在 2.2×10^{-6}℃，而在温度升高到 230℃以上时，殷钢的热膨胀系数会迅速变大，到 250℃左右就会接近普通钢。因此对于聚酰亚胺类在 300℃以上固化的高温复合材料，殷钢材质模具与普通钢相比没有任何优势。殷钢最主要的优点是较低的热膨胀系数，能大大降低大尺寸复合材料制件成型的工艺难度和风险。但是殷钢原材料成本较高，国产材料热膨胀性能及加工性能还达不到工艺要求，现在主要依赖进口材料，目前进口材料的成本是普通 Q235 钢的 10 倍左右；另外殷钢材质偏软，切割加工性能较差，且焊接工艺难度较高。

3）铝合金

铝合金作为复合材料热压罐成型模具，主要用于成形尺寸较小、对型面精度要求不高的复合材料零件。铝合金膨胀系数为 $22\times10^{-6}\sim24\times10^{-6}$℃，为钢的 10 倍左右。铝合金密度低，制造的成型模具质量较小，便于搬运翻转；加工性能较好，易于制造型面复杂的模具；成本较低，总体成本与普通钢相当。铝合金的主要缺点是热膨胀系数较大，不适用于对型面尺寸要求较高零件的成型模具；材料硬度较低，成形模具在使用过程中易被磨损，使用寿命较短。

4）复合材料

复合材料模具主要有碳纤维复合材料模具和玻璃纤维复合材料模具两种，目前应用较广泛的是碳/环氧复合材料模具。碳/环氧复合材料模具的制造工艺是首先用石膏或木头制作一个与制件相同的母模，首先将母模密封和经脱模剂处理后；然后将碳/环氧预浸料铺贴在母模上经热压罐工艺固化成型。采用碳纤维复合材料材质的成型模具主要有以下优点。

（1）碳纤维复合材料密度较其他材质都小，模具质量小，便于模具搬运翻转。

（2）与制件热膨胀匹配性最好，制件精度最好。

（3）在大批量生产中，能有效降低生产成本，提高生产效率。

（4）由于为各向异性材料，可进行强度和刚度的最优化设计。

（5）修补工艺简单，修补成本较低。

由于复合材料成型模具的使用历史较短，设计、制造和使用经验都比其他材质少，因此复合材料成型模具具有设计难度较大，强度和刚度校核比各向同性材料难度大；小批量生产时模具母模制造成本较高；使用寿命比钢质模具短等缺点。

5）碳泡沫

碳泡沫是一种新型复合材料成型模具材料，它与碳纤维复合材料同属于碳材料，因此碳泡沫复合材料成型模具热膨胀系数与制件热膨胀匹配性最好，制件尺寸稳定性好；模具质量小、耐高温、易于快速成型，易于机械加工和胶结成型，成本较低；但是模具满足气密性需要特殊处理；适用于制造小批量复合材料制件的成型模具。

6）热膨胀橡胶

热膨胀橡胶模具主要用于需要强化成型压力或传递压力的工艺环境。膨胀橡胶模具是利用橡胶在受热过程中的膨胀可控性，提供复合材料制件固化时所需要的压力。膨胀橡胶模具有塑性成型、膨胀可控、均衡压力等优点，常用于成型各种具有复杂型面的制件。膨胀橡胶模具的缺点是寿命短、导热性差等。

热压罐成型工艺用成型模具选材原则要求具有足够的刚度、强度以保证不变形；良好的热传导性和热稳定性；与制件相匹配的热膨胀系数；易于成型和加工，低成本。在具体选材时，还要综合考虑设计工艺、制造工艺、加工难度、制造成本和减重效率等因素。表 4-5 列出常用的 4 种成型模具材料的特点。

表 4-5　常用的 4 种成型模具材料的特点

材　料	特　点
铝	导热性和加工工艺性好，但热膨胀系数大，并且硬度低，易受损伤
钢	刚性大，使用温度高，但升温速率慢。高温成型大型制件时需考虑热膨胀
碳纤维复合材料	热膨胀系数与所成型的复合材料构件一致，刚度大，但材料成本高，耐温低，有吸湿问题
殷钢	热膨胀系数低，使用温度高，但价格昂贵，升温速率低

2. 模具的结构

复合材料制件的成型模具主要有框架式模具、梁模具和大长细比长桁模具。

1）框架式模具

为了满足复合材料制件制造的热压罐工艺要求，复合材料制件成型模具的结构形式一般采用框架式模具，模具结构由框架和成型面构成。图 4-14 为热压罐工艺的典型框架式模具，在航空制造业中，通常用于制作较为复杂的大型结构制件，如机翼蒙皮、壁板等。这种框架式模具在性能上需要保证在零件成型温度和压力下长期使用不变形，同时须保持气密性。

图 4-14　热压罐工艺的典型框架式模具

框架式模具的成型面用于复合材料固化成型，通常需依据所制造零件结构的图样进行设计，同时模具的边缘还要与制件的外形保持一定的余量，一般不小于 150mm；在成型面的复合材料制件的工作区，一般要设置定位装置，刻画工艺辅助线等。工作区面板厚度参考值为 15~20mm，在模具的非工作面上刻角度基准线、零件实际边缘线和余量线、骨架轴线以及其他要求的线，一般线宽 0. 2mm，深 0. 2mm。

框架式模具的框架主要对成型面结构进行加强，由纵横向隔板焊接为一体的框格组成，一方面使支撑结构质量轻，而且便于改善模具底部流体的流动性。一般框架纵横向隔板厚度为 6~12mm，纵横向隔板上有较大的开口，纵横向隔板与成型面板接触部位也要开小的长圆孔，以利于通风，典型开孔形式如图 4-15 所示。方形大开口形式一般用于型面曲率较小的模具，优点是通风效果好，质量最轻；斜筋开口和十字筋开口主要用于对刚度要求较大或需要局部加强的区域。

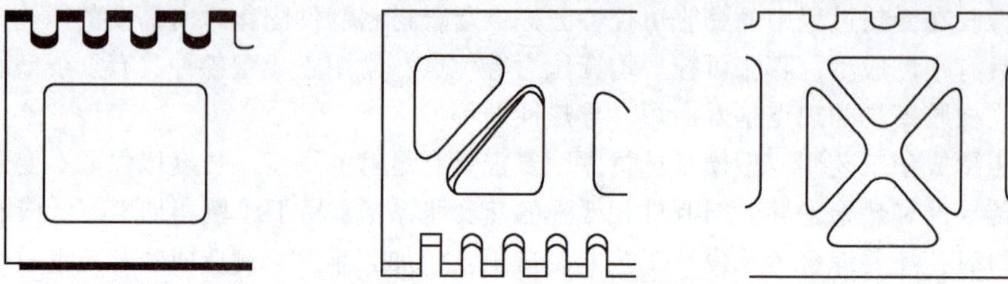

(a) 方形大开口　(b) 斜筋开口　(c) 十子筋开口

图 4-15　框架式模具开口形式

框架式模具的优点是质量轻、刚度大，适合面积大的复合材料结构的成型模具；由于隔板大开口，通风好，模具温度场均匀；设计和制造技术成熟，质量可靠；可设计性强，制造周期相对可控；操作方便，使用寿命较长。框架式模具的主要缺点如下：工序较多，尤其是框架焊接工作量大，导致制造周期较长，成本相对较高；由于热压罐工艺对压力和真空度要求较高，因此，焊接面板的气密性存在一定风险。

框架式模具的模具材料和结构要满足热压罐成型工艺要求、可加工性要求、成本和制造周期要求等，还需保证模具在加工和使用中具有足够的强度、刚度和稳定性，在吊装和支撑点区域需进行加强；在保证强度、刚度和稳定性的前提下尽量增大框架开口，便于模具的通风，保证温度场的均匀性；模具工作区在热压罐固化环境下不能产生渗气漏气等故障等。

2）梁模具

梁是飞机机体结构中大量使用的零件。梁的结构形式有 C 形梁、工形梁和 J 形梁，如图 4-16 所示。一般大尺寸复合材料梁模具的结构形式也为框架式，见图 4-17。梁模具结构由框架和梁成型模构成，框架由纵横向隔板组成，框架上方为梁成型模，框架结构特点和要求与蒙皮模具的框架基本一样。梁模具结构形式可采用凸模成型，也可采用凹模成型。

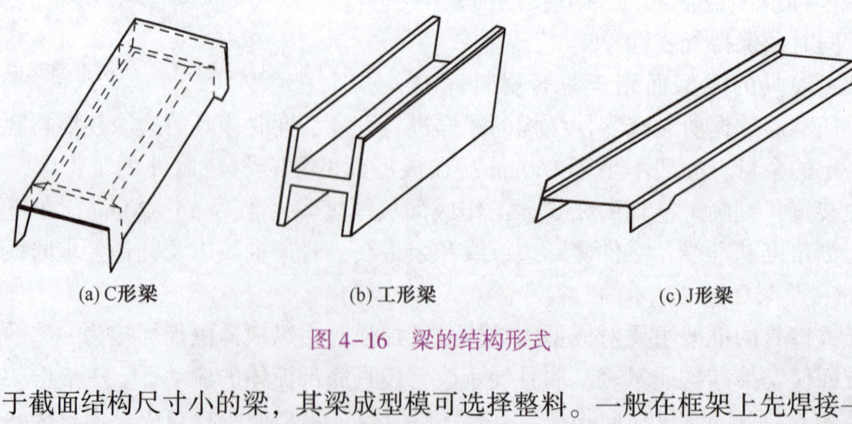

(a) C形梁　(b) 工形梁　(c) J形梁

图 4-16　梁的结构形式

对于截面结构尺寸小的梁，其梁成型模可选择整料。一般在框架上先焊接一个整的平板；在这个平板之上再焊接并安装梁成型模。需要说明的是，整料成型模的底面应加

图 4-17　框架式梁模具

工出减重方形孔，以利于制件的温度场的均匀性。

对于截面结构尺寸大的梁，其梁成型模可选择格栅结构，一般采用焊接结构，与框架焊接在一起，以利于制件的温度场的均匀性，如图 4-18 所示。只是需要注意焊接工艺，成型工作区真空不能泄漏；在这个平板之上再焊接并安装梁成型模。

无论截面结构尺寸大还是小的梁，采用凹模方案的梁成型模一般均采用焊接结构，与框架焊接在一起，见图 4-19。

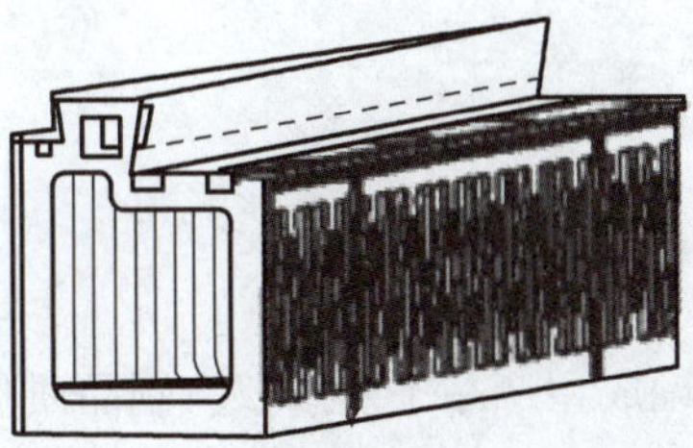

图 4-18　栅格结构的梁成型模

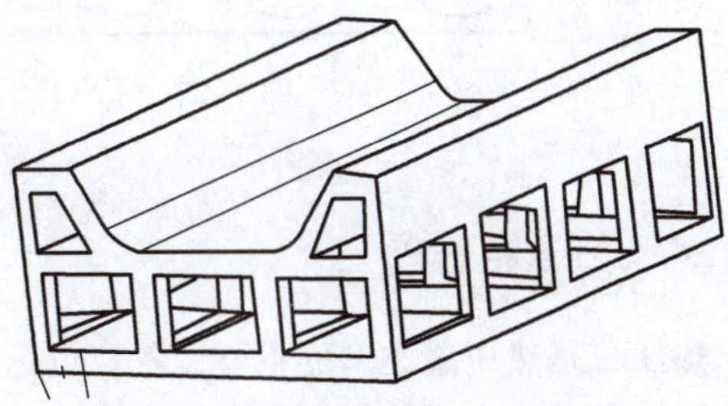

图 4-19　梁成形模为凹模的框架式模具

梁模具的结构设计除了框架结构设计满足框架式模具的要求外，还需注意：对于 C 形和 J 形的带弯角的凸缘，梁成型模必须考虑回弹问题，带弯角的凸缘回弹量一般为 1.5°左右，具体数值应以工艺验证试验为准；一般 C 形的两个凸缘为闭角时，一般不采用凹模方案，而用凸模方案，而且梁成型模需要考虑组合式，以利于脱模；一般工形和 J 形梁同一边的凸缘为闭角时，闭角一边也要考虑脱模问题。

3）大长细比长桁成型模具

由于复合材料易于整体化成型，一般机翼或尾翼的复合材料壁板尺寸很大。壁板主要由蒙皮和长桁组成。长桁的长度尺寸与横截面尺寸的比值很大，长桁的结构形式有 T 形、工形、J 形和∩形，如图 4-20 所示。

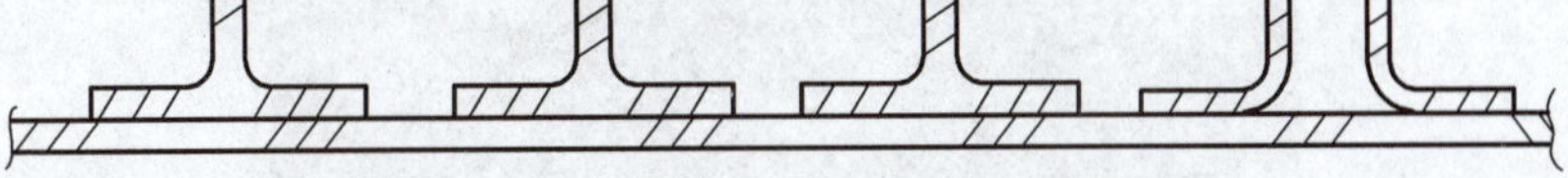

图 4-20　壁板上加筋的主要结构形式

大长细比长桁成型模具由于尺寸较长，在热压罐内固化时前后端温差会较大，对制件固化变形是一个不利因素，在模具设计时需综合考虑。除此之外大长细比长桁成型模具设计时还保证吊装时不产生永久变形，必要时采用专用吊具；除了满足使用及加工刚度的要求，还应保证框架开口的一致性；制造过程中须考虑变形问题，应进行多次人工时效热处理。如图4-21和图4-22所示，先固化长桁再与蒙皮共胶结的壁板固化成型时，帽形长桁的固化凸模和凹模结构示意图。

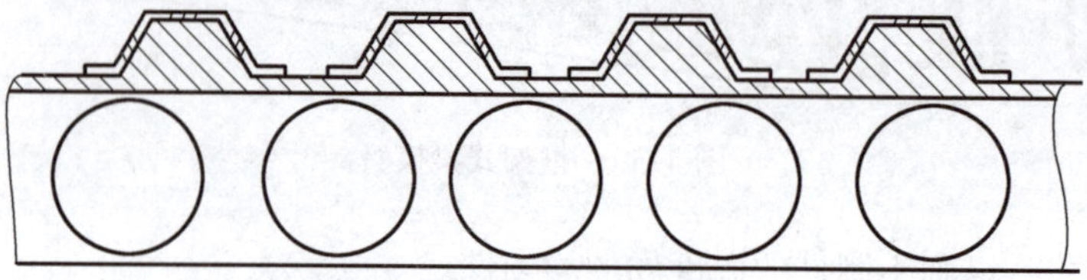

图4-21　帽形长桁的固化凸模示意图

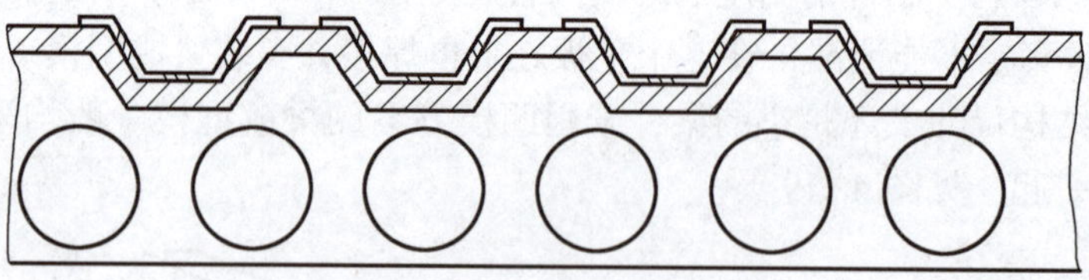

图4-22　帽形长桁的固化凹模示意图

4.1.4　热压罐设备

热压罐是热压罐成型的主要设备，也是控制热压罐成型产品工艺参数、制品质量的最重要设备，热压罐的使用和操作直接影响产品的最终成型效果。热压罐是一个具有整体加热系统和加压系统的大型圆柱形金属容器，一般为卧式装置。常见的结构是一端封闭，另一端开门的圆柱体，利用热空气、蒸汽或内置加热元件对预浸料加热，并经过压缩空气（或氮气）加压到0.2~2.5MPa固化成型，为先进复合材料的压实和固化提供必要的热量和压力。

1. 热压罐设备的结构

热压罐主要由罐体系统、加热系统和风机系统、冷却系统、压力系统、真空系统、控制系统、安全系统以及其他机械辅助设施等组成。如图4-23所示为国内西安龙德科技发展有限公司生产的规格为ϕ1500×3000的热压罐。

图4-23　ϕ1500×3000的热压罐

1）罐体系统

罐体包括压力容器壳体、罐门开关锁紧系统、罐口密封装置、安全装置、内保温、导风罩、罐内冷却器、电加热器、搅拌风机及其他附件等。

热压罐罐体通常为圆筒形，采用钢板卷筒焊制，平卧在地基上。罐体内筒焊有底板，上置轨道和小车。将零件放置在小车上，小车在轨道上行驶，方便零件出入，轨道需安全可靠，能承受最大装载质量。加热与冷却装置安装在内、外筒之间。罐体内装有风机，使空气通过内、外筒通道强制循环流动。热压罐罐体内放置模具与零件，罐体应具有足够高的耐热性和保温性，以及足够高的耐压性和密封性。在最高使用温度下，罐体外表温度小于60℃。此外，罐体内需布置热偶接口和真空接口，罐体内的有效尺寸至少能满足正在制造的最大尺寸的复合材料结构件的要求。

热压罐罐门用于零件进出热压罐体，采用压制成型。罐门通常采用液压杆，由计算机进行控制开、关门操作，在发生紧急情况时可手动开门以保证人员和设备安全。罐门装有耐高温密封圈、保温层护板和风道。一般罐门封头为球冠形封头，尾部为椭圆形封头，罐门法兰与球冠形封头对接焊接连接。高温热压罐为快开门式压力容器，按照 TSG 21—2016《固定式压力容器安全技术监察规程》的规定应设置安全联锁装置。当热压罐内表压等于零时，罐门才能打开。罐门在未完全锁紧时热压罐不能进行加压和升温。另外，罐体上设置了超压泄放装置安全阀，当罐内压力超过安全阀设置的启跳压力时，安全阀打开释放罐内压力，使罐体在允许的压力范围内工作。

2）加热系统和风机系统

加热系统主要用于加热罐内空气或其他加热介质。风机系统的作用是使热压罐内的空气或其他加热介质循环流动，便于温度的均匀分布，以及对模具与零件的均匀加热。热压罐通常采用电或油的加热方式，加热元件管道材质通常为耐高温、耐腐蚀材料，且要求有短路和漏电保护。热压罐通常采用内置式全密封通用电机，放置于热压罐罐体的尾部，用于热压罐内空气或其他加热介质的循环。风机必须能够有效冷却，且转速可通过计算机控制变频可调，根据固化过程智能变速，还应该配有电机超温自动保护和报警系统。

3）冷却系统

冷却系统通常分为两路：一路用于罐内空气的冷却；另一路用于风机等电机的冷却。冷却系统采用循环水冷却，通常配备水冷却塔与循环水泵，进水口有过滤装置。冷却系统包括主冷和预冷，并可根据热压罐温度状态由计算机控制冷却过程，换热器最低点有排水装置，能将换热器内的余水排净。

4）压力系统

压力系统用于罐内压力的调节。压力系统主要分为空气压缩机、储气罐、压力控制和补偿系统以及压力排放管路消声装置等部分，并设有安全防爆和放气装置。压力消声应满足相关工业噪声规范和速率规范。压力由计算机根据工艺需要自动控制和补偿。普通热压罐所需要的压力一般小于 1.2MPa，工作温度低于 200℃，可使用空气作为加压气体。高温、高压热压罐一般工作温度达到 300℃以上，压力达 4.0MPa，主要用于制造聚酰亚胺树脂及热塑性复合材料结构。一般使用惰性气体作为加压气体。常用的惰性气体是氮气和二氧化碳。

5）真空系统

真空系统主要是对零件进行抽真空，真空系统包括真空泵、真空压力表、真空变送器、真空过滤器、真空管路、真空储罐等，真空泵放置在罐体旁边与真空管路相连。

复合材料固化时零件通常由真空袋和密封胶带密封在模具上，在零件固化前需要对真空袋和模具内的零件进行抽真空，防止在零件固化过程中进入空气。在热压罐内壁布置自动抽真空及真空测量管路，抽测分离，并能够自动切断。每条抽真空管路需配上一条通大气管路和树脂收集器。通大气功能可自动控制，树脂收集器用来收集冷凝液化的树脂。每条真空管路都配备了真空软管、快速接头、堵头、模具真空嘴。真空度由计算机根据工艺程序自动控制。在工作时，当其中一根真空管漏气时，由计算机控制自动关闭这根真空管，避免影响其他管路的制件质量，其信息用数字和光柱显示。

6）控制系统

控制系统是热压罐对压力、温度、真空、开关门等手动控制和自动化控制。热压罐控制系统分为两部分：一部分是计算机控制系统，实现热压罐过程控制及互锁保护，具有数据采集、数字显示、存储、打印等功能；另一部分是触摸屏控制系统，具有热压罐的压力、真空、温度等的数据录入和显示、图像显示等功能。其中，自动控制采用计算机控制，手动控制采用触摸屏控制。手动控制应包含在计算机系统中，应配有计算机控制与手动控制的切换装置。

控制系统要求能够对热压罐的每个元器件（包括所有的阀、电机、各类传感器以及热电偶）实现有效的监控。可单独对各种参数（温度、压力、真空、时间）进行快速设定和控制。对各种参数进行实时监控并实时记录和显示。在运行过程中，用户可以对参数进行修改，可选定任意热电偶作为控温的热电偶，可对每个零件的实时工艺参数进行预设，根据预设质量标准形成质量检测报告，并进行存储和打印。控制系统能实现以下功能：①数据连续采集；②实时工艺曲线；③历史数据和曲线；④报警；⑤曲线打印；⑥可同时兼顾自动控制和手动控制；⑦冗余控制功能。

7）安全系统

热压罐的安全系统主要包括以下几方面。

（1）应具有超温、超压、真空泄漏、风机故障、冷却水缺乏的自动报警、显示、控制功能。

（2）能够对温度、真空、压力、风机等的报警参数及保护极限参数进行设置，当运行的程序数据指标超出设置的温度或压力时即报。达到所设定的保护极限参数时，整个系统针对该项报警应具有自动切断保护功能。

（3）罐内未恢复到常压时，罐门自动锁紧。

（4）热压罐顶部安装安全阀，并在罐体明显位置配备符合测量范围的压力表。

8）辅助设施

热压罐辅助设施主要包括罐内装料的小车、相应的托架、真空用金属软管、储气罐、空压机等，易损零件应有足够备份，特种工具齐全，应有全套图样、使用和维护说明书、操作规程等。

2. 热压罐设备的安全运行

热压罐已经广泛应用于各种复合材料的制造，数量在日益增加，并逐渐趋向容量大型化和结构复杂化。因此，热压罐的安全可靠性问题就显得更为重要，更需要人们密切关注。

热压罐是一种可能引起爆炸等危害性较大事故的特种设备，热压罐压力系统中的热压罐罐体、储气罐及压力管道内都会存在高压空气，部分在保护性气氛中工作的热压罐还需要配备低温液氮罐，热压罐内也是加压氮气；同时真空系统中的真空罐和真空管路中也是真空环境。这些高压罐体、低温罐体和真空罐体如果设备操作保养不当，都会造成安全隐患。当设备发生破坏或爆炸时，设备内的介质迅速膨胀、释放出极大的能量不仅会使设备本身遭到破坏，还将使周围的设施和建筑物遭到破坏，危及人们生命安全。

我国对热压罐的安全使用和规范管理有严格要求，国务院于 2013 年 6 月颁布了《中华人民共和国特种设备安全法》，由国务院负责特种设备安全监督管理的部门对全国特种设备安全实施监督管理。《中华人民共和国特种设备安全法》分总则，生产、经营、使用，检验、检测，监督管理，事故应急救援与调查处理，法律责任，附则 7 章 101 条，自 2014 年 1 月 1 日起施行。该法对特种设备的生产（包括设计、制造、安装、改造、修理）、经营、使用、检验、检测和特种设备安全的监督管理等环节都做出了具体规定。特种设备使用单位应当使用取得许可生产并经检验合格的特种设备，必须向监管部门办理使用登记方可使用，使用单位对特种设备使用安全负责，对设备安全运行情况定期开展安全检查，进行经常性维护保养；一旦发现设备出现故障，应当立即停止运行，进行全面检查，消除事故隐患。

1）热压罐设备投用前的准备工作

热压罐设备投入使用前必须开展全面检查验收工作，并写好设备运行方案，呈请有关部门批准。操作人员在操作前应做好以下准备工作。

（1）操作人员在上岗操作前，必须按规定着装，带齐操作工具，特别是应随身携带专用的操作工具。

（2）操作人员上岗操作前，必须按规定认真检查热压罐工艺流程中的进出口管线、阀门、电气设备、安全阀、压力表等各种设备及仪表附件的完善情况。热压罐内应装有安全防护装置（应急开门装置），需要时可装照明灯。安全阀和压力报警装置应每年检验一次。

（3）操作人员在确认热压罐设备能投入正常运行后，才能使系统开始运行。

2）热压罐的运行及运行检查

热压罐运行过程中，要严格按工艺卡片的要求和操作规程操作，运行中对工艺参数的安全控制，是热压罐安全操作的主要内容。设备运行期间防止超温、超压，还应尽量避免压力、温度的频繁和大幅度波动。

热压罐操作人员在运行期间，应经常检查热压罐，以便及时发现操作中或设备上所出现的不正常状态，采取相应的措施进行调整或消除，防止异常情况的扩大和延续，保证设备正常运行。对运行中热压罐的检查，主要检查设备操作压力、温度是否在操作规定的范围内；检查设备各连接部位有无泄漏现象、设备有无明显变形、基础和支座是否松动和磨损、压力容器的表面腐蚀以及其他缺陷或可疑现象；检查热压罐的安全泄压装置以及与安全有关的计量器具（如温度计、压力表、计量用的衡器及流量计）是否保持完好状态；等等。

当热压罐及其设备发生破裂，鼓包、变形、大量泄漏，或由于突然停电、停水、停气，迫使压力容器不能正常运转，或由于容器周围发生火灾和其他天灾等非正常原因时，应紧急停止运行。

3. 热压罐的爆炸事故与预防

热压罐的爆炸事故指热压罐在使用中或压力试验时，受压部件发生破坏，设备中介质积蓄的能量迅速释放，内压瞬间降至外界大气压的事故。

预防的措施如下。

（1）防止超温超压运行。应严格按照生产工艺规定的工艺参数和核定的最高工作压力、最高（低）工作温度范围运行。

（2）严格遵守劳动纪律和工艺安全操作规程，操作人员应经技术培训，做到持证上岗独立操作。

（3）加强容器的维护保养，积极开展容器的定期检验（包括每年至少一次的外部检查），及时发现缺陷，及时处理。

（4）确保安全附件齐全、灵敏、可靠，实行定期检查与校验。

热压罐是事故发生率相对较高的特种设备，在做好尽力避免事故发生的同时，还应根据事故发生的可能性和可能造成的危害制定事故应急预案，以便在事故发生时，立即启动应急预案，使事故能得到及时、有效的控制，防止事故扩大，把事故造成的危害减小到最低限度。

4.1.5 热压罐成型工艺过程

热压罐成型是利用热压罐提供的均匀的压力和温度，促使预浸料中的树脂流动和浸润纤维，并充分压实，排除材料中的孔隙，然后通过持续的温度使树脂固化制成复合材料。热压罐成型工艺是目前广泛应用于先进复合材料层压板、蜂窝夹芯结构及金属或复合材料胶结结构的主要成型方法之一，制造的制件可应用于航空航天领域的主承力结构和次承力结构。

热压罐成型的固化工艺（温度和压力的施加）的制定是其成型工艺的关键。20 世纪 70 年代中后期，随着监控技术的发展，利用高聚物基体在固化过程中出现的物理化学性能的变化，在热压罐上配置动态介电分析、超声黏度跟踪和光纤传感器装置，对热压罐进行在线监控，从而保证温度和压力的准确应用。目前，热压罐可应用于环氧、双马来酰亚胺、聚酰亚胺等热固性和热塑性树脂基体复合材料制品的成型。

航空航天用热固性复合材料制件热压罐生产过程包括以下步骤。

1. 准备工作

准备工作主要包括材料、工具和模具的准备过程。

模具的准备包括模具清理和预先处理等。首先用干净纱布蘸溶剂擦拭模具使表面清洁无污；然后在模具上涂抹脱模剂，以保证固化后的制件能完好地从模具上脱下来。最常用的脱模剂是氟碳脱模剂，它通常溶于多种溶剂中以溶液形式存在，涂或喷在模具后，溶剂挥发使脱模剂在模具表面形成一层薄膜。在高温成型的复合材料中，也可以在模具表面涂一层聚四氟乙烯或改性氟树脂。涂覆脱模剂要均匀，多次涂覆，必须等待前次涂覆的脱模剂晾干再涂覆，根据溶剂类型的不同还可以通过烘箱进行烘干。

2. 预浸料的剪裁和铺贴

将预浸料按照设计的纤维方向、几何形状和尺寸要求进行剪裁，再按照零件图纸规定的铺层方式进行铺层。预浸料铺贴可采用手工铺贴或全自动铺贴。铺贴过程应注意以下几点。

（1）铺贴应按工艺卡的顺序逐层进行铺贴、检查，并记录在工艺卡上。

（2）每层铺贴前先剥去保护膜，注意清除可能夹杂的碎片、外来物，铺贴后剥去载体纸，保护膜和载体纸应按顺序放在一边并及时清点，防止带入铺层内。

（3）每层均应使纤维（单向）或经向（织物）与铺贴模铺层方向角度标线平行。如图样无特殊要求，铺层方向角度偏差应控制在单向预浸料±2°，织物预浸料±3°。

（4）每层都应与前一层完全贴合。铺贴过程每铺一层要用橡胶板或刮板将预浸料展开刮平，使预浸料与模具表面充分贴合，铺贴过程中注意防止裹入空气和纤维起皱。为了提高预浸料的贴合性，可以使用加热枪或电熨斗进行加热，但加热温度不应超过65℃，且需不停地移动加热枪或电熨斗，以防止预浸料局部过热。

（5）当需要对某一铺层进行重新铺层时，可用便携式带空气过滤的冷风机、压缩的冷气枪或其他冷气源对铺层进行降温，揭掉需要重新铺层的预浸料后重新铺层。操作过程中应避免预浸料的温度过低，防止预浸料表面出现潮湿迹象，如有潮湿产生，应废弃该层预浸料。

（6）在预浸料铺层过程中应保证纤维方向顺直，且与设计方向一致，注意不能折叠预浸料。

（7）特别要注意在局部变厚区台阶处可能积累起来的架桥和打折现象。例如，在拐角处，为了防止铺层在复杂外形处出现空洞，可以使用额外的填充层进行填充。填充层材料应与零件所用的材料相同，可以使用单向带，也可以使用织物预浸料。

铺层后，对预浸料铺层进行真空压实使铺好的预浸料紧贴在模具上并赶出铺层间包裹的空气，这一工艺过程叫作预压实或预成型。在铺贴预浸料时，用真空袋通过抽真空进行预压实，抽真空压实铺层压实过程中真空度不低于-0.06MPa，时间为5～15min。预压实可在室温下进行，有特殊要求时可在加热条件下进行。预压实的组合形式按照图4-24真空封装系统进行。一般根据模具的型面和复杂状况决定预压实的频率。对于简单型面的模具，每铺3～8层预压实一次；对于复杂、圆筒或曲面的模具则要求更为频繁的压实。有时为了控制制件中的树脂含量（或纤维含量），需要从制件坯件中吸走多余的树脂，即需要在适当的温度下对制件进行预吸胶。

将预浸料在模具上铺到一定层数时在真空袋内抽真空，脱气泡并使坯件的表面平整，然后取出真空袋继续以同样的方式铺层、压实，如此反复直至符合设计要求。

3. 组合及封装

在模具上按照图4-24所示热压罐成型的真空袋封装的材料及顺序，将制件预浸料坯件和各种辅助材料进行组合并装袋。组合及封装的工艺要求如下。

（1）按照工艺要求正确选择各种工艺辅助材料。

（2）采用有效可靠的措施和方法，确保制件坯料在模具中的正确位置。如有需要，

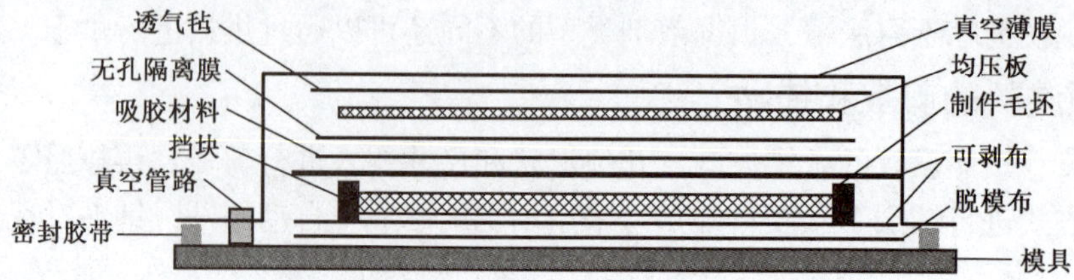

图4-24　热压罐成型的真空袋封装示意图

应采用吸胶材料吸走多余的树脂。

（3）真空密封组装应具有良好的密封性，真空度应不低于-0.092MPa，停止抽气后10min内真空度下降应不大于0.02MPa。

（4）真空袋内各处应有畅通的真空通路，一般每1.5m至少有一个抽气装置。避免形成假真空或袋内各处真空压力不均匀。

（5）合理铺放各种工艺辅助材料，以避免制件坏料各处温度差过大。

（6）真空袋膜应留有足够余量以免因架桥而拉裂真空袋。坯料、模具的棱边处应用导气毡等材料覆盖，以防止其损伤真空袋膜而产生漏气。

（7）必要时可使用均压板，均匀传递成型压力。

在组合过程中，各种辅助材料必须铺放平整，否则可能会使制件出现压痕。同时，真空袋的尺寸不宜过小，以防在抽真空和加压过程中顶破真空袋，必要时在真空袋密封周边做真空袋褶皱，使真空袋更好地贴合零件外轮廓，应该注意褶皱位置应能尽量减小其对零件表面的影响。

4. 进罐固化和脱模

1）进罐前的操作与检查

在零件推进热压罐之前，需要在模具上安装热电偶，便于在零件固化过程中监测模具的温度，以及零件固化过程中工装每个位置温度的监测。在安装热电偶前应该对热电偶线路进行检查。将热电偶装入真空袋内靠近制件的位置。热电偶一般放置在制品升温速率最快和最慢的位置上，用压敏胶带固定。在大型制件中还将同时放置多个热电偶，以监测制件温度分布，控制升温程序。封闭真空袋时，在放热电偶处应用双层密封胶条，使热电偶处在两层胶条之间，以防漏气。为了防止固化过程中热电偶发生故障，可在相同位置安放两个热电偶。可根据工艺人员的需要放置热电偶，对于没有测试热分布的工装，可将热电偶放在制件两个对角的余量处。热电偶放置好以后，注意记录每个热电偶和编号以及安放位置。

每个真空袋至少连接一路抽真空管路和一路真空测量管路。真空测量管路应尽量远离抽真空管路，真空测量管路不允许以任何方式通大气。接通热压罐真空系统抽真空，如图4-25所示，抽真空过程要注意速度缓慢，使真空袋与零件完全贴合。抽真空后，需要对真空袋进行泄漏检测。在泄漏检查前，视零件大小，抽真空时间应保持在15min以上。泄漏检测时，先关闭真空系统，检查真空表或真空显示，应保证5min内真空表或真空显示数据读数下降不应超过0.017MPa。如果真空检测不合格，需要仔细检查真空袋的漏点，并用密封胶条密封漏气处。如果检查不出漏点，但真空检测仍然不合格，需要重新装置真空袋，避免在零件固化过程中的爆袋导致零件的报废，引起更多的损失。

2）固化

图 4-25　接通热压罐真空系统抽真空

固化是将组装封袋后的坯件送入热压罐中，关闭热压罐门，启动加热系统，按固化规范中的固化曲线进行升温加压固化。各种树脂体系的固化工艺因各种树脂的化学反应特性和物理特性不同而各不相同。热压罐成型过程中固化工艺参数，需要根据先进复合材料的固化特性、制件的结构特性和工艺装备的工作特性，合理选择固化工艺条件。

通常先将罐内压力升到指定压力，再进行加热。一般加热升温速率应不大于 3℃/min，冷却降温速率应不大于 2℃/min。

3）脱模

当制品固化完成以后，需要将零件温度冷却到 60℃以下，才可以将零件从热压罐内取出。注意在零件降温过程中，应保持罐内的压力为固化时的压力且不变，直到零件温度低于 60℃或更低才可以卸压，降温过程中空气温度降低导致的压力下降是正常的，一般热压罐会自动补压，同时保证储气罐的压力大于固化压力，且储气罐与热压罐保持连通状态。热压罐内的压力卸完才可以打开罐门取出零件。

固化后的脱模是打开真空袋，去除所有工艺辅助材料，将制件从模具上取下脱模。在零件脱模过程中，可以使用楔形脱模工具辅助脱模，注意工具应采用木质或塑料，禁止使用金属工具，它可能对零件或工装带来损伤。在脱模操作中，要特别小心，不要损伤零件或工装。脱模的难易程度取决于模具设计是否合理。制件从模具中取出后进行后固化时，后固化的加热升温速率应不大于 3℃/min，冷却降温速率应不大于 2℃/min。

5. 检测和修整

固化后的复合材料制件应进行外观目视检查、外形尺寸测量和无损检测，以及随炉件性能测试等。根据固化过程中的工艺参数记录，随炉件性能测试、制件无损检测及外观和外形尺寸检验的结果，对制件质量制件是否合格做出评定评价。目视外表，可以观察到未浸润的干斑、缺胶和积胶等外观缺陷，而内部质量检验的通常方法是无损检测法（NDT），主要是用超声 C-扫描法，根据超声波声信号的衰减程度可以检测到复合材料内部的缺陷，一般主要指密集空隙和分层。而使用 X 射线法检测可以根据不同的增强材料的密度来显示不同的增强材料的存在形态。敲击法也可以作为制件无损检验的一种辅助方法。

修整是通过抛光机、高速水切割机或铣床或其他机械加工方法对制件外形进行加工修整。不同类型的复合材料制件应选用相应的专用刀具和合理的加工参数进行加工。对于固化后的复合材料可能有一定的飞边或毛刺等，可以通过抛光机或铣床进行修整，以达到设计的要求。

6. 装配

复合材料制件通常采用机械装配或胶接装配。装配连接前，应经过预装配确认制件满足装配协调关系后方可进行装配连接。装配时，应防止制件因强迫装配引起严重变形。机械连接装配时应使用定力矩螺接和压铆连接。装配过程中不允许使用金属锤子敲击制件。装配时出现的间隙，应当用工艺文件中规定的垫片予以垫平。胶接连接装配时，应有符合工艺文件要求的胶接间隙，以保证所要求的胶层厚度。胶接连接的表面应保持清洁，不能有任何污染，装配完后按相关技术文件进行无损检测。

对于某些复合材料制件还需要进行热压罐二次成型，进行共胶结或共固化，最后制备具有复杂形状的复合材料制件。如果采用热固性胶黏剂的固化或层间热塑性胶黏剂的熔融和固结工艺进行复合材料制件的装配，则需要进行热压罐二次成型。胶结装配工艺很大程度上增加了热压罐的负荷，导致很多复合材料制件的热压罐成型过程要经历2倍于常规工艺周期的加热和冷却时间。为提高热压罐成型的效率，这类复合材料制件的成型应尽可能采用共固化工艺。共固化工艺能一次固化成型一个完整的复合材料结构件，这种工艺同时需要复杂的固化模具，但它消除了垫片和装配。

【任务实施】

1. 准备工作

1）环境要求

热压罐成型过程中的预浸料剪裁、铺贴、毛坯预压实封装等工序都应在专用的净化间内进行，应控制影响复合材料制件生产的环境参数，如温度、湿度、压力、尘埃粒子数、化学污染等。净化间的一般要求如下。

（1）室内应保持温度（22±4）℃，相对湿度30%～65%，并且应备有温度、湿度显示和记录装置。

（2）室内空气中等于或大于10μm的尘粒不超过10个/L。

（3）室内对应室外应保持10～40Pa的正压力差。

（4）进入净化间的压缩空气，必须做除油除水处理，保证压缩空气在1m距离吹在洁净的玻璃板或铝板上无油水滴印或尘迹。

（5）室内应有良好的照明，照度应为200～300lx。如有必要，灯具应加防爆装置。

（6）净化间的入口处，必须设有风淋室或其他除尘设施。

（7）空气净化装置应建立定期检查，维护和其他管理制度。

操作时必须保持洁净的室内环境，室内的工作台、地板、设备应每天用吸尘器清洁一次。墙壁、天花板、灯具等至少每月清洁一次。禁止在操作过程中出现污染物、烟雾、油蒸气以及其他有害的化学物质；还必须对空气进行净化过滤，增压系统应该提供微小的正压。

2）材料准备

材料的准备包括主体材料的准备和辅助材料的准备，检查各种材料的数量、有效期以及各自的使用条件等。

主体材料主要有碳纤维单向预浸料，预浸料通常储存在温度-25～-18℃的冰冻条件下。预浸料从冷库的低温环境中取出，放置在净化间里解冻，并保持预浸料处于密封状态。当外包装膜擦干后无冷凝水产生时，才可以打开包装使用。通常建议解冻时间为6～8h。辅助材料主要包括带孔四氟脱模布、透气毡、吸胶层、真空袋膜、密封胶带、绝缘胶带、丙酮、脱模剂、干净纱布等。

3）设备要求

（1）真空设备：净化间在适当位置或工作台侧面设真空接嘴、配套使用快速接头、真空压力表、金属软管等。真空泵提供 9.3×10^{3}Pa（-0.092MPa）的真空要求。

（2）热压罐设备技术参数如下：

有效直径：ϕ1200mm；

有效长度：3000mm；

最高工作温度：250℃；

温度均匀性：无负载为±3.0℃；

最高工作压力：1.2MPa；

压力均匀性：最高温度和最大压力下24h；

压力精度：±0.015MPa；

使用环境温度：最低2℃，最高40℃；

电源：380V，三相五线；

频率：50Hz；仪表气源；

压缩空气：约0.8MPa；

要求：无油干燥，露点-5℃；

冷却水：主管压力0.2~0.4MPa。

4）模具准备

用干净纱布蘸溶剂擦拭模具表面，然后在模具上涂抹脱模剂，不能将脱模剂倾倒在工装上，而要用干净的不脱毛的抹布蘸取脱模剂擦涂或用不脱毛的刷子涂刷。涂脱模剂时从左向右，从上而下涂抹于模具上面以免局部遗漏，涂1~3遍。注意密封胶带的粘贴区可用PM-2纸胶带临时保护。

对于新模具在工装工作面涂至少3遍脱模剂涂层，各涂层之间至少间隔15min，铺层开始前，在环境温度下干燥至少15min。施加后一层脱模剂时，其擦涂方向应与上一层脱模剂擦涂方向垂直，以确保脱模剂能够完全涂覆。每遍涂层应采用单一的方向进行擦涂。

2. 碳纤维预浸料剪裁与铺贴

1）预浸料的剪裁

裁剪前，应先用丙酮将裁剪样板、钢板尺、剪刀和手工刀等裁剪工具擦拭干净。然后，用锋利的剪刀或手工刀按复合材料的构件要求或试样大小要求将预浸料裁剪成一定的形状和尺寸。裁剪时，样板（或钢板尺）与预浸料之间应当用离型纸隔开，以免样板直接接触预浸料而产生黏结现象，不便操作。裁好的预浸料应当在双面带离型纸的情况下平放保存待用。

2）预浸料的铺贴

小型结构的蒙皮毛坯制备一般采用手工铺贴。在铺贴前应清点铺贴的预浸料总数，并随着铺贴的进行，随时检查铺放预浸料的层数和方向，以防止多铺、少铺预浸料或铺错预浸料的方向。

铺贴预浸料时，应当注意不要使纤维受到弯折、撕裂等损伤或使纤维的排列方向产生偏差。铺贴时，应仔细对准零件图样所要求的纤维方向，并尽可能避免裹入空气。用压辊滚压使其与前一层铺层完全贴合，然后将其表面的离型纸或离型塑料薄膜去掉再铺下一层，切不可将离型纸（或塑料薄膜）遗留在两层铺层之间。

铺层过程中多次抽真空预压实，第一层以及每铺3层预压实一次，预压实时间为3~5min，然后取出真空袋继续以同样的方式铺层、压实，如此反复直至符合设计要求。

3. 组合及封装

铺层完成后在模具上按照热压罐成型的真空袋封装的材料及次序、顺序，将制件预浸料坯件和各种辅助材料进行组合并装袋，如图4-26所示。

（1）在模具上沿零件四周边缘贴一圈密封胶带封胶。

（2）在模具上按隔离膜、透气毡、真空袋依次铺放真空封装材料。如果对零件表面有要求，可以裁剪与制件大小一致的可剥离保护层（撕下层）铺贴在零件表面，不能存在皱褶。注意每层都应该铺放平整，否则可能会使制件出现压痕。一般隔离膜边缘比零件边缘大至少25mm，真空袋必须覆盖所有制袋材料。

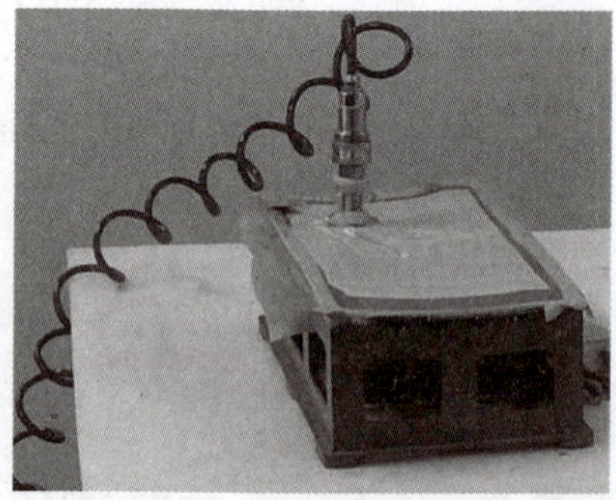

图4-26　封装示意图

（3）用密封胶带将真空袋固定。注意密封胶带应该包裹覆盖所有辅助材料的范围，且注意密封胶带和模具表面以及真空袋之间不能留有气体通道。

（4）将真空阀装入真空袋内合适的位置，接通真空管路进行抽真空，反复按压密封胶带，检查气密性。

4. 进罐固化和脱模

将热电偶放在真空袋内透气毡上，离边缘不小于50mm，用压敏胶带固定。将封装好的制件，接通热压罐的真空系统抽真空，注意防止真空袋产生架桥现象。如产生架桥，则应停止或降低真空度以进行修正。

将真空压力表与真空袋接通以进行抽真空至0.08MPa以上，保持至少15min关闭真空管路，要求5min内真空渗漏值不超过0.017MPa。检查真空袋是否存在泄漏情况。如有泄漏，应检查漏点和假真空并重新进行密封，直到符合要求为止。

真空渗漏检查合格后，关闭热压罐门并推上安全锁以后，需要根据预浸料固化制度设定固化曲线，主要包括温度、压力的设定，保温时间、压力加压和卸压时机、升温和降温的速率，以及升压和降压的速率等，固化曲线设定好以后，即可开始运行曲线。在运行曲线之前需要打开主控制界面，需要打开风机、水泵，并根据需要打开或关闭真空泵，确定正确开启后即可运行曲线，热压罐自动运行到曲线结束。

本任务小曲面零件的固化参数设置为：固化压力：0.4MPa；固化温度、时间：(120±6)℃，保温120~150min；升温速率：≤3℃/min；降温速率：≤2℃/min；冷却到60℃以下卸压出罐。

当制品冷却到规定的温度以下时，可开罐取出制品。打开真空袋，去除所有工艺辅助材料，将制件从模具上取下脱膜。

5. 检测与修整

制件通过外观目视检查和外形尺寸测量判断制件是否合格。目视观察制件是否有未浸润的干斑、缺胶和积胶等外观缺陷，使用游标卡尺等测量工具进行制件的尺寸测量。选用专用刀具和合理的加工参数对制件外形的飞边或毛刺进行加工修整。切割飞边或毛刺时，可用自来水或其他冷却液进行冷却，切割后及时清除制件上的水分。

任务 4.2　弹体后部件的热压罐成型

【任务描述】

为了提高导弹的运载能力，弹体结构质量应尽量减轻，可采用高比强度的材料和先进的结构形式，用碳纤维增强复合材料研制弹体结构，不但可以大大减小质量，而且可以利用碳纤维的导电性能减小电磁波对导弹的干扰。弹体后部件要求具有良好的抗压强度、良好的耐腐蚀性能、良好的耐高温性能、良好的载荷性能、良好的疲劳韧度。

弹体后部件的三维零件设计图如图 4-27 所示，弹体后部件尾部过渡部分有半圆形凹槽，另外尾部连接处有两个圆孔，这个凹槽和圆孔是通过后续机械加工完成的。要求采用碳纤维预浸料铺贴成型，通过设计合理的铺层方案和热压罐固化工艺参数，完成弹体后部件制件的复合材料热压罐成型过程。

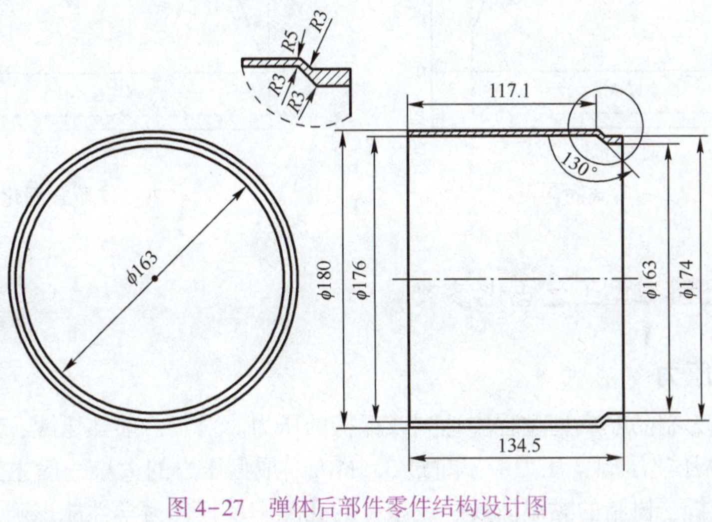

图 4-27　弹体后部件零件结构设计图

【知识链接】

4.2.1　热压罐成型工艺固化模式

热压罐成型工艺过程是一个需要经历升温、加压、保温、降温、降压的过程。通常热压罐内的加压、降压过程，一般在固化工艺过程中的升温前、保温平台阶段或者降温结束后进行，不会与罐内温度变化同时进行。热压罐内的加热装置一般安放在罐内的一端，在工艺过程的升温阶段，热压罐持续启动加热装置对罐内气体加热，并通过加热装置附近的鼓风系统，使罐内气体不断地在一个循环腔内流动，以保证罐内气体温度均匀上升。而在降温阶段，则采用循环水冷却，通过冷却系统使空气温度降低，同样通过风机系统，使罐内各处流体的温度降低。

热固性复合材料固化过程的三大要素为温度、压力和时间。热压罐成型固化规范是指固化过程中对制件施加温度、压力、真空度的大小及加压点温度和加压时机的规定，并与时间坐标的对应关系，这些固化参数的选择主要取决于树脂或胶黏剂的黏温曲线、制件厚度和温度场、辅助材料耐温性及设备能力等。根据固化过程中恒温阶段的数量可分为一阶式固化模式、二阶式固化模式和多阶式固化模式。一般采用一阶式固化模式或二阶式固化模式，少用多阶式固化模式。一阶式固化模式如图 4-28 所示，二阶式固化模式如图 4-29 所示，其中 T_c 为固化温度，T_p 为加压温度，P_p 为成型压力，P_v 为真空度。

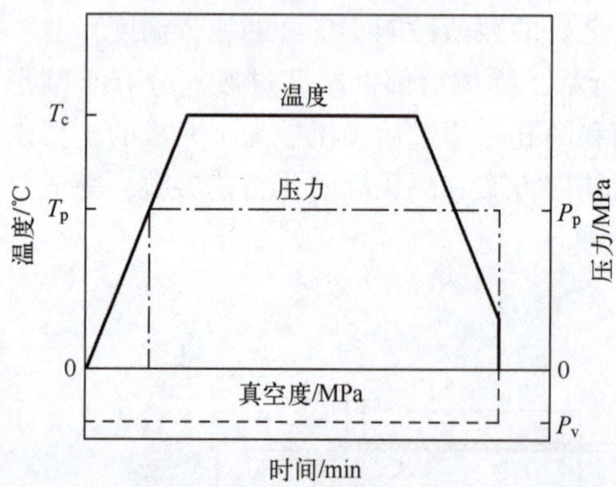

图 4-28　一阶式固化模式

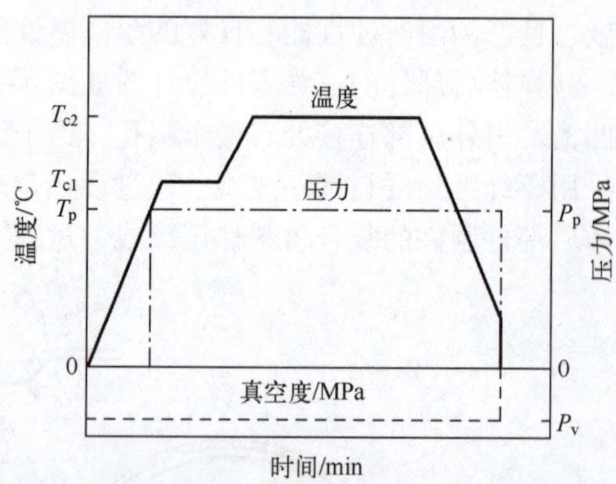

图 4-29　二阶式固化模式

4.2.2　热压罐成型工艺固化参数

1. 成型压力

成型压力为制品在成型过程中达到或保持的压力。对于一般热压罐，压力应不超过 1MPa；对于高压热压罐，压力应不超过 3.5MPa。成型压力的大小一般主要根据树脂的热失重试验分析、树脂的黏温曲线、成型件的孔隙率及板件力学性能来确定。

随着材料工艺水平的提高，开发的“零吸胶、常温加压”预浸料体系，不存在加压带，无须选择加压点，克服了传统结构制造中由于结构内部温度场不均匀而带来的加压点无法选择和控制的弊端，保证了产品质量。

2. 固化温度和保温时间

固化温度为制品在固化阶段应达到或控制的温度。保温时间为制品在固化温度下保持的时间。固化温度和保温时间主要取决于制品所用的树脂体系，一般是首先分析 DSC

曲线、DMA 曲线、DDA 曲线及 TBA 曲线，进行相应预浸料固化过程的试验，并通过测定复合材料单向板的基本力学性能来确定。合理的保温时间对工艺参数的控制、减少波动、稳定生产都有好处，同时，也可防止高温设备和管道对周围易燃易爆物质构成着火爆炸的威胁。

3. 升/降温速率

升温速率为制品的温度升高速率。在实际成型工艺过程中应该根据所用材料的特性、制件厚度和尺寸大小来综合考虑升温速率，尤其是复杂或厚度较大的制件。升温速率一般应控制在 0.5~3.0℃/min。

降温速率的影响主要考虑复合材料制件的热应力，过快的降温会导致制件变形量大。一般规定降温速率不高于 3℃/min，控制缓慢降温，规定脱模温度，均有利于保证复合材料制件质量。

4. 真空度

真空度为包容制品的真空袋所达到和控制的真空值，加压前应不低于-0.092MPa。根据成型产品的不同，可在整个工艺过程中保持真空或只在某一阶段保持真空。真空的作用是有利于材料内气泡的排出。真空度大小会直接影响复合材料产品的质量。一般对真空度参数规定一个下限。另外，真空袋密封性的好坏对制件质量影响也很大，因此在固化前对真空袋进行真空度检查非常重要。

5. 冷却速率

冷却速率为制品固化结束后恢复到室温的速率，一般应控制在 2℃/min 以内。

6. 出罐温度

出罐温度为固化完成后制品可以从热压罐取出的最高温度，一般应不超过 60℃。

4.2.3　热压罐成型工艺质量控制

热压罐成型工艺质量控制包含很多方面的内容，主要有以下几个方面。

1. 原材料质量控制

为严格控制预浸料的质量，预浸料制造过程中的质量控制很重要，通常借助各种仪器来控制预浸料批次质量。预浸料的存放方式和环境条件也是预浸料质量控制中的重要内容。每批预浸料必须经过检验并具有合格证后才能使用，每卷预浸料必须附有一个标签，标签应包括下述内容：类型或者规格，含胶量、批号/卷号、制造日期、供应商的名称等。预浸料放置在密封防潮袋中，如果预浸料除去包装袋以后或在使用期间出现任何潮湿迹象，则应拒绝使用。预浸料必须在有效期内使用，否则必须按相应预浸料标准重新复检以确认材料是否能用于生产。

2. 设备及模具控制

复合材料制造装备包括生产设备、检测设备、工装模具等。对所有设备、仪器、仪表、称量器具等应建立明细、定期检验及维修制度。超过检验期未检验的设备、仪表、称量器具应停止使用，检验不合格者禁止使用。

对于热压罐等主要成型设备应按检验标准，定期检验。热压罐应配有温度控制、温度记录仪表和报警及稳压电源装置。在满负载的条件下，热压罐温度控制应达到下述要求。

（1）温度均匀性要好，均匀性应达到±5℃，应每半年测定一次。罐内任意两点温度差应不大于10℃。

（2）空气升温和降温速率应在0.3~5℃/min范围内可调。

（3）热压罐温度的控制精度应达到±3℃。热压罐的压力系统应配有贮气罐以及压力自动调节、自动记录和保险等装置。压力仪表精度在0~2.0MPa下应为满刻度数的±1.5%，并且压力波动值在±0.03MPa范围内。热压罐应配装真空泵和（或）压力系统，相对真空度为不低于-0.095MPa。真空压力仪表精度在-0.1MPa下应为满刻度数的±1.5%。

成型模具结构应符合设计标准，必须经过检验确定，型面符合要求，标识线清晰、正确，表面无缺陷，确认材质、耐温性、气密性、抽气嘴及操作空间等要求。模具须经过热分布试验合格后，方可投入试用。在完成首件制件鉴定后，所用的工装模具方可正式投入生产使用。另外，模具在使用过程中，还应指定清理、维修和存放的相应方法。有气密性要求的模具应进行气密性检查，合格后方可投入使用。检查方法为抽真空使真空度不低于-0.092MPa并保持稳定，停止抽气后10min内真空度下降应不大于0.017MPa。

3. 操作人员控制

热压罐成型工艺中复合材料的操作过程仍以手工为主，所以操作者的技术水平、熟练程度等极为重要，操作人员的技术素质是复合材料产品制造过程控制的主要因素。因此，在生产之前，应对操作人员进行培训，让其充分了解工艺原理，掌握工艺关键内容，熟练地完成各工序内容的操作。执行工艺的操作人员和检验人员都必须按规定经过培训并考核合格后才可上岗操作。对于新的型号任务研制生产人员，还应具有完成创造性工艺操作和改进的能力。

4. 工艺过程控制

工艺过程操作方法必须落到实处，应将各工序的操作方法编入操作规程或操作指导书等工艺文件中，关键工序还需进行监控或检验，如铺贴时必须实时监控操作过程，保证预浸料方向、铺层次序、铺层定位的准确性等，固化之前，应检查真空袋是否漏气。

工艺过程控制需要注意的内容有以下几个方面。

（1）热压罐成型设备在认证有效期内；

（2）洁净间的温度、湿度和清洁度控制满足要求；

（3）运送材料从低温到室温贮存，整个过程具有可追溯性；

（4）每个预浸料铺层前确保已去除保护材料；

（5）确保零件按相应的固化周期固化；

（6）确保热电偶放置在按要求标记的位置；

（7）确保每个零件都保存了完整的记录。

5. 环境

复合材料的生产需有一定的环境条件基础，工作场地条件应满足复合材料的特性要求，尤其是铺贴、胶结用净化间，应有良好的通风、除尘设备和照明设施。尽可能保持清洁，环境温度保持在18~26℃、相对湿度在50%~65%。净化间温度和湿度记录设备应位于与环境状况符合的位置，并方便日常检查。要求净化间内维持40~60Pa正压力，大于10μm的尘埃粒子含量保证不多于10个/L。净化间入口处应有控制污染设施，进入该区的空气应进行过滤，人员应净化。

4.2.4　热压罐成型工艺的特点

与其他工艺相比，热压罐成型工艺主要有以下优点：

1. 罐内温度场和压力场均匀

因为用压缩空气或惰性气体（N_2、CO_2）向热压罐中的充气增压，作用在真空袋表面各点法线上的压力相同；同时，热压罐内装有大功率的风扇和导风套，加热（或冷却）气体在罐内高速循环，罐内各点的气体温度基本一样，在模具尺寸合理的前提下，可保证密封在模具上的构件升降温过程中各点温差不大。因此，在成型过程中，可使真空带内的构件在均匀的压力场和温度场下成型，制件均匀固化。

2. 适用范围较广

热压罐成型可适用于多种先进复合材料的生产，只要是固化周期、压力和温度在热压罐的极限范围之内的复合材料都能生产，它的温度和压力条件几乎能满足所有聚合物基复合材料的成型工艺要求，并且可适合制造多种大面积、复杂型面结构的蒙皮、壁板和壳体，以及适用于具有层合结构、夹芯结构、胶结结构、缝纫结构等多种结构的整体成型。

3. 成型模具简单

模具相对比较简单，效率高，适用于大面积复杂型面的蒙皮、壁板和壳体的成型。可以成型或胶结各种飞机的构件。若热压罐尺寸大，一次可放置多层模具，同时成型或胶结各种较复杂的结构及不同尺寸的构件。

4. 成型工艺可靠

由于热压罐的压力和温度均匀，可保证成型或胶结构件的质量稳定。一般热压罐成型工艺制件的孔隙率较低，树脂含量均匀，纤维体积含量较高，相比于其他成型工艺，成型的构件力学性能稳定、可靠；能保证成型或胶结的构件性能稳定和质量可靠。迄今为止，要求高承载的绝大多数复合材料都采用热压罐成型工艺。

5. 加压方式灵活多样

对先进复合材料构件加压的方式灵活多样，既可抽真空又可加压，从而一方面有利于抽取预浸料中含有的低分子挥发物和夹杂在预浸料中的气体，另一方面有利于压实预浸料，获得结构致密的制件。

热压罐成型的主要缺点是设备投资大、制件尺寸受限制。热压罐成型最大缺点是设备投入昂贵，能源利用率较低，热压罐设备体积大，结构复杂，且是压力容器。因此建设投资费用高。并且每次固化时都需要制备真空密封系统，将耗费大量价格昂贵的辅助材料，提高了制造成本。同时，制件尺寸受热压罐尺寸限制，在超大容积热压罐内部加热和加压速度缓慢，温度和压力相应迟缓。

4.2.5 热压罐成型工艺的应用与发展

自20世纪60年代以来，国内热压罐成型技术得到快速发展。早期国内复合材料预浸料采用溶液法制造，由于制造过程中大量使用有机溶剂和非连续生产，导致预浸料质量一致性差、生产效率低和污染大等问题。从20世纪90年代初开始发展了预浸料热熔制备技术，建立了热熔法预浸料设备的设计制造技术和预浸料热熔制备技术，实现了热熔预浸料的连续批量制造，热熔预浸料生产效率高，制备过程污染小，预浸料质量一致性好。

热压罐成型技术从最初剪裁、铺贴主要依靠手工发展到预浸料自动下料、激光辅助定位铺层、自动铺放技术等数字化技术，提升了热压罐成型技术水平，明显提高了预浸料铺贴、裁剪的精度，进而提高了复合材料的制造效率和构件质量。

早期树脂基复合材料往往是首先成型简单形状的零件，然后通过机械连接构成复合材料部件，大量连接严重影响复合材料应用的减重效果。复合材料结构整体成型技术采用热压罐共固化共胶接技术，直接实现带梁、肋和墙的复杂结构一次性制造。整体制造技术可大量减少零件、紧固件数目，从而提高复合材料结构的应用效率。其主要优点是减少零件数目，提高减重效率，降低制造成本，减少连接件数目，降低装配成本，减少分段和对接，构件表面无间隙、无台阶，有利于降低雷达散射截面（RCS）值，提高隐身性能。

热压罐成型技术目前已经发展成为国内先进树脂基复合材料最成熟的成型技术之一，主要用于大尺寸、结构复杂、尺寸精度要求高的复合材料的航空航天构件的制造，如蒙皮件、肋、框、壁板件、整流罩等。图4-30为空客A380飞机热压罐成型的GLARE复合材料机身，波音787的机身筒形件均采用了热压罐成型工艺。

图4-30 空客A380飞机热压罐成型的GLARE复合材料机身

热熔法预浸料制备技术、预浸料铺贴和裁剪技术与数字化高度融合、高韧性复合材料技术和复合材料结构整体化技术使得热压罐成型先进复合材料已经从航空航天和军工武器领域拓宽应用于体育、医疗、交通、能源等诸多民用领域。

【任务实施】

1. 材料、工具、设备及模具准备

（1）主体材料：碳纤维预浸布；碳纤维预浸布在使用时应注意：材料在解冻时，卷长<30m 的解冻 6h；卷长>30m 的解冻 12h；在解冻的过程中，不定时用干抹布擦净水珠。

（2）辅助材料：脱模剂、直径为 40mm 左右的棉球、带孔四氟脱模布、透气毡、吸胶层，隔离膜、真空袋膜、密封胶带等。

（3）工具设备：剪刀、平口镊子、钢模具、抽真空装置、热压罐。

根据弹体后部件制件的结构特点，选择钢制整体模具，成型模具结构示意图如图 4-31 所示，在两部分连接处有过渡圆角。

图 4-31　成型模具结构示意图

采用常用的机械处理方法对模具进行表面处理，达到一定的表面粗糙度要求。使用脱模剂时注意：用平口镊子夹裹紧的棉球蘸取脱模剂在模具表面擦拭；新模具涂 3 次，每次间隔至少 15min，待完全干透再涂下一次；棉球为一次性使用，棉球的湿度要求脱模剂不能成股留下，也不能擦过后漏干。

本次试验用的热压罐设备的技术参数：有效直径：ϕ1200mm；有效长度：3000mm；体直径：ϕ1500mm；壳体筒体长度：4000mm；最高工作温度：250℃；温度均匀性：无负载为±3.0℃；最高工作压力：1.2MPa；压力均匀性：最高温度和最大压力下 24h；压力精度：±0.015MPa。

弹体后部件制件的铺贴在净化间进行，净化间设独立空调控制室，抽真空系统，员工更衣室和风淋洁净装置；同时净化间具有良好的通风装置、除尘装置和照明装置。净化间长期温度：18~30℃；相对湿度：≤65%：洁净度：10 万度；室内相对于室外应有不低于 31Pa 的正压力差。

2. 预浸料剪裁

根据弹体后部件制件碳纤维铺贴的零件设计图，碳纤维预浸布按整体铺贴和连接处加强铺贴两部分下料，综合考虑碳纤维预浸布铺贴时的搭接和零件过渡部分，裁剪下料尺寸如表 4-6 所列。按照要求裁剪预浸布，下料时注意预浸料纤维方向。

表 4-6　碳纤维预浸布下料尺寸

单位：mm

铺贴范围	理论周长	实际下料长度	理论宽度	实际下料宽度
整体铺贴	565.2	580	111.7	125
连接处加强铺贴	546.36	560	10.5	15

3. 铺层设计及铺层表

复合材料结构优化设计中，复合材料的铺层不仅影响到复合材料的力学性能，而且影响到制件的工艺性能。根据弹体后部件制件的厚度要求和碳纤维预浸布的厚度，本试验铺层按整体铺贴铺层层数控制在9层，连接处加强铺贴铺层层数控制在14层。详细的铺层顺序表按照表4-7和表4-8所列的铺层角完成铺层过程。

从基准线开始，向边缘铺贴，使其完全与模具贴合，并排除夹在里面的气泡，不允许有褶皱、纤维扭曲。在弹体后部件制件过渡处避免架桥。一层一层地铺贴，不允许一层多次铺贴如图4-32所示。

表4-7　整体铺层顺序表

整体铺层	1-1	1-2	1-3	1-4	1-5	1-6	1-7	1-8	1-9
铺层角/(°)	45°	90°	0°	0°	90°	0°	0°	45°	90°

表4-8　连接处铺层顺序表

连接处铺层	2-1	2-2	2-3	2-4	2-5	2-6	2-7	2-8	2-9
铺层角/(°)	0°	0°	-45°	90°	-45°	0°	45°	90°	0°
连接处铺层	2-10	2-11	2-12	2-13	2-14				
铺层角/(°)	45°	90°	0°	0°	-45°				

4. 封装抽真空

按照真空袋-热压罐成型工艺要求封装，注意处理密封区域，防止真空袋架桥，检查真空设备是否畅通。按铺层表要求铺层，每铺设3层抽真空压实一次，每次抽真空时间不少于15min，真空压力至少0.08MPa，如图4-33所示。

图4-32　弹体后部件铺层过程示意图

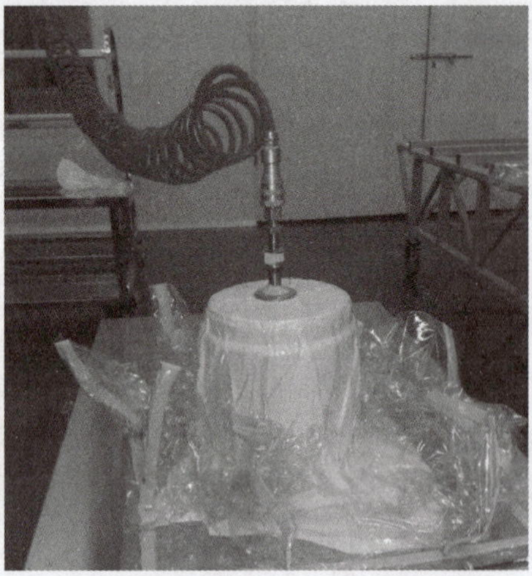

图4-33　抽真空过程示意图

5. 进罐固化

将制好的真空袋组合系统合理地放置在支撑板上；把支撑板和真空袋组合体推入热

压罐内，接通真空管路检查真空度，进行真空渗漏检查，真空度不低于 0.08MPa，若 5min 内真空检测仪显示数减少不超过 0.017MPa 则合格。接上热电偶并记录下模具上所有热电偶对应的热压罐中热电偶序号并检查温度示数是否正常，确保热电偶没有被损坏；各项检测合格后关闭热压罐罐门，拉上保险。

控制热压罐系统并调出相对应的程序运行，加热加压，加热时升温速率要控制合理；温度升高到一定程度后保温是确保零件各部位温度均匀一致；保温完成后降温、卸压，降温要均匀，冷却速度不能过快、过慢，要控制在设计范围内。

根据预浸料的工艺标准和制件要求，采用二阶固化模式固化，固化参数如下：固化压力：0.6MPa；固化温度、时间：初始固化温度（130±5）℃，保温 120~150min；(180±5)℃，保温 90min。升温速率：≤3℃/min；降温速率：≤2℃/min；冷却到 60℃以下卸压出罐。

等温度压力降为室温常压时打开罐门，将真空袋组合系统推出。

6. 脱模与修整

本制件脱模运用手动脱模，脱模之后先将模具表面清理干净，随后用无水乙醇将模具表面清洗干净。制件脱膜后进行尺寸检测，经检测尺寸均在零件公差要求范围内，随后进行后续机械加工，完成弹体后部件尾部过渡部分 $R1.5$ 的半圆形凹槽和尾部连接处有两个 $\phi4$ 的圆孔。

任务 4.3　栅格天线反射面的热压罐成型

【任务描述】

在雷达天线反射面中，低频段使用的天线反射面采用栅格结构具有强度高、型面精度高 、风载小，而且具有良好的耐腐蚀性的优势。栅格天线是一种常见的天线结构，其特点是反射面由抛物面上的栅条构成，反射面的馈源几乎不产生对天线面的遮挡，因而漏空度大，效率较高。栅格天线反射面栅条的宽度与天线的大小和使用条件紧密相关。本任务选用球墨铸铁成型模具，采用硅胶条形成天线反射面的栅格结构，设计合理的铺层工艺研究热压罐固化成型树脂基碳纤维复合材料栅格天线反射面的制造工艺。通过设计栅格天线反射面成型模具结构，采用硅胶条黏结形成天线反射面的栅格结构，选择碳纤维预浸料单向带和碳纤维预浸布混合铺层，以中温固化的真空袋-热压罐成型工艺制造了栅格天线反射面，装配后反射面型面的精度符合要求。

【知识链接】

4.3.1　栅格天线反射面的结构分析

碳纤维栅格天线面采用拼装结构，拆卸方便、携带方便，采用栅格形式可以增加天线的抗风性能。本任务的碳纤维栅格天线反射面主体结构是 6 个扇形分瓣栅格面拼接而成的曲面零件，其结构示意图如图 4-34 所示，天线反射面直径 1280mm，其多个栅格平行排列，栅格的方向一致。在天线面的边缘有用于支撑栅格的支撑结构，包括预埋件1［图4-35（a）］、预埋件2［图4-35（b）］、加强筋［图4-35（c）］、定位环［图4-35（d）］。定位环的形状与反射面边缘的形状相配。

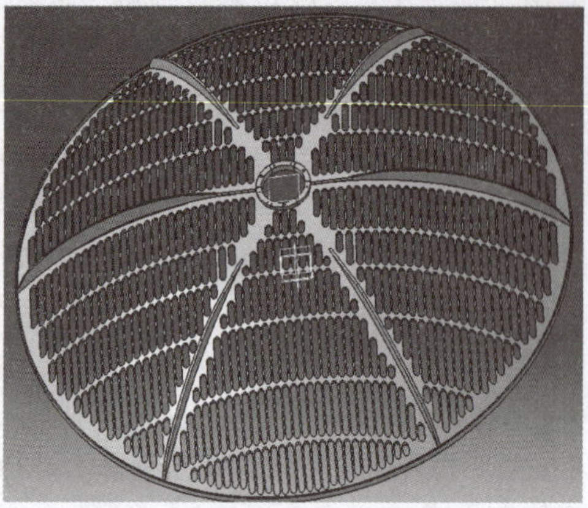

图4-34　栅格天线反射面结构示意图

预埋件结构有两种，如图4-35（a）、（b），各有3个，在预埋件两端各有一个1mm凹槽；以便将加强筋固定在模具上。预埋件需固定在中心环上，在固定之前需要在预埋件内侧贴一层脱模布。加强筋顶端也有一个1mm的凹槽，共12根，凹槽口朝左6根，凹槽口朝右6根，并且需要用502胶黏剂固定在模具上，固定之后对模具进行加热，加热到40℃即可。

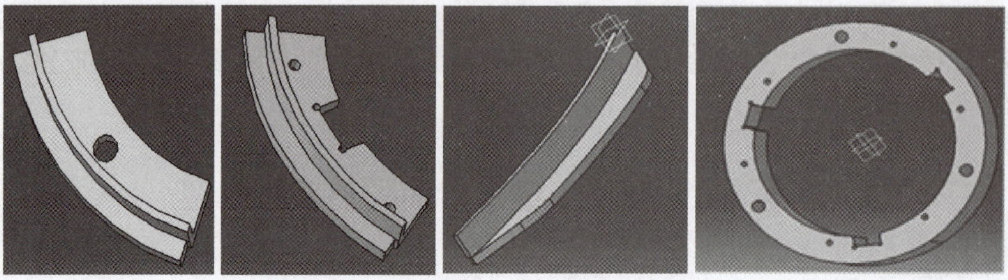

(a) 预埋件1　(b) 预埋件2　(c) 加强筋　(d) 定位环

图4-35　栅格天线反射面的支撑结构件

4.3.2　栅格天线反射面成型模具

栅格天线反射面成型模具材料选用线胀系数较低的球墨铸铁HT300制作，模具表面有黏结栅格的多个平行凹槽，模具结构设计示意图如图4-36所示。模具结构上设有测量、铺层基准等，模具具有足够的刚度和较高的型面精度，具有较高的气密性，能够满足热压罐工艺要求。

脱模剂选用有机硅脱模剂，新模具在使用前要进行“三脱一热”，然后继续涂脱模剂一次。

图4-36　栅格天线反射面成型模具结构设计示意图

【任务实施】

1. 栅格天线反射面的原材料准备

1）主体材料

本次天线反射面在铺层时碳纤维预浸布和碳纤维单向带混合使用。

碳纤维单向带厚度为 0. 02mm，是本制品品种使用量最大的材料，共 14 层。碳纤维预浸布用于第 1 层整体反射面材料以及天线反射面的侧边围框和下围框。

2）胶黏剂

栅格天线反射面成型过程需要使用三种胶黏剂：502 胶黏剂、白胶膜 J-47-CH、高温双面胶。502 胶黏剂主要用于粘接加强筋与成型模具；白胶膜 J-47-CH 是用来粘接第一层碳纤维预浸布与预埋件、加强筋；高温双面胶主要是粘在模具表面的凹槽上，用于粘接硅胶条，在封装时也用高温双面胶固定对加强筋部位的隔离膜。

3）硅胶条

硅胶条在本制品中的主要作用是使天线面形成栅格。本试验的硅胶条可反复使用，直至硅胶条变黄变硬。硅胶条宽 7. 5mm，有极好的耐高温、耐低温性能，能够经受反复多次苛刻的消毒条件，具有极佳的回弹性和永久变形小。

4）辅助材料

栅格天线反射面成型过程中所需要的辅助材料：可剥布、密封胶带、均压板、隔离膜、透气毡、真空袋等。可剥布的下料尺寸比产品边缘大 10mm，可拼接，拼接不大于 5mm。隔离膜的下料尺寸比可剥布大 10~50mm。在棱角处断开，以防架桥，用压敏胶带固定。真空袋的下料尺寸是模具封装区域的 1. 2~1. 5 倍，真空袋在裁剪到封装过程中要保护真空袋不会被扎上小洞。透气毡的下料尺寸比真空袋周围小 30mm。可拼接，在有尖棱处使用双层透气毡。

2. 预浸料剪裁

根据栅格天线反射面的零件设计图，碳纤维预浸布按整体铺贴和围框结构铺贴两部分下料，第一层 3k 碳纤维布采用激光下料机下料。围框包括侧边围框、上围框和下围框三部分。侧边围框宽 30mm，长 1000mm 的碳布 3 层；下围框宽 20mm，长 1000mm 的碳布 12 层；上围框宽 20mm，长 100mm 的碳布 10 层。

碳纤维预浸料单向带共 14 层，分别为横向栅条宽 3. 8mm，长 1200mm 和纵向栅条宽 6mm，长 1200mm。

准备封装用的辅助材料，按要求裁剪备用，将硅胶条手动修剪成模具上硅胶条的印痕即可。

3. 预浸料铺层

（1）在铺层前首先要对栅格天线反射面成型模具进行组装，清洁。去除模具表面的残留物，去除灰尘，用无水乙醇擦拭模具表面。

（2）在模具粘接硅胶条的凹槽上贴上高温双面胶；然后粘接修整好的硅胶条。硅胶条的长度按照模具刻线的长度，硅胶条处于自然裁剪状态。

（3）在中心环上固定好预埋件的位置，安装中心环，安放12根加强筋，保证加强筋的各个部位与模具贴实，用502胶黏剂将加强筋粘接在模具上，取下中心环，对模具进行加热，加热到40℃即可。

（4）开始铺层，第一层铺碳纤维预浸布，用中心定位工安装的中心环，中心定位环用螺钉连接在工装上，将一对连接件配合良好并放到位；在加强筋与中心环周围所加强的碳纤维布黏结面贴一层白胶膜。

（5）上翻边铺2层3k碳纤维布，下翻边铺3层，再横向和纵向铺3.8mm和6mm的单向栅条，侧翻边铺一层3k碳纤维布；上围框翻边铺2层3k碳纤维布，下围框翻边铺2层，在横向和纵向铺3.8mm和6mm的单向栅条，共循环2次；侧翻边铺1层3k碳纤维布；上翻边铺2层3k碳纤维布，下翻边铺2层，再横向和纵向铺3.8mm和6mm的单向栅条，侧翻边铺1层3k碳纤维布；上翻边铺2层3k碳纤维布，下翻边铺3层。依次类推完成栅格天线反射面的全部铺层。

4. 封装

按照工艺要求，将栅格天线反射面铺好的坯件按照可剥布/隔离膜/透气毡/真空袋的顺序依次铺辅助材料，注意在封装的过程中可剥布和隔离膜裁剪成条状，以防止架桥，鼓包。在放透气毡之前，要处理密封区域（打磨和清洗）。封装工艺要仔细检查，检查模具的各个棱角处及模具边缘，有螺帽的地方用硅橡胶堵塞，以防止在抽真空时真空袋被吸进去，以免被扎孔。封装完成后接通真空系统，检查气密性，检查真空设备是否畅通，检查是否存在真空袋架桥等。

5. 固化

热压罐设备是一种提供温度和压力的专用的特种设备，栅格天线反射面所使用的热压罐尺寸最高工作温度：250℃；最高工作压力：1.2MPa。将封装好的零件送入热压罐，接通真空管路和热电偶，进行真空渗漏检查，真空检漏合格后，关闭罐门，设定固化参数如下：固化压力：0.6MPa；固化温度、时间：（120±5）℃，保温120~160min；升温速率：≤3℃/min；降温速率：≤2℃/min；冷却到60℃以下卸压出罐。

6. 脱模

将移出热压罐的制件待温度降到室温后，进行手动脱膜。将整个栅格网状天线反射面按照加强筋的边缘脱模成6块，以方便携带。脱模之后将网状栅格里的硅胶条撕下，并且将模具上的双面胶清除干净，随后用无水乙醇将模具表面清洗干净。

7. 装配及检验

将所拆制品去除毛刺，依次将1/6单块放到工装上做搭扣安装孔，安装搭扣。安装好之后，对于碳纤维栅格天线面的检验首先查看壳体外观是否有裂纹、划伤、凹坑、凸起等缺陷，再检验栅格网状天线反射面型面的精度（均方根误差RMS）是否符合要求。

项目拓展

随着复合材料结构设计的发展，航空复合材料主承力构件越来越倾向于使用整体化制造工艺，将多个零件构建一体化制造，以减少复合材料之间的装配。传统的航空结构由不同类型的结构元件（梁、墙、桁、肋、框、蒙皮等）通过紧固件连接方式（螺接、铆接等）构成。复合材料结构由于其制造工艺的特殊性，不同的结构元件既可直接通过纤维的连续铺放或编织结为一体，也可通过共固化或胶结共固化等途径在复合材料的形成过程中结为一体。复合材料结构的这一特征称为结构的整体化。整体化成型可以简化制品结构，减少组成零件和连接零件的数量，减少了机械的加工和装配。整体化制造指在成型模具内一次固化过程中完成各零件的成型及相互有关零件的连接，最后达到一个坚实的整体。复合材料构件整体成型工艺能够降低制件成本，降低结构的装配成本，整体化成型工艺是目前大力提倡和发展的重要技术之一。如图 4-37 所示为复合材料整体化结构的典型示例。

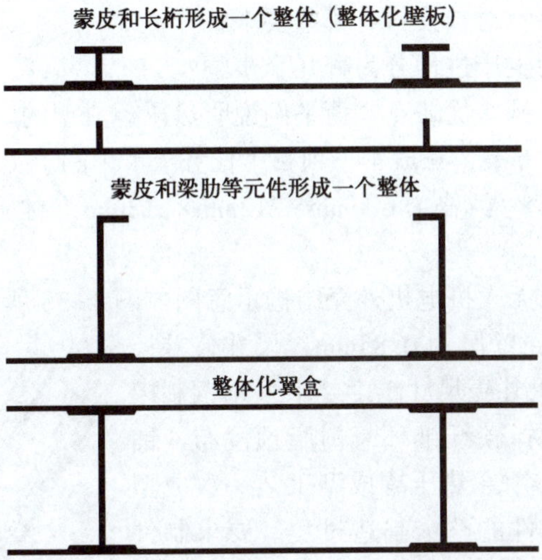

图 4-37　复合材料整体化结构的典型示例

复合材料结构件整体化成型工艺包括共固化、共胶结、二次胶结等技术。共固化技术是指两个或两个以上的零件经过一次固化成型而制成个整体制件的工艺方法。共胶结是把一个或多个已经固化成型而另一个或多个尚未固化的零件通过胶黏剂（一般为胶膜），在一次固化中固化并胶结成一个整体制件的工艺方法。二次胶结技术是指两个或多个已固化的复合材料零件通过胶结（胶黏剂的固化）而连接在一起。

以复合材料壁板类结构件为例，复合材料壁板主要用于飞机尾翼、机翼和机身，其结构主要由蒙皮和长桁组成。壁板的制造工艺方案主要有以下几种。

（1）蒙皮与长桁共固化：分别铺叠蒙皮和长桁；通过模具将二者按相互配合关系组装在一起，接触面铺胶膜（或不铺胶膜）；之后进热压罐完成共固化。

（2）蒙皮先固化，再与长桁共胶结；先固化蒙皮；铺叠长桁，通过模具将其固定在已固化的蒙皮上，接触面铺胶膜，之后进热压罐完成共胶结。

（3）长桁先固化，再与蒙皮共胶结；先固化长桁，并进行必要的机加；铺叠蒙皮，通过模具将已固化的长桁与其组装，接触面铺胶膜，之后进热压罐完成共胶结。

（4）二次胶接：分别固化蒙皮和长桁；将长桁进行必要的机加工；通过模具将二者按相互配合关系组装在一起，接触面铺胶膜，之后进热压罐完成二次胶结。

（5）混合工艺：主要用于结构复杂的壁板结构。其制造工艺根据蒙皮和加筋的先后固化顺序分为多种工艺方案，统称混合工艺。

复杂的立体构件采用整体成型工艺对模具设计、制造和构件生产提出了更高的技术要求和带来一定的难度。如共固化成型蒙皮壁板时就不能只采用整块式单块的简单阳模，相应的模具有一套零件组成的组合模具。因此在制定实际制造方案时，设计人员需考虑具体的情况，结合相应的工程经验，选用合适的成型工艺。有时还需应用不同材料、不同的方法产生固化时所需的压力。

巩固练习

（1）什么叫预浸料？对预浸料有哪些要求？

（2）热压罐成型的生产过程分为哪几个步骤？

（3）热压罐成型有哪些优缺点？请举例说明热压罐成型的应用。

（4）自行设计铺层方案，完成本书项目1任务1.1中图1-6某无人机壳体模具的成型产品。模具尺寸（长×宽×高）600mm×212mm×212mm，材质Q235，要求产品厚度为4mm。

（5）某型号多旋翼无人机电机外壳结构示意图如图4-38所示，电机外壳零件要求耐高温100℃，电机外壳壁厚为0.85mm，尺寸公差控制在±0.1mm。根据电机外壳尺寸精度要求采用钢制模具整体成型，原材料选择碳纤维环氧树脂预浸布，铺层层数为5层，通过真空袋-热压罐成型工艺一次成型完成无人机电机外壳零件的整个制造过程。要求制件用真空袋封装时，内表层需要贴脱模布，过渡圆角处一定要铺实，不允许隔离织物贴内表层材料。零件脱模时需要轻拿轻拆以免损伤零件，外壳壳体比较薄，产品成型过程要保证产品外观不能有裂痕。请简述该零件的成型工艺及具体步骤。

图4-38 无人机电机外壳示意图

（6）预浸料成型复合材料机翼具体要求见以下内容（摘自第十五届SAMPE超轻复合材料机翼学生竞赛参赛图纸和竞赛规则）。预浸料成型复合材料机翼原材料包括预浸料、胶黏剂、真空袋和脱模，完成制作的预浸料成型机翼作品并记录载荷/质量比值。

1）机翼几何形状

机翼几何尺寸参考图4-39，（度量单位为in，按照1in=25.4mm换算），机翼由具有锥形截面的左翼身、右翼身、中心翼盒、左翼梢、右翼梢五部分组成。机翼尺寸约为4"×36.5"in。该图中给出了翼身截面形状和翼梢截面形状。机翼的左右两部分完全一样，翼梢在两端对称相反分布。翼身和中心翼盒两部分的上下表面均为平面，组合后下表面要求为水平面。不允许有超出最大机翼剖面的结构存在。

2）机翼作品尺寸间隙检验

① 机翼的后边缘必须为直线，对于32in的翼身总长度允许的尺寸间隙为0.25in（不是±0.25in）。

② 机翼组合底面必须为水平面，对于 32in 的翼身总长度允许的平面度间隙为 0.25in。

③ 机翼的顶面必须各自为平面，对于 15in 的左、右翼身允许的平面度间隙为 0.25in。

④ 翼梢的夹具和施加载荷所用的接箍必须配合良好，无间隙。建议机翼的尺寸至少比规定小 0.050in，以免超限。

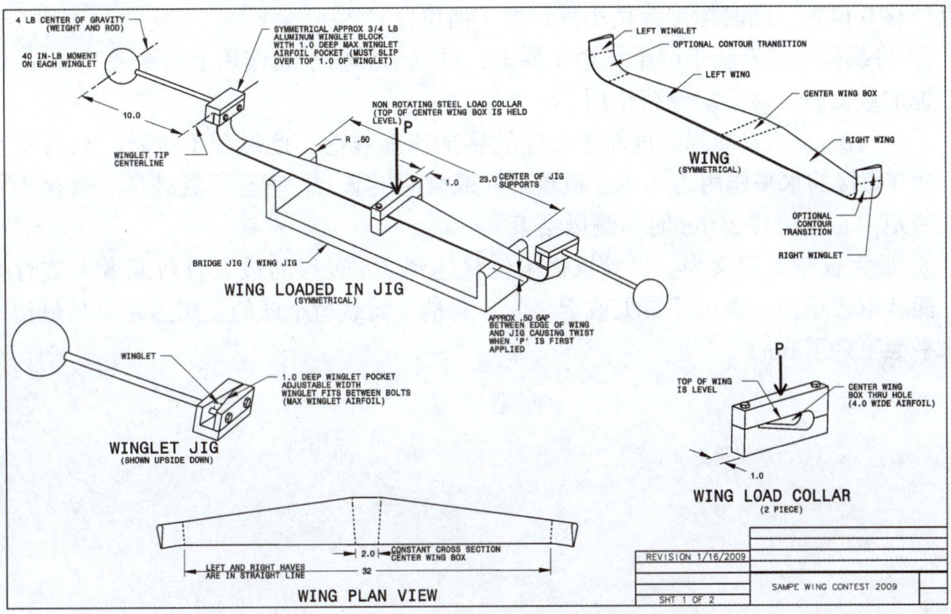

(a)

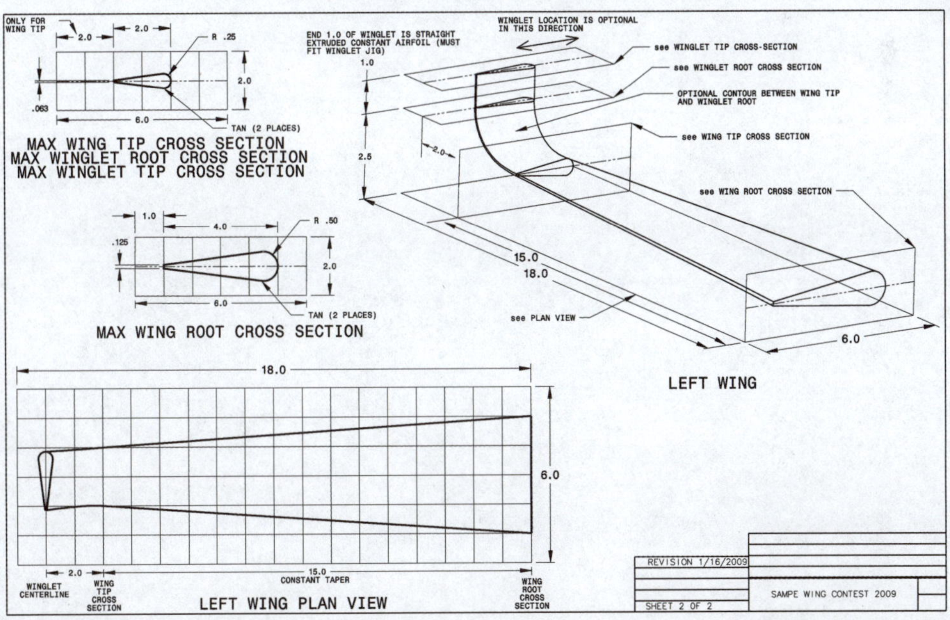

(b)

图 4-39　机翼几何尺寸

3）机翼作品称重

在进行载荷测试之前，先称量机翼作品的质量，质量精确到 0.01g。

4）机翼作品载荷测试

① 在试验机上调整夹具及试验机设定。

② 将接箍安装于中央翼盒中间 1in 处，使用橡胶垫片消除夹具与作品安装间隙，并与试验机连接。将机翼置于跨距 23in 的支座上，不额外施加载荷，此时横梁位置记为中点位移 0 位置，同时标记翼梢小翼初始平面位置。

③ 将载荷小球安装于两个翼梢小翼上，对每个翼梢小翼作用上一个 4.5N · m 的力矩，施加载荷时，该力矩保持作用。

④ 以 20mm/min 加载速度对中心连续施加压缩载荷，此过程不旋转，只有垂直移动，没有直接的水平作用力作用在机翼夹具或载荷接箍上，直至机翼破坏、翼梢小翼失效或跨距中心点位移 2.0in 时，测试结束。

⑤ 最大载荷 P 定义为：试验机横梁位移达到 2in 过程的最大载荷或者失效时的载荷，两者取较小值。翼梢小翼失效定义为：翼梢小翼载荷小球的作用点距离其最初所在的水平面下降了 6in。

项目 5　拉挤成型工艺

项 目 目 标

知识目标

(1) 熟悉拉挤成型工艺中使用的树脂基体、增强材料和辅助材料等；

(2) 掌握拉挤成型模具的结构，了解拉挤成型模具设计、保养与维修；

(3) 掌握复合材料拉挤成型工艺过程。

能力目标

(1) 能正确操作、维护复合材料拉挤成型设备；

(2) 具备复合材料拉挤成型工艺的操作技能。

素质目标

(1) 树立节约环保、安全生产的意识；

(2) 培养敬业、精益、专注、创新的工匠精神。

传统复合材料拉挤技术主要过程是连续纤维束或纤维织物在牵引机构拉力作用下，从纱架引出，经过集束进入胶槽中浸胶，浸渍过的纤维束或纤维毡通过预成型模定型，再进入成型模，通过加热模具进行加热固化反应，继而连续引拔出长度不受限制的复合材料型材，最后由切割装置切割成所需长度的制件。拉挤成型的优点是生产过程实现自动化控制，生产效率高，浸胶在张力下进行，能充分发挥增强材料的作用，产品强度100%高，生产过程无边角料。拉挤成型工艺特别适用于连续、定截面复合材料的生产，缺点是模具制造要求高，纤维及树脂含量得不到精确的控制，而且对拉挤用树脂的特性也有一定的要求（快速固化）。

20 世纪 80 年代中期亚姆科（JAMCO）公司发明了先进拉挤成型（ADP），即采用预浸料拉挤成型。随着复合材料在大型商用飞机中的大量使用，先进拉挤成型技术在复合材料长梁、桁型材的制造中日益凸显其重要地位。

任务 5.1　玻璃钢棒材拉挤成型

【任务描述】

以玻璃纤维无捻粗纱为增强材料，以环氧树脂（E-51 型）为基体，经拉挤成型为直径 10 mm 的玻璃纤维圆形棒材。

【知识链接】

复合材料拉挤成型工艺是在牵引设备的牵引下，将连续纤维或其织物进行树脂浸润并通过成型模具加热使树脂固化生产复合材料型材的工艺方法。这种工艺最适于生产各种断面形状的型材，如棒、管、实体型（工字形、槽形、方形型材）和空腹型材（门窗型材、叶片）等。

5.1.1　常见的拉挤玻璃钢（FRP）型材的种类及规格

常见的拉挤 FRP 型材的种类及规格如图 5-1 所示。

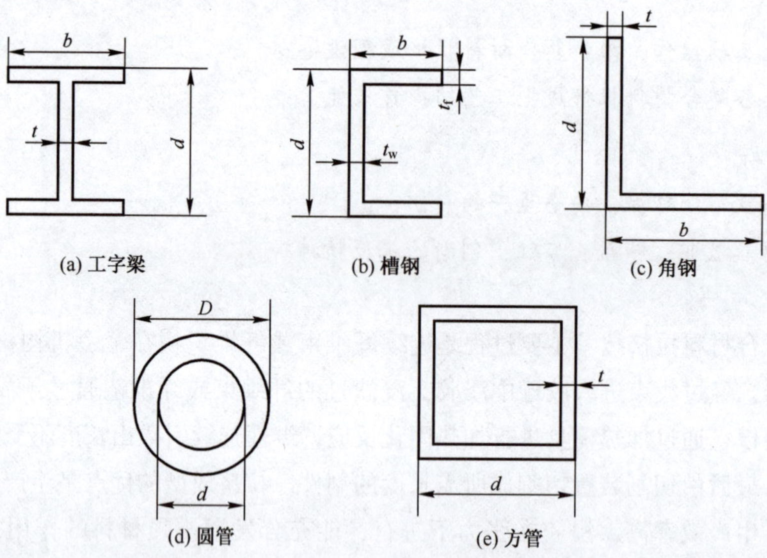

图 5-1　常见的拉挤 FRP 型材的种类及规格

1. 工字梁

（1）标准工字梁，d=26mm，工业上常用的为 100mm×50mm，t=5mm。

（2）宽凸缘工字梁 d=6mm，工业上常用的为 50mm×50mm，t=3mm。

2. 槽型材

（1）标准槽型材 $d:b\approx3.5$；$t_w=t_f$，厚度一致。

（2）特种槽型材 $d:b$ 值范围很大，不确定；$t_f>t_w$。

3. 角型材

1）等边角型材

$d=b$，厚度均匀。常见规格为 30mm×30mm×3mm、40mm×40mm×3mm、50mm×50mm×3mm、80mm×80mm×3mm 等。

2）不等边角型材

d、b 不相等，变化范围大，常见的有 35mm×15mm×2mm、45mm×15mm×2mm、50mm×25mm×2.5mm、112mm×45mm×3mm 等。

4. 圆管、方管

1）圆管

常见的圆管厚度一般为 2～5mm。D/d：19mm/15mm，24mm/20mm，36mm/27mm，40mm/36mm，58mm/50mm。

2）方管

常见的方管为 50mm×50mm×5mm 等。

5. 其他产品

（1）圆棒、方棒、半圆棒、槽棒、狗骨棒；

（2）矩形管（方扁管）；

（3）板材、椭圆板；

（4）方形电线盒及盒盖、欧姆电线盒等；

（5）具有复杂型面的组合型材。

5.1.2　拉挤成型所需的材料

拉挤成型工艺中使用的原材料包括树脂基体、增强材料、辅助材料等。

1. 拉挤成型工艺所用树脂

拉挤成型工艺要求所用的树脂基材黏度低、对增强材料的浸渍快、黏结性好、存放期长、固化快、具有一定的柔韧性、成型制品不易产生裂纹。拉挤成型工艺使用的树脂主要有不饱和聚酯树脂、环氧树脂、乙烯基酯树脂、酚醛树脂等。其中，不饱和聚酯树脂应用最多，技术也最成熟，约占总用量的 90%。在实际应用中，应根据拉挤成型工艺的特点和最终产品的使用要求来设计树脂配方。常用拉挤成型工艺用树脂如表 5-1 所列。

除热固性树脂外，热塑性树脂也被应用于拉挤成型工艺。热塑性塑料如聚丙烯、ABS、尼龙、聚碳酸酯、聚砜、聚亚苯基醚等用作拉挤玻璃钢制品的黏结剂，可提高制品的耐热性和韧性，降低成本，热塑性树脂拉挤工艺是一个新的发展方向。

表5-1 拉挤成型工艺用树脂

类型	商品牌号	生产厂家	性能与应用
聚酯	Dion 8200	考伯斯（中国）碳素化工有限公司	通过缓和升温引起的收缩反应，可解决热裂纹问题
	Dion	考伯斯（中国）碳素化工有限公司	在148.9℃下连续使用，用作抽油杆
	EP 34456	亚什兰集团	反应型增韧剂与通用树脂混合使用可减缓升温，减少裂纹并能增加拉挤线速度
	Hetron 197A	亚什兰集团	耐酸，但不耐碱和次氯酸盐
	Polylite 31-020	雷可德集团	高活性间苯聚酯，可增加小直径杆与型材的拉挤速度
溴化聚酯	Hetron 613	亚什兰集团	阻燃级树脂
乙烯基酯聚酯	Hetron 922	亚什兰集团	耐碱和次氯酸盐
	Hetron 980	亚什兰集团	高温下有良好的物理性能保持率，用作抽油杆
	Derakane 411-35，470-25	陶氏公司	阻燃剂含量低，拉挤线速度高，苯乙烯含量低，黏度高，用作抽油杆，低填料量时有良好的物理性能和耐高温性
环氧树脂	EPON 9102，9302	美国壳牌集团	可提高拉挤速度，可用高频加热固化，黏度与收缩率类似聚酯
	EPON 9310	美国壳牌集团	推荐用于拉挤工艺
	TACTIX	陶氏公司	用于航天与航空结构件
	TETRAD-C. X	三菱瓦斯化学会社	可提高耐热性，用于制造飞机零部件

1）不饱和聚酯树脂

拉挤制品中不饱和聚酯树脂应用最多。目前，国内外树脂厂家均开发出拉挤专用的不饱和聚酯树脂，适用于建筑、交通等领域的新型阻燃、耐热不饱和聚酯树脂也陆续面世。最常用的拉挤树脂是邻苯型、间苯型聚酯树脂，间苯型树脂有较好的力学性能、坚韧性、耐热性和耐腐蚀性能。目前，国内使用较多的是邻苯型，因其价格较间苯型有优势。典型拉挤用不饱和聚酯树脂配方如下：

树脂196	100份
填料（轻质碳酸钙）	5~15份
脱模剂（硬脂酸锌）	3~5份
固化剂（过氧化物）	1~3份
低收缩剂（PVC树脂）	5~15份
色料	0.1~1份

2）环氧树脂

用于拉挤成型工艺的环氧树脂，主要是双酚A型环氧树脂，其黏度在0.4 Pa·s以上。环氧树脂的黏度偏高，为降低黏度常常加入活性稀释剂，如二缩水甘油醚、环氧丙烷丁基醚等。一般不用丙酮、苯乙烯、苯二甲酸二辛酯等非活性稀释剂，因为它们不参与树脂固化反应，仅达到机械混合、降低黏度的作用，而且用量多时会影响制品的性能。

环氧树脂的固化体系对拉挤制品的性能有较大影响。常用环氧树脂的固化剂按化学结构主要分为胺类和酸酐类。拉挤工艺常用的环氧树脂固化剂是溶解度高和熔点高的二元酸酐或芳香族胺类固化剂，如间苯二胺（MPPA）、邻苯二甲酸酐（PA）、四氢邻苯二甲酸酐（THPA）、甲基内次甲基四氢邻苯二甲酸酐（MNA）等。在工业生产中，咪唑、2-甲基咪唑也是常用的固化剂。典型拉挤用环氧树脂配方：

环氧树脂 E-55	100 份
脱模剂（硬脂酸锌）	3~5 份
固化剂　（590#）	15~20 份
增韧剂	10~15 份
稀释剂	适量

近年来，对于拉挤制品的力学性能、耐热性和疲劳寿命、电性能等要求越来越严格，拉挤成型工艺专用环氧树脂的研究进展很快。美国壳牌（Shell）公司开发了两种新型环氧树脂体系，牌号为 9102、9302，它们的各种性能都相当好，已成功地用于复合材料汽车板簧和抽油杆。

3）乙烯基酯树脂

乙烯基酯树脂是由环氧树脂与甲基丙烯酸通过开环加成化学反应而制得的，实际为丙烯酸改性的环氧树脂，主链是环氧树脂，仅在末端含有酯基。由于酯键少，不易被介质侵蚀，即使两端酯键被破坏，分子链也不易断裂，因此乙烯基酯树脂的耐腐蚀性优异，同时兼具环氧树脂和不饱和聚酯树脂的工艺特性，已经在食品、化工、海洋勘探等领域得到广泛应用。美国壳牌、陶氏（Dow）化学、亚什兰（Ashland）化学、日本昭和等厂家先后推出了适合不同环境要求的乙烯基酯树脂品牌，国内各厂家也已研发出国产的乙烯基酯树脂。

4）酚醛树脂

用酚醛树脂作为拉挤成型的基材是近几年新开发的。采用酚醛树脂为基体树脂，除了具有聚酯类和环氧类的优点，它还在耐热性、耐磨性、耐燃烧性、电性能以及成本方面尤其突出。但是，其缺点是固化速度慢，成型周期长，而且固化时有副产物水生成（缩聚反应）。水在高温下迅速蒸发而在制品中留下气泡、空穴，从而影响了酚醛树脂拉挤制品的力学性能。

尽管酚醛树脂具有许多优点，但其脆性大、耐碱性差，实际应用中多使用改性酚醛树脂。工业上应用较多的改性酚醛有聚乙烯醇改性酚醛、环氧改性酚醛、有机硅改性酚醛、硅酚醛及二甲基改性酚醛树脂等。一般拉挤用酚醛树脂配方中用对甲基苯磺酸、苯酚磺酸或磷酸作为固化剂，用聚丙烯醇或多价醇类作为改性剂，滑石粉、二氧化硅等作为填料。酚醛树脂拉挤制品固化后还需进行合适的后固化处理，这样可显著地改善制品的性能。

2. 拉挤成型工艺所用增强材料

增强材料是玻璃钢制品的支撑骨架，在玻璃钢产品设计中，增强材料的选用应充分考虑产品的成型工艺，因为增强材料的种类、铺设方式、含量基本上决定了玻璃钢制品的机械强度和弹性模量，采用不同增强材料的拉挤制品的性能也有所不同。此外，在满足成型工艺产品性能要求的同时还应考虑成本，拉挤成型所用增强材料绝大部分是玻璃纤维，在宇航、航空领域、造船和运动器材领域，也使用芳纶纤维、碳纤维等高性能材料。表5-2为拉挤成型工艺用增强材料。

表5-2 拉挤成型工艺用增强材料

类型	商品牌号	制造厂家	性能与应用
聚酯粗砂		Allied	低模量，低性能，低成本
玻璃粗纱	E-玻璃	Owens-Corning	通用品级
	S-2玻璃463		适用于环氧树脂，可改善剪切性能，降低成本
	S-2玻璃449		高性能，适用于军品
	S-2玻璃425		常用56股和113股粗纱，低悬垂度，分散性好，工艺性好
	S-2玻璃424，30型		浸润性好，无悬垂度，常用113股和256股粗纱；分散性和拉伸性能好，仅适用于聚酯，加工条件苛刻时易断
	E-玻璃	PPG	通用品级
有机纤维	Kevlar-49	Du Pont	轻质，用于航空、航天材料和军用材料，中等成本
石墨布带	AS	Hercules	轻质，成本高于Kevlar纤维和玻璃纤维，用于刚性要求高的场合
	T300	Union Carbide	与AS相同

拉挤成型玻璃钢所用的纤维增强材料，应用最多的是增强型浸润剂的E玻璃纤维无捻粗纱，其优点是不产生悬垂现象，集束性好，易被树脂浸透，力学性能较高。此外，为了提高中空制品的横向强度，还可采用连续纤维毡、布、带等作为增强材料。

3. 拉挤成型工艺所用辅助材料

1）脱模剂

在拉挤成型工艺中，脱模剂是必需的，一般使用内脱模剂，有液体、糊状、膏状、粉状内脱模剂。通常用的内脱模剂是金属皂类、脂肪酸酯及聚烯烃蜡类等。最基本的要求是：内脱模剂与树脂基体相容，对复合材料制品物理性能的影响较小。这种相容能力取决于内脱模剂的熔点和分子结构，也与物理混合程度有关。

脱模剂的用量很小，一般用量为0.5%~3.0%，但起的作用大。脱模效果的好坏直接影响产品质量。用量过大，将对制品强度产生不利影响，且使表面粗糙。因此，应根据不同树脂配方、模具状况选择最佳内脱模剂用量。

2）阻燃剂

以树脂为基体的复合材料含有大量的有机化合物，具有一定的可燃性。当拉挤制品具有阻燃要求时，阻燃剂的选用必不可少。阻燃剂是一类能阻止聚合物材料引燃或抑制火焰蔓延的添加剂，通常是磷、溴、氯、锑和铝的化合物，其中氢氧化铝是使用广泛的阻燃剂之一。

阻燃剂根据使用方法可分为添加型和反应型两大类。添加型阻燃剂主要包括磷酸酯、卤代烃、氢氧化铝及氧化锑等，它们是在复合材料加工过程中掺和进去的，使用方便，使用量大，对复合材料的性能有一定影响。反应型阻燃剂是在聚合物制备过程中作为一种原料单体加入聚合体系中，使之通过化学反应复合到聚合物分子链上，因此对复合材料的性能影响较小，且阻燃性持久。反应型阻燃剂主要包括含磷多元醇及卤代酸酐等。

3）低收缩添加剂

在拉挤工艺中，不饱和聚酯在复合材料制品的生产中应用最为普遍。其缺点是在固化时会产生较大的体积收缩并放出大量的热，使制品易发生翘曲和开裂，要使产品达到较高的表面平整度和粗糙度要求，低收缩添加剂的选择尤为重要。

低收缩添加剂是一种热塑性材料，是将饱和树脂溶解于苯乙烯中制作而成的，一般作为不饱和聚酯树脂和乙烯基酯树脂的非反应活性添加剂。常见的低收缩添加剂包括聚醋酸乙烯酯（PVAC）、聚甲基丙烯酸甲酯（PMMA）、聚苯乙烯（PS）、热塑性聚氨酯和聚酯。

正确地选择低收缩添加剂，可以有效降低拉挤制品在成型过程中由于热收缩而引起的各种缺陷，如翘曲变形、表面波纹、局部裂痕、玻璃纤维痕迹、表面无光泽、尺寸不稳定等。同时，低收缩添加剂的加入，也需要考虑与基体树脂的匹配及对制品固化时间的影响。

4）分散剂

分散剂是一种表面活性剂，是提高和改善填料、色浆、低收缩添加剂在胶液中分散性能的助剂，由一个或多个亲颜/填料的基团和类似树脂的链状结构组成。它可以增进颜料/填料粒子的润湿，同时稳定分散体，防止胶液絮凝。

分散剂在使用时，应先于颜料/填料加入树脂中，加入量一般是以颜料/填料为基准的0.5%~1.5%，为了使分散剂发挥出最佳效果，在配制胶液时，应采用高速搅拌机进行搅拌，增加剪切应力作用。

5）填料

加入填料的目的在于改善树脂的工艺性、改善制品的性能和降低成本。填料的种类繁多，性能各异。通常情况下，大部分无机填料可以提高机械强度和硬度，减少制品收缩率，增加耐热性、自熄性，增加树脂的黏度和降低流动性，而耐水性和耐化学腐蚀性有可能下降。通常用的填料都是粉状填料，其粒度为150~1 200目。

常用的拉挤成型工艺用无机填料如表5-3所列。

表5-3　拉挤成型工艺用无机填料

硅酸盐类	碳酸盐类	硫酸盐类	氧化物类
瓷土、高岭土、黏土、滑石粉、珍珠岩粉、云母粉	碳酸钙	硫酸钡、硫酸钙	水合氧化铝、氧化铝、二氧化硅、石英粉

6）色料

为了使玻璃钢产品外表美观，通常往物料里添加色料。着色方法有内着色和外着色两种。拉挤成型工艺中在树脂体系内混入色料（通常为无机颜色，用量为0.5%~5.0%），一般不使用外着色方法。为了使玻璃钢制品的色彩均匀，使用色料时，一般是将色料先溶或混在交联剂中，配制成一定浓度的溶液或糊状物。使用时，按要求在树脂中定量加入该种色料，即可达到理想的效果。

5.1.3　拉挤成型模具

拉挤成型模具的设计和制造具有十分重要的意义，它不仅关系着拉挤成型工艺的成败，决定着拉挤制品的质量和产量，同时也影响着拉挤模具的使用寿命。从工艺角度讲，拉挤模具一般由预成型模具和成型模具两部分组成。

1. 预成型模具

在拉挤成型过程中，增强材料浸渍树脂后（或被浸渍的同时），在进入成型模具前，必须经过由一组导纱元件组成的预成型模具，预成型模具的作用是使浸渍后增强材料进一步除去多余的树脂，排出气泡，逐步形成近似成型模腔形状和尺寸，然后进入模具。通过预成型，增强材料逐渐达到所要求的形状，并使增强材料在制品断面的分布符合设计要求。预成型模具如图5-2所示。

2. 成型模具

拉挤成型模具横截面面积与产品横截面面积的比一般应大于10，以保证模具有足够的强度和刚度、加热后热量分布均匀和稳定。拉挤模具长度是根据成型过程中牵引速度和树脂凝胶的固化速度决定，以保证制品拉出时达到脱模的固化程度，如图5-3所示。

图5-2　预成型模具

图5-3　拉挤成型模具

拉挤成型模具的模腔表面要求光洁、耐磨，以减少拉挤成型时的摩擦阻力，提高模具的使用寿命。合金模具钢表面光滑致密，硬度高，易于脱模，清理模具时不易损坏，便于渗氮处理和型腔表面镀硬铬，所以拉挤成型模具一般选用合金模具钢。经过粗加工后再精加工，表面镀硬铬或者渗氮、渗碳处理，使模腔内表面的硬度达到50～70HRC（洛氏硬度），最后用抛光工具抛光，使型面达到很高的粗糙度，表面粗糙度达到0.2μm的水平，能够非常好地满足上述要求。这样不仅可减小摩擦系数，延长模具的使用期，而且会改善对树脂的防黏特性。

在国内拉挤成型模具制作，使用较多的是40Cr、38CrMoAl、42CrMo、5CrNiMo等调质钢，使用效果较好，但与国外加工水平相比，还存在不小的差距。

3. 拉挤模具的设计

拉挤模具通常由若干个单独制造的模具组件装配而成。组件数及分型面的选择，取决于拉挤制品截面构造、模具加工工艺及使用要求。为保证模具分型面或合模缝所对应的拉挤制品外观质量好，不形成毛刺，在满足模具制造的前提下，尽量减少分型面，保证合模缝严密。

玻璃纤维浸胶后进入成型模时，纤维束是在成型机牵引作用下进入模具的。由于模具进口处纤维束十分松散，往往在入口处积聚缠绕、造成断纤。另外，模具在长时间使用过程中，由于积聚缠绕的影响，往往造成入口磨损严重，影响产品质量。因此在模具入口处周边应倒一椭圆截面圆角，同时入口采用锥形，角度以 5°~8°为宜，长度以 50~100mm 为宜，可大大减少断纤现象发生，提高拉挤制品的质量，如图 5-4 所示。

图 5-4　拉挤成型模具入口设计

在设计模具时，模具长度的确定要考虑所用原材料和产品的截面形状。目前，国内模具长度一般设计为 900~1200mm，模具型腔尺寸取决于制品的尺寸及所选用树脂的收缩率。一般情况下，不饱和聚酯产品的收缩率为 2%~4%，环氧树脂为 0.5%~2.0%。对于中空制品，芯棒的设计要特别注意，一般芯棒的有效长度为模具长度的 2/3~3/4，而在拉挤工艺过程中要考虑芯棒固定、调整的方便性，此外较大的芯棒还要考虑配重及加热的问题，以保持水平方向的平衡和受热均匀。综合考虑，对于模具长度在 900mm 左右的模具，芯棒的长度可设计为 1500mm 左右。

4. 拉挤模具的保养与维修

闲置模具在通常情况下，清理后须进行必要的防护，避免水、粉尘的腐蚀。芯棒闲置时应挂起，防止由重力引起的形变。

电镀拉挤模具使用一段时间后，可能会发生局部铬层掉落的现象，若面积不大，可通过打磨处理继续使用。打磨处理方法如下：首先选用 600 目的水砂纸打磨，待打磨到一定程度时，改用较细砂纸。在打磨过程中，必须不断地用航空煤油冲洗模具，把砂纸磨下来的微粒冲掉，以免划伤模具。待水砂纸打磨到 1500 目以后，改用专用电动抛光机和羊毛抛光盘进行抛光。抛光开始时选用稍粗磨粒的抛光剂，同时羊毛抛光盘选用稍硬一点的，抛 2 次。用煤油冲洗模具，把抛出的微粒冲洗干净，再换用一个稍软的羊毛抛光盘，抛光模具。在抛光过程中，抛光机向一个方向移动，不可停在一处不动，以免模具表面发热，烧坏模具。此过程进行 2 遍，抛光后的模具型腔十分光亮，达到镜面效果，可以继续使用。

5.1.4　拉挤成型工艺过程

拉挤成型工艺过程是由送纱、浸胶、预成型、固化定型、牵引、切断等工序组成。无捻粗纱从纱架引出后，经过排纱器进入浸胶槽浸透树脂胶液，然后进入预成型模，将多余树脂和气泡排出，再进入成型模凝胶、固化。固化后的制品由牵引机连续不断地从模具拔出，最后由切断机定长切断。拉挤成型示意图如图 5-5 所示，按拉挤工艺流程可分为纤维区、浸渍区、预成型区、固化区、牵引拉拔区、切割区。

1. 纤维区

纤维区主要包括排纱系统，排纱是将安装在纱架上的增强材料从纱筒上引出并均匀

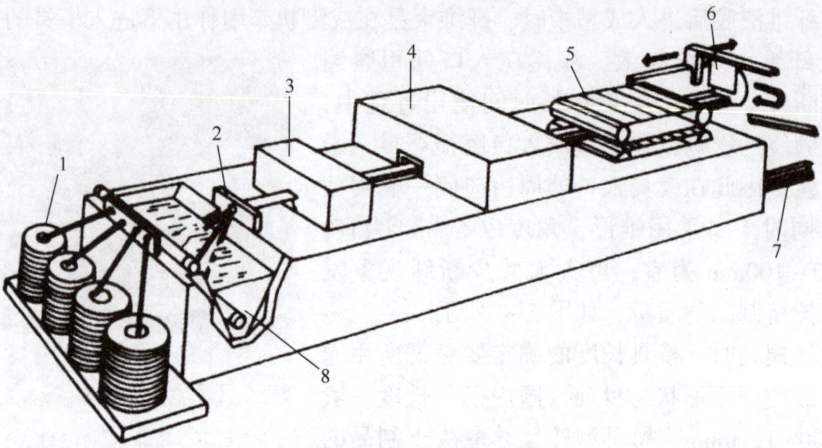

图 5-5　拉挤成型示意图

1—纤维；2—挤胶器；3—预成型；4—成型模具；5—拉拔；6—切割；7—制品；8—浸胶槽。

整齐排布的过程。排纱系统包括纱架、毡铺展装置、缠绕机或编织机等。纤维的引出方式有两种：内抽和外引。增强材料输送排纱时，为了排纱平整，一般采用旋转芯轴，纤维从纱筒外壁引出，这样可避免扭转现象。如采用纤维从纱筒内壁引出，纱筒固定会使纱发生扭曲不利于玻璃纤维的整齐排布。图 5-6 为纱架的示意图。纱架结构根据需要可制成整体式或组合式，纱架大小取决于产品规格及所用纱团的数量。

图 5-6　纱架

2. 浸渍区

浸渍是将排布整齐的增强纤维均匀浸渍上已配制好的树脂胶液的过程。浸胶装置由树脂槽、导向辊、压辊、分纱栅板、挤胶辊等组成。槽内配以导纱压纱辊，树脂槽的前后要形成一定的角度，使粗纱在进出树脂槽时的弯曲角度不至于太大而增加张力。为了能调节树脂的温度，树脂槽一般还设有加热装置，这对于环氧树脂的拉挤尤为重要。胶槽长度根据浸胶时间长短和玻璃纤维运行速度而定。胶槽中的胶液应连续不断地循环更新，以防止因胶液中溶剂挥发造成树脂黏度加大。胶槽一般采用夹层结构，通过调控夹套中的水温来保持胶液的温度。挤胶辊的作用是使树脂进一步浸渍增强材料，同时起到控制含胶量和排气的作用。分栅板的作用是将浸渍树脂后的玻璃纤维无捻粗纱分开，确保增强材料在拉挤制品中按设计的要求合理分布，也是确保制品质量的关键环节，特别是对截面形状复杂的制品尤为重要。

浸渍法浸胶主要有以下几种。

（1）长槽浸渍法。浸渍槽通常是钢制的长槽。入口处有纤维滚筒，纤维从滚筒下进入浸渍槽而被浸在树脂里。槽内有一系列分离棒，将纱和毡隔开，以便使二者能充分浸渍树脂，然后从浸渍槽出来进入预成型导槽，预成型导槽刮掉浸渍纤维、浸渍毡上的多余树脂。

（2）直槽浸渍法。如图5-7所示，在浸渍槽的前后各设有梳理架，架上有窄缝和孔，分别用于通过和梳理毡及轴向纤维，纤维纱和毡首先通过浸渍槽后梳理板，进入浸渍槽，浸渍树脂后通过槽前梳理板，再进入预成型导槽。整个浸渍过程中的纤维和毡排列十分整齐。

图5-7　直槽浸渍法的应用

（3）滚筒浸渍法。在浸渍槽前有一块导纱板，浸渍槽中有两个钢制滚筒，滚筒直径下部泡在树脂中，滚筒通过旋转将树脂带到其直径的上部，纤维纱紧贴在滚筒上面进行树脂浸渍。这种方法适宜细股纱的树脂浸渍。

浸胶槽长度为600~1000mm，并与布纱的范围相对应，内装适形布纱浸渍器及预成型冷模。浸胶槽下面有接胶盘，它带有树脂槽和循环泵，以便把储存的树脂泵回收浸胶槽，再利用。随着拉挤产品结构的日益复杂，直槽浸渍法的应用越来越普遍，通过真空泵系统，实现胶液的不断回流，既保证了增强材料的良好浸渍，也能够使纤维和毡排列整齐、流畅，更容易实现预想的排布。

浸胶时间是指无捻粗纱及其织物通过浸胶槽所用时间。时间长短应以玻璃纤维被浸透为宜，它与胶液的黏度和组分有关，一般对不饱和聚酯树脂的浸胶时间控制在15~20s为宜。

3. 预成型区

浸渍过的增强材料在经过预成型后，进入模具。根据产品结构的不同，拉挤工艺的预成型体系形式多样而丰富，其主要目的在于使增强材料按照预先设计的铺层结构，从发散状态自然、流畅地过渡到与产品截面相似，完成最终定位，顺利进入模腔。预成型的制作，多用摩擦阻力较小的塑料板，在其上打孔实现导向。结构复杂产品的纤维定位，也可以搭配定位管，将纤维直接引入模具入口。与纤维的预成型相比，毡材的导向则需要制作者具备更高超的技巧，将毡材从单一的平面状态转变为与模腔服贴的立体形态。

预成型可以通过框架和模具以及模具托台固定在一起，也可以根据增强材料的铺层结构，设计在浸渍区域的上方或下方。拉挤成型管材时，一般使用圆环状预成型模；制造空心型材时，通常使用带有芯模的预成型模；生产异型材时，大都使用形状与型材截面形状接近的金属预成型模具。在预成型模中，材料被逐渐地成型到所要求的形状，使增强材料在制品断面的分布符合设计要求。

4. 固化区

在拉挤成型过程中，材料在穿过成型模具时发生的变化是最关键的，也是研究拉挤工艺的重点。一般来讲，玻璃纤维浸胶后通过加热的金属模具，按其在模具中的不同状态，把模具分为三部分，如图5-8所示为材料穿过拉挤模具时的主要特征示意图。

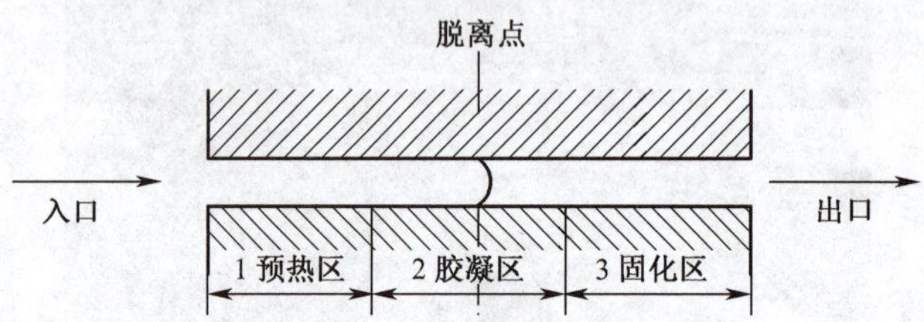

图5-8　材料穿过拉挤模具时的主要特征示意图

在三段式模具中，人为地把这一连续拉挤过程分为预热区、胶凝区和固化区。在模具上使用3对加热板来加热，并用计算机来控制温度。脱离点是指树脂脱离模具的点。树脂在加热过程中，温度逐渐升高，黏度降低。通过预热区后，树脂体系开始胶凝、固化，这时产品和模具界面处的黏滞阻力增加，壁面上零速度的边界条件被打破，在脱离点处树脂出现速度突变，树脂和增强材料一起以相同的速度均匀移动，在固化区内产品受热继续固化，以保证出模时有足够的固化度。

5. 牵引拉拔区

牵引设备是将固化的型材从成型模具拉出的装置，它要根据拉挤制品种类来选择牵引力的大小和夹紧方式。拉挤成型工艺中牵引力一般为50~100kN。牵引力的变化反映了产品在模具中的反应状态，它与许多因素如纤维含量、制品的几何形状与尺寸、脱模剂、模具的温度、拉挤速度等有关系。

牵引速度是平衡固化程度和生产速度的参数，在保证固化度的前提下应尽可能提高牵引速度。牵引速度通常采用无级调速，可以根据制品加工工艺要求而定，通常为0.1~3.0m/min，若采用快速固化配方，牵引速度可大幅度提高。

6. 切割区

切割装置一般采用切割锯，它的边缘镶着圆形金刚砂锯片，可采用手动切割和自动切割。自动切割机可以为拉挤生产的自动化提供保障，效率更高。切割是在连续生产过程中进行的。当制品长度达到要求时，制品端部到达控制长度的位置，控制器接通切割电机电路，切割装置便开始工作。首先是装有橡皮垫的夹具，将制品抱紧，然后用合金刀具进行切割。切割过程由两种运动完成，即纵向运动和横向运动。纵向运动是切割装置跟随制品同步向前移动。横向运动是切割刀具的进给运动。

切割过程中，刀具的磨耗非常严重，因此，选择刀具材料很重要。实践证明，用厚度不大的砂轮取代钢制圆锯来切割玻璃钢制品效果较好。如果将砂轮两面做成带有网状般的突出物并用金属薄膜覆盖，其效果更为理想。另外，金刚石砂轮锯切玻璃钢制品比碳化硅砂轮具有更显著的效果，它具有生产效率高、成本低、加工质量好、安全可靠、减轻劳动强度和改善工作条件等优点。

5.1.5　拉挤成型工艺参数

拉挤成型工艺参数是一个互相牵制而又庞大精密的体系，包括成型温度、牵引速度、配方设计、填充量等。拉挤工艺参数的精确、稳定和相互匹配性是拉挤工艺成败的关键。

1. 成型温度

模具的加热条件是根据树脂体系来确定的。以聚酯树脂配方为例，首先对树脂体系进行差示扫描式量热计动态扫描，得到放热峰曲线。一般来讲，模具温度应高于树脂的放热峰值，温度上限为树脂的降解温度。同时做树脂的凝胶试验，温度、凝胶时间、拉挤速度应当匹配。预热区温度可以较低，凝胶区与固化区温度相似。温度分布应使产品固化放热峰出现在模具中部靠后，凝胶固化分离点应控制在模具中部。一般三段温差控制在 20~30℃，温度梯度不宜过大。

2. 拉挤速度

拉挤速度与树脂的固化特性、模具温度分布和模具的长度有关。拉挤模具的长度一般为 0.6~1.2m，在确定拉挤速度时，首先应由树脂体系的固化放热曲线来确定模具的温度，在一定的温度下，树脂体系的凝胶时间对拉挤速度的确定非常重要。一般在选择拉挤速度时应尽量使凝胶、固化分离点在模具中部并靠前，以保证产品在模具中部凝胶固化。拉挤速度过快，可能导致制品固化不良或者不能固化，影响产品质量；拉挤速度过慢，制品在模具中停留时间过长，可能导致制品固化过度，影响生产效率。一般来说，酚醛树脂的拉挤速度要比不饱和聚酯树脂的拉挤速度慢一些，可以适当增长模具来提高拉挤速度。

3. 牵引力

牵引力是保证制品顺利出模的关键，牵引力的大小由产品与模具之间界面上的剪切应力来确定。牵引力在工艺控制中很重要。成型中若想使制品表面光洁，就要使产品在脱离点的剪切应力较小，并且尽早脱离模具。

4. 工艺参数的优化

由树脂体系固化的放热峰曲线确定的模具温度分布是确定其他工艺参数的前提。由此选择的拉挤速度必须与温度匹配，模具温度高，牵引速度应增加。树脂的胶凝点可以通过调整模具温度和牵引速度来确定，模具温度太高或反应速率太快时，将引起产品热开裂。因此，利用分区加热模具，优化拉挤工艺，减少产品热开裂。

为了提高生产效率，一般应尽可能提高拉挤速度，这样可提高模具剪切应力，以及制品表面质量。对于较厚的制品，应选择较低拉挤速度或使用较长的模具，升高模具温度，其目的在于使产品能较好地固化，从而提高制品的性能。

【任务实施】

1. 材料、拉挤设备及操作环境

（1）材料准备。无碱无捻玻璃纤维，环氧树脂（E51）型双酚A型液态环氧树脂，固化剂，促进剂，脱膜剂。

（2）拉挤设备。本任务采用锦州四海科技有限公司生产的拉挤设备，主要包括以下几个部分：

料槽部分：采用夹层装置，这样便于利用水浴或者油浴进行加热以保证料槽在生产过程中给胶料保持温度，加热方式以电加热为主。

加热部分：分为三段，每段加热长度为60cm，三段加热间隔根据实际情况确定最佳。

引拔部分：采用电动机传动齿轮，使接触棒材的部分紧密咬合，转动，从而将棒材引拔出来，这也是整个生产系统的动力。

（3）操作环境。操作环境应干燥通风，注意排潮防湿。最主要的是料槽部分应该放置温度计、湿度计，随时监督控制操作环境的湿度、温度。配胶操作间最好放置空调设备以便排潮、通风、更好地控制温度。

2. 拉挤成型工艺及工艺参数

拉挤成型工艺过程如下：增强材料（纤维及毡材等）排布→浸胶→预成型→成型及固化→牵引拉拔→切割→制品，如图5-9所示。拉挤成型工艺参数如下。

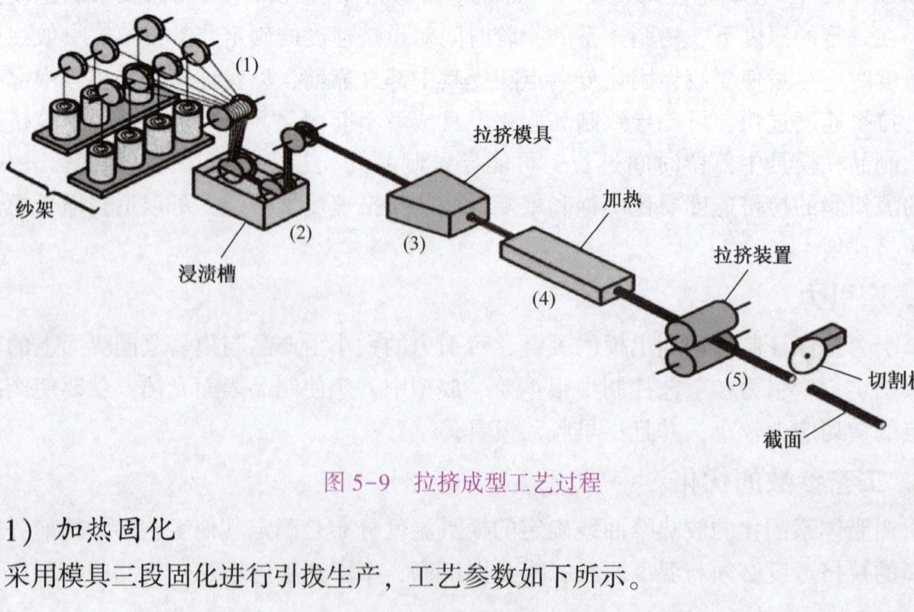

图5-9　拉挤成型工艺过程

1）加热固化

采用模具三段固化进行引拔生产，工艺参数如下所示。

第一段加热长度60cm，加热温度60~70℃。

第二段加热长度60cm，加热温度110~130℃。

第三段加热长度60cm，加热温度150~160℃。

然后将产品置于老化室进行老化，老化室温度在160~175℃。

2）引拔速度

直径为10mm的圆形棒材拉挤时，最佳的引拔速度为10cm/min。实际生产时应根据棒材的横截面积大小，应当控制不同的拉挤速度，以保证棒材在加热段的固化完全，并且保证一定的生产效率。

3. 拉挤成型过程

1）胶液的配置

A料：环氧树脂（100份）+脱模剂（0.5~1.5份）B料甲基四氢苯酐（85~87份）+促进剂（0.3~0.6份）注：以上各份数为质量分数。分别将A、B两组分搅拌均匀后，将A、B混合在一起再搅拌均匀后迅速倒入料槽中。

2）拉挤设备安装与运行

（1）依据生产的安排，选择相应的模具，观察其型腔是否有异物，将其型腔清洗干净，准备工作中所需的扳手、钳子、水平尺等工器具。

（2）将所选模具安装在拉挤机上。选择相应规格的加热板固定到模具上，对应连接加热板电源插头和热电偶插头，进行模具升温、控温。

（3）选择并安装分纱板、压纱夹、胶槽、预成型模等过纱系统。在穿纱的过程中，纱与纱之间一定不能出现缠结、交叉现象。

（4）放下压纱夹，将配好的胶液倒入胶槽中，开机生产。

（5）引出多束玻璃纤维，然后使之尽量充分地在料槽中浸胶，要做到没有空浸。料槽温度保持在45℃以下，使用时间可以保持48h。

料槽温度高，容易挂胶充分，但是使用时间短。料槽温度低，胶料黏度较高，不容易挂胶充分，使用时间长，这时候就必须控制引拔速度，必须保证玻璃纤维挂胶充分。所以要在使用时间和引拔速度之间找到一个最佳点，以到达最佳效果。

刚开始牵引白纱时，对于往复式牵引拉挤机，在牵引夹处要有一人不停地调整牵引夹，直至产品出牵引夹。产品进入牵引夹后，根据需要调整上下牵引夹的间距。

（6）看纱。在生产过程中，过纱系统始终不能离人，发现有纱结、乱纱等要及时处理。生产过程中随时检查纱架里的纱团是否用完，以便及时换上新纱团。

（7）当产品从型腔拉出后，要时刻注意产品的表观质量，出现异常现象要立即采取相应的措施进行解决。

（8）定长切割。当产品出牵引夹后达到要求的长度时，将其整齐锯下，注意不能有劈头现象。

（9）停机。由于某种原因或完成生产任务停机时，先放慢机器的牵引速度，然后将压纱夹从胶槽里提起，再将速度调整到原先状态，将白纱拉出模具一段，如不再继续生产将纱从分纱板处剪断，牵引出模具即可。

（10）用丙酮或其他溶剂把压纱夹、预成型模、胶槽等清洗干净备用。

任务 5.2 梁型材预浸料拉挤成型

【任务描述】

采用先进拉挤成型技术制造复合材料梁、桁型材成为该类复合材料结构自动化制造的发展趋势。如图 5-10 所示为空中客车公司飞机垂直尾翼使用的作为加强板和简支梁 ADP 型材结构。

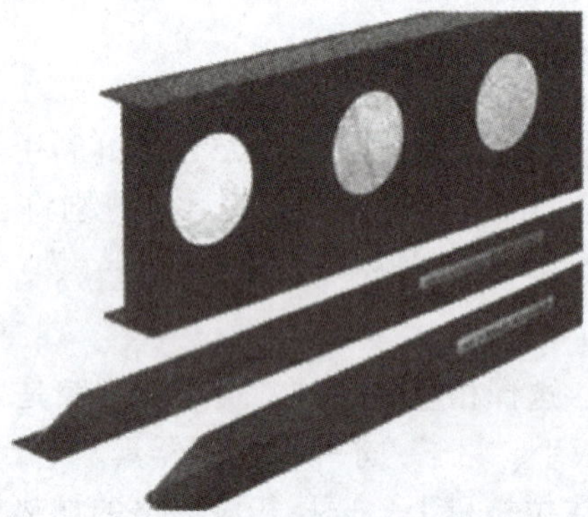

图 5-10 ADP 型材件的结构

【知识链接】

5.2.1 先进拉挤技术概述

先进拉挤技术实质是将预浸料在牵引力作用下通过一系列导向轮和滚筒相互配合将预浸带折叠成所要求的轮廓，包括 T 形、Z 形、L 形、U 形、工形梁等进入成型模成型，并在模具中完成部分固化，连续拉挤出长度不受限制的复合材料型材。

表 5-4 对比了先进拉挤技术与传统拉挤技术。与传统拉挤成型技术相比、ADP 技术有以下优点。

表 5-4 先进拉挤技术与传统拉挤技术对比

项 目	先进拉挤	传统拉挤
原材料	预浸料	干纤维与树脂
树脂体系	环氧树脂、双马来酰亚胺树脂	环氧、酚醛等
最大纤维含量（V）	60%	55%
孔隙含量	小于 1%	小于 3%
脱模剂	不需要	需要
铺叠精度（角度）	小于 1°	小于 4°
二次胶接	可能（根据剥离层）	困难（由于存在脱模剂）

（1）ADP制件采用了预浸料，后固化工艺参数易于控制。制品不需要增黏剂和脱模剂，可以与其他工艺成型方法成型的面板共固化制造复合材料加筋壁板。

（2）由于原材料采用预浸料，制品纤维含量高，树脂含量可得到精确控制。

（3）采用开合式的模具设计，模具打开后再牵拉制品，热压模具与制品间的摩擦力较小，对制品的损伤降低，且基本上不损伤热压模具。

（4）铺层可以根据需要，通过预浸料铺层的设计实现拉挤型材力学性能的可设计性；预浸带纤维方向排列可以为0°、90°或其他角度的布置再加上铺层中有编织物，使其横向力学性能优于传统的纤维拉挤。

ADP型材具有良好的适应性、成型性和结构的整体性，而且长度不受限制。与热压罐成型工艺相比，先进拉挤成型工艺具有良好的可观察性，且压力调节范围比较大。适合成型高温固化的预浸料，加热模具的传热效率较热压罐要高。与模压成型相比，先进拉挤成型实现了连续化生产，尤其适合生产长条形的结构件。先进拉挤工艺在制品性能方面达到了热压罐工艺的水准，并且实现了在较短模具中生产较长制品的目的。表5-5为先进拉挤技术与热压罐成型技术对比。

表5-5　为先进拉挤技术与热压罐成型技术对比

项　目	先进拉挤技术	热压罐成型技术
预浸料铺叠	半自动化	手工为主
生产方式	连续生产	批次生产
产品长度	无限制	受热压罐尺寸限制
生产效率	高	低
质量	良好、稳定	与人工水平有关

自从ADP技术提出以来，JAMCO公司用ADP工艺生产出的型材截面从50mm×50mm变化到250mm×100mm，厚度从0.2mm变化到10mm。JAMCO公司生产的地板横梁（工形梁）尺寸可达到250mm×100mm×7m，而且ADP成型不局限于直的全预浸型材，也可用于带有蜂窝芯材的长构件。

5.2.2　先进拉挤成型的材料

1. 材料工艺及要求

先进拉挤成型的原材料是预浸料，它是一种半成品，具有树脂分布较均匀、含胶量偏差小、易于严格控制制品中树脂的含量、保证制品的质量等特点。预浸料作为先进拉挤成型的原材料，固化工艺流程与典型热压罐的固化工艺有所不同，其还须满足以下具体要求。

（1）在加热时树脂能够重新流动、进一步浸渍纤维，从而使复合材料具有优良的层间强度。

（2）具有适当的黏性和良好的铺覆性。

（3）由于热压阶段无法吸胶，因此应控制树脂含量，避免在热压阶段树脂流出与粘贴模具造成死模；树脂含量偏差应控制在±3%以内，以保证复合材料纤维体积含量和力学性能的稳定性。

（4）可低压固化，挥发分含量小，一般在 2%以下，主承力构件预浸料挥发分含量要控制在 0.8%以下。

（5）固化成型时有较宽的加压带，即较宽的温度范围内加压都可得到质量符合要求的复合材料制品。

先进拉挤成型工艺有别于典型热压罐成型工艺，预浸料热压罐固化工艺中所有的升降温过程都是在一个模具中完成，这使制品的成型周期很长；先进拉挤成型工艺曲线如图 5-11 所示，有 3 个温度平台，分别为先进拉挤的预成型温度、热压温度及后固化温度。这 3 个温度分布在相互独立的 3 个装置（预成型装置、热压装置、后固化装置）上，通过调整先进拉挤各阶段加热模具的长度，配合合适的拉挤速度即可以实现对预浸料在 3 个温度平台下停留时间的控制。预浸料的牵引通过预成型、热压及后固化装置后即可完成全部的固化过程。

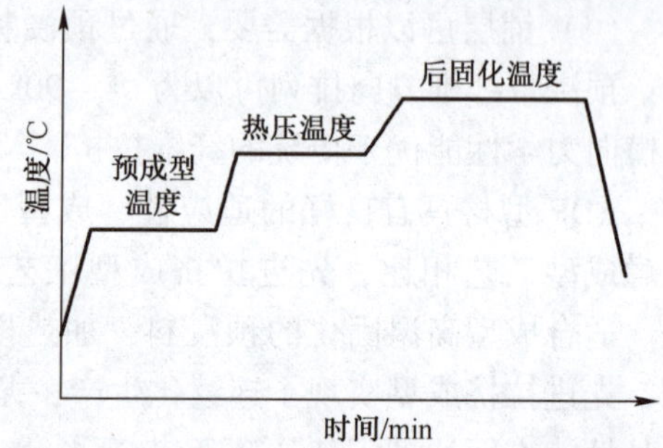

图 5-11 先进拉挤成型工艺曲线

2. 国外先进预浸料体系

表 5-6 列出了国外已用于先进拉挤工艺的先进预浸料体系的固化工艺与寿命。

表 5-6 国外先进预浸料体系

预浸料体系	固化工艺	寿命	储存期
HexPlyM21 高性能增韧环氧预浸料体系	升温速率 0.5~2℃/min，加压 0.7MPa，(180±5)℃，保温（120±5）min	黏度寿命：23℃，10~15 天；外置寿命：23℃，30 天	-18℃ 12 个月
HexPly6376 高性能增韧环氧预浸料体系	升温速率（2~5）℃/min，加压 0.7MPa，175℃保温 2h，当零件厚度超过 30mm 时，升温速率不能超过 3℃/min	黏度寿命 23℃，10 天（21 天内，仍然具有工艺性）	-18℃，6 个月（最少）

3. 脱模材料

拉挤过程中，树脂的黏度会发生先降低后上升的变化过程，黏度降低时容易粘贴模具，为防止发生树脂黏附在模具上，造成牵引力的增加以及出现死模现象，需要选择脱模辅助材料。在传统的拉挤方法中脱模多采用脱模剂，通过在树脂基体中加入内脱模剂以及在模具表面涂上外脱模剂，这样成型出的拉挤型材不宜直接应用于胶接/共固化等整体成型技术，因为制品在出模后表面仍然会有脱模剂残留，需要进行表面处理后才能进行胶结和共固化处理。先进拉挤成型技术制备的型材还需要与壁板进一步复合制造加筋壁板。为此选择脱模薄膜，制品出模后去掉表面的薄膜即可直接与蒙皮等需要加强的部件进行胶结和共固化处理，不需要再对制品待胶结的表面进行处理，同时也减小了拉挤过程中制品与模具间的摩擦力，减小了对模具和制品的损伤。

脱模薄膜的主要要求如下。

（1）具有足够的拉伸强度，使用中不断裂；

（2）预浸料可以从脱模薄膜上方便取下，不残留剩余物；

（3）具有良好的尺寸稳定性，且不随环境温度、湿度而变化；

（4）具有适当的透气性，以便热压过程中排出气体；

（5）表面光洁，具有低摩擦因数和低黏附性，以便降低拉挤过程中的摩擦和黏附力；

（6）脱模薄膜的最低失效温度应高于树脂体系的固化温度。

可以用作脱模薄膜的材料有聚全氟乙丙烯（FEP）、聚四氟乙烯（PTFE）以及聚偏氟乙烯等。

5.2.3　先进拉挤成型工艺过程

ADP 成型技术与传统的连续拉挤不同，ADP 成型过程为间歇式，图 5-12 为先进拉挤工艺示意图，主要包括以下 5 个步骤。

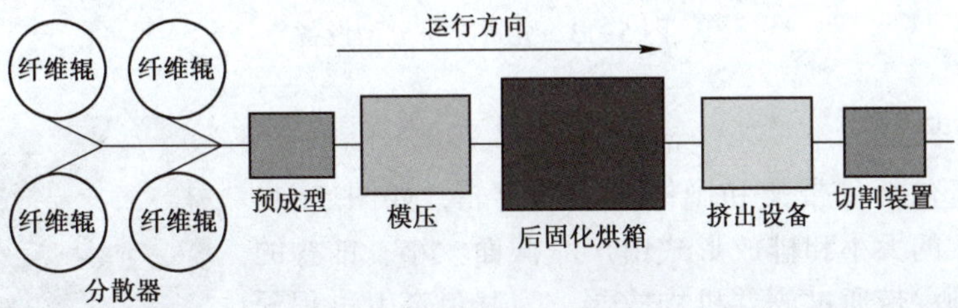

图 5-12　先进拉挤工艺示意图

（1）预浸料制备并分切，将分切完毕的单向纤维束或者双向（±45°，0°/90°）纤维织物的预浸料卷以及成卷的脱模薄膜安放在放卷机构的卷筒上；卷筒的数量及纤维取向与零件的结构形式有关。

（2）在进行预浸料的铺叠之前，脱模薄膜的运动要先于预浸料（以保证脱模薄膜先接触到芯模）防止预浸料中的树脂加热后粘贴芯模，影响预浸料沿牵引力方向的运动，预浸料通过一系列导向轮和滚筒相互配合将预浸带折叠成所要求的轮廓，包括 T 形、Z 形、L 形、U 形、工形等预成型料坯。

（3）热压金属模具内对预成型料坯进行加热、加压（温度、压力参数按树脂的工艺特性进行设置）以便铺层之间更好地贴合，同时排出铺叠过程中铺层之间裹入的空气；模具内的压力和温度都维持在一定值并保持一定时间，在此过程中牵拉装置停止牵引。

预浸料与加热模具的接触面之间加入一层脱模薄膜，同样也为了防止预浸料坯粘贴在加热模具上，便于制品的脱模。坯料完成预固化，固化度一般达 70%以上以保证具有足够的刚度。

（4）热压模具打开，将部分固化的制品牵拉出热压模具，并进入烘道内完成全部固化。另一段预成型后的叠层预浸料坯再进入热压模具中固化，定型后再牵引出模，如此固化一段牵引一段，而制品是连续不断的整体；每次最大牵拉出与加热模具长度相当的制品。所以模具长度不需要与零件长度一致，而且牵引系统可以与加压及固化时间精确地匹配。

（5）牵拉设备将完全固化成型的制品拉出，与生产线同步的切割、制孔等加工设备将型材制成需要的尺寸。

5.2.4 先进拉挤成型设备

先进拉挤成型设备主要包括5个部分：供带装置、预成型装置、热压装置、夹持牵引装置和切割装置，结构如图5-13所示。

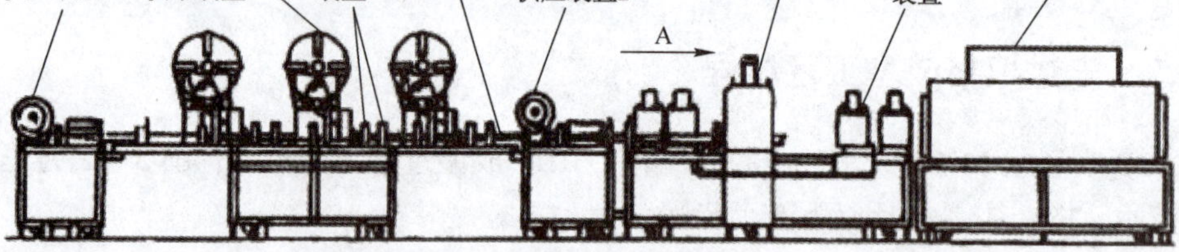

图5-13　先进拉挤成型设备

1. 供带装置

供带装置包括供带架和脱模薄膜放卷轮，如图5-14所示，供带架的大小和排放形式由产品截面大小、铺叠的厚度决定。预浸带通过放卷机构放卷，为避免牵引过程预浸料因加热软化易造成铺叠褶皱，每张带子之间不仅要保证足够的长度空间还要尽量保持预浸料具有均匀的张力。每个纱筒都有一个磁粉制动器，避免各个料之间发生干涉，然后通过传感信号控制制动器得到不同的松紧程度，这种安装方式可以使预浸料在拉挤过程中保持张力恒定。脱模薄膜供应装置分别在最底层、最上层与预浸带贴合，防止其黏结模具。

图5-14　供带架和脱模薄膜放卷轮

2. 预成型装置

预成型机构包括折弯导向装置、预成型加热装置。折弯导向装置主要功能就是定型，它是由一系列辊轮和芯模组成，结构如图5-15所示。预浸带通过一系列辊轮和折弯导向装置引导在进预压辊前预浸带集束成多层“预浸带坯”并铺成所需的形状。

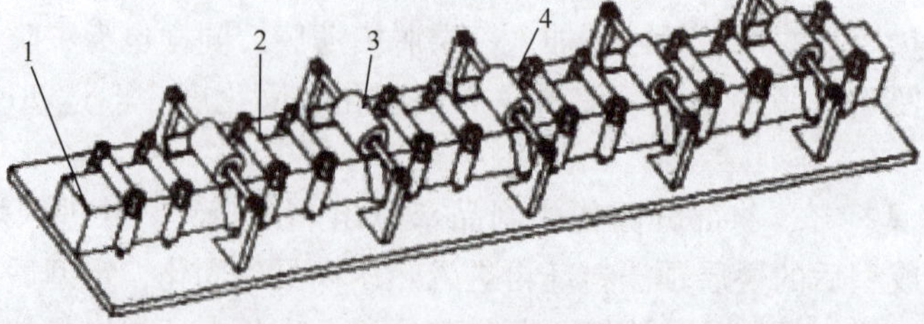

图5-15　预成型导向装置

1—芯模；2—压实辊轮；3—折弯辊轮；4—底板。

预成型加热模的作用是将已折弯预浸带在模具中初步成型。同时根据选用的预浸带体系在预成型模具处加热并施加一定的预成型压力以便铺层之间更好地贴合，保温一段时间以保持一定形状进入热压模具。预成型加热模具长度根据预成型固化时间和热压时间的比值确定。在此过程中树脂受热熔化成为黏流状态，并发生化学交联，黏度降低，以利于树脂进一步浸润预浸料纤维。加热芯模可以直接用铸铝电加热板，两边根据产品的形状、厚度匹配一系列轮筒，为提高加热效率，外面还有一层隔热壳。根据芯模长度及加热板功率和传导性，为防止预浸料中的树脂加热后粘贴芯模影响拉挤过程，需要在预浸料与加热模具的接触面之间加入脱模薄膜。

3. 热压装置

在整个拉挤过程中，设备的核心是热压机构，它有定型和固化两个功能。其中，热压又是所有工艺因素的交汇点，是成型的关键工序（加热温度、压力和热压时间直接影响产品质量），是实现坯料的压实、成型和固化的核心。为使制品达到所需的固化度要求、模具内的压力和温度都必须维持在一定值并保持一定时间，所以模具的工况直接影响产品的性能。

1）模具系统

ADP预浸料拉挤模具的长度不需要达到整个构件的长度，完整构件的长度可以是加压模具的数倍甚至更长，制成构件的成型需经历若干次加压/拉挤工序，拉挤牵引需要定型模具分开并伴随未固化预浸料的进入，牵引到一定位置停止并合上加压模，加压固化一段时间后定型模具分开再重复前面的过程，至预定固化度后工件离开热压模具，最后根据构件长度需要在合适的位置将型材切断。模具是拉挤工艺的关键。该系统是由成型模具、模具支架、模具加热板几部分组成。

（1）成型模具。成型模具一般是钢制模具，长度在800～1600mm不等，预浸料形成坯料后在模具中受热固化，发生复杂变化，脱模后成为最终制品。成型模具一般分为整体模具和组合模具，模具的各工艺段有测温孔。

（2）模具支架。它是由前后两套夹具组成的，夹具的下部与机座连接固定，成型模具放置在夹具上，夹具上部夹持固定模具，夹具上的限位槽可以避免模具在成型过程中受到强大的牵引拉力的作用而产生位移。

（3）模具加热板。它是模具中树脂固化的能量来源，加热板一般分为整体式和分离式两种，整体式是由两个整块电热板放置在模具的上下两面，电热板中装有电热棒，在模具的不同位置，电热棒是可控的；分离式电热板相对整体式较小，可以在不同工艺段分别放置，实现模具分段加热，分段控制，它可以放在模具的上下面，也可以根据需要放在模具的四周。

2）压力系统

热压过程中对设备提出了最大能对制品施加1.0MPa压力的要求，使其在固化过程中能挤走气泡、快速固化、固化层间效果更好。实现加压的方式有多种，如液压机构、气动机构。

（1）液压机构。液压机构是以液压油为动力源来完成预定运动要求和实现各种机构功能的机构。液压机构的不足之处是：油液的黏性受温度变化的影响大，不宜用于低温和高温的环境中；液压组件的加工和配合要求精度高，加工工艺困难，成本高。

（2）气动机构。气动机构是以压缩空气为工作介质来传递动力和控制信号的机构。气动机构的不足之处是由于空气具有可压缩性，因此工作速度稳定性稍差；工作压力低（一般为0.3~1.0MPa），难以获得很大的输出力；噪声大，在高速排气时要加消声器。

3）加热系统

模具加热系统的加热效果和温度控制精度是先进拉挤成型加工的重要保证，将直接影响制品的组织性能和模具寿命、加工的生产效率。模具加热系统的选择包括加热器设置、加热器调整点、功率配置等。

传统的复合材料成型加热方式有很多种，表5-7是模具常见加热方式的对比。目前，采用较多的是电加热，其较为常见的是电热棒加热形式，它是一种标准的电阻加热器，特点是使用和安装都很方便。

表5-7　常见加热方式对比

加热方式	一次性投入费用	特　点	最佳适用范围
电加热	低	结构简单，便于安装、维修和使用	多品种中小批量、中小尺寸制品生产
微波加热	高	结构复杂，维护费用高，加热均匀、加热速度快	大批量生产，物料易吸收微波
电磁加热	高	结构复杂，维护费用高，安装、维修和使用较复杂，节电	大批量、大尺寸制品生产

一般模具的电加热形式特点如下。

（1）在加热板中加工孔，并分别插入一定数量的电热棒，通过热传递的方式实现热量从加热板向模具的传输，传热面为模具和加热板的接触平面，由于加热模具本身就消耗很大部分热量，另外模具的端面和周面都直接暴露在大气中，因此加热板在预热、保温过程中相当一部分热量散失到大气中，利用效率低。

（2）制品所需的热量是模具和加热板间的接触平面传递来实现的，中间有模具，而模具的升温时间一般都较长，无形中使加热周期增加。

（3）由于加工原因，加热管孔和加热管之间容易存在间隙，对于温度高于250℃的加热环境，加热管表面负荷较高，钢管易氧化腐蚀，造成短路。

加热系统功率的确定是加热效果和温度控制精度的重要保证。功率低，升温速度慢，预浸料固化时间长，生产效率下降；如果功率过大，升温速度过快，固化速率太快，易造成树脂固化不均，在制品内造成很大的内应力，使制品变脆，影响制品的性能。电加热功率过大还会使热惯性增大，引起加热滞后，并且加热元件功率过大会引起模板各点温度不均，从而影响温度控制精度。同时固化是一个放热的过程，固化反应越快，反应积累的热就越多，同样会影响制品质量。

模具四周的隔热材料选择时首先要考虑它的导热系数，导热系数越小，其隔热性能就越好。此外，还需要根据隔热材料具体使用的场合考虑其加工、抗压、硬度等。由于热压模具的热量会通过热辐射等热传递方式传递到模具推板、铰链和汽缸上，为防止热量传递到模具机构和汽缸上、影响热效率和汽缸的运动精度，所以在预加热底座、热压模具和加热板之间要放置隔热材料。在热压装置中，因为加热板就是加压板、压力会直接作用在此处的隔热材料上，因此隔热材料除了要具有较小的导热系数外，还要求其具一定的抗压能力。

考虑到加热板和模具推板之间的平行度安装问题，还要求隔热材料有良好的表面粗糙度和平行度，以免热压时压力的不均造成厚度的不一致。安装时，要使其紧贴在加热板和模具之间，几种常见的隔热材料性能对比如表5-8所列。

表5-8 常见的隔热材料性能对比

隔热材料	优点	缺点
石棉板	导热系数小，抗压、抗热振，具有良好的低温和高温强度，使用寿命长	表面破损后易产生粉尘
微孔硅质制品	隔热性能良好，柔性，可耐1000℃以上高温	价格贵，可加工性差
聚四氟乙烯	隔热性好，良好的机械加工性	价格贵

4. 夹持牵引装置

先进拉挤是个间歇过程，因此，必须设计适合预浸料拉挤的牵引机构，牵引机在拉挤成型过程中间歇式牵引着预浸料条带进入预成型装置形成坯料，又将坯料牵引入模具内，待固化到一定程度后，最终牵引出。为保持夹持的稳定性，并避免剐伤型材，夹持机构需要行程短。而牵引恰好相反，为了能调节牵引速度、牵引长度需要有较大范围。通过牵引的制品行程长短调节热压时间和周期。常用的牵引装置有履带式牵引机和液压式牵引机。

履带式牵引机的结构特征是有上下两条履带，履带由链条和牵引块构成，牵引块多用橡胶或聚氨酯等弹性体与金属底板一起模压成型，牵引块的金属板用于与链片相连接，其表面使用弹性体。上履带可沿着导向柱上下滑动，可满足生产不同高度尺寸的制品的需要。这种牵引机的造价低，结构紧凑，维修简单、操作容易，但是牵引块的适用性差，除简单的型材可以采用平面牵引块外，每生产一种复杂面的型材都要装备与之匹配的牵引块，每套牵引块通常在50~100块。

液压式牵引机的结构特征是具有前后两套同样结构和规格的牵引油缸、夹持油缸和其他组件构成的牵引小车，各油缸通过管路、阀门和油泵、电动机相连而形成一个完整的液压系统。可以通过调节夹持液压系统来调节牵引力的大小，通过调节牵引液压系统来调节牵引速度，实现无级调速，牵引速度一般在0~1.2m/min，高速拉挤机牵引速度可达到4~5m/min，前后两个牵引小车可以往复交替牵引，从而实现连续牵引，这种牵引机的夹具需要两套，夹具根据制品形状来设计，生产时只需将夹具固定在夹持油缸端部的平板上即可。

无论是哪一种牵引机，它都是靠作用于制品表面的正压力产生的摩擦力来提供牵引力，因此，制品在牵引机夹持段应有足够的强度，另外，牵引块或夹具的结构形状要尽可能与型材相适应，使作用于型材上的夹持力和牵引力在型材断面上的分布尽可能均匀以减少变形。大型中空薄壁制品应在型材腹腔内加支撑块作为内夹具。

5. 切割装置

切割系统包括移动式切割机和支撑尾架两部分，切割机的作用是实现同步切割，使用的是高耐磨的无齿金刚石锯片，圆盘锯片的圆心在切割平面上运动轨迹可以是直线、圆弧和矩形，直线型的最为常见，在切割机上配有除尘装置，例如，干法切割应设有吸尘装置，湿法切割应设有喷嘴及循环水系统，包括水泵、管路、水槽、过滤网等。尾架部分是把切割完毕的定长制品自动翻转，实现自动连续生产，并在切割过程中作为制品放置的平台。

5.2.5 先进拉挤成型工艺关键参数及控制

影响拉挤工艺的参数包括模具温度、预处理与热压保温时间、后固化温度和保温时间、模具压力、牵引力及牵引速度。

1）模具温度

模具温度与所选预浸料中树脂的固化温度有关。不同升温速率下树脂的DSC曲线对应的峰始温度、峰值温度和峰终温度不同，做出它们的升温速率β与反应峰温度的关键特征点，将所得的特征点拟合得到一直线、直线外延至$\beta=0$时的温度为恒温固化温度，此时在图线的纵坐标T上将会有3个温度，分别定义为凝胶温度（T_{gel}）、固化温度（T_{cure}）以及后固化温度（T_{post}）。T_{gel}可以作为制品的预处理温度，T_{cure}确定为制品的固化温度，固化温度影响树脂的固化速度，$T_{pos}t$使制品进一步固化。

2）预处理与热压保温时间

预处理保温是为了加热熔融树脂，使树脂更好地浸润纤维。热压时间是为了保证制品在出模的时候具有一定的固化度。这样才能保证制品在牵拉过程中保持尺寸的稳定性，不至于在拉挤过程中发生变形，通过DSC曲线计算制品所能达到的固化度，压制时间还与树脂的固化速度、层压板的厚度以及压制温度有关。

3）后固化温度和保温时间

对制品进行后固化处理，一是可以弥补制品固化度的不足，缩短成型周期。二是后固化过程的传热介质是空气，固化交联作用要比模内平缓得多，可以很好地消除制品的内应力，从而使制品获得应有的性能和良好的尺寸稳定性。三是后固化处理可以提高制品的热变形温度，降低制品在高温下连续使用时发生变形的概率。制品放入烘箱中进行后热处理，需要根据预浸料的固化参数及产品特性确定合适的加热温度和保温时间。

4）模具压力

模具压力的确定主要取决于采用树脂的类型和预浸料中不溶性树脂的含量。加压时机选择在树脂凝胶点附近，这样可以避免胶液在凝胶前大量流失而造成含胶量不足的现象，按同一升温速率做出预浸料“凝胶温度—时间”曲线，得到加压时机上限，即将凝胶点作为最晚的加压时机。目前，国内外均开发出了“零吸胶、常温加压”树脂体系，理论上，可以在树脂凝胶点之前任意时刻对预浸料加压，但由于零件的厚度及外形尺寸的限制，加压时机需要根据制品的特性及模具特点，通过工艺试验来确定。

5）牵引力及牵引速度

牵引力是保证制品顺利出模的关键。牵引力的大小由制品与模具之间的界面上的切应力来确定，它还与在整个工艺过程中的摩擦阻力有关。ADP工艺过程中的摩擦阻力主要来源于供带架、脱模片放卷轮、预成型辊压装置、预成型辊压、导向装置、预浸料坯料在模具固化区的摩擦力等，这些力是整个拉挤过程中牵引力所要克服的主要阻力来源。在ADP间歇式成型过程中，一般选择制品的指定出模固化度时最小模具闭合时间作为确定牵拉速度的优化工艺参数，以实现拉挤效率的优化。

【任务实施】

1. 材料及工具设备准备

预浸料为环氧树脂基预浸料，金属预成型模具中均铺覆有脱膜材料，其中，脱膜材料为聚四氟乙烯膜或可剥布，脱膜材料可以使预浸料在牵引装置的作用下更容易且更完全地进入下一个装置中。

2. 生产工艺

1）预浸料加热处理

在对预浸料进行预加热处理之前，首先利用牵引装置将放料装置中的预浸料牵出至预加热装置中的金属预成型模具中，并且利用金属预成型模具中的电加热棒对预浸料进行预加热，使预浸料初步成型。

预浸料预加热的加热温度 T_1 为 80~90℃，时间 t_1 为 75~85min。其中，该时间包括预浸料从室温上升至该加热温度的升温时间和在该加热温度下的持续时间。通过在一定的温度下对预浸料进行一定时间的预加热处理来使预浸料具有一定的黏度，进而确保在接下来的预固化阶段中在对预浸料进行加热加压处理时仅有少量的树脂流出。

2）预固化处理

利用牵引装置将经过预加热后得到的预浸料铺层牵出至预固化装置的上下成型模具中，并且在上下成型模具中对预浸料铺层进行加热加压的预固化处理，其中，上下成型模具的上、下两部分成型模具中均铺覆有脱膜材料，脱膜材料为聚四氟乙烯膜或可剥布。通过将上、下两部分成型模具合模加压来对复合材料进行加压处理，利用加热装置对复合材料进行加热处理。

预固化的加热温度 T_2 为 100~120℃，时间 t_2 为 10~20min。压力 P_1 为 0.2~0.4MPa，该时间包括预浸料铺层从预加热温度上升至该加热温度的升温时间和在该加热温度下的持续时间。该步骤通过在一定的压力和温度下对预浸料铺层进行加热加压处理，来保证最终得到的预浸料型材在树脂流失量最小的情况下，仍然具有较低的孔隙率。在该步骤中，控制压力的大小十分重要。如果压力增大，则制成的型材的孔隙率降低，但是压力过大会导致预浸料中树脂流动的驱动力增大，进而引起树脂大量流失，树脂的流失量较大又将使型材的孔隙率增加。

3）浸料铺层再固化处理

利用牵引装置将经过预固化后得到的预浸料铺层牵出至固化装置的上下成型模具中，并且在上下成型模具中对预浸料铺层进行加热加压的固化处理，其中，上下成型模具的上、下两部分成型模具中均铺覆有脱膜材料，脱膜材料为聚四氟乙烯膜或可剥布。在该步骤中，通过将上、下两部分成型模具合模加压来对预浸料铺层进行加压处理，利用加热装置对预浸料铺层进行加热处理来保证预浸料铺层固化成型。

固化的加热温度 T_3 为 120～140℃，时间 t_3 为 15～25min，压力 P_2 为 0.6～1.0MPa，其中，该时间包括预浸料铺层从预固化温度上升至该加热温度的升温时间和在该加热温度下的持续时间。

4）预浸料铺层固化处理

利用牵引装置将经过固化后得到的预浸料铺层牵出至后固化装置的中空模具中进行后固化处理，注意中空模具中铺覆有脱膜材料，脱膜材料为聚四氟乙烯膜或可剥布。

采用空气加热的方式对预浸料铺层进行后固化处理，后固化的加热温度 T_4 为 150～170℃，时间 t_4 为 10～20min，该时间包括预浸料铺层从固化温度上升至该加热温度的升温时间和在该加热温度下的持续时间。

项目拓展

1. 曲面制品拉挤成型工艺

这种拉挤方法是美国 Goldworthy Engineering 公司在现有拉挤技术的基础上，开发的一种可以连续生产曲面型材的拉挤工艺，例如用来生产汽车用弓形板簧。这种拉挤的工作原理是用活动的旋转模代替固定模，旋转模包括阴模和阳模，可以通过控制实现相对旋转，它们之间的空隙即成型模腔。浸渍了树脂的增强材料被牵引进入由固定阳模与旋转阴模构成的闭合模腔中，然后按模具的形状弯曲定型、固化。制品被切割前始终置于模腔中。待切断后的制品从模腔中脱出后，旋转模即进入下一轮生产位置，如图 5-16 所示。

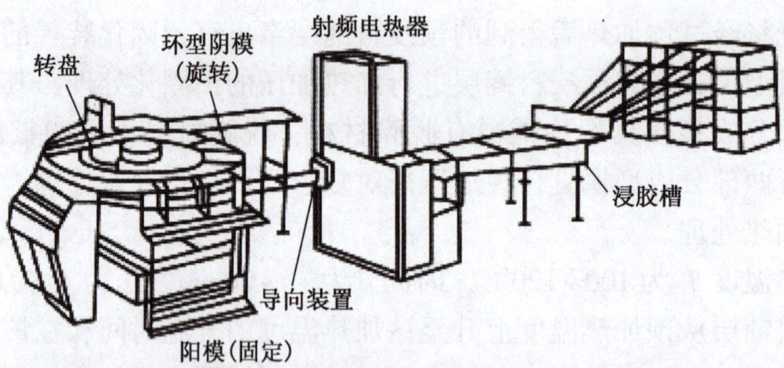

图 5-16　曲面制品拉挤成型工艺设备示意图

2. 反应注射拉挤工艺

反应注射拉挤工艺（RIP）是 20 世纪 70 年代后期发展起来的，它实际上是树脂传递成型与拉挤工艺的结合，增强纤维通过导纱器和预成型模后，进入连续树脂传递模具中，在模具中以稳定的高压和流量，注入专用树脂，使增强纤维充分浸透和排除气泡，在牵引机的牵引下进入模具固化成型，从而实现连续树脂传递成型。这种方法所用原料不是聚合物，而是将两种或两种以上液态单体或预聚物，以一定比例分别加到混合头中，在加压下混合均匀，立即注射到闭合模具中，在模具内聚合固化，定型成制品，如图 5-17 所示。

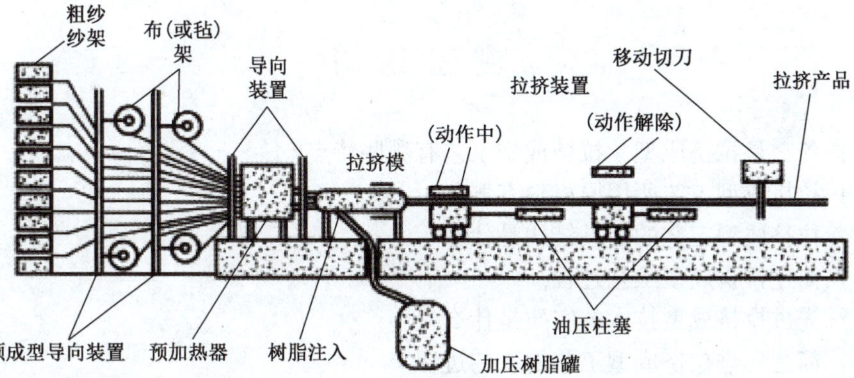

图 5-17　反应注射拉挤工艺示意图

3. 变截面部件的连续拉挤

传统的拉挤成型过程仅局限于恒定截面形状制品的生产，许多公司试图扩展可成型制品的几何形状范围，如变截面部件的连续拉挤。其中一种方法是把拉挤技术和模压技术相结合，在其最简单的一个工艺过程中，拉挤模具被用来连续生产预浸的预成型体，为了实现在线变形加工，传统拉挤系统的标准液压牵引机被热板液压机代替，通过适当调整加工参数，热固性树脂复合材料以部分固化的状态从第一模具拉出，这种 B 阶段的材料再被拉牵到压机两个模板之间，这里的压机既是成型模具又是牵伸夹具，然后，加热的压机模板闭合，使拉挤而成的预制体重新塑形，在压机完成对制件的固化的同时，压机重新牵拉下一件的材料。

4. 在线编织拉挤成型

编织拉挤即编织和拉挤相结合的一种拉挤工艺，最适合生产管状制件。编织原理与编织套管相似，编织物所有的纤维均斜交，与轴线夹角不呈 0°与 90°。在编织过程中，纤维的运动轨迹为螺旋线。选择合理的纤维角度可调节成品管材径向强度与轴向强度的比例，选择适宜的纤维排列密度可满足强度与外观的要求，在线编织的坏管由拉挤机的牵引装置牵引，芯模固定不动。坏管沿芯模编织好，由芯模前端进入模具，在模具前端的树脂浸渍区内浸渍树脂（树脂是在压力下源源不断注入模腔），经牵引通过加热的模具（基体树脂在模内凝胶、固化），最终成为 FRP 管材成品，如图 5-18 所示。

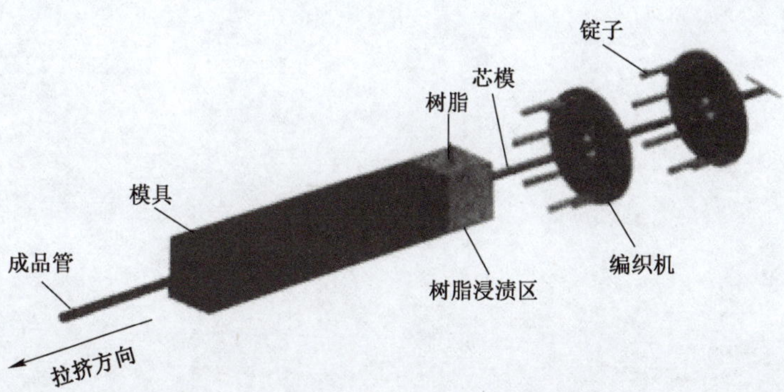

图 5-18　在线编织拉挤成型工艺示意图

巩固练习

（1）什么是拉挤成型？拉挤成型工艺有哪些特点？

（2）拉挤成型工艺所用原材料有哪些？

（3）拉挤成型工艺的模具结构是什么？

（4）简述拉挤成型工艺过程。

（5）先进拉挤成型技术的实质是什么？

（6）简述先进拉挤成型工艺的工艺过程。

（7）先进拉挤成型设备主要包括哪几部分？

项目6　夹层结构成型工艺

项目目标

知识目标

(1) 熟悉复合材料夹层结构形式以及夹层结构芯层材料种类；

(2) 掌握复合材料蜂窝夹层结构成型方法；

(3) 掌握复合材料泡沫夹层结构成型方法。

能力目标

(1) 具备蜂窝夹层结构一次成型工艺的操作技能；

(2) 具备泡沫夹层结构复合材料成型工艺的操作技能。

素质目标

(1) 严格按照安全注意事项、操作规程和工艺环节进行操作；

(2) 树立注重工艺细节的质量意识；

(3) 培养团结协作的合作意识。

夹层结构是由高强度的面板和轻质夹芯材料组成的一种结构形式，如图6-1所示。夹层结构于第二次世界大战时产生，最初在航空工业领域中得到应用。近年来，在飞机、船舶、车辆、建筑等方面使用量逐步增加，并已成为雷达罩生产专用结构材料。以碳纤维、硼纤维增强复合材料做面板的铝蜂窝夹芯复合材料已大量出现在航空、航天工业中。在建筑工业中，透明玻璃钢夹层结构板材已广泛用于工业厂房的屋顶和温室采光材料。在造船、交通等领域中，玻璃钢夹层结构应用也越来越广泛，如玻璃钢潜水艇、玻璃钢扫雷艇、玻璃钢游艇等许多构件均采用玻璃钢夹层结构。我国自行设计的大型过

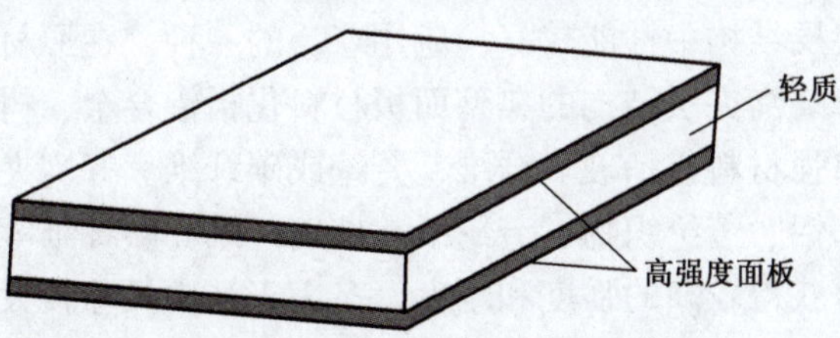

图6-1　夹层结构示意图

街人行立交桥、保温的冷藏车、火车的地板及壳体等均采用夹层结构形式，既减轻了质量，又具有良好的保温效果。

复合材料夹层结构芯层的材料和结构形状有多种，航空上常用蜂窝结构芯层材料和多孔的泡沫塑料。纤维增强树脂基复合材料所采用的各种成型方法，大都能够适用于夹层结构件的成型。为了满足各类夹层结构制件的质量要求，蜂窝夹层结构的制造，常常采用分次成型法。航空泡沫塑料夹层结构件成型方法主要是预制黏结成型法和整体浇注成型法。

本项目主要介绍几种典型航空复合材料夹层结构的成型工艺。

任务 6.1　平板蜂窝夹层件成型

【任务描述】

有一玻璃钢面板蜂窝夹层结构件采用湿法一次成型，尺寸为 400mm×200mm×12mm，如图 6-2 所示。要求固化后的零件表面平整，无明显的皱褶、气泡、分层、压瘪、局部塌陷、脱胶等缺陷。

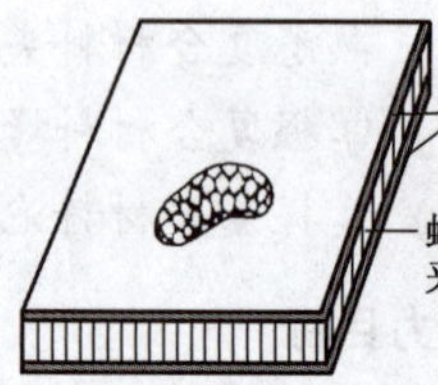

图 6-2　蜂窝夹层结构件

夹层结构件铺层角度及顺序如表 6-1 所列。

表 6-1　夹层结构件铺层方案

层　数	材 料 名 称	材料牌号/规格	角　度
P1	玻璃纤维布	EWR200	0°
P2	玻璃纤维布	EWR200	45°
P3	玻璃纤维布	EWR200	-45°
P4	玻璃纤维布	EWR200	0°
P5	芳纶纸蜂窝	孔格尺寸 3.2mm	
P6	玻璃纤维布	EWR200	0°
P7	玻璃纤维布	EWR200	45°
P8	玻璃纤维布	EWR200	-45°
P9	玻璃纤维布	EWR200	0°

【知识链接】

蜂窝夹层结构是夹层结构中性能较好、应用广泛的一种，在原材料的选择和工艺成型等方面都比较成熟。蜂窝夹层结构的典型面板材料包括铝合金、树脂基复合材料，其中树脂基复合材料的增强材料包括玻璃纤维、芳纶或碳纤维。蜂窝夹层芯材材料包括金属和非金属蜂窝芯，如铝、芳纶织物、芳纶纸、玻璃纤维和碳纤维等。蜂窝夹层结构根据使用要求合理设计可获得较高的强度和刚度，多用于结构尺寸较大、强度要求较高的部件。如飞机蒙皮结构、雷达罩、反射面、冷藏火车、火车地板及箱体结构等。

6.1.1　蜂窝夹层结构的蜂窝芯材

1. 蜂窝芯材的类型

蜂窝芯材按蜂窝孔格外形分六角形、长方形、正方形、菱形、正弦曲线性等。航空上常用的3种蜂窝芯材是六角形蜂窝芯、柔性蜂窝芯和过拉伸蜂窝芯，如图6-3所示。六角形芯材是目前使用最为普遍的芯材形式，六角形芯材有很好的结构效率，如沿芯带添加纵向增强材料成为增强六角形芯材，这种构型可以变得更强。六角形芯材的主要缺点是可成形性有限。开发柔性芯材的目的是大幅度提升可成形性，此类芯材具有特殊的变形能力，可在不发生格墙屈曲的条件下变成复杂的曲面形状，如图6-3（b）所示。过拉伸芯材其孔格形状则呈长方形，如图6-3（c）所示，主要应用于具有单曲面的夹层结构制件中。

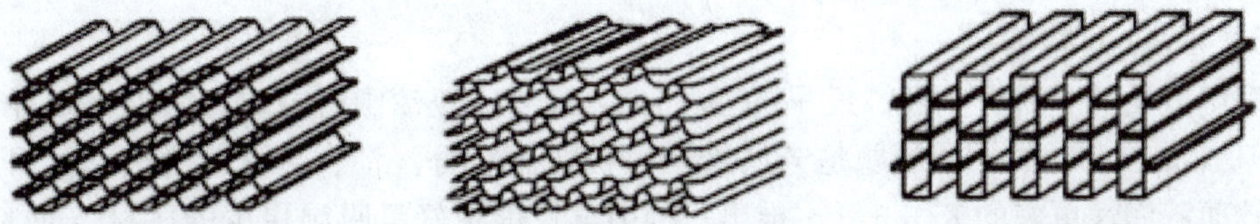

(a) 六角形蜂窝芯　(b) 柔性蜂窝芯　(c) 过拉伸蜂窝芯

图6-3　蜂窝芯材的类型

2. 常用的几种蜂窝芯材

蜂窝芯材是一种低密度蜂窝状材料，用作夹层结构的芯材由很多种不同的材料制造，主要有铝合金、用树脂浸渍的玻璃纤维织物、芳族纤维纸、牛皮纸、碳纤维和凯夫拉纤维等。

表6-2列出常用蜂窝芯材的性能比较。

表6-2　常用蜂窝芯材的性能比较

名称和类型	强度/刚度	最高使用温度/℃	典型产品形式
5052-H39 及 5056-H39 铝芯材	高/高	177	六角形芯材 柔性芯材
3003 铝民用型六角形芯材	高/高	177	六角形芯材
玻璃织物增强酚醛	高/高	177	六角形芯材 柔性芯材 过拉伸芯材
斜纹玻璃织物增强酚醛	高/很高	177	六角形芯材 过拉伸芯材
斜纹玻璃织物增强聚酰亚胺	高/高	260	六角形芯材
芳纶纸增强酚醛	高/中	177	六角形芯材 柔性芯材 过拉伸芯材
芳纶纸增强聚酰亚胺	高/中	260	六角形芯材 过拉伸芯材

续表

名称和类型	强度/刚度	最高使用温度/℃	典型产品形式
高性能芳纶纸增强酚醛	高/高	177	六角形芯材 柔性芯材
芳纶织物增强环氧	高/中	177	六角形芯材
斜纹碳织物增强酚醛	高/高	177	六角形芯材

1）铝蜂窝

在常用蜂窝芯材中，铝蜂窝具有最好的强度与刚度的综合性能。其中 5052-H39 和 5056-H39 为高性能的航空航天专用型，民用型则采用 3003 铝制造。

2）玻璃布蜂窝

玻璃纤维蜂窝可采用普通双向或斜纹（±45°）玻璃布制造。浸渍树脂通常为酚醛，但高温应用场合需采用聚酰亚胺。斜纹织物的优点是提升剪切刚度和改善芯材的损伤容限。

3）Kevlar 蜂窝

采用芳纶的芯材有 3 种。最早的 Nomex 芯材使用浸渍酚醛或聚酰亚胺的芳纶纸制造。但 Nomex 存在的一个问题是芳纶纸难以被树脂充分浸渍，为此杜邦公司又开发了厚度较薄浸润性更好的 Korex 纸，推出一种力学性能更好且吸湿更少的芯材。而 Kevlar 蜂窝则是采用 Kevlar 49 预浸织物制成。

4）碳纤维蜂窝

斜纹碳织物芯材具有高性能特点，但价格昂贵，其与碳增强面板的胶接制品专用于对高刚度和热稳定性有特殊要求的场合。

3. 蜂窝芯材的制造（以玻璃布蜂窝芯为例）

1）原材料选择

（1）玻璃布的选择。由于玻璃布厚度大，用其制得的蜂窝芯材孔格壁厚、强度高，但容重也增大。用于制造蜂窝芯子的玻璃布要选用未脱蜡的无碱平纹布，因为含蜡玻璃布可防止树脂渗透到玻璃布的背面产生粘连现象，有利于蜂窝成孔拉伸。另外，无碱平纹布不易变形，可提高芯材的挤压强度。玻璃布蜂窝芯子用布规格参见表 6-3。

表 6-3　常用玻璃布蜂窝芯用布规格

名　称	厚度/mm	密度/（根/cm）		公称号数（Tex）	
		经　向	纬　向	经　向	纬　向
无碱平纹布	0.10	28	26	12.5	12.5
无碱平纹布	0.12	28	24	5.5	12.5
无碱平纹布	0.16	30	26	25.0	25.0
无碱平纹布	0.20	30	16	12.5	25.0

（2）胶黏剂：制备蜂窝芯材用胶有芯条胶和浸渍胶两种。其中，浸渍胶为芯材固化成型用胶。

芯条胶应有足够韧性和一定耐热性，使蜂窝芯能有足够的节点强度，以免在夹层固化成型时，由于内部增压而导致节点开裂。一般要求节点强度不低于 0.1MPa。芯条胶还应有相当的剪切强度，以防在压力作用下固化时产生失稳现象，此外还要求有良好的耐工艺介质性能（在工艺过程中可能接触的溶剂、化学试剂）。

蜂窝芯成型的浸渍胶，一般可以选用环氧树脂胶液（室温或热压固化）、聚乙烯醇缩醛（热压）或聚醋酸乙烯酯。聚醋酸乙烯酯无毒、价廉，可在室温下固化，加热时也能加速固化，但因本身易溶于苯乙烯，故不能用于聚酯树脂胶浸渍的蜂窝芯。对Nomex蜂窝芯通常用环氧胶。

用玻璃布、Nomex纸制成的蜂窝叠块，按要求的芯层高度加工成一定宽度的蜂窝条材并拉伸成孔格形状后，必须浸渍树脂胶液，达到增强、固定的作用。这种树脂胶液，一般用溶剂稀释成便于浸渍施工的浓度，并通过控制浸渍次数及每次浸渍的时间来调节蜂窝芯的容重及其最终性能。根据使用性能要求，可选择酚醛、耐热环氧、聚酯树脂胶液。

2）蜂窝芯材的制造

玻璃布蜂窝芯的制造主要采用胶结拉伸法。其工艺过程是先在制造蜂窝芯材的玻璃布上涂胶条，然后重叠黏结成蜂窝叠块如图6-4（a）所示，固化后按需要蜂窝高度切成蜂窝条，经拉伸成型的蜂窝芯材如图6-4（b）所示。制造蜂窝夹芯叠块的胶条上胶法根据涂胶方式的不同分为手工涂胶法和机械涂胶法两种。机械涂胶法有印胶法和漏胶法两种。漏胶法的生产效率高，但胶条宽度不易控制，涂胶质量较差，设备清洗也不方便，故很少使用。印胶法是一种常用的涂胶方法，其工艺流程如图6-5所示。

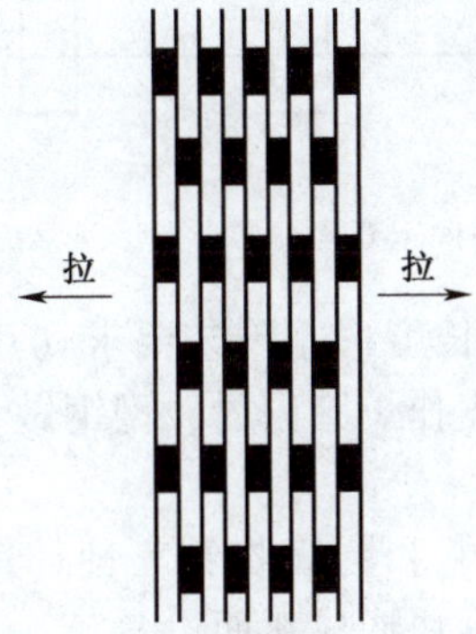

(a) 蜂窝叠块

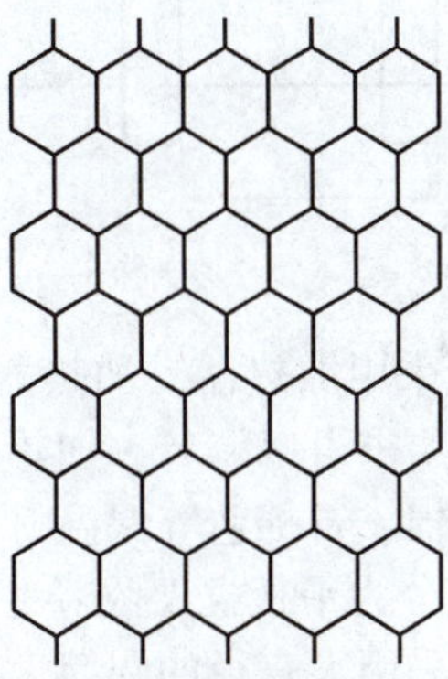

(b) 拉伸成型的蜂窝芯

图6-4　胶结拉伸法制造蜂窝芯子

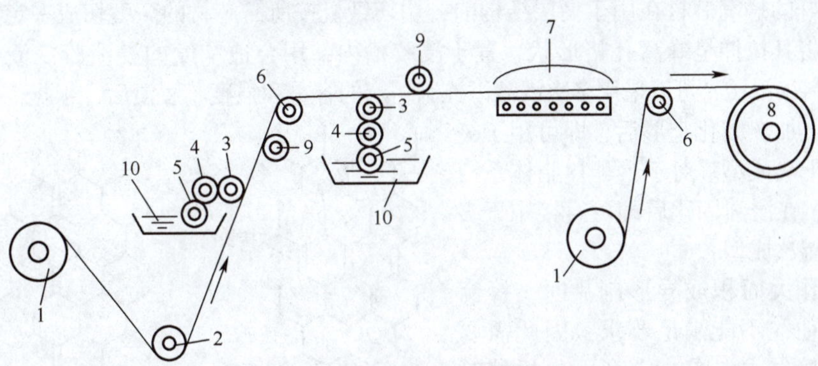

图6-5　印胶涂胶法工艺流程图

1—玻璃布放布筒；2—张紧辊；3—印胶辊；4—递胶辊；5—带胶辊；6—导向辊；7—加热器；8—收布卷筒；9—调压辊；10—胶槽。

印胶涂胶是通过蜂窝涂胶机的印胶辊来实现，蜂窝涂胶机的构造一般分为上胶装置、干燥装置、收布及传动装置等几部分。印胶涂胶法的工作原理是玻璃布从放布筒1引出后，经过张紧辊2到第一道印胶辊在布的正面涂胶，涂胶后的布经过导向辊6到第二道印胶辊，并在布的反面涂胶。涂胶后的玻璃布经过加热器加热，在水平导向辊6处与未涂胶的玻璃布叠合，一起卷到收布卷筒8上。收卷到设计厚度时，从收布卷筒上将蜂窝块取下，加热、加压固化后，切成蜂窝芯子条，经拉伸成型蜂窝芯材。印胶涂胶法的设备简单，机械化程度高，质量容易控制，生产效率高，适用于大规模生产。

（1）玻璃布上胶装置主要包括张力机构和印胶辊结构。张力机构使玻璃布产生一定张力，在张力的作用下，玻璃布能平整地进行上胶，提高上胶质量，收卷时能够卷紧。

印胶辊结构示意图见图6-6，胶液通过带胶辊、递胶辊传到印胶辊凸环上，当玻璃布和印胶辊接触时，胶液便被涂到玻璃布上。第一道印胶辊和第二道印胶辊的凸环错位$2a$，其原理同手工涂胶法，分别将胶液涂到玻璃布的正、反面。涂胶时，当胶辊转向和玻璃布的运动方向一致时，称为印胶法。如果胶辊转向和玻璃布的运动方向，称为擦胶法。擦胶法胶液对玻璃布的压力小，不易投胶。

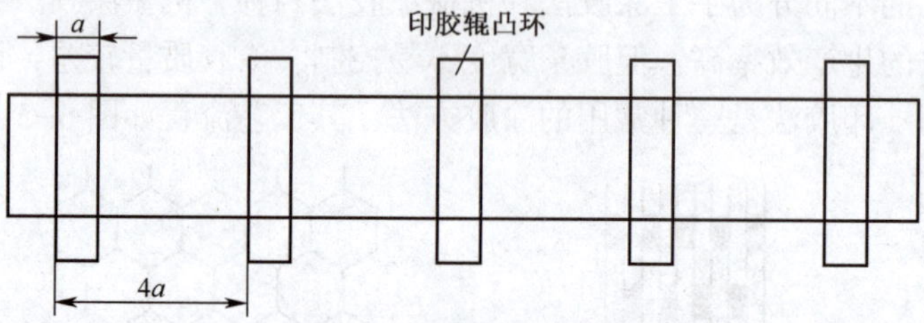

图6-6 印胶辊结构示意图

（2）干燥装置采用加热器，加热器箱体的长度根据工艺要求（烘干时间）和布的速度而定，其温度要求可以调节，加热器以铝皮作炉膛内衬，型钢做骨架，外层用薄铁皮，中间填有玻璃棉、石棉毡等保温材料。

（3）收布装置分为平板框架收卷、方箱收卷和圆筒收卷三种。其中，以圆筒收卷速度最均匀，但宜采用大直径的圆筒，以免蜂窝块形成弧面。

3）蜂窝芯材的浸渍与拼接

压制好的蜂窝芯材在用于夹层结构前，用切纸机按所需芯材的高度切成一定宽度的条材，然后将其拉伸呈蜂窝孔格形状，置于浸胶槽内，用合适浓度的浸渍胶浸渍1~2min。蜂窝壁材料须浸透，可以采用多次浸渍以控制一定的容重和强度。浸渍后，根据需要在平板或成型模上加热固化定形后，即可用于夹层结构的干法成型。对于聚酯树脂体系浸渍的芯材，在浸渍固化后即可直接用于夹层结构（湿法成型）。

在制作大面积或异形制品时，蜂窝块的尺寸往往不能满足要求，因此需要拼接，拼接方式如图6-7所示。拼接时取少许胶黏剂，涂在拼接处，搭接长度为正六边形的边长，将搭接处夹子或专用夹具固定、加压，胶液固化后即可。

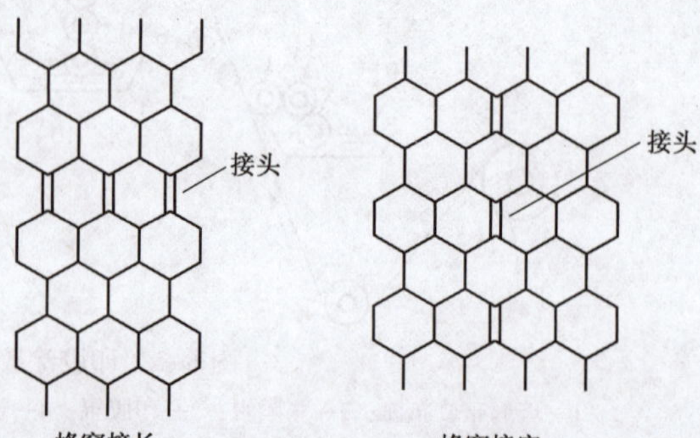

图6-7 蜂窝芯材的拼接方式

4）影响蜂窝夹层性能的因素

（1）含胶量对性能的影响。提高蜂窝的含胶量，可使蜂窝强度和容重（体积质量）增大，但压缩强度的增大更为明显，见表6-4。

表6-4　含胶量对蜂窝压缩强度和体积质量的影响

含胶量/%	蜂窝体积质量/（g/cm^3）	压缩强度/MPa
18~20	0.057	1.13
40~45	0.078	2.57
55~58	0.098	4.88

注：玻璃布厚0.11mm，蜂窝尺寸0.6cm^2。

（2）玻璃布厚度对性能的影响。增加玻璃布的厚度，可以提高蜂窝的强度，同时也增加蜂窝的体积质量。其关系见表6-5。

表6-5　玻璃布厚度对蜂窝压缩强度和体积质量的影响

玻璃布厚度/mm	蜂窝体积质量/（g/cm^3）	压缩强度/MPa
0.11	0.078	2.57
0.19	0.141	3.46

（3）蜂窝孔尺寸对性能的影响。蜂窝孔尺寸越大，强度越低，体积质量越小，见表6-6。

表6-6　蜂窝孔尺寸对蜂窝压缩强度和体积质量的影响

蜂窝孔尺寸/mm^2	蜂窝体积质量/（g/cm^3）	压缩强度/MPa
0.6	0.141	3.46
1.2	0.108	2.26

注：玻璃布厚0.19mm，含胶量40%~50%。

（4）蜂窝高度对性能的影响。蜂窝的高度增加使蜂窝的体积质量、压缩强度降低，但弯曲强度和刚度增加。蜂窝的高度一般是根据产品的要求决定的。一般来说，蜂窝高度采用15~20mm为宜。下料时，考虑到成型时的加压及其他因素的影响，常选取比设计高度高出1~1.5mm。

6.1.2　蜂窝夹层结构件制造过程中的劳动保护

蜂窝夹层结构件成型过程中，针对树脂等轻微毒性高分子、纤维与夹芯材料粉尘等的劳动防护可参考本教材项目1任务1.1【知识链接】1.1.4中有关复合材料生产中的劳动保护相关内容。

6.1.3　蜂窝夹层结构的制造

蜂窝夹层结构的制造过程是将制备好的蜂窝芯与面板连接成夹层结构的操作过程。

1. 按制造方法不同分类

蜂窝夹层结构的制造按制造方法可分为湿法成型和干法成型。

1）湿法成型

湿法成型是指复合材料面板和蜂窝夹芯的树脂在未固化的湿态下直接在模具上进行胶接并固化成型的一种方法。生产时，先在模具上制好上、下面板，然后将蜂窝条浸胶拉开，放到上、下面板之间，加压（0.01~0.08MPa）、固化，脱模后修整成产品。湿法成型的优点是蜂窝和面板间黏结强度高，生产周期短，最适用于球面、壳体等异形结构产品生产。其缺点是产品表面质量差，生产过程较难控制。

2）干法成型

干法成型是指复合材料面板、蜂窝夹芯分别成型固化后，用黏结剂将两者黏结成蜂窝夹层结构的一种成型工艺。

2. 按黏结剂不同分类

根据黏结剂的不同，蜂窝夹层结构的制造可分为涂胶黏结法和胶膜法两种方法。

1）涂胶黏结法

涂胶黏结法是将低黏度的黏结剂均匀地涂刷在面板和蜂窝芯子上，然后把蜂窝芯子放置于面板之间，为了保证芯材和面板牢固黏结，常在面板上铺一层浸过胶的薄毡，通过加热加压固化制成蜂窝夹层结构。

2）胶膜法

胶膜法如图6-8所示，在复合材料面板上置放一层黏结剂膜，然后将蜂窝芯子置于面板上再放一层黏结剂膜，合上另一个面板后再加热、加压使其固化制成蜂窝夹层结构。

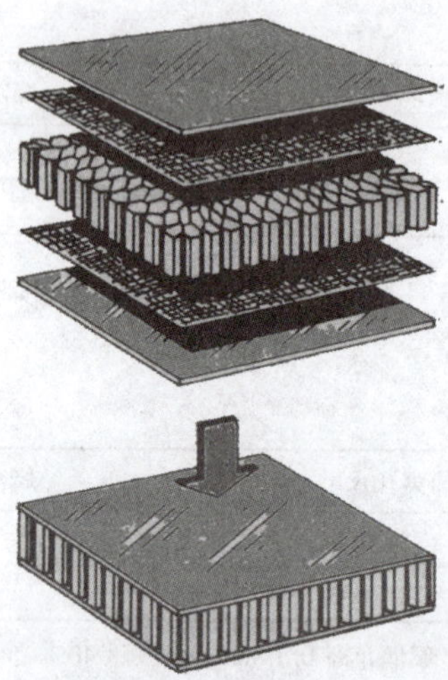

图6-8　玻璃钢面板蜂窝夹层结构零件

干法成型的优点主要是产品表面光滑，平整，在成型过程中每道工序都能及时检查，产品质量容易保证，缺点是生产周期长。

3. 蜂窝夹层结构件制造工艺流程

分次成型法包括一次成型法（一步法）、二次成型法（二步法）、三次成型法（三步法）。

1）一次成型法工艺流程

一次成型法制造蜂窝夹层结构的工艺流程见图6-9，有干法和湿法两种。

蜂窝夹层结构的一次成型法是将上下蒙皮、蜂窝芯和胶膜按顺序组合在一起，面板的固化和面板与蜂窝芯的胶结固化一次成型。这种方法成型的制件芯层与面板层黏结强度高，制造周期短，制造成本低，但夹层内部质量不便直观检验，有些缺陷不易事先发现，该方法适用于平板及型面简单的制件。

2）二次成型法工艺流程

二次成型法是将一面蒙皮先固化成型，在其上贴胶膜、组合蜂窝芯和另一面蒙皮，进行第二次固化成型。预先固化了的蒙皮无蜂窝压痕，表面质量好；预先固化的蒙皮可以进行检验，有缺陷便于及时处理，该方法适用于单面蒙皮质量要求高的各种制件。二次成型法制造蜂窝夹层结构的工艺流程见图 6-10。

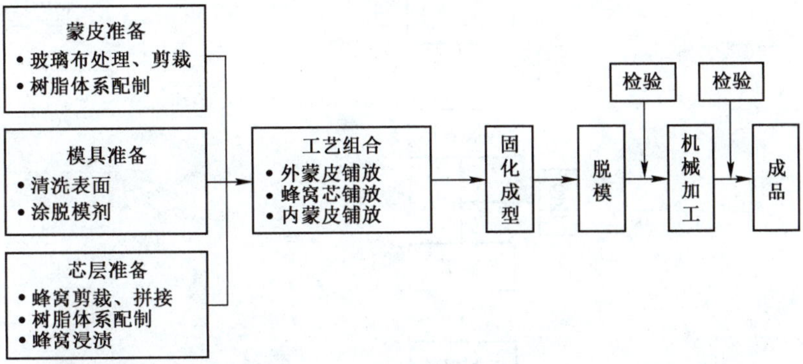

(a) 干法

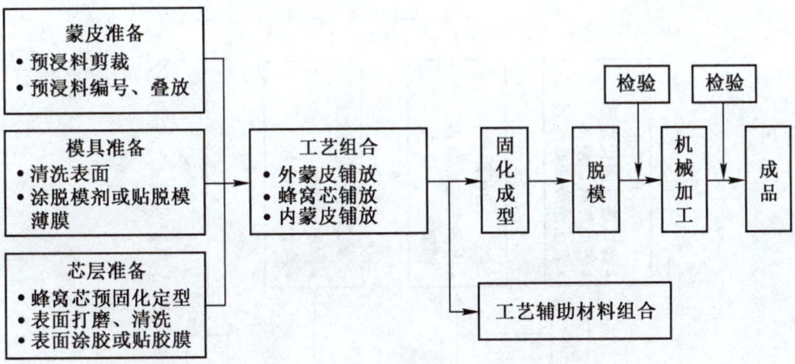

(b) 湿法

图 6-9　一次成型法制造蜂窝夹层结构的工艺流程图

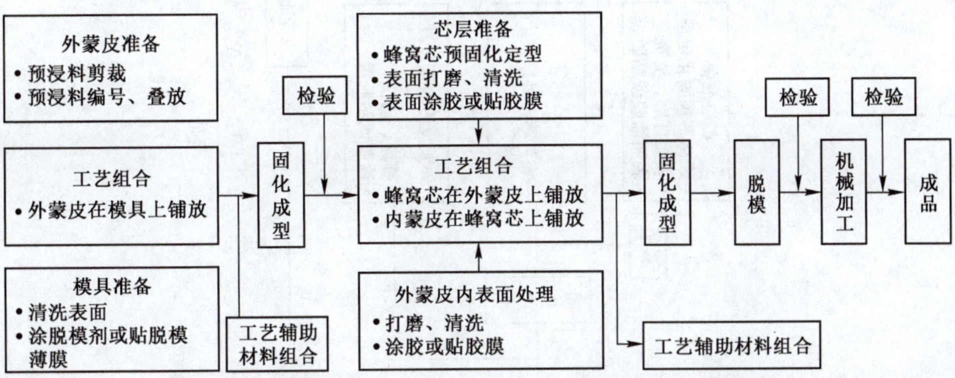

图 6-10　二次成型法（干法）制造蜂窝夹层结构的工艺流程图

3）三次成型法工艺流程

三次成型法是将一面蒙皮先固化成型，其上铺贴胶膜组合蜂窝芯后，进行蜂窝芯的胶结成型，另一面蒙皮组合后，进行第三次固化成型。该方法每次成型后进行质量检验，有问题可及时处理，但生产周期较长，适用于形状复杂的制件，例如多锥角机头雷达罩。

三次成型法制造蜂窝夹层结构的工艺流程见图 6-11。

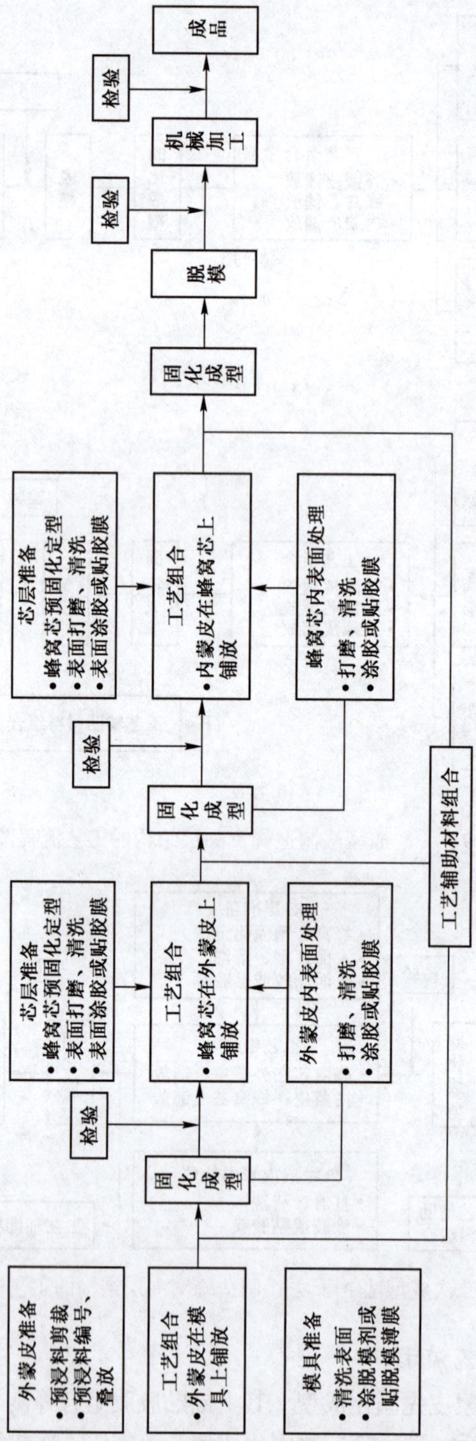

图 6-11　三次成型法（干法）制造蜂窝夹层结构的工艺流程图

6.1.4　蜂窝夹层结构成型中常见的缺陷及解决措施

1. 分层、起泡及褶皱

由于操作不当，成型压力不足，会产生分层起泡现象，应严格操作程序，适当提高成型压力。产生褶皱现象，多数情况是玻璃布铺放不平整造成，加工时要将玻璃布拉平。

2. 蜂窝压瘪现象

当蜂窝厚度不一样时，在接触处压力易集中，加上蜂窝端面刚性较差，就会产生压瘪现象。此时应注意受力部位的平整度，适当降低成型压力。

湿法成型时，当芯材尚未固化完全时，加较大压力，也会产生压瘪现象。应适当降低成型压力。

3. 胶结不良

此问题多产生在蒙皮与芯材胶结面，若在湿法成型中，出现胶结不良现象，则整个制品都将报废，因胶结不良将严重影响夹层结构的剪切强度。可适当提高成型压力，使芯材和蒙皮有良好的接触。若为多次成型，可使用胶膜胶结效果较好，即在蒙皮与芯材界面增加一层浸胶的表面毡。

【任务实施】

1. 材料及工具设备准备

（1）材料准备：玻璃纤维布、蜂窝芯材料、环氧树脂 E-51、蜂窝芯黏结胶膜、固化剂、稀释剂、脱模剂。

（2）工具准备：辊子、毛刷、刮板、尺子、剪刀（或裁布刀）、锤子、纸烧杯、钥勺。

（3）仪器设备：电子天平、烘箱。

2. 蜂窝夹层结构成型操作过程

1）模具准备

检查设备、工装是否完好，能否正常使用。模具除垢，之后充分干燥，保持清洁的模面并避免划伤。检查脱模剂牌号，喷涂（或刷涂）脱模剂，注意厚度均匀，无漏涂，充分干燥后方可使用。如使用脱模薄膜注意铺贴无褶皱、无气泡。过程中防止灰尘或其他杂物污染。

2）蒙皮准备

（1）玻璃布剪裁。检查玻璃布的牌号、织型和厚度；按要求的经纬方向和形状尺寸裁剪玻璃布；剪裁好的玻璃布按组合顺序编号，并核对层数和经纬方向。

（2）树脂体系配制。核对树脂、固化剂和各种添加剂的种类、牌号；按规定的顺序和数量配制，充分混合。

3）蜂窝芯准备

（1）蜂窝芯剪裁：按尺寸要求（或样板）剪裁蜂窝芯。平板夹层结构蜂窝芯一般是浸渍树脂固化后剪裁。

（2）蜂窝芯的拼接：蜂窝芯的拼接分为“嵌接”和“对接”，拼接处要避免密度过大，并要考虑接缝的均匀对称。

（3）蜂窝芯表面打磨和清洗：用砂纸轻轻打磨蜂窝芯表面。除去表面多余树脂、污物，达到一定的粗糙度。用溶剂清洗蜂窝表面并充分干燥。

4）蜂窝夹层结构的组合

（1）在模具上铺放一侧蒙皮：第一层玻璃布刷胶后铺放在模胎上，然后每铺放一层玻璃布刷一次胶，直到叠层铺完。在此过程中要注意控制树脂含量和接缝搭接宽度。刮平并压实布层，排除层间气泡。含有溶剂的胶液铺放后要充分晾置。

（2）在蒙皮上铺放蜂窝芯：将准备好的蜂窝芯铺放在蒙皮上，检查蜂窝芯与蒙皮的型面是否吻合，如有需要，在蜂窝接缝和边缘添发泡胶。

（3）在蜂窝芯上铺放另一侧蒙皮：铺放程序同前一侧蒙皮，蜂窝芯上第一层玻璃布要张紧，尽量减小蒙皮表面蜂窝的印迹。充分排除玻璃布层间气泡。

5）封装固化

蜂窝夹层结构件的固化，对固化压力和温度的控制要求严格。超压和超温，可能因蜂窝芯失稳而造成蜂窝芯被压瘪。压力不均匀，可能造成蜂窝芯局部塌陷。蜂窝夹层结构件的固化压力，一般在 0. 1~0. 3MPa。

首先将蜂窝夹层结构进行整体封装，再进行热压罐固化。本任务中的固化成型工艺可参考本书项目 4 预浸料热压罐成型工艺的内容。

6）脱模

蜂窝夹层结构件固化后，在规定的脱模温度下脱模。脱模时要防止损伤制件和模具。

7）检验

按蜂窝夹层结构件的图纸进行检验，并进行目视检测和超声无损检测。

任务 6. 2　天线整流罩蜂窝夹层结构成型

【任务描述】

某具有二级锥角的雷达天线整流罩采用蜂窝夹层结构，其结构示意图见图 6-12，该零件内外蒙皮采用玻璃纤维增强树脂基复合材料，夹芯采用正六角形玻璃布蜂窝。罩体根部与机体连接处采取了增强措施。雷达天线整流罩的结构尺寸如表 6-7 所列。

表 6-7　雷达天线整流罩的结构尺寸　　单位：mm

项　目	尺寸/mm
高度	约 800
根部最大直径	约 440
夹层结构壁厚	约 10. 5
蜂窝芯边长	4. 5
蜂窝芯高度	8. 1~8. 2
内、外蒙皮厚度	$1.2^{+0.3}_{-0.2}$

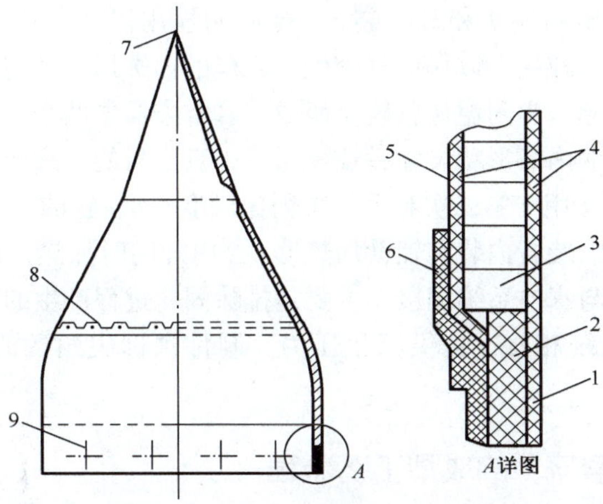

图 6-12　典型雷达天线整流罩结构示意图

1—外蒙皮；2—承力带；3—蜂窝芯；4—胶膜；5—内蒙皮；6—工艺带；7—金属尖；8—整流环；9—安装孔。

【知识链接】

6.2.1　雷达天线整流罩的成型装置

该雷达天线整流罩的结构形状较为复杂，所采用的树脂体系需要有一定的固化温度和压力，热压罐法可以满足成型要求。为了确保质量和进行工序检验，故采用三次成型法：外蒙皮固化成型（第一次成型），外蒙皮、承力带、蜂窝芯的胶接固化成型（第二次成型）和内蒙皮固化成型（第三次成型）。

按照制件的形状尺寸，设计制造了专用的雷达天线整流罩成型装置，其示意图如图 6-13 所示。

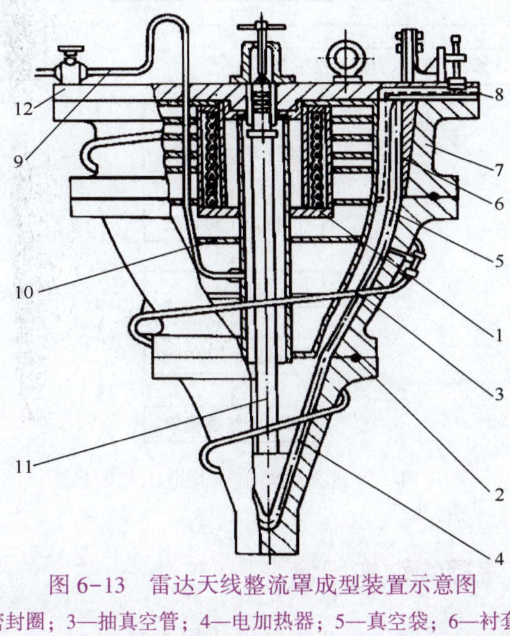

图 6-13　雷达天线整流罩成型装置示意图

1—制件；2—密封圈；3—抽真空管；4—电加热器；5—真空袋；6—衬套；7—金属阴模；8—热电偶；9—压缩空气管；10—金属套；11—顶杆；12—盖板。

装置的主体是金属阴模 7 和真空袋 5。金属阴模用铝合金铸造，分三段装配成一体。阴模要求无砂眼、疏松，以保证气密性。阴模的内廓形尺寸与制件的外廓形状尺寸一致。真空袋为软模胎，由耐温橡胶硫化而成。真空袋需要两个，一个真空袋的外廓形状尺寸与制件外蒙皮的内廓形状尺寸一致；另一个真空袋的外廓形状尺寸与制件内蒙皮的内廓形状尺寸一致（用于第二次和第三次固化成型）。装置的主要热源为外热源，即把装置放入加热炉中。装置内装有辅助加热器 4，内外同时加热，保证固化成型的温度均匀性。抽真空管 3 与真空系统相接，主要是排除固化过程产生的低分子可挥发物。压缩空气管 9 与加压系统相接，提供固化压力。制件顶部尖角区的施压和限位依靠顶杆 11。

6.2.2 雷达天线整流罩的成型工艺流程

雷达天线整流罩制造工艺流程图见图 6-14。

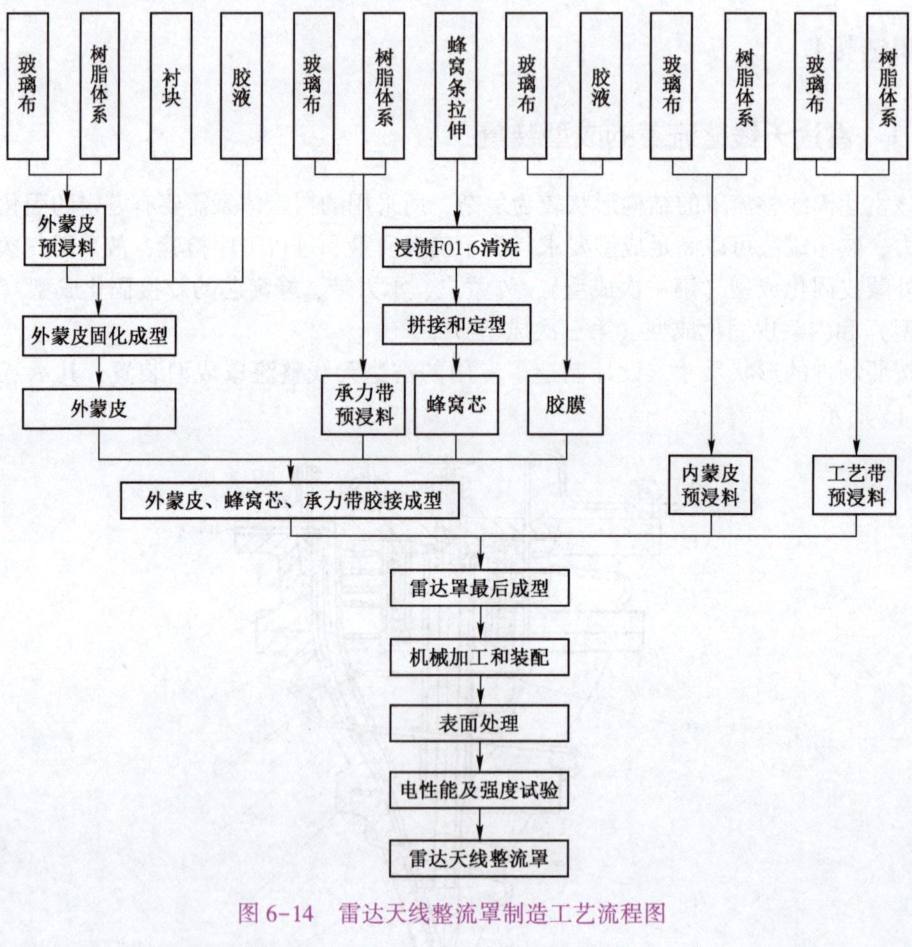

图 6-14 雷达天线整流罩制造工艺流程图

6.2.3 雷达天线整流罩的结构组合

雷达天线整流罩蒙皮各层接缝的位置及结构组合见图 6-15。

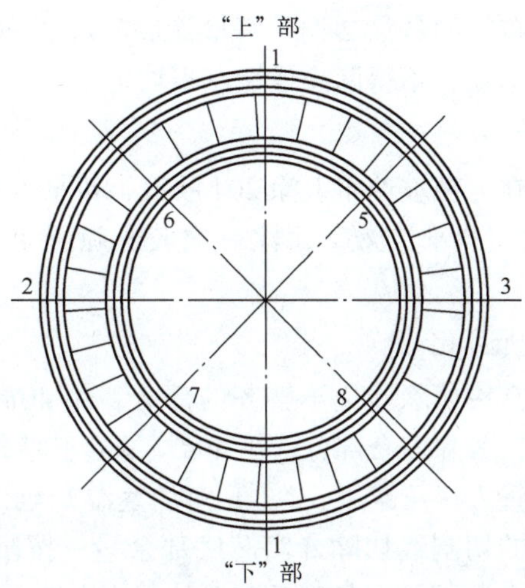

图6-15　雷达天线整流罩蒙皮各层接缝的位置及结构组合

【任务实施】

1. 材料、工装模具与设备

1）材料

该雷达天线整流罩制造用主要材料有平纹无碱玻璃布、蜂窝芯、树脂体系、胶黏剂和硅橡胶腻子等。平纹无碱玻璃布选用Q-300型号，厚度为0.3mm，用于内蒙皮、外蒙皮、承力带、工艺带的增强材料；选用无碱布-60，厚度为0.06mm，用作胶膜载体。玻璃布蜂窝芯选用正六角形，格孔边长4.5mm，高度尺寸及公差符合要求，用作夹层结构芯材。树脂体系选用SC-13改性酚醛树脂，用作内蒙皮、外蒙皮、承力带、工艺带用树脂基体。胶黏剂选用铁锚牌204胶液，用于蒙皮与蜂窝芯胶结。硅橡胶腻子选用TG-18，用作脱模剂。

2）工装模具与设备

热压罐，使用温度185℃，温度场温差±5℃，为加热源。空气压缩机，排气量不小于1.6m^3/min，用于固化施压。真空泵，排气速率为240L/min，用于抽真空。成型装置，用于固化成型。内、外蒙皮铺贴模，用于蒙皮铺放和定型。框架用于预浸料和带载体胶膜制造。蜂窝固化成型阴模，用于蜂窝芯拼接、固化定型。

2. 成型前准备

1）玻璃布热处理

内外蒙皮、承力带、工艺带和胶膜载体用玻璃布为后处理玻璃布，用热处理法处理。在60~80min内，将玻璃布升温至250℃，然后保温60min，再于25~30min内升至350℃，保温60min，自然冷却至室温。玻璃布处理后，要及时使用。如果存放时间长，使用前在105℃下处理30min后再使用。

2）玻璃布预浸料制备

制备预浸料采用手工涂刷法。无碱布Q-300玻璃布张紧在木框架上，在玻璃布表面手工涂刷树脂胶。预浸料树脂含量为28%~30%，每平方米玻璃布的SC-13胶用量为

700g，分4次涂完，玻璃布每面各涂2遍。每次涂胶后晾置20~30min。涂胶时，刷子应沿玻璃布的径向或纬向运动，不得漏涂或涂布不均匀。

3）载体胶膜的制备

手工制备载体胶膜。在无碱玻璃布上涂204胶液，每平方米玻璃布涂1250g胶，在玻璃布两面涂胶，直至涂完全部胶液。每涂一次胶，晾置1.5~2.0h。胶膜制备后在24h内使用。

4）蜂窝芯拼接和预固化

浸渍树脂并晾干的蜂窝块切除周边不整齐的部分，用40#线将蜂窝块拼接成大块。大块蜂窝块在阳模上铺放，裁除多余部分，用40#线缝合，使蜂窝完全贴合阳模表面并固定。将带有蜂窝的阳模置入热压罐中，在1h内从室温升至(175±5)℃，保温1h，自然冷却至室温。沿阳模上的切割线切除蜂窝芯底部余量，按阳模上的“上”标记线对应位置，在蜂窝上标出“上”标记，打磨毛刺后从阳模上取下蜂窝芯，备用。

3. 雷达天线整流罩成型

1）外蒙皮成型

（1）首先进行外蒙皮（干法）铺制。在外蒙皮铺贴模上，铺放一层玻璃布，按700g/m^{2}的胶量，用刷子分4次刷完，每刷完1遍，晾置40~60min。搭接缝的位置应与图6-15相符，在玻璃布上注明“上”标记线。涂胶玻璃布晾干后，从专用阳模上取下。如上进行第2层、第3层、第4层玻璃布的涂胶。

（2）进行外蒙皮组合。用汽油清洗干净阴模的内表面，然后涂TG-18脱模剂，待脱模剂干燥后，铺放1层玻璃布（导气层）。按图6-15的位置，将4层预制好的涂胶玻璃布组合在模腔内。在真空袋的外表面上涂TG-18脱模剂，干燥后放入阴模，标记线要重合。成型装置各部位按要求组装好后，送入热压罐，连接真空和充气系统。

（3）进行外蒙皮固化成型。启动真空泵，使真空压力达到0.06~0.09MPa，缓慢充空气使压力升至(0.3±0.05)MPa。在60min内，从室温升温至(175±5)℃，在此温度下保温60min。自然冷却至60℃以下后，卸掉真空和充气压力。

（4）进行外蒙皮脱模。利用抽真空管路向模腔内充气，顶出外蒙皮。进行质量检验，无质量问题后，打磨内表面，彻底除去内表面上的脱模剂。

2）外蒙皮、蜂窝芯和承力带组合成型

外蒙皮、蜂窝芯和承力带的组合与成型包括外蒙皮装模与涂胶、蜂窝芯与外蒙皮组合、承力带铺放、固化成型、检验和整理五个步骤。

（1）外蒙皮装模与涂胶。将外蒙皮装入阴模模腔中，外蒙皮与阴模的“上”标记线要重合。在外蒙皮内表面上涂刷两次204胶液，每次涂胶后，在18~30℃下晾置60min。

（2）蜂窝芯与外蒙皮组合。已预固化定型的蜂窝芯，外表面上涂一层204胶液，晾置60min，将带载体胶膜铺贴在蜂窝芯外表面上，胶膜可以搭接或对接，搭接宽度2~3mm。将蜂窝芯放入阴模腔，使蜂窝芯、外蒙皮和阴模上的“上”标记线重合，然后紧密贴合蜂窝芯和外蒙皮。

（3）承力带铺放。在承力带铺放位置上铺放预浸料，承力带共铺放17层，每层的端头与下一层的端头对接，层与层之间可以用电烙铁定位。蜂窝芯与承力带对接处若有较大间隙，可以用预浸料的余料填充。蜂窝芯内表面铺放一层玻璃布后，放入橡胶袋阳模并组装全部工装。将成型装置送入热压罐，连接真空系统和充气系统。

(4) 固化成型。启动真空泵，使真空压力达到0.06~0.09MPa。缓慢充空气压力至(0.15±0.05)MPa。在60min内，从室温升温至(180±5)℃，在此温度下保温60min后，充空气使压力提高到(0.3±0.05)MPa，在此条件下保持60min。自然冷却至60℃以下后，卸除真空和充气压力。

(5) 检验和整理。固化成型后不脱模，打开成型装置，除去蜂窝芯内表面上的玻璃布，清除蜂窝孔中的杂物，检查胶结质量。打磨蜂窝芯和承力带的内表面，清洗干净，防止灰尘等杂物污染。

3) 内蒙皮、工艺带的组合与固化成型

内蒙皮、工艺带的组合与固化成型的工艺程序包括内蒙皮组合、工艺带组合、成型装置组合、雷达天线整流罩的最后固化成型、脱模与检验、雷达天线性能测试和机械加工六个步骤。

(1) 内蒙皮组合。将蜂窝芯内表面涂1层204胶液，晾置60min，在蜂窝表面上铺放1层带载体胶膜。按顺序和图6-10规定的接缝位置，将4层玻璃布预浸料组合在蜂窝芯表面上。

(2) 工艺带组合。按需要宽度剪裁玻璃布预浸料共5层，在规定的位置铺放工艺带，每层的端头与下一层端头对接，层与层之间可以用电烙铁定位。

(3) 成型装置组合。在内蒙皮和工艺带表面上铺放1层玻璃布，装入橡胶袋阳模并组合成型装置各部分。成型装置放入热压罐，连接真空系统和充空气压力系统。

(4) 进行雷达天线整流罩的最后固化成型。开动真空泵，使真空压力达到0.06~0.09MPa。缓慢充空气使压力升至(0.3±0.05)MPa，在60min内，从室温升温至(180±5)℃，在此温度下保温180min。自然冷却至60℃以下后，卸除真空和充气压力。

(5) 脱模与检验。利用真空管路向模腔内充气，顶出雷达天线整流罩，剥去表面玻璃布。检验雷达天线整流罩外观质量。用砂纸轻轻打磨内外表面，清洗并干燥后，马上涂1层清漆。

(6) 雷达天线性能测试和机械加工。按规定的项目进行雷达性能测试。进行雷达天线整流罩根部工艺带的机械加工，加工时不能损伤内蒙皮。

4. 制造工艺过程的缺陷修补

1) 内蒙皮未组合成型前，蜂窝芯与外蒙皮局部未胶合

小面积未胶合，注入204胶液，充分干燥后，随内蒙皮一同胶接固化。较大面积未胶合，用刀切下未胶合的蜂窝芯，除掉胶膜，打磨并清洗后，涂1层204胶液并铺贴新胶膜，把切下的蜂窝芯放回原位，与内蒙皮固化成型时一同胶结固化。

2) 内蒙皮成型前，蜂窝芯局部压瘪

除掉压瘪的蜂窝芯和胶膜，打磨并清洗后，涂1层204胶液，再铺放上新胶膜。在已经固化定型的蜂窝芯备件上切取相应部位和大小的蜂窝芯，放在修补部位，随内蒙皮一同胶结固化。

3） 内蒙皮固化成型后，蜂窝芯与外蒙皮脱胶

内蒙皮固化成型后，蜂窝芯与外蒙皮脱胶，若一处面积不大于1500mm^2，总面积不大于2500mm^2，允许修补。

用刀切下脱胶部位的内蒙皮和蜂窝芯，除去旧胶膜，打磨外蒙皮和切下的蜂窝表面，涂1层204胶液，换上新胶膜。把切下的内蒙皮和蜂窝芯放回原位置，按雷达罩固化成型（第三次成型）条件胶结固化。

4） 内蒙皮分层

内蒙皮分层，面积不大于40mm^2，总数不超过5处，可以不修补；大于40mm^{2}的分层要修补。

顺航向切开内蒙皮，注入SC-13树脂体系或204胶液，按雷达罩固化成型条件进行胶结固化。分层面积大于总面积的30%时，更换内蒙皮。

按以上要求进行修补时，重复雷达罩固化成型条件，不能超过两次。

任务6.3 某飞机垂尾翼尖泡沫塑料夹层结构成型

【任务描述】

某飞机的垂尾翼尖结构示意图如图6-16所示，长约2.5m，宽约0.8m，最大厚度约0.4m，其蒙皮为玻璃纤维增强塑料。内装铜网天线、梁、肋等，其余空腔填充泡沫塑料。垂尾翼尖的尺寸较大，属非受力件，工作温度不高。蒙皮选用平纹无碱玻璃布增强和室温固化的环氧树脂体系，手糊成型法。泡沫塑料芯采用整体浇注成型法。

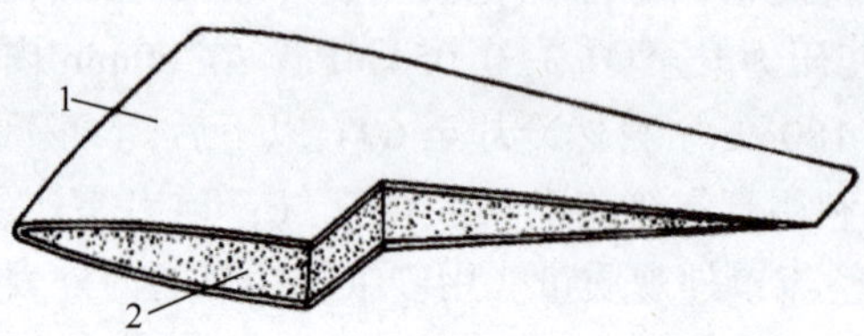

图6-16 垂尾翼尖的结构示意图

1—蒙皮；2—泡沫塑料。

【知识链接】

6.3.1 泡沫塑料夹层结构的原材料

泡沫塑料夹层结构用的原材料分为面板（蒙皮）材料、黏结剂和泡沫夹芯材料。

1. 面板材料

面板材料主要是用玻璃布和树脂制成的薄板，与蜂窝夹层结构面板用的材料相同。

2. 黏结剂

面板和夹芯材料的黏结剂，主要取决于泡沫塑料种类，如聚苯乙烯泡沫塑料不能用

不饱和聚酯树脂黏结。

3. 泡沫夹芯材料

泡沫塑料也称多孔塑料，是以树脂为主要原料制成的内部具有无数微孔的塑料，为气-固双相的材料体系，其中聚合物呈连续状，气孔则分布于固相之中。用泡沫塑料芯材生产夹层结构的最大优点是防寒、绝热、隔音性能好、质量轻、与蒙皮黏结面大、能均匀传递载荷、抗冲击性能好等。此类芯材应用于广阔的民用领域，如船舶和轻型飞机的制造等。常用泡沫塑料性能见表6-8。

表6-8　常用泡沫塑料性能

性　能	聚氨酯泡沫塑料（硬质、闭孔）				聚氯乙烯硬质泡沫塑料	聚苯乙烯泡沫塑料		酚醛泡沫塑料	
密度/(kg/m³)	0.026~0.050	0.14~0.19	0.2~0.3	0.3~0.4	0.03~0.10	0.03	0.2	0.03~0.08	0.11~0.16
拉伸强度/MPa	0.1~0.7	1.6~3.2	3.3~4.9	5.4~9.1	0.4~7.5	1.0~1.2		0.14~0.40	0.6~0.9
压缩强度（10%）/MPa	0.11~0.42	2~3	4.6~7.7	8.4~14	0.3~1.8	0.6~0.8	3.0	0.15~0.60	1.1~2.1
耐热温度/℃	150	150	150	50	95	75~85	75~85	150	150
导热系数/[W/(m·K)]	0.016~0.023	0.044~0.050	0.052~0.058	0.06~0.08	0.023~0.034	0.037	0.05	0.029~0.031	0.034~0.040
线膨胀系数(X10-5/K)	5.4~14.0	7.2	7.2	7.2	7~11	7.2		0.9	
耐低温性/℃	-90	-90	-90	-90	-50	-70	-70		
吸水率（体积%）	2	0.8	0.4	0.2				13~51	10~15

各种泡沫塑料夹层结构的性能主要取决于泡沫塑料的类型与性能。

泡沫塑料的种类很多，主要有以下几种分类方法。

（1）按树脂基体分类，通常有聚苯乙烯泡沫塑料、聚氯乙烯泡沫塑料、聚氨酯泡沫塑料、聚乙烯泡沫塑料以及脲甲醛、酚醛、环氧、有机硅等泡沫塑料。近年来，还不断出现新的品种，如聚丙烯、氯化或磺化聚乙烯、聚碳酸酯、聚四氟乙烯等泡沫塑料。最常用的泡沫塑料为前五种。

（2）按泡沫塑料硬度分类，有软质泡沫塑料、硬质泡沫塑料和半硬质泡沫塑料三种。在23℃和50%的相对湿度下，各类泡沫成型材料的弹性模量如下：软质泡沫塑料，弹性模量小于70MPa；硬质泡沫塑料，弹性模量大于700MPa；半硬质泡沫塑料，弹性模量为70~700MPa。

（3）按泡沫塑料密度分类，有低发泡、高发泡和中发泡泡沫塑料三种。

低发泡泡沫塑料密度大于400kg/m²。

中发泡泡沫塑料密度为100~400kg/m²。

高发泡泡沫塑料密度小于100kg/m²。

（4）按泡孔结构分类可分为开孔泡沫成型材料和闭孔泡沫成型材料。所含的泡孔绝大多数相互连通的泡沫成型材料称为开孔泡沫成型材料。所含的泡孔绝大多数互不连通的泡沫成型材料称为闭孔泡沫成型材料。几乎所有用于结构件的泡沫塑料均可归于闭孔范围。开孔泡沫塑料与高密度的闭孔泡沫塑料相比吸声性能较好，但强度较差，且吸水问题更为严重。

6.3.2 泡沫塑料夹芯的制造工艺

将塑料原料制成泡沫塑料的发泡方法较多，目前常用的有物理发泡法、机械发泡法和化学发泡法三种。

1. 物理发泡法

物理发泡法是制备泡沫塑料比较简单的方法，发泡剂不与塑料发生化学反应，仅是改变物理条件。它分为惰性气体发泡法和低沸点液体发泡法两种。

1）惰性气体发泡法

惰性气体发泡法是在较高压力（3~5MPa）下，将惰性气体（N_2、CO_2）压入聚合物中，然后降低压力，升高温度，使压缩气体膨胀从而形成泡沫塑料。例如，聚氯乙烯和聚乙烯泡沫塑料可用惰性气体发泡法来生产。这种发泡法的优点是发泡后没有发泡剂留下的残渣，不会对制成的泡沫塑料的物理和化学性能有不利的影响。但是，此法需要比较复杂的高压设备，只能生产中小型尺寸的产品，而且不能一次制成泡沫塑料制品。

2）低沸点液体发泡法

低沸点液体发泡法是利用低沸点液体溶于聚合物颗粒中，然后升高温度，当树脂软化、液体达到沸点时，借助液体气化产生蒸汽压力，使聚合物发泡。常用这种方法生产聚苯乙烯泡沫塑料。

2. 机械发泡法

采用强烈机械搅拌方法，将气体混入聚合物中形成泡沫，然后通过“固化”或“凝固”获得泡沫塑料。机械发泡的特点是必须选择适当的表面活性剂，以降低表面张力，使气体容易在溶液中分散。同时要求搅拌形成的泡沫能够稳定一段时间，使泡壁内的聚合物得以固定。这种方法常用来生产脲醛泡沫塑料。

3. 化学发泡法

化学发泡法又分为两种：一是依靠原料组分相互反应放出气体，形成泡沫结构；二是借助化学发泡剂分解产生气体，形成泡沫结构。用化学发泡法生产泡沫塑料的设备简单，质量容易控制，所以大多数泡沫塑料都是使用这种方法制备的。

常用的聚氨酯泡沫塑料是用组分间反应的化学发泡法制备的。聚氨酯泡沫塑料是由含有羟基的聚醚或聚酯树脂、异氰酸酯、水以及其他助剂共同反应生成的。整个过程自始至终都伴有化学反应。聚氨酯泡沫塑料制造时按所用原材料不同，可分为聚醚型和聚酯型聚氨酯泡沫塑料，可制成软质、半硬质和硬质泡沫塑料。硬质聚氨酯泡沫塑料制造的玻璃钢夹层结构具有轻质、耐高温、电绝缘、保温、隔声、防震等优异性能。其最大的特点是与多种材料黏结性好，能够在现场发泡制造。因此，聚氨酯泡沫塑料夹层结构是目前应用最广泛的泡沫塑料夹层结构。

6.3.3　泡沫塑料夹层结构的制造

航空泡沫夹层结构件的成型方法通常有预制黏结成型法和整体浇注成型法。预制黏结成型法通过机械加工或预成型将泡沫塑料预先制成一定形状，再进行夹层结构的胶结，胶结用胶要合理，成型压力取决于泡沫塑料的承受能力；该方法适用于直升机旋翼及形状复杂的小型制件；适合用机械加工法制大型平板或型面简单的制件。整体浇注成型法以蒙皮为模浇注填充，整体性好，工艺简单，加料量要求准确，制件大时要求有形位控制阴模，一般要有后固化工序。该方法适用于形状复杂、型腔深度不太大的各种飞机夹层结构件。

1. 预制黏结成型法

预制黏结法是先将夹层结构的蒙皮和泡沫塑料芯材按设计要求分别制造，然后通过黏结剂黏结成泡沫塑料夹层结构。该成型技术关键是合理选择黏结剂和黏结工艺条件，黏结剂对芯材和蒙皮有无腐蚀作用以及黏结剂强度都是选择黏结剂的主要因素。例如，聚苯乙烯泡沫塑料芯材不能选用不饱和聚酯树脂。为提高生产效率，在黏结过程中，常采用加热快速固化。加热制度应根据所选黏结剂和泡沫塑料种类决定，一般通过实验来确定。

在制造泡沫夹层结构时，除满足一般黏结工艺要求外，在选择成型压力时，还要考虑泡沫塑料的承载能力，因为某些低密度泡沫塑料的压缩强度往往小于0.1MPa，施加压力不能超过泡沫塑料的承载能力。预制黏结成型法的优点是能适用于各种泡沫塑料，工艺简单，不需要复杂机械设备等；缺点是生产效率低，质量不易保证。

2. 整体浇注成型法

整体浇注成型法是先成型复合材料结构空腔，然后将配制好的泡沫塑料原材料浇注入空腔内发泡成型，使泡沫塑料充满整个空腔，使泡沫塑料和复合材料壁板黏结成一个整体的夹层结构。采用整体浇注成型法时，要将复合材料空腔内壁的杂质清除干净并将表面打磨，然后浇注混合料且加料要准确。一般浇注料加入量比计算值多加0~5%。浇注时要防止喷溅，否则会在空腔内形成大孔，影响泡沫质量。

浇注成型的泡沫塑料夹层结构一般要经过后处理，后处理的处理温度和时间要根据泡沫塑料和树脂种类而定，通常处理温度比成型温度稍高一些。在后处理时升温速度要缓慢，以防止内部产生应力开裂，同时加以外压或放在模具内加压，以防止后处理现场浇注使结构物变形，产生鼓泡、裂缝等缺陷。

【任务实施】

1. 材料、工装模具与设备

（1）材料：无碱布-280平纹无碱玻璃布，用于蒙皮增强材料；E-51环氧树脂，用于蒙皮基体；己二胺，间苯二胺，用作固化剂；邻苯二甲酸二丁酯，用作稀释剂；沪Q/HG 13-336 76#树脂及3#改性树脂，用作泡沫塑料主反应原料；沪Q/GH 13-321三氯三氟乙烷；医用吐温-80；试剂四级三乙胺作为催化剂；中性蒸馏水，用作链增长剂；过氯乙烯清漆G52-2，100份，X-3，60份，用作脱模剂；聚氯乙烯薄膜GB4456，用作脱模薄膜；高温润滑脂 Zn6-4，用作脱模剂。

（2）工装模具与设备。烘箱，使用温度不低于 150℃，工作区温差不超过±5℃；专用阳模，可用环氧树脂模或金属模，用于蒙皮成型；专用阴模，可用金属模，为泡沫塑料充用限位模；搅拌器，转速 1500～2000r/min；杯子；天平。

2. 垂尾翼尖制造工艺流程

本任务垂尾翼尖制造工艺流程图见图 6-17。

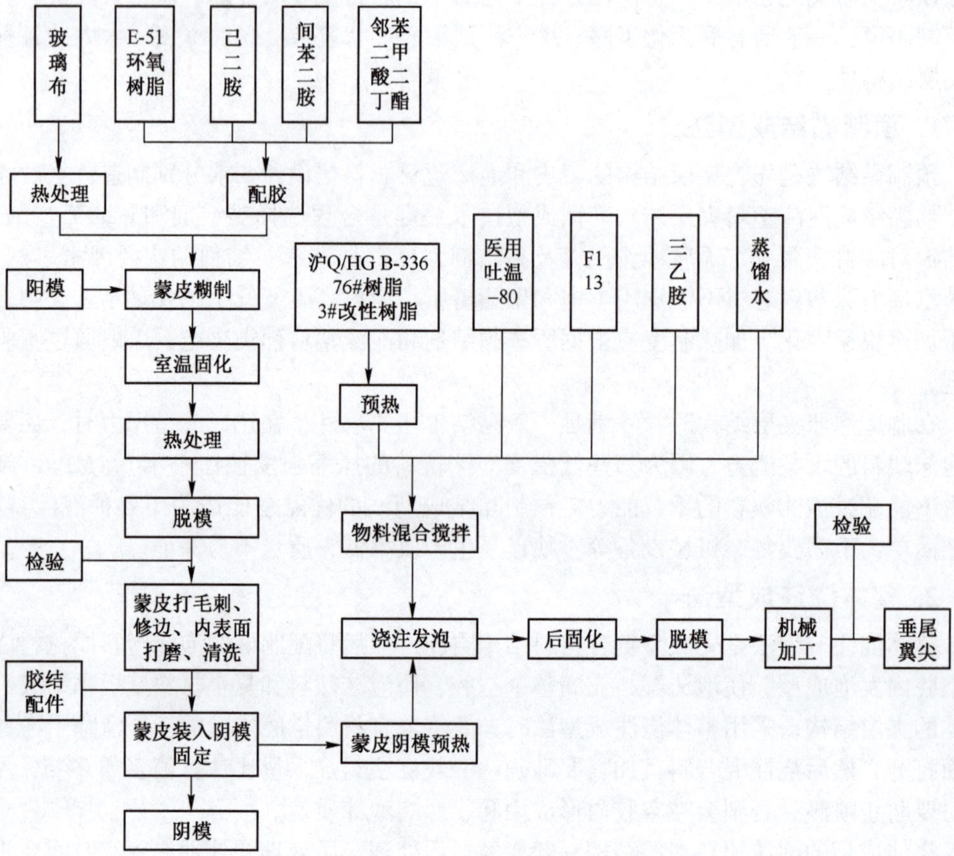

图 6-17　垂尾翼尖制造工艺流程图

3. 垂尾翼尖成型

1）蒙皮用阳模准备

清除阳模表面上的污物，用汽油清洗后晾干。用适量汽油稀释 Zn6-4 高温润滑脂，将其均匀涂刷在模具表面上，晾干。在 Zn6-4 高温润滑脂上喷 1 层过氯乙烯清漆，晾干。

2）玻璃布剪裁

按样板将玻璃布裁成块，或者现场按模具剪裁。

3）树脂体系配制

配比（质量分数）可按照：

环氧 E-51	100
乙二胺	7
间苯二胺	6
邻苯二甲酸二丁酯	10

在杯子中混合各组分，充分搅拌均匀，一次配胶量不可过多。

4）手糊蒙皮

在环境温度 18~30℃、相对温度不大于 75%的条件下糊制。在阳模上铺 1 层玻璃布，刷 1 层胶液，直到糊完需要的层数。各层玻璃布的经纬方向，要按规定铺放。玻璃布的搭接缝，一般为 5~15mm，各层之间的搭接缝要错开。刷胶时，尽量使胶液分布均匀，防止漏涂。刷子的运动方向，尽量沿玻璃布的经向或纬向运动，充分排除空气。树脂含量控制在 40%左右。

5）蒙皮固化

糊好的蒙皮在室温下固化。固化 12h 后，在 60℃下后固化 6h。

6）蒙皮处理与检验

从阳模上取下蒙皮。除去毛边、毛刺，用砂纸轻轻打磨蒙皮内表面。用汽油清洗蒙皮内表面，除去脱模剂和杂物，晾干，检验。

7）填充泡沫塑料前的准备

将蒙皮放入阴模并固定好。梁、肋和天线网等胶结在蒙皮内规定的位置上。将模具（连同蒙皮）放入烘箱预热，使被填充的型腔温度达到(40±5)℃。在 60~80℃的温度下预热 76#树脂及 3#改性树脂，使用前树脂的温度要降到 25~33℃。

8）蒙皮内填充泡沫塑料

发泡的环境温度为 18~25℃，相对湿度不超过 75%。按要求的泡沫塑料密度确定物料配比。

按配比在容器中准确称取 76#树脂及 3#改性树脂，加入吐温-80，先用玻璃棒搅动几下，然后用搅拌器搅拌 1~1.3min，加入 F-113、蒸馏水和三乙胺，再搅拌 45s~1min，待物料开始泛白并开始上涨时，立即停止搅拌并迅速注入蒙皮的型腔内，合模。

浇注后立即进行热处理，处理温度为(60±5)℃，时间为 30~40min，再升温至 80±5℃，保持 2~3h，自然冷却至 40℃以下出模。

9）检验和修补

经检验，如果型腔有未填满处，可以用相同配方的物料浇注修补。修补后在 60±5℃下处理 2~2.5h。

项目拓展

夹层结构自诞生以来，由于具有高的比强度、高的比模量、耐疲劳、抗震动性能好，并能有效地吸收冲击载荷，同时又能通过选择适当的面板、芯材和黏结剂，满足各种适用条件下的要求，因此一直是航空和航天工程中重要的结构材料。近年来，由于夹层结构的材料成本不断降低，成型工艺也日趋成熟，目前夹层结构的应用已经遍及航空航天、船舶、交通运输、建筑、电子工业及体育等领域。

1. 航空航天领域

航空部门特别需要轻质高强的材料。夹层结构轻而坚硬的芯材或层材，用于飞机、航空器和其他领域，具有防火、低导电和抗破坏的特性。

飞机的主要部件，如机身、机翼和尾翼可采用PVC泡沫芯材复合结构，同时使用丁二烯，在生产中不必进行高压高温处理，飞机的质量得以减轻。直升飞机最新一代复合螺旋桨叶采用密度较低、可耐大多数溶剂且可经受高压蒸煮温度和压力的PMI泡沫芯材，这种新型复合螺旋桨叶的寿命可达10000h。比先前的金属桨叶寿命提高10倍。飞机的机舱地板对材料的要求非常挑剔，由于其使用的特殊性，要求其轻质、高硬度、耐疲劳及长寿命，现在飞机上使用了芳族聚酰胺纤维为芯材的地板和其他类似的产品，这些产品最大的优点是有效而持久，即使用于喷气式飞机的过道，也完全满足机舱地板材料的要求。飞机上最早使用的铝质夹层结构虽然质轻，但是不耐腐蚀、易扭曲、易导致点载荷破坏，而以芳族聚酰胺纤维为芯材的地板完全克服了铝质夹层结构的这些缺陷。

2. 船舶领域

常规的交联PVC泡沫已在船舶中广泛应用。瑞士海军的护卫舰使用了片状构造的丁二烯蜂窝芯材。聚氨酯（PU）发泡芯材也常用于船舶的建造。80kg/m^{3}高密度泡沫可应用于承载部件如船舷等；80~120kg/m^{3}的泡沫专门用作甲板和上部构造的芯材。硬质PU泡沫广泛用于水槽、绝缘板、结构性填料和充空填料。大型冷藏拖网渔船“海王星”号甲板室是整体成塑的夹芯结构，用玻璃布制作内外蒙皮和芯材，芯材的厚度为100mm。该船具有轻质、高强、耐海水腐蚀、抗微生物附着以及吸收撞击能。该船在条件恶劣的巴伦支海和北大西洋营运。烟草竞速队11.5m长的高速机船赢得了1998年西海岸机船赛F2级（10.5~12.2m）冠军。它的船底和表面使用了标准的轻质木，以保证最大的剪切和挤压强度；船前部和甲板使用了密度较低的轻质木；隔壁面板、室内地板和家具也使用了轻质木芯材；泡沫芯材船头取代了陈旧笨重的式样。其结果是质量降低22%，速度提高24km/h，达到136km/h以上。

在多杂物（浮木等）漂浮的巴拿马运河中营运的快速渡轮，其抗破坏能力应是首先考虑的问题，其次是总质量轻以保证渡轮的速度。由于这些原因，一种线性PVC泡沫芯材（140kg/m^3）被选作船壳底材，80kg/m^{3}的PVC泡沫芯材做船壳侧面材料和船舷突出部件。部件使用玻纤增强表皮层和真空袋膜工艺；甲板和船舱侧面使用密度为78kg/m^{3}的横纹轻质木芯材，其表面用AL-600R/10（轻质木的专用表面处理剂）处理，以提高黏结力；交联环氧树脂/玻纤板材做舱房表皮层；材料加工运用计算机层压设计程序，以保证渡轮达到ABS标准。

3. 交通运输领域

通用汽车（GM）公司第5代C-5雪佛兰轿车使用了夹层结构的底板系统。这个夹层已进行了优化，以提高速度、降低噪声、减轻摇摆以及提供足够的刚度支持汽车的座位。通用汽车公司选用控制密度的横纹轻质木。这种材料由计算机数控切割，可减少安装时间。交联的PVC芯材在铁路运输中得到应用，典型的实例是丹麦的火车，也可以用于公共汽车和有轨电车及摩托车等。一级方程式赛车模仿自然蜂窝结构，使用空心六边形管相互作用增强原理制作芯材。赛车具有高的抗冲击强度和能量吸收能力。比赛用自行车也采用这种蜂窝结构芯材。法国制造的铁路冷藏车采用PVC泡沫芯材提高隔热效果。其他芯材用于运输车辆主要是利用它们的绝缘性，如聚异氰酸酯绝缘泡沫塑料等。

4. 建筑领域

夹芯材料在建筑上的应用十分广泛。在内外墙上使用纤维板、胶合板等各种夹芯材料，使墙壁具有隔音、隔热、轻质、高强等优点。由于顶棚强度要求不太高，只要求质量轻、刚性好，有一定防火、保温性能，美观和价格便宜、安装方便，因此通常采用各种纤维芯材和PE塑料泡沫芯材等。其他芯材用在建筑上主要是利用它们的绝缘性，如美国艾洛特公司生产的聚异氰酸酯绝缘泡沫塑料用于工业隔离门、冷冻装置、墙板和通风管道；美国蜂窝新材公司的纸质芯材应用于耐化学腐蚀的门、建筑板材和内装饰及地板。

巩固练习

（1）什么是夹层结构复合材料？其性能特点是什么？

（2）常用的蜂窝芯材的类型有哪几种？

（3）蜂窝夹层结构制备方法有哪几种？哪种方法最好？

（4）玻璃布蜂窝芯的制造方法是什么？简述其过程。

（5）泡沫塑料可分为哪些种类？

（6）试述泡沫塑料发泡的方法。

（7）泡沫塑料夹层结构制备方法有哪些？

项目7　复合材料液体成型工艺

项目目标

知识目标

（1）熟悉纤维预成型技术；

（2）掌握树脂传递模塑成型工艺的树脂体系、成型设备及模具；

（3）掌握树脂传递模塑成型工艺过程；

（4）掌握真空辅助树脂渗透成型工艺树脂材料、辅助材料、设备及模具；

（5）掌握树脂膜渗透成型工艺过程。

能力目标

（1）能正确选用纤维预成型制造方法；

（2）具备常用的复合材料液体成型工艺操作的基本技能。

素质目标

（1）具有坚定的理想信念、强烈的家国情怀和民族自豪感；

（2）具有追赶超越、不断创新、艰苦奋斗的工匠精神。

复合材料液体成型工艺也称液体模塑成型技术（liquid composite molding，LCM）是指在闭合模腔中铺放设计好的纤维预制体，采用注射设备将专用树脂体系注入闭合模腔或加热融化预先放入模腔内的树脂膜，通过树脂流动充满模腔的同时完成纤维、树脂的浸润，再经加热固化、冷却脱模后成为复合材料制品的一种成型工艺。

LCM 技术采用干态纤维或织物制备的预制体，结合编织、缝合、Z-Pin 等手段实现复合材料结构的整体化及三维增强，可以达到结构整体化减重和降低复合材料制造成本的目的。LCM 技术可以实现复合材料结构与性能的统一，实现复合材料设计、制备的一体化，既能显著缩短制件生产周期，又可保证制件的整体质量。LCM 技术既可制备大型整体复合材料制件，又可制备各种小型精密复合材料制件，LCM 制件具有强度及性能可靠性高、成型工艺简单、生产效率高、尺寸准确、外表光滑、环保性能好等优点。

LCM 是一种近年来出现的先进复合材料低成本制造技术，以树脂传递模塑（resin transfer molding，RTM）成型工艺、真空辅助树脂渗透（vacuum assisted resin infusion，

VARI）成型工艺、树脂膜渗透（resin film infusion，RFI）成型工艺为代表的低成本液体成型技术是航空复合材料制造领域研究与发展的重点。

任务7.1　树脂传递模塑成型工艺

【任务描述】

采用T300碳纤维平纹布、环氧树脂为原材料，完成平板试验件（长300mm，宽300mm）的RTM成型过程。

【知识链接】

树脂传递模塑成型（RTM）工艺是一种闭模成型技术，可以生产出两面光滑的制品。RTM工艺目前已广泛用于建筑、交通、电信、卫生、航空航天等工业领域。RTM技术是一种非常具有竞争力的复合材料成型技术，可以作为预浸料/热压罐技术的补充或替代技术。RTM工艺的基本原理如图7-1所示，先在模具的型腔内预先铺放纤维预制体，然后将树脂注入闭合模腔内，直至整个型腔内的纤维增强预制件完全被浸润，最后经固化、脱模后加工成制品的工艺。

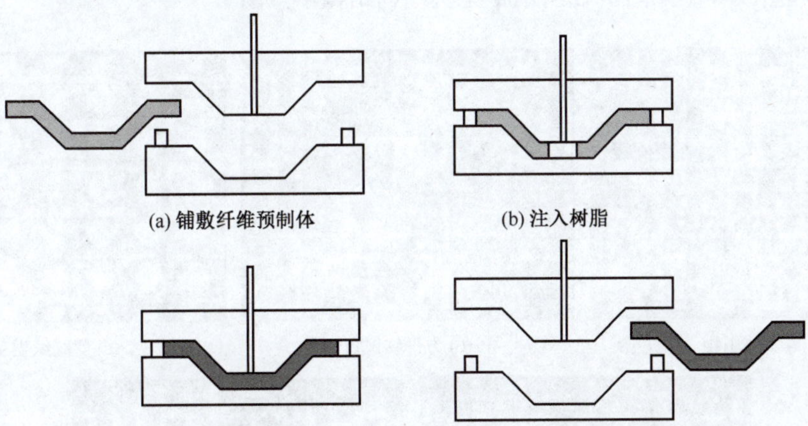

(a) 铺敷纤维预制体　(b) 注入树脂　(c) 固化　(d) 脱模

图7-1　RTM工艺的基本原理

7.1.1　纤维预成型技术

纤维预制体是将不同类型的干态纤维或纤维增强织物采用铺叠、编织、缝合、Z-Pin等方法形成的干态纤维结构。纤维预制体与制件形状相同或相似，且具备一定的变形能力。

1. 纤维预制体的原材料

纤维增强织物是LCM技术中采用最多的纤维预制体原材料，具有可设计性好、可铺覆性好、力学性能优良的特点。纤维增强织物按照结构可分为机织物、经编织物、针织物等。

1）机织物

机织物是将相互垂直排列即横向和纵向两系统的纤维，在织机上按一定规律交织而成的织物。织物长度方向称为经向，宽度方向称为纬向，通过经纱密度或纬纱密度来对机织物进行衡量。常见的机织物类型有单向布、传统平纹织物、展平织物、定型/增韧织物等。

（1）单向布。单向布是将单向纤维通过少量纬纱（如玻璃丝）连接在一起，见图7-2。单向布的主要特点是在经向方向具有较高的强度，在纬向强度较弱，纬纱主要起到维形的作用。单向布中纤维自身不存在穿绕，仅在一个方向上进行延伸平铺，克服了其他织物类型需在生产中进行多向拉伸和穿绕从而产生的纤维弯曲致使受力下降的弱点，所以采用单向布制备的复合材料可获得较高的力学性能，是目前航空用量最大适用于LCM技术的增强材料。

图7-2　碳纤维单向布

（2）传统平纹织物。传统平纹织物按编织类型的不同，可分为平纹、方平纹、罗纹、缎纹和斜纹等。如图7-3所示常见机织物结构示意图。

(a) 平纹织物

(b) 方平纹织物

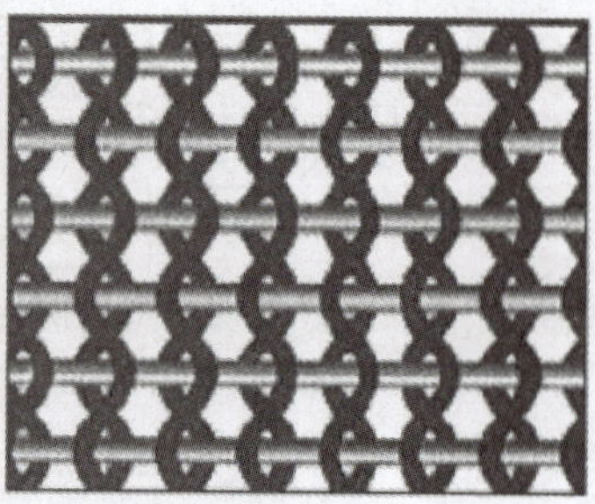

(c) 罗纹织物

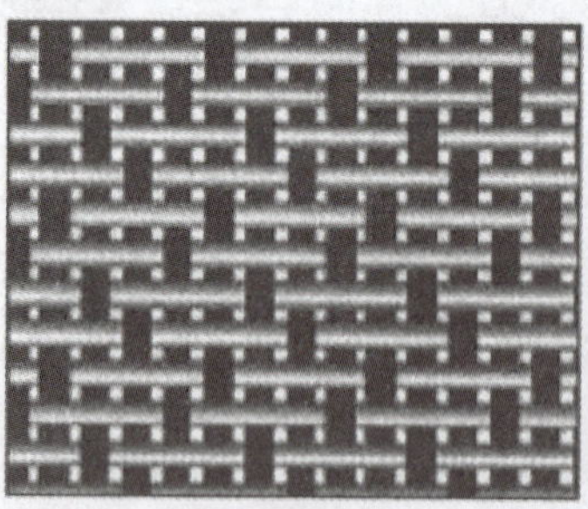

(d) 缎纹织物

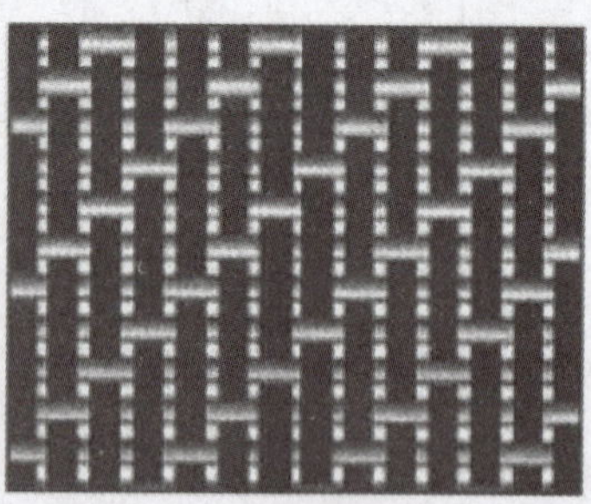

(e) 斜纹织物

图7-3　常见机织物结构示意图

（3）展平织物。展平织物是一种改进的机织物。其原理是在传统平纹织物的基础上，对纤维丝束进行展平处理，使编织后的机织物空隙率由5%～7%降低至0.5%，具有纤维体积含量更高，力学性能更好的优点。

（4）定型/增韧织物。定型/增韧织物是一种改性的机织物。其原理是在机织物的制造过程中，采用在机织物上喷涂塑性定型剂或增加增韧剂的方法，使机织物在铺覆中具有黏性，并且可以提高 LCM 技术成型复合材料构件的韧性。

2）经编织物

经编织物，又称多轴向经编织物（NCF），其原理是采用经编线将多层单向纤维层按指定的角度缝合而成的一种增强纤维织物形式，如图 7-4 所示。NCF 作为一种高性能低成本的增强纤维织物，相对于机织织物，其纤维屈曲程度较小，更有利于发挥纤维的性能，而且经编线的存在提高了其复合材料的层间剪切强度、损伤容限和冲击韧性，尤其是冲击后压缩性能。相对机织物，NCF 铺放简单省时，使得复合材料制造效率更高，已被广泛应用于高性能复合材料中，如航空航天、汽车工业、造船业、体育用品、建筑、能源和医疗等领域中。在航空航天领域，碳纤维 NCF 主要用在翼盒、翼梁、升降舵、方向舵、发动机罩等部件上面，如 A300 和 A330 的翼梁、A400M 军用运输机的后舱门、A380 的座舱等。

图 7-4　经编织物结构

3）针织物

针织物是由纱线通过织针有规律的运动而形成线圈，线圈和线圈之间相互串套起来而形成的织物，如图 7-5 所示，可分为经编针织物和纬编针织物。经编针织物是纱线从经向喂入，弯曲成圈并相互串套而成的织物，纬编针织物纱线沿纬向喂入，弯曲成圈并相互相串套而成的织物。由于针织物的线圈结构有很大的可延长性，所以易于制成复杂形状的构件，此外在现代工业针织机上生产网状预制体具有材料损耗少、生产效率高等特点。

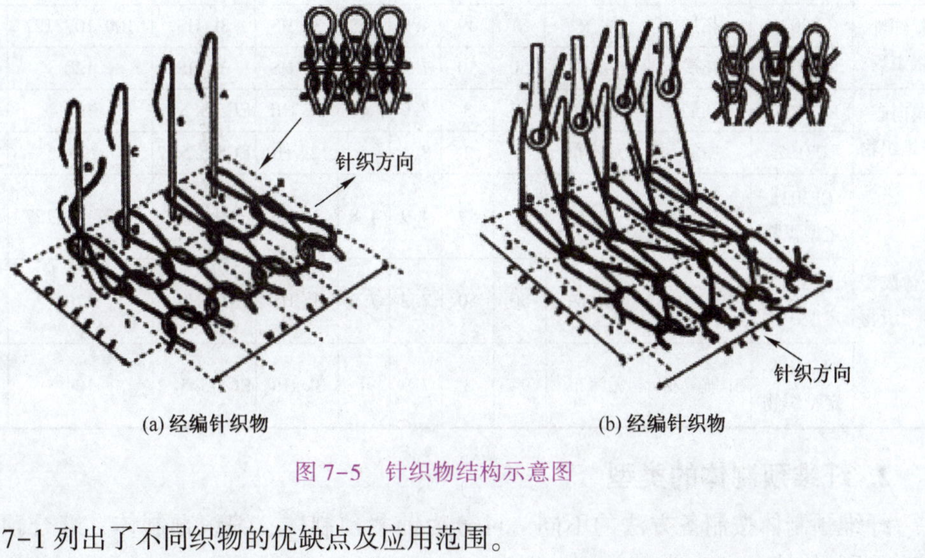

(a) 经编针织物　　(b) 经编针织物

图 7-5　针织物结构示意图

表 7-1 列出了不同织物的优缺点及应用范围。

表7-1 不同织物的优缺点及航空应用范围

织物类型	优点	缺点	航空主要应用范围
单向布	纤维丝束平直，纤维弯曲变形较小，力学性能优良	纤维之间约束力较小，铺叠过程中易发生变形；无法适用于复杂曲面	各种航空主、次承力复合材料结构，要求结构变形较小，如翼面结构、舱门结构等
传统平纹织物（含展平织物及定型/增韧织物）	适用性较广，几乎适用于所有类型的航空复合材料结构	编织过程中出现纤维屈曲现象，对性能有较大影响	各种航空次承力结构和整流结构，如复杂梁、肋结构等
NCF织物	铺覆性好、制造效率高、纤维屈曲程度较小，更有利于发挥纤维的性能	变形能力较小，不能应用于复杂曲面；制造大型构件时NCF织物需进行搭接受力设计	各种航空主、次承力复合材料结构，要求结构变形较小，如后压力框、窗框结构等
针织物	易于制成适应复杂形状的构件	纤维线圈弯曲程度较大，强度和刚度利用率受限；纤维体积含量偏低	发动机 SiC 复合材料结构件等

碳纤维机织物由于其优异的力学性能和可设计性，成为液体成型复合材料使用量最大、使用范围最广的纤维增强预成型体材料。目前，已进入商业化应用的碳纤维织物国外主要的供应商有美国 Hexcel 公司、Cytec 公司以及日本的东丽公司。中国满足航空复合材料使用要求的碳纤维织物，主要有威海拓展有限责任公司（以下简称拓展）的 T300 系列和 T800 系列碳纤维织物、中简科技发展有限公司（以下简称中简）的 T700 系列碳纤维织物以及中航复合材料有限责任公司的液体成型专用织物等，具体见表7-2。

表7-2 国内常用航空机织物参数

类型	牌号		编织方法	经纬质量分数		经纬向密度		纤维种类		标准宽度/cm	厚度/mm
	商品名	厂商		经纱/%	纬纱/%	经纱/cm	纬纱/cm	经纱	纬纱		
碳纤维机织物	CF3031	拓展	平纹	51	49	4.9	4.8	3k HS	3k HS	100/107/127	0.20
	CF3052	拓展	5缎纹	50	50	7.2	7.2	3k HS	3k HS	120	0.29
单向碳纤维织物	U3160	拓展	无纬布	97	3	7.9	4	3k HR	EC5 5.5×2	104	0.16
	U7192	中简	无纬布	98	2	8.1	4	12k HR	EC5 5.5×2	90	0.17
液体成型专用织物	CF3031定型织物	中航复材	平纹	51	49	4.9	4.8	3k HS	3k HS	100/107/127	0.20
	CF3052定型织物	中航复材	5缎纹	50	50	7.2	7.2	3k HS	3k HS	120	0.29
	U3160定型织物	中航复材	无纬布	97	3	7.9	4	3k HR	EC5-5.5×2	104	0.16

2. 纤维预制体的类型

纤维预制体按制备方法的不同，可分为铺叠预制体、编织预制体、缝合预制体和 Z-Pin 预制体等。

1）铺叠预制体

铺叠预制体是依据构件具体的结构形式，将增强纤维织物进行裁剪、铺叠和组装，最终形成具有复杂结构的预制体。铺叠预制体的可设计性强，是目前 LCM 技术中应用最广泛的预制体类型。铺叠预制体的制备工艺过程包括原材料的裁剪、预制体的铺叠、预制体的组装等，其制备工艺如图 7-6 所示。

（1）原材料的裁剪。预制体采用的增强纤维织物与预浸料不同，其层间不具备黏性或常温下黏性较低（定型织物需在高温下才具有较高的黏性），因此很难采用普通的自动化裁床进行自动化裁剪，可采用人工下料。根据图样要求按样板或在激光投影平台下剪裁材料，剪裁时应控制织物角度误差，并在每片剪裁后的材料后做标记（图号、方向、层号）。当采用具有干纤维剪裁功能的裁床时，可以实现自动化下料，其下料的方式和预浸料一致。

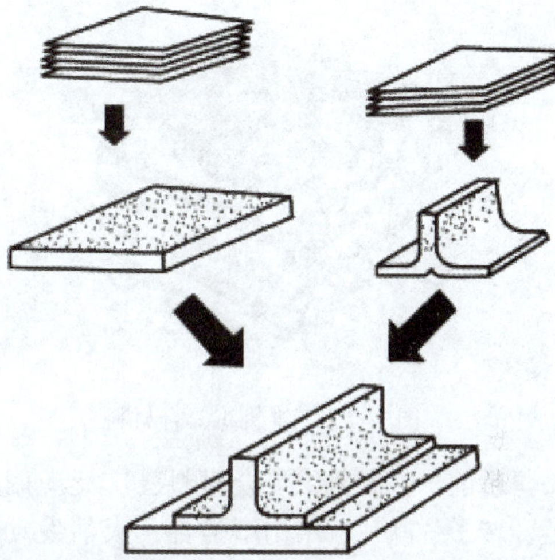

图 7-6　铺叠预制体制备工艺

（2）预制体的铺叠。预制体的铺叠是指原材料裁剪完毕后，按照材料的标记及铺叠表在激光投影仪等设备的辅助下，将裁剪完毕的纤维织物依次叠放在一起。一般在两个相邻的织物层间使用定型剂以提高纤维织物的层间稳定性，也在相邻层间的边缘使用双面胶带用于固定纤维层，但在形成产品前应清除，此外，在纤维织物铺叠过程中不允许有夹杂异物和褶皱，依据轮廓变化的平缓与剧烈程度，预制体的铺贴可分别在平台或铺贴专用模具上进行。当铺叠大尺寸预制体时，需在同层织物之间搭接、拼接或对接，在操作时需注意对接织物的方向需一致，同时间隙要满足相应的设计要求。

干态织物的铺叠国内通常用手工完成，成型效率不高，目前国外已出现干态织物自动铺放系统和干态丝束自动铺放系统，实现了预制体铺叠的自动化。

（3）预制体的组装。预制体的组装是指预制体铺叠后，通过抽真空或必要时在热量和压力的作用下获得最终的零件预制体。对于结构简单的预制体如平板件，可在平台上铺贴完毕后直接在模具上进行组装；当最终制件的形状比较复杂时，预制体很难一次成型，需将多个预制体单元在平台或专用模具上定位后采用一定的方式组合一起。缝合和 Z-Pin 技术可在预制体厚度方向上引入纤维，将独立的预制体单元连接起来形成具有三维形状的预制体，比如将 T 形或帽形筋缝合在面板上，提高结构的可操作性。

2）编织预制体

编织预制体是将两条及以上增强纤维互相交织形成整体结构的预制体。与铺叠预制体相比，编织预制体具有完全整体且不分层的结构，采用编织预制体制成的复合材料克服了传统铺叠复合材料受力后容易分层的缺点，可用于制造整体结构制件和功能制件。

编织预制体具体可分为三维机织预制体和三维编织预制体。

（1）三维机织预制体。三维机织预制体是把经向、纬向及法向的纱线整合为一个整体，由两个及以上方向并两两垂直，每组包含一种或多种纱线相互交织的三维机织复合材料，如图 7-7 所示。三维机织复合材料有较高的冲击损伤抗力和低速冲击损伤容限，其原理是捆扎纱阻止或减慢了在冲击载荷作用下形成的裂纹的增长。

此外，2.5 维机织预制体已成为三维机织预制体的一个重要分支并得到迅速发展。2.5 维机织结构是纱线沿与织物厚度方向呈一定角度的方向形成的交织结构，见图 7-8。

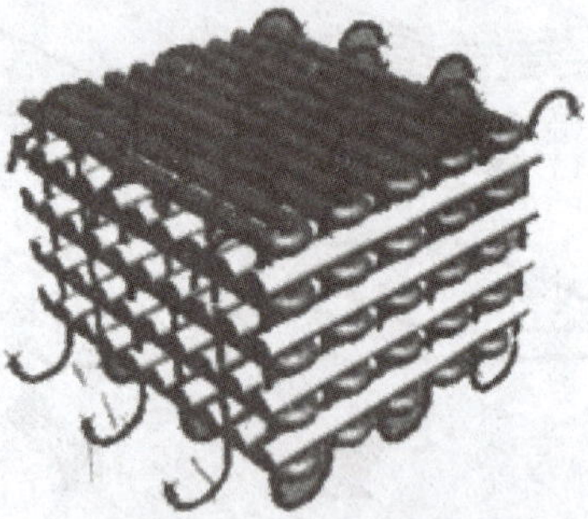

图 7-7 三维机织复合材料

图 7-8 2.5 维机织预制体示意图

目前，三维机织复合材料已广泛应用于航空航天工业，如涡轮发动机的止推转向器、转子、叶片、结构增强件；火箭发动机、喷管、接合件、固定件；机身框架的 T 形部件、十字形叶片、复叶片的加强板；机翼的前缘部件等。

（2）三维编织预制体。三维编织预制体是将纱线在空间相互交织，形成不分层的整体网状结构，具体见图 7-9。三维编织预制体的优点是具有优良的结构适应性、成型性、扭转稳定性和整体性，能满足各种复杂几何形状的需求。此外，采用三维编织预制体制成的复合材料也具有较高的抵抗分层的能力和冲击损伤容限。

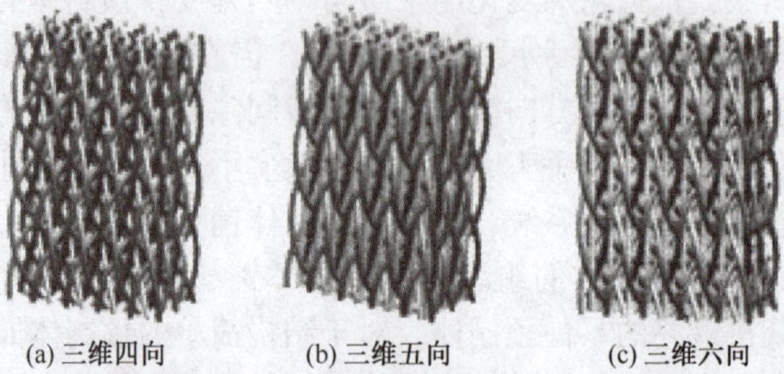

(a) 三维四向　(b) 三维五向　(c) 三维六向

图 7-9 三维编织预制体

三维编织预制体在航空航天的应用包括 T 形梁、分叉梁、连杆、加强板、飞机的小梁、机身框、进气道，火箭发动机的喷嘴、筒体等。例如，洛克希德 · 马丁公司采用三维编织技术研制了 F-35 战斗机进气道的预制体，加强筋与进气道壳体为整体结构，减少了 95%的紧固件，提高了气动性能，减少了信号特征，并简化了装配工艺。空客 A320 垂尾盒段也采用了纤维编织预制体。随着三维编织技术的发展，其在未来的航空航天领域具有很大应用潜力。

3）缝合预制体

缝合预制体的原理是通过缝合手段，使预制体在垂直于或与铺层平面呈一定角度的方向得到增强，从而提高材料的层间损伤容限。缝合增强技术是为了增强预制体界面强度而开发的一种全新的 Z 向增强技术，也是一种将多层织物沿其厚度方向用缝线缝合成纺织预制体的方法。缝合技术工艺作为一种层间强度增强技术，与传统工艺方法相比，具有以下优点。

(1) 缝合工艺具备多样性，如铺层方向、铺层距离和纤维结构可以调整，可以由预制体工艺经缝合—浸润—固化而成型。

(2) 缝合不仅是一种增强技术，而且是一种连接技术，与复合材料的其他连接技术（如胶接、铆接）相比，缝合材料整体性强、不易产生局部应力集中，因此为制作大型复合材料制件提供了一种有效手段。

(3) 缝合对原有纤维分布没有大的影响，而通过调整缝合参数（如缝合密度、缝合方式和跨距）可获得一定程度的整体结构，达到合理的均匀应力状态。

(4) 缝合可用于局部增强，尤其对自由边的缝合可大大降低层间垂直应力，减少自由边脱层。

(5) 由于缝线承受了大部分载荷而且减少了周围树脂的应力集中，所以可显著提高层间强度。

缝合技术目前应用较多的是层合结构预制体，在国内已实现机身类大曲度壁板、翼面类壁板、舱门类纵横加筋壁板、帽形加筋壁板、泡沫夹芯壁板等结构的预制体。

4) Z-Pin 预制体

Z-Pin 预制体是借鉴缝合复合材料中不连续缝线方法，在厚度方向上引入纤维的一种预制体类型。Z-Pin 植入工艺的原理是将坚硬的已固化的纤维/树脂复合物针状细棒（直径通常为 0.2~0.6mm）植入未固化的层合板，使 Pin 针像钉子一样将层合板的各个子层固结在一起。Z-Pin 增强复合材料有以下优势。

(1) Z-Pin 技术对于干态纤维织物和预浸料均可以进行增强。

(2) Z-Pin 增强复合材料的结构轻、成本低。

(3) Z-Pin 技术有很大的设计自由度，可以根据零件的需要，改变 Z-Pin 材料、Z-Pin 密度。

(4) Z-Pin 技术不局限于零件的全局，可以仅在厚度方向增强效率较高的部位进行，比如采用 Z-Pin 技术实现复材零件间的连接，相较于传统机械连接，结构轻、能均匀分布载荷、成本低，且 Z-Pin 可与两个零件共固化。

(5) Z-Pin 技术由于厚度方向引入的纤维为不连续纤维，操作时只需单面接触预制体。而不像三维编织和缝合增强双面接触预制体，Z-Pin 的植入、切割和泡沫残留物的移除工序都可以在零件成型工装上进行，无须借助专用的操作台。

(6) Z-Pin 的引入只需在制造过程中增加额外的一步工序，而无须使制造流程发生根本性的变化。

7.1.2　RTM 成型工艺用树脂

RTM 成型的树脂主要是热固性树脂，包括不饱和聚酯树脂、乙烯基脂树脂、环氧树脂、双马来酰亚胺树脂等。普通部件主要使用不饱和聚酯树脂和乙烯基脂树脂，航空上可用的 RTM 树脂主要是环氧树脂和双马来酰亚胺树脂。适用于 RTM 技术的基体材料，除需考虑其力学性能、热性能、耐环境性能等应满足制件的要求外，还需考虑RTM的工艺性要求。

（1）树脂黏度范围最好为0.25~0.50Pa·s。黏度太高或太低可能导致浸渍不良，或形成大量的孔隙和未被浸渍的区域，影响制品的性能和质量。黏度太高的树脂需要较高的注射压力，容易导致纤维被冲刷。

（2）树脂对增强材料应具有良好的浸润性、黏附性和匹配性。

（3）树脂体系具有良好的固化反应性，在充模过程中，反应速率慢，不影响充模；充模结束后，树脂在固化温度条件下迅速达到一定的固化程度，这样才能减少模具占用时间，提高生产效率。在固化过程中不产生挥发分，不发生不良副反应。

（4）收缩率。树脂收缩率要低，树脂收缩率过大会增加孔隙率和出现制品裂痕的机会。

1. 不饱和聚酯树脂

用于RTM工艺的聚酯树脂有通用型、低收缩型以及其他一些特殊类型。国外专门用于RTM成型的通用型RTM树脂有英国Joton Polymer公司的Norpol树脂和意大利Alusuisse公司的Disititron树脂等，国内商品主要有RTM专用树脂生产厂家金陵帝斯曼树脂公司的RTM树脂和江苏富菱化工有限公司的富丽牌RTM树脂等。德国BASF公司生产的PalapregR30-01V低收缩型树脂，可以达到A级表面质量。

（1）英国Joton Polymer公司生产的Norpol树脂典型代表有Norpol 42-10、Norpol 42-96、Norpol 80-1-06等。

Norpol 42-10是一种中等活性、刚性的邻苯树脂。该树脂在23℃时黏度180~210mPa·s，凝胶时间12~18min。Norpol 42-96是一种中等反应活性的不饱和聚酯树脂，凝胶时间为9~14min，特别适用于低压注射工艺和发泡注射工艺。Norpol 80-1-06阻燃型树脂，是用于树脂注射工艺的一种自熄式快速固化的聚酯树脂，其玻璃纤维增强制品符合自熄性要求，该树脂黏度较低，能快速浸湿玻璃纤维增强材料。

（2）意大利Alusuisse公司的RTM工艺用树脂Disititron 21182和Disititron 441，可以满足用户的不同要求。其性能列于表7-3。

表7-3 Disititron树脂的性能

性　能	Disititron 21182	Disititron 441
黏度（25℃）/(mPa·s)	700	450
纤维含量（质量分数）/%	30	35
凝胶时间（75℃）/s	170	210
热变形温度/℃	95	75
拉伸强度/MPa	60	70
拉伸模量/GPa	3.5	3.6
断裂延伸率/%	2.5	3
弯曲强度/MPa	100	130
弯曲模量/GPa	3.7	3.8

（3）金陵帝斯曼树脂有限公司生产的RTM树脂主要有3个品牌号，其性能见表7-4，其中以P6-988KR最为常用。

（4）PalapregR30-01V低收缩型树脂。德国BASF公司生产的PalapregR30-01V低收缩型树脂可适用于各种RTM用途，不管是否使用胶衣，都能获得良好的表面质量。RTM成型时，模具的最低温度为60℃，最佳温度为80℃. 当模塑制品在常温下固化，放置24h后，制品的收缩率约为0.11%。若制品在80℃下固化，放置24h后，尺寸则没有变化。成型后复合材料性能为：弯曲强度为179MPa，弯曲模量为7GPa，拉伸强度为120MPa，冲击强度为80kJ/m²（表7-4）。

表7-4　金陵帝斯曼树脂有限公司生产的RTM树脂性能

品　牌	Synolite	Synolite	Palatal
产品牌号	1777-G-4	4082-G-22	P6-988KR
类别	邻苯	邻苯	邻苯
黏度/(mPa·s)	185	185	325
凝胶时间/min	28~31	9~15	15~25
热变形温度/℃	91	63	70
拉伸强度/MPa	80	70	70
断裂延伸率/%	4.1	2.0	3.5
特性及说明	用于真空辅助注射成型，优良的浸润性能，适合制造结构复杂制品	力学性能好，玻璃纤维浸润性能优良，固化性能好，放热峰低，中国船级社认证	高延伸率，高冲击强度，流动性能好

2. 乙烯基脂树脂

乙烯基脂树脂是用环氧树脂和不饱和酸反应制成的，其固化物的力学性能接近环氧，工艺性能类似聚酯，具有高度耐腐蚀性。它的耐酸性优于胺类环氧，耐碱性优于酸类固化环氧和不饱和聚酯。乙烯基脂分子中的羟基，增强了树脂对玻璃纤维的浸润性。Dow化学工业公司生产的Derakane牌号的乙烯基脂树脂可用于RTM工艺，见表7-5。

表7-5　Derakane牌号的乙烯基脂树脂的性能

树脂体系	说　明	黏度/(mPa·s)	T_g/℃	热变形温度/℃	断裂延伸率/%
Derakane 411C-50	双酚A乙烯基脂树脂	125	240	215	5~7
Derakane 530	溴代双酚A环氧乙烯基脂树脂	450	270	230	4~5
Derakane 510A-40	溴代双酚A环氧乙烯基脂树脂	250	260	230	4~5
Derakane 470-36	酚醛型环氧乙烯基脂树脂	200	305	300	3~4
Derakane 8084	韧性双酚A环氧乙烯基脂树脂	375	230	180	8~10

国内乙烯基脂树脂比较有代表性的是上海华东理工大学华昌聚合物有限公司生产MFE系列的乙烯基脂树脂。

3. 环氧树脂

RTM 类工艺树脂的要求是在注入温度下有较低的黏度，有足够长的工作时间，同时为提高复合材料性能还要求树脂有一定的韧性。环氧树脂主要用于成型高性能复合材料，一个环氧树脂体系是否能适用于 RTM 成型，是否能成为高性能复合材料的树脂基体，不仅与环氧树脂的品种有关，也取决于所用的固化剂和促进剂。为使树脂体系适用于 RTM 成型，固化剂体系在室温下应成为低黏度液体，与环氧树脂配合后树脂在注射温度下具有良好的贮存稳定性，固化树脂具有良好的耐热性、高强度、高韧性。目前，常用的固化剂为液体胺类和多官能团的液体酸酐等。

航空上可用的 RTM 环氧树脂，具有代表性的是 Cytec 公司的 Cycom 890、PR 520，Hexcel 公司的 RTM 6 等，表 7-6 列出 PR 520、Cycom 890、RTM 6 三种树脂的性能对比。

表 7-6　PR 520、Cycom 890、RTM 6 三种树脂的性能对比

性　能	PR 520	CYCOM 890	RTM 6
T_g/℃	161	210	210
注胶温度/℃	160	80	80
注射黏度/cP	50～1000	250	150
工艺开放期/h	0.5	24	24
拉伸强度/MPa	82.1	70	75
拉伸模量/GPa	4.0	3.7	2.89
伸长率/%	3.0	5.3	3.40
弯曲强度/MPa	153.1	139	132
弯曲模量/GPa	3.5	3.2	3.30
G_c/(kJ/m^2)	1410.0	200	168

国内比较有代表性的室温注射 RTM 树脂是北京航空材料研究院研制的 3266 环氧树脂体系。3266 环氧树脂是一种 80℃ 固化、120℃ 后处理、中温 75℃ 长期使用的结构性 RTM 专用环氧树脂，主要应用在高动态载荷的部件，如飞机螺旋桨桨叶、舰船或鱼雷推进螺旋桨桨叶以及其他主承力结构上。5284RTM 树脂是国内开发的一种适宜于 RTM 工艺的高温固化环氧树脂基体，具有优异的力学性能，工艺操作黏度小于 100cP，适用期大于 300h。采用 5284 RTM 树脂制备的复合材料 133℃ 条件下长期使用，目前，5284 RTM 系列复合材料已应用于国内的多个型号项目。

4. 双马来酰亚胺树脂

双马来酰亚胺树脂（BMI）力学性能好，高温稳定性突出，低毒、低烟。其主要缺点是黏度高、耐性差。国外代表性的双马来酰亚胺树脂是 Ciba-Geigy 公司开发的 Matriimid 5292、Technochemie 公司生产的 Compimide 65FWR、DSM 公司开发的 Desbimid RTM 树脂。表 7-7 列出国外 RTM 双马来酰亚胺树脂基体的基本性能。

表 7-7　国外 RTM 双马来酰亚胺树脂基体的基本性能

性　　能	BP RTM-BM1	Desbimid	XU292	Compimide 65FWR	5250-4-RTM	HX-1601	F650
拉伸强度/MPa			93		103		
拉伸模量/GPa			3.9		4.6		
弯曲强度/MPa	118	100	184	163	163	141	86.9
弯曲模量/GPa	3.6	3.4	3.98	4.5	4.5	4.2	4.41
玻璃化转变温度/℃		250	310	265	271（干态）	265	310

国内典型的双马来酰亚胺树脂是中国航空第一集团复合材料特种结构研究院用于 RTM 工艺雷达天线罩的 F. JN-5-02、北京航空工艺研究所开发的 QY8911-Ⅳ等。其中 QY8911-IV 树脂工作温度为 80~100℃，工作寿命期大于 12h，可在 150℃条件下长期使用，该类树脂主要用于航空航天领域用的耐高温复合材料结构部件。表 7-8 列出国内 RTM 双马来酰亚胺树脂基体的基本性能。

表 7-8　国内 RTM 双马来酰亚胺树脂基体的基本性能

性　　能	QY 8911-IV	6421	F. JN-5-02
拉伸强度/MPa	81	79	71.2
拉伸模量/GPa	4.5	3.97	—
弯曲强度/MPa	119	130	83
弯曲模量/GPa	4.2	4.25	—
玻璃化转变温度/℃	230	304	259

7.1.3　RTM 成型设备及模具

1. RTM 树脂注射设备

传统的 RTM 工艺通常采用 RTM 注射设备进行树脂的注射，RTM 树脂注射设备也称 RTM 注胶机，它主要有树脂泵、温控加热系统、注射枪以及各种自动化仪表等组成，典型的 RTM 注胶机如图 7-10 所示。注射设备按混合方式可分为单组分式、双组分加压式、双组分泵式和加催化剂泵式四种。产品的生产效率取决于成型设备的自动化程度，为提高注射效率，尽可能地节约树脂的用量，实现对产品的质量控制。

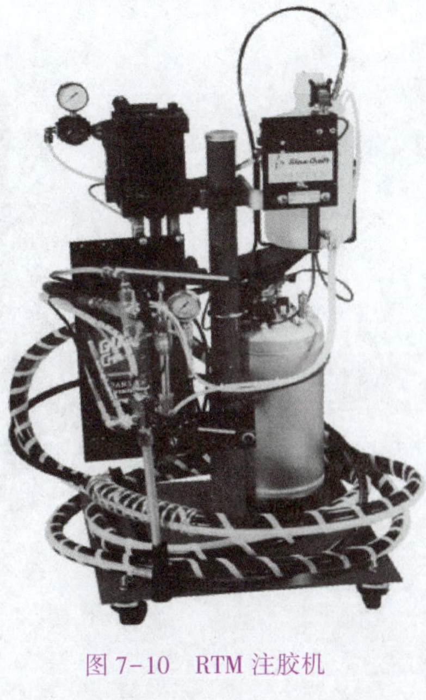

图 7-10　RTM 注胶机

随着 RTM 技术的发展，注射设备呈现高速、高效、自动化并注重低能耗和环境保护的发展趋势，国外越来越多的航空企业采用具有加热系统的 RTM 注射平台替代传统的大功率烘箱+注射设备的 RTM 工艺设备。RTM 注射平台系统可同时实现模具加压/加热、树脂注射和固化等 RTM 成型工序，不但能简化操作过程，提高生产效率、降低能耗、缩短制造周期，而且能降低 RTM 成型模具的设计刚度和制造成本，并可显著提高零件的成型质量。传统 RTM 注射设备与 RTM 注射平台系统对比见表 7-9。

表 7-9　传统 RTM 注射设备与 RTM 注射平台系统对比

对　比　项	传统 RTM 注射设备	RTM 注射平台系统
设备组成	大功率烘箱+注射系统+工艺模拟软件	仅需一套系统
模具加热形式	大功率烘箱/热辐射	接触式加热平台/油循环加热
模具加压能力	无	具备
温度均匀性	差	好
升温速率	慢	快
能耗	高	低
工序可操作性	烦琐	简单
生产效率	低	高
制造周期	长	短
成型模具刚度要求	高	低

RTM 成型平台系统主要由预定型模具/模架、RTM 模具/模架、加热单元、液压系统、控制系统和 RTM 注射系统等部件构成，具体见图 7-11。例如，法国 Pinette 公司开发了一个完整的自动化高速 RTM 工作单元，该工作单元有机器人预成型装模；闭模并传送；树脂传递模塑（RTM）注射；注射后热炉固化等 4 个工作站。其中，预制体转运、装模、闭模、工作站间的传送等工序采用机器人或其他自动化设施处理，同时热炉可以装下多个模具。该工作单元提升了工艺连贯性，提高了生产效率，并已通过碳纤维/环氧的航空零件制造得到验证。

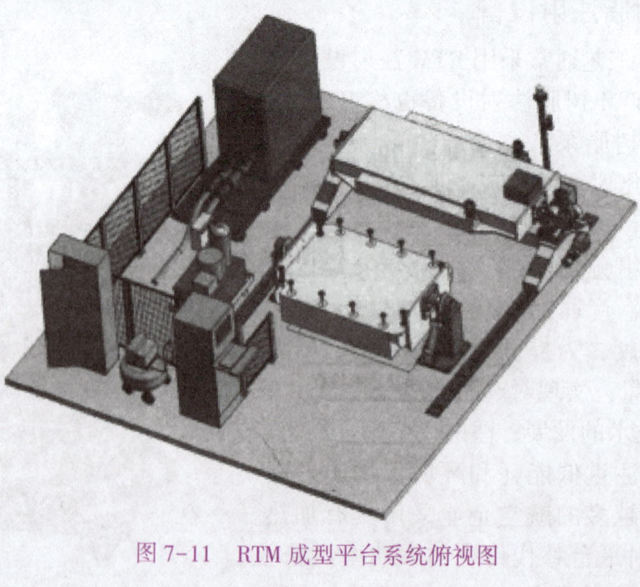

图 7-11　RTM 成型平台系统俯视图

国内上海百若试验仪器有限公司也研制了国内第一台 RTM 一体化成型设备，该设备按照 RTM 工艺将反应釜、真空设备、注射排气系统、加热系统、保压系统、模具等多种设备有机地融合起来，具有加热、脱泡、搅拌、抽真空、注射、加热、保温保压等功能要求。该套设备符合 RTM 成型工艺的要求，满足复合材料生产企业 RTM 生产自动化的要求。

2. RTM 成型模具

RTM 成型工艺是一种闭模操作工艺，因此模具的设计和制造的质量直接影响到 RTM 成型制品的质量、生产效率和模具寿命等。RTM 工艺对模具的一般要求如下：具备夹持与便于制品脱模的装置，具备足够的强度和刚度，以保证在合机模、开模和注射时不出现破坏和尽可能小的变形，热均匀性好，使用中不发生开裂和变形，保证制品尺寸、形状和上下模匹配的精度；模具设计有合理的注射孔、排气孔，保证树脂充满模腔，并排除制品中的气体；上、下模具密封性能好，对无真空辅助的工艺，树脂漏损率应小于 1%，对有真空辅助的工艺，密封应保证不漏气，以免气体进入模腔；具有合理的模腔厚度，满足模具对预成型体压缩量的需求；使用寿命长，成本低廉，使用和维护方便。

1）RTM 模具材料

一般来说，RTM 成型工艺所选用模具材料应根据零件的结构特点和要求进行选择，RTM 在低压下成型，模具刚度相对要求低，可以使用多种材料来制造模具。用于 RTM 的模具种类主要有玻璃钢模具、玻璃钢表面镀金属模和金属模。玻璃钢模具容易制造，价格较低，聚酯玻璃钢模具可使用 2000 次，环氧玻璃钢模具可使用 4000 次。表面镀金属的玻璃钢模具可使用 10000 次以上。表 7-10 列出了不同 RTM 模具的性能比较。

表 7-10　不同 RTM 模具的性能比较

项目	玻璃钢模具	电镀镍模具	铝模具	铸铁模具	钢模具
强度/MPa	150~400	300	50~500	100~200	>300
模量/GPa	7~20	200	71	约 150	210
韧性	冲击引起损伤	耐低冲击	易造成划痕	不易损伤	不易损伤
密度/(g/cm^3)	1.5~2.0	8.9	2.7	7.2	7.8
热膨胀系数/$\times10^{-6}℃^{-1}$	15~20	13	23	11	15
热导率/[W/(m·K)]	约 1	约 50	200	70	60
比热容/[J/(kg·℃]	约 1000	460	913	500	420
最高使用温度/(g/℃)	80	高于树脂固化温度	高于树脂固化温度	高于树脂固化温度	高于树脂固化温度
公差	固化收缩变形	取决于原模	精度高	精度高	精度高
表面粗糙度	可抛光	抛光改善粗糙度	抛光改善粗糙度	不如铝和钢模具	抛光改善粗糙度

续表

项目	玻璃钢模具	电镀镍模具	铝模具	铸铁模具	钢模具
修复	胶衣损坏容易修复，增强层损坏难以修复	不易修复	容易修复	容易修复	容易修复
制造周期	2~4周	30~40天	30~40天	30~40天	30~50天

对于高性能的航空复合材料构件，考虑到强度、热膨胀系数、造价、可加工性等综合因素，RTM模具的首选材料为金属（如铝合金、钢等）、纤维增强复合材料等。

2）RTM模具结构设计原则

RTM模具的结构设计包括产品结构分析、模具结构形式、模具密封结构、真空结构形式、模具加热形式等内容。模具结构设计主要遵循以下原则。

（1）尽量简化脱模部件。在制造模具时应考虑产品脱模，覆盖件两边缘要留有一定的脱模角度，各部分的连接处应平滑过渡。

（2）模具的结构设计应充分考虑树脂注射口和树脂在模具内流道的布置。

（3）便于气体排出。为了有利于气体的排出，分型面尽可能与树脂流动的末端重合。

（4）模具密封和真空辅助成型。模具采用双密封结构并且利用真空在浸渍前对模腔抽真空，这样有利于降低模具变形、降低孔隙率、提高生产率、减少修整工序。

（5）便于活块的安放。当分型面开启后，要有一定的空间便于活块的安放，并保证活块安放稳固，覆盖件模具的活块采用真空吸附，有利于定位和稳固。

（6）模具制造的难易性。模具总体结构简化，尽量减少分型面的数目，采用平直分型面。

3）RTM模具结构形式

RTM成型工艺的模具结构多采用组合形式，包含锁紧、开模、密封和脱模装置。模具上设有注射口和排气口，注射口在模具上有以下3种情况。

（1）中心位置。注射口选择在产品的几何形心，以保证树脂在模腔中的流动距离最短。

（2）边缘位置。注射口设计在模具的一端，同时在模具上设有分配流道，树脂从边缘注射，排气口对称地设计在模具的另一端。

（3）外围周边。树脂通过外围为周边分配流道注射，排气口选择在中心或中心附近的位置。虽然外围周边注射的流道也在边缘，但它是闭合的，排气口在模具的中心处。

无论怎样选择注射口的位置，注射时务必使树脂垂直注入型腔中，否则会使树脂碰到注射口而反射到型腔中，破坏树脂在型腔内的流动规律，造成型腔内聚集大量气泡，导致注射失败。在模具上设有多个注射口可以提高注射效率，但是要保证不同注射口在流动边缘到达下一注射口时，该注射口能够及时开启，上一注射口能够及时关闭，避免出现断流或吐紊流造成的流动死角。为了保证树脂能充满整个模腔，排气口通常设计在模具的最高点和充模流动的末端，以利于空气的排出和纤维的充分浸润。

对RTM成型模具来讲，为保证模具的配合精度，防止注射时模具变形或被注射压力顶开，必须对模具施以足够的锁紧力。在合模和锁紧模具的过程中，根据不同的形式，有的锁模机构安装在模具上，采用四周搭扣紧固、螺栓紧固、C 形夹钳紧固等；有的采用外置的合模锁紧设备锁紧。模具设计时要根据模具的结构形式，制件所要求的尺寸精度，预期的锁模效果，与其他机构的匹配性，成本预算以及耐久性等因素进行合模、锁模方式的选择。

4）RTM 模具密封结构

为防止树脂渗透和加温固化成型过程中树脂渗漏和空气的进入，RTM 成型模具必须具有密封功能。依据模具分型面的复杂情况，大致分为两种密封形式。

对于复杂形状的模具分型面密封主要采用密封圈密封。这种密封方式分型面上要设计相应的密封槽，常见的密封槽有矩形、三角形、半圆形、藏尾形等，以矩形使用较多。其中，圆形或矩形密封圈具有较好密封性和可靠性。为了保证模具的有效密封和满足模腔内抽真空的需要，经常会用到双密封结构。在选择密封材料时，除要考虑与工作介质的相容性外，还须考虑气密封处的压力、温度、连续工作时间和运行周期等工作条件。密封材料一般为橡胶、改性橡胶或硅橡胶，密封位置位于模具边缘。对于简单模具分型面（如分型面为同一平面）密封主要采用夹紧密封。根据产品大小结构的不同大致分为以下七种方法：矩形密封、半圆形密封、蘑菇形密封、半圆形+V 形两道密封、圆形真空密封、圆形充气密封、半圆形两道密封等。

5）RTM 模具的加热方法

在 RTM 工艺中对模内树脂的加热方法有两大类：一是直接加热法，该方法较先进，热效率最高，但难度大，目前还不成熟；二是间接加热法，热能由介质（气、水、油、蒸汽）携带，经模具背衬、型壳、型面传导到树脂中，使树脂固化。间接加热法分为以下 3 种。

（1）背衬管路法。模具背衬里铺设导热介质的管路（循环管路）如图 7-12 所示，由于管路离型面有一定距离，而复合材料属于热的不良导体，热传导较困难，因此加热速度慢，加热循环较长。应用此方法要求改善模具材料的导热性，且选择较平坦的产品类型，以便铺设管路方便。

图 7-12 背衬管路加热示意图

（2）型壳管路（或电热丝布）法。如图 7-13 所示，型壳里贴近型面铺设导热介质的循环管路（或电热丝布）、导热介质流的控制与压机、模具周边夹紧的操作相协调。一个供热系统可同时供多个模具，加热、冷却的速度最快，但每个模具的成本最高。

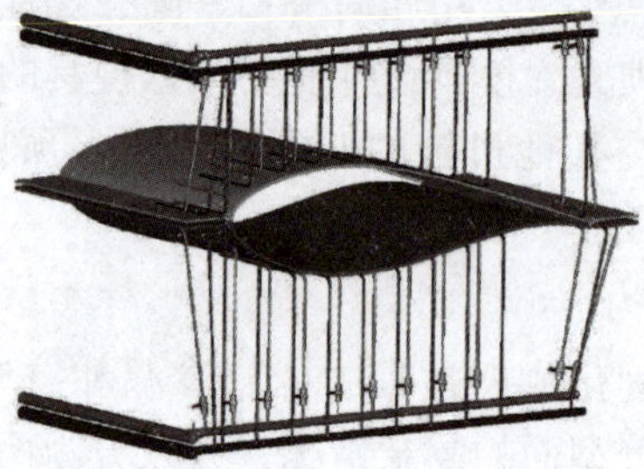

图 7-13　型壳管路加热示意图

（3）整模加热法。物料充模后，将整个模具置于固化炉（或高压釜）内加热，热能经过模具传导型腔内的树脂，致使树脂固化，要求模具材料的导热性好，固化炉内能容纳整个模具，如果固化炉尺寸较大，可同时加热多个模具。该法加热效率低、固化周期长。

6）玻璃钢 RTM 模具的制造

RTM 玻璃钢模具的结构如图 7-14 所示。RTM 玻璃钢模具的制作流程如图 7-15 所示。

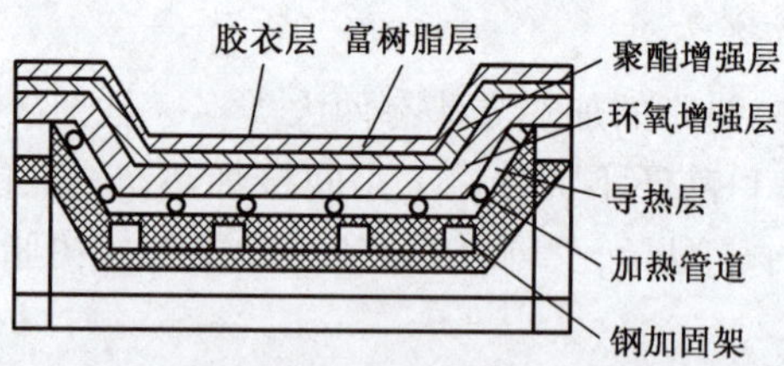

图 7-14　RTM 玻璃钢模具的结构

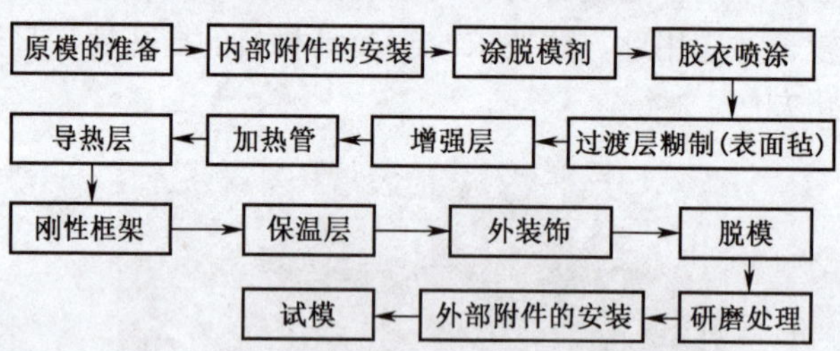

图 7-15　RTM 玻璃钢模具的制作流程

胶衣层是保证模具表面的基础，厚度为 0.5~1.0mm 宜分 2~3 次喷涂，固化时间以手触判断，以触觉黏面指尖未带有胶衣为宜。过渡层可用 30~50g/m^2 的表面毡糊制，糊制过程中保证不能有气泡产生。固化后开始糊制增强层，糊制过程中最主要的是控制铺层的均匀程度及含胶量的均匀程度。对于形状简单、面积较大平板类型的模具，可以在增强层采用毡布交替的铺层设计方式，此方法可以进一步提高板壳强度，而曲面较多、形状复杂的模具直接由短切毡铺层糊制即可。但根据不同的模具质量要求慎重选择毡布增强，因其强度和含量存在方向性，容易导致模具出现因收缩不均匀而引起的翘曲变形。

另外，根据不同的树脂体系和不同的模具要求及糊制制度进行操作。一般情况下，每固化一次糊制的层数越少，模具尺寸精确度较高，模具强度越低，模具变形的概率越小；相反，每固化一次糊制的层数越多，整体强度越大，收缩变形的概率也越大。

有加热层设计的模具，增强层的制作厚度应为6~8mm，这样，既保证了表面强度，其隔热作用也不至于过分突出。加热层由加热管路和导热介质构成，加热管路采用钢管制成，并贴附于增强层表面，先局部固定后，再用导热材料浇铸成型。模具的加固要使用金属等刚性材料，按板壳理论设计结果确定平板单元区域大小并进行网格式加固，框架焊接完成后必须进行去应力处理，糊在模具背后使其与模具黏结成为一体。有加热层的模具还要在最后制作保温层，根据保温材料的不同，保温层厚度一般为50~100mm，然后浇铸成型。

7.1.4　RTM 工艺参数对工艺过程的影响

影响 RTM 工艺的工艺参数包括树脂黏度、注射压力、成型温度、真空度等，同时这些参数在成型过程中是互相关联和互相影响的。

1. 树脂黏度

适用于RTM工艺的树脂应具有较低的黏度，通常应小于600mPa·s，小于300mPa·s时工艺性能会表现得更好。当所使用的树脂黏度较高时，通常提高树脂的成型温度来降低树脂的黏度，以便于更好地实现充模过程。

2. 注射压力

注射压力的选择取决于纤维的结构形式和纤维含量以及所需要的成型周期。较低的注射压力有利于纤维的充分浸渍，有利于力学性能的提高。通过改变产品结构设计、纤维铺层设计，降低树脂黏度，优化注射口和排气口的位置，使用真空辅助的手段，都可以实现降低注射压力。

3. 成型温度

成型温度的选择受模具自身能够提供的加热方式、树脂固化特性及所使用的固化体系的影响。较高的成型温度能够降低树脂的黏度，促进树脂在纤维束内部的流动和浸渍，增强树脂和纤维的界面结合能力。

4. 真空度

在成型过程中使用真空辅助可以有效降低模具的刚度需求，同时促进注射过程中空气的排除，减少产品的孔隙含量。

7.1.5　RTM 工艺特点

RTM 以其优异的工艺性能，已广泛地应用于舰船、军事设施、国防工程、交通运输、航空航天和民用工业等。表 7-11 列出了手糊成型、RTM 工艺、SMC/BMC 成型工艺优缺点的比较。

表 7-11　手糊成型、RTM 工艺、SMC/BMC 成型工艺优缺点的比较

比　较	手糊成型	RTM 工艺	SMC/BMC 成型工艺
生产规模/（年/件）	<1000	5000~10000	10000 以上
模塑温度/℃	室温	40~60（室温也可以）	130~150
成型周期	1~4h	5~30min	1~15min
生产效率(8h)/件	2~3	16~90	50~400
模具类型	FRP	FRP 或金属	金属
模具费（以开模为 1）	1	2~4	5~10
制品表面效果	一面光	两面光	两面光
部件重复性	人为因素影响大	较好	很好
部件尺寸精度	人为因素影响大	较好	很好
树脂与纤维比例	人为因素影响大	较好	很好
填料含量	高	较低	高
脱模剂	外脱模	内外都可以	内脱模
压力/MPa	接触压力	0.1~0.25	4~10

RTM 工艺的主要优点如下。

（1）模具制造和材料选择灵活性强，成型效率高，适用于中等规模复合材料制品的生产。

（2）能制造具有良好表面质量、高尺寸精度的复杂部件，在大型部件的制造方面优势更为明显。

（3）易实现局部增强、夹芯结构；增强材料可以在任意方向铺放，容易实现按制品受力状况而设计铺放增强材料；以满足从民用到航空航天不同性能的要求，纤维含量最高可达 60%。

（4）RTM 成型工艺属于一种闭模操作工艺，成型过程中散发的挥发性物质很少，RTM 有利于身体健康和环境保护。

（5）RTM 工艺无须制备、运输、贮藏冷冻的预浸料，无须繁杂的铺层和真空袋压过程，也无须热处理时间，操作简单。

RTM 工艺中由于在成型阶段树脂和纤维通过浸渍过程实现赋形，纤维在模腔中的流动、纤维浸渍过程以及树脂的固化过程都对最终产品的性能有很大的影响，因而导致了工艺的复杂性和不可控性增大。RTM 技术在国内外普遍存在的难点和问题主要表现在三个方面。

（1）树脂对纤维的浸渍不够理想，制品里存在空隙率较高、干纤维的现象。

（2）制品的纤维含量较低。

（3）大面积、结构复杂的模具型腔内，模塑过程中树脂的流动不均衡，不能进行预测和控制。

7.1.6　RTM 技术中常见缺陷

在 RTM 工艺中，最常见的缺陷类型为空隙、干斑。

1. 空隙

RTM 工艺中树脂注入膜腔时带入空气过多，灌注时间内无法全部排出；模具渗漏，树脂注入前带入空气过多，均会产生空隙。空隙可以通过下列方法预防或消除，保证模具密封性良好，确保模具不漏气；树脂注射前将增强预制体除湿；树脂注射前脱除树脂中的气体及挥发分；注射时提高系统的真空度防止气体被困；增大注射压力。

2. 干斑

干斑是指制件上未被树脂填充或只是部分填充的区域。制件出现干斑的主要原因是浸润不充分，比起空隙缺陷，干斑对制件质量的影响更为严重。干斑产生的原因通常是在进料口和溢料口设置不合理，边缘流道效应，或预制体渗透率不均匀的情况下产生的。干斑可以通过设置合理的进料口和溢料口，增加模具边缘或拐角的密封，增加真空辅助注射，优化树脂的流动路径等进行预防和消除。对于结构复杂的复合材料制件，可以适时地开启和关闭多个注胶口和溢料口来实现树脂充分的填充。

7.1.7　RTM 产品的典型应用

随着材料技术和工艺的不断发展，RTM 工艺制品已经应用在航空航天、交通运输领域。体育用品、船舶、建筑等领域也得到了广泛应用。由于 RTM 工艺的特点，在大型部件和高结构性能要求的部件制造方面其工艺优势更为突出。RTM 在各领域的产品应用见表 7-12。

表 7-12　RTM 在各领域的产品应用

应用领域	典型部件
航空航天、军事	通道壳体、门；控制面板；防冻管道部件；驱动轴；电器盒；发动机罩上的支撑；风扇叶片；机翼；燃料储罐；直升机驱动轴；型杆；红外线跟踪装置底座；发射管；军事装备盒；导弹体；碳/碳部件制造体母模；螺旋桨；天线罩；转轮叶片；盔甲片；静叶片；太空站支柱；军用品配件；换向器部件；鱼雷壳体以及水下武器原型等
汽车	车体外壳；保险杠；货箱顶棚；变速器；底盘交叉部件；前后底盘部件；板簧；载货车厢；平底缸式底盘；空间框架等
建筑	柱子；标杆、商业建筑的门、框架、施工现场的脚手架、公用电话亭、人孔盖子、标志牌
电气	办公设备底座、传真机底座、计算机工作台面、抛物线形盘碟、天线罩
工业	冷却扇叶片、压缩器机壳、防腐蚀设备、驱动轴、电力除尘器、地板、飞轮及飞轮系统部件、减速器、检验孔、混合用叶片、防护帽、RTM 机器底座、日光反射器、模具栏杆、阀门管
船舶	船体、小船舱以及零部件、甲板、码头支撑柱、紧急避险装备及底座、螺旋桨、雷达桥、船桅
体育运动器材	游乐车、自行车架、把手、高尔夫球车、高尔夫球杆、雪橇车、帆板、溜冰板、地板、游泳池

【任务实施】

1. 原材料准备

原材料为 T300 碳纤维平纹布、RTM 工艺用环氧树脂。

2. 主要设备：

1）RTM 注射机

（1）料桶：盛装基体树脂，含温度控制系统等，温度控制精度为±5℃。

（2）注射系统：能够提供制件工艺要求的压力、温度，最大注射压力不低于1.0MPa。

（3）控制系统：用于控制和显示注射压力、温度等。

（4）真空系统：为料桶提供工艺所要求的真空度，真空度要求范围0~-0.10MPa。

2）烘箱

用于干燥脱模剂以及零件的 RTM 注射、固化。烘箱应满足相应的工艺参数要求。烘箱应确保控制温度精度在±5℃，并应安装足够的真空管路和热电偶。烘箱内、外导轨和轨道车应具有足以承载模具及相关（包括模具托架和操作人员等）质量的强度和刚度。

3. 树脂胶液配制、加热与脱泡

根据制件大小准备适量的树脂，按照配胶比例备料，将环氧树脂体系升温至140℃，保温30min 待用。将胶放入薄膜脱气罐中进行混合脱气，其最佳工艺参数为温度40~50℃，真空度为0.097~0.098MPa，脱气时间为3.5~4h。

4. 模具准备，涂脱模剂

RTM 平板模具由阳模和阴模两个半模组成。其结构形式如图7-16所示。模具上开设注射口、排气口，铺设密封条，安装定位装置和紧固件等。模具应进行渗漏检查。合模后的模具，抽真空至少0.08MPa并保持至少15min，关闭真空，检查渗漏，对于高性能要求的航空复合材料而言，真空下降不超过0.017MPa/5min为合格。

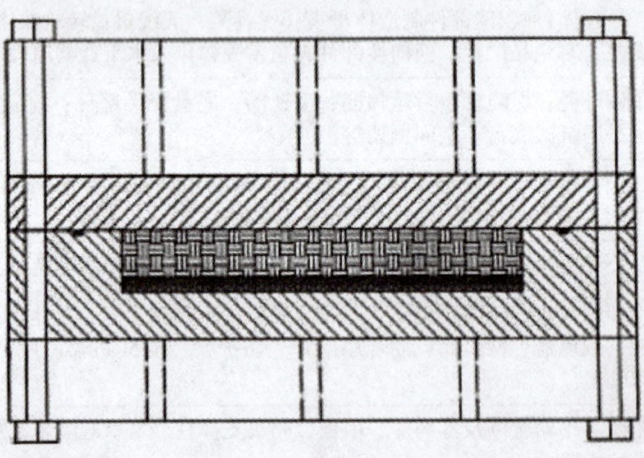

图7-16　RTM 平板模具结构形式示意图

5. 预成型体的制备

增强材料剪裁、铺放及嵌件安放可以使用纤维预成型件，也可以使用增强材料现场铺层的方法。首先将碳纤维布裁剪成与制品相同形状的料片，再进行逐层的铺叠，每层都用定型剂黏结。铺叠完成后进行修边，将多余的布切除干净，将整个预制体封装进真空袋并抽真空，送进烘箱进行热压实，温度为80℃，时间为2h，在加热加压的条件下树脂熔融固化，将增强纤维黏结在一起，之后冷却至室温，再变为固体。

6. 合模与注胶

完成预制体制造后即可进行合模组装。将预制体放入阴模成型模中，工装密封槽中放置硅橡胶条，盖上盖板，上紧螺栓合模，至工装分型面无缝隙（<0.2mm）为止。

连接模具注胶口与注射机，溢胶口连接到真空源，注胶时整个模具内腔真空度应保持不低于-0.85MPa，并将模具预热到 120℃，恒温后启动注射机，将树脂持续注入模具内的预制体中。

注射机的主要参数设置为温度为 90~120℃，树脂流速为 1~5ml/s，注射压力为 0.1~0.6MPa，当胶液从溢胶口溢出时，关闭溢胶口球阀，待所有溢胶口球阀关闭后，逐一打开溢胶口进行排气，当所有连接溢胶口的氟塑料管中再无气泡时，关闭溢胶口和注胶口球阀，适当保压后，停止注射机注胶。

树脂注射完后，将整个模具放置于烘箱中加热完成树脂固化。

7. 脱模、制品修整

脱模完成固化，待模具自然冷却后，取掉所有螺栓，取下盖板，利用顶出螺杆将底板和芯模慢慢取出，随后取下底板，并将芯模逐一取出，为了便于脱模，芯模可以设计为组合式模具。

任务 7.2　真空辅助树脂渗透成型工艺

【任务描述】

真空辅助树脂渗透（VARI）工艺是一种高性能、低成本的非热压罐成型技术，广泛应用于军民用航空、造船、风电等领域。国内中航复合材料有限责任公司先后采用 VARI 技术研制了各类型航空复合材料缝合加筋整体壁板结构、夹芯结构、舵面结构、舱门结构等，如图 7-17 和图 7-18 所示的采用缝合/VARI 技术成型的壁板结构件。

图 7-17　帽形加筋壁板结构件

图 7-18　泡沫夹芯纵墙整体壁板结构件

【知识链接】

VARI即真空灌注工艺（VIP）或真空辅助树脂转移模塑（VARTM），是一种新型、低成本制作复合材料大型制件的成型技术，它是在真空状态下排除纤维增强体中的气体，利用树脂的流动、渗透，实现对纤维及其织物的浸渍，并在一定的温度条件下固化，形成一定树脂/纤维比例的工艺方法，如图7-19所示为VARI工艺示意图。

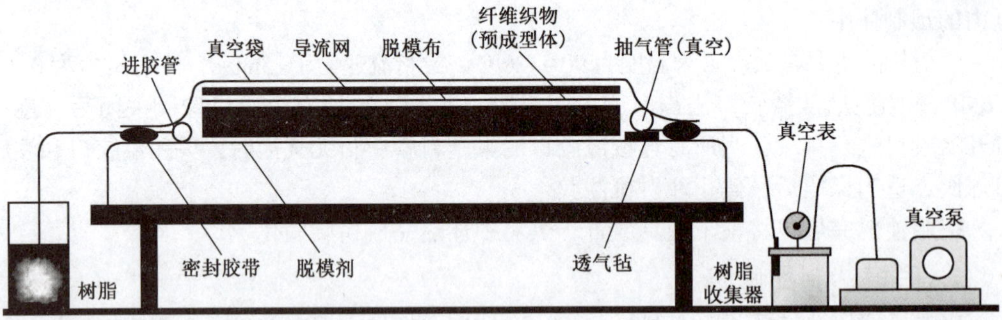

图7-19　VARI工艺示意图

7.2.1　VARI工艺的基体材料

适用于VARI工艺的树脂，其工艺性能要求与RTM工艺基本一致，对目前已商品化的液态成形工艺所需的树脂而言，基本上都能满足RTM工艺和VARI工艺的需求，因此，国外对上述两种工艺所需的树脂牌号并没有严格区分，仅仅按照工艺需求进行选择（具体可参见3.3.2节适用于RTM技术的基体材料）。但从工艺使用角度来看，VARI工艺对渗透时的树脂的使用温度范围较RTM更窄一些，其最主要的特征是VARI工艺要求树脂在操作期内具有较低黏态特征，一般可将树脂的操作黏度范围确定在100~300cP，同时要求具有较长的低黏态时间区，大于6h即可满足工艺需求。

适用于VARI工艺的树脂类型较多，主要是热固性树脂，包括不饱和聚酯树脂、乙烯基酯树脂、环氧树脂、双马来酰亚胺树脂、氰酸酯树脂及苯并噁嗪树脂等，国内外常用的VART工艺的树脂牌号详见表7-13。乙烯基酯树脂具有较低的成本、常温下低黏度等特点，但力学性能较低，更适合汽车、风电叶片制造等民用复合材料结构；而航空复合材料结构上大量采用的为中高温环氧树脂，综合性能好，能够很好满足VARI技术的要求。

表7-13　国内外常用的VARI工艺的树脂牌号

树脂种类	国外牌号	国内牌号	特　点
乙烯基酯树脂	4194型、Dera-kane510	BA 9911	室温黏度低，力学性能良好，耐热性能差，强度低
环氧树脂	PR-500、YCOM5320-1、890RTM、823RTM、977-20W、HexFlow RTM-6、VRM37等	BA 9912、BA 3228、BA 5284	优异的阻燃低烟特性、热稳定性、尺寸结构稳定性以及耐化学药品性和耐腐蚀性，固化温度低

续表

树脂种类	国外牌号	国内牌号	特　　点
酚醛树脂	低成本改性酚醛树脂	—	综合性能好，能够很好地满足 VARI 技术的要求，是应用最多的低黏度树脂体系
苯并噁嗪树脂	Henkel 99120	5284 改性	优异的存储性能，无挥发分，对人体和环境友好，是最新一代的树脂体系

BA9912 树脂是国内开发的一种适用于 VARI 及 RTM 工艺的三组分中温固化环氧树脂基体，具有优异的力学性能，采用 BA9912 树脂制备的复合材料使用温度范围在-55~82℃。3228 树脂是一种单组分中温环氧树脂体系，其注射黏度低，可操作期长，满足 RTM 及 VARI 工艺的要求（>8h），可存储期长（-18℃大于 1 年），力学性能优良，可在 82℃条件下长期使用。5284VARI 树脂是一种单组分高温环氧树脂体系，可存储期长（-18℃大于 1 年），力学性能优良（T>220℃），可在 133℃条件下长期使用。

7.2.2　VARI 工艺中的辅助材料

在 VARI 工艺中除了用到真空封装的辅助材料，还需用到以下几种独特材料。

1. 真空抽气管

真空抽气管也叫树脂管，如图 7-20 所示，用于模具和树脂罐，以及模具与真空泵等部分的真空连接。可以根据不同的固化温度要求，选择不同材质的树脂管。

图 7-20　真空抽气管

2. 螺旋管

螺旋管也叫缠绕管，如图 7-21 所示，用于树脂在模具内的导流。由于缠绕管内空心，树脂极易在管内流动，并从螺旋形缝隙内分散到模具内，可在树脂灌注过程中迅速呈线性流动，极大地提高了树脂灌注的效率。

3. 导流网

导流网是应用于复合材料 VARI 成型工艺中的高渗透性导流介质。常见的导流网有挤出型和针织型。挤出型导流网是一种立体网状结构，有利于树脂的流动和渗透，实现对树脂流动状态的有效控制，从而提高复杂制品成型工艺的可靠性和产品质量。导流网可随意剪裁，适合不同形状的制品，消耗低、经济性好。

图7-21　螺旋管

7.2.3　VARI工艺的设备及工装

1. 烘箱

烘箱的作用是用于干燥以及对树脂转移和零件固化工序进行升温、保温，提供真空以及进行温度监控。用于VARI工艺的烘箱技术要求如下。

（1）设备至少含两路真空源，并带有标准真空管路接头，真空源的真空度不低于0.0097MPa；

（2）设备的使用温度范围、升降温速率需满足基体材料渗透和固化要求；

（3）设备的温度均匀性不大于±5℃，或可满足基体树脂转移及固化所需的温度均匀性要求；

（4）设备需自带多路热电偶，热电偶的测温范围与设备的使用温度范围相匹配，热电偶的温度测量精度不低于±1℃；

（5）在装挂架上，不应存放木材、纸、未批准的橡胶软管或者类似可燃材料。

2. 树脂收集器

树脂收集器是一个密封容器，一般顶部至少有两个真空接口，一个用于和模具的真空连接，另一个用于和真空泵连接。树脂收集器底部具备一路以上树脂通道接口。

树脂收集器的作用主要是收集多余的树脂，由于在灌注过程中树脂通常是过量的，树脂收集器的作用就是为了排除并保存这些多余的树脂，并防止树脂吸入真空泵内导致真空泵的毁坏。小的制件可采用相对较小的树脂收集器，但是大的制件则需要大型的或者平行的多重树脂收集器。树脂收集器通常配有快速接头，便于真空泵和树脂收集器之间的连接。树脂收集器在使用前，需要过蜡或涂抹脱模剂，这样可以轻松地去除残留在里面的树脂。

3. 低温箱

储存低温材料的低温箱应符合低温材料的储存要求；温度控制系统和记录仪器应定期进行设备校验和检测，并具有合格证。

4. VARI工艺的成型模具

1）模具材料

VARI工艺常用的模具材料有铝或钢、硅橡胶、电铸镍、殷钢、铜合金等。对具有较大曲度的复杂构件，当模具与复合材料的热膨胀系数出现严重失配时，会使复合材料结构的强度和尺寸精度严重降低。在大型复合材料模具选材中，应考虑的主要因素是模具和制件之间热膨胀的一致性。其中，殷钢的热膨胀系数与复合材料相匹配，是目前国外广泛采用的航空复合材料成型模具材料。

2）模具结构

对于较小尺寸结构或较低成型温度的复合材料零件的VARI成型模具，模具结构采用简单的框架结构结合玻璃钢材质的型面。一般采用VARI工艺成型非航空产品时，通常只需要保证零件外型面光滑，对零件内型面没有要求，因此采用单面模具设计，在满足树脂固化温度的前提下采用普通的钢架结构或手糊玻璃钢结构模具。

航空复合材料零件VARI工艺的外形成型模具仍以金属框架结构模具为主，模具材质可采用Q235或45号碳钢，在成型较大型零件时，为了保证模具和复合材料零件的膨胀一致性，也可采用殷钢或复合材料材质的模具。对于有较高精度要求和较高温度的航空复合材料，零件的内、外表面质量均有较高的要求时，模具结构必须采用内型模具设计和定位模具设计。适用于VARI工艺的内型模具材质一般以橡胶类软性材质为主，内型模具设计应与流道设计相结合，即成型模具不能干涉或影响树脂的流动。必要时还需在模具上设置树脂流动的通道，利于树脂的流动；当零件需要通过内型模具定位时，定位模具必须采用较高精度的定位装置，如定位螺栓、定位卡槽等从零件的各个方向进行定位。例如，VARI成型的A400M后货舱门成型时外形模具为金属框架结构，而梁肋的成型模具以软性材质为主，同时兼顾定位模具设计。

3）模具的真空渗漏检测

在进行工艺操作前，首先必须对模具进行真空渗漏检测。渗漏模具不能用于VARI工艺，因为微小的真空渗漏不但会引入空气给成型的复合材料制件带来孔隙等缺陷，而且会降低整个系统的真空度，成型的复合材料制件的纤维体积含量和厚度均匀性也会受到严重的影响。其次成型复杂结构的整体复合材料在制作时，单面模具也须配合必要的定位辅助模具，在设计辅助模具时需同时考虑树脂流道布局形式，辅助模具不能与树脂的流道布局相冲突，必要时可在模具中采用内埋式树脂流道设计以避免干涉现象的发生。

7.2.4 VARI工艺的工艺特点及发展

VARI工艺采用单面模具成型，无须热压罐，在烘箱内或采用自加热工装成型，制造成本低；VARI工艺既可使用单向、多向、多层织物实现设计简单化，可结合缝合、Z-Pin、编织等技术实现复杂结构的整体成型和Z向增强；也可结合泡沫等夹芯材料实现结构的多样化；可实现大尺寸复合材料构件的一次整体成型。经过近20年的发展，VARI工艺已经形成多种各具特点的新型液体成型技术。

在民用及造船领域，以西曼公司（seemann composites resin injection molding process，

SCRIMP）技术为代表的VARI工艺取代了传统手糊玻璃钢成型工艺，广泛应用于民用风电叶片、造船业、高铁壳体、汽车外壳等玻璃钢适用的制造领域。SCRIMP技术是美国西曼公司于20世纪90年代初开发的复合材料真空辅助树脂渗透的专利技术，是最早实现商业化应用的VARI工艺之一。

在高性能航空复合材料领域，以波音公司可控压力树脂渗透成型（controlled atmospheric resin infusion process，CAPRI）技术、空客公司真空辅助成型（vacuum assisted processing，VAP）技术及中航复合材料有限责任公司的高纤维体积含量真空渗透成型HFVI（high fiber-volume vacuum infusion）技术为代表，可满足航空次承力结构的使用要求，以各种加筋蒙皮、壁板、舵面、舱门、整流罩类结构的应用为主。

CAPRI技术是美国波音公司于2003年开发的复合材料真空辅助树脂渗透专利技术，波音公司已将该技术进行了广泛的商业化应用。如其最新型的民用飞机波音787的机翼活动面（包含襟翼、副翼等）全部采用了CAPRI技术成型。VAP技术是欧洲空中客车公司于2002年开发的复合材料真空辅助树脂渗透的专利技术，空客公司将VAP技术在其军民用飞机复合材料结构上进行了广泛应用，如A400M大型军用运输机的后货舱门和A380大型客机的襟翼均采用了VAP技术研制。HFVI技术是中航复合材料有限责任公司于2013年开发的一种新型高效的高纤维体积分数真空转移成型技术，该技术改变了传统VARI技术仅仅依靠出胶通道作为点真空源的形式，通过树脂缓冲技术和真空导气技术取消了出胶通道，不但大幅降低了树脂用量同时可实现树脂用量的可控；同时采用了多种工艺措施确保纤维预制体在工艺全程中充分压实，成型复合材料纤维体积含量和厚度均匀性较传统的VARI技术有较大提升。该技术具有良好的工艺适用性和可靠性，已达到工程化应用的技术水平，成型后的复合材料的纤维体积分数和厚度均匀性接近预浸料/热压罐的工艺水平。

以三菱公司先进真空辅助树脂传递模塑AVARTM技术和美国先进航空科技公司的加热真空辅助树脂传递模塑HVARTM技术为代表的下一代高性能VARI成型技术，可满足航空主承力结构使用要求，成型的复合材料的纤维体积含量超过60%，同时具有较高的韧性，与预浸料/热压罐成型技术研制的复合材料纤维体积含量相当，可应用于机翼、垂尾等航空主承力结构。

7.2.5 VARI工艺的国内外应用

1. VARI工艺在国外航空复合材料领域的应用

VARI工艺在航空复合材料领域的应用目前主要集中在军民用飞机的加筋整体壁板、梁（墙）类整体壁板、舵面、活动面、座舱、整流蒙皮等航空次承力复合材料结构的制造。为了降低复合材料的制造成本，波音公司在波音717的研制中就率先采用了VARI工艺研制其机翼前边条。波音787飞机的机翼活动面包括常规的襟翼、副翼等结构都采用VARI技术成型，比传统的预浸料/热压罐成形技术节约了大量的制造成本和设备成本。除了波音公司，空客公司也采用VARI工艺研制了空客A380飞机的襟翼。

在军用航空领域，VARI工艺的应用主要有波音公司的C-17运输机起落架舱门、空客公司的A400M后货舱门以及VSvstem公司的CH-47直升机的前发动机吊架及整流罩。

鉴于军机对复合材料性能具有更高的要求，受其成型复合材料性能的影响，VARI 工艺在军机复合材料上的应用尚限于整流类和次承力结构类。

2. VARI 工艺在国外军民用造船领域的应用

与造船业采用传统的手糊玻璃钢相比，VARI 工艺成型的复合材料质量一致性好，成型效率高，纤维体积含量高，制造成本低，已成为军民用造船业复合材料的主要成型方法。在船体结构中，VARI 工艺主要应用于船体的桅杆、舰面船室、上层建筑和立体舱段等复合材料结构的成型。

3. VARI 工艺在国内复合材料领域的应用

VARI 工艺在国内航空复合材料领域的应用研究起始于 2000 年，最初的应用研究以船体结构立体舱段和上层建筑为主，如采用 VARI 工艺研制了猎扫雷艇的立体舱段。从 2003 年开始，国内已开始开展 VARI 工艺在航空复合材料构件上的应用研究。先后突破了 VARI 成型航空复合材料构件所需的专用树脂体系、预制体成型技术、制造工艺技术、仿真模拟技术、模具设计技术和检测技术等。

【任务实施】

VARI 工艺基本流程主要包括模具准备、材料准备、预成型体制备、预成型体装配、封装、注胶、固化、脱模及机械加工。其中，预成型体制备决定了最终成型复合材料的纤维铺层走向，预成型体装配决定了最终成型复合材料的结构特点，封装决定了树脂对预成型体的渗透形式，注胶和固化决定了复合材料制件的最终成型质量。

1. 模具准备

VARI 工艺通常采用单面模具，模具应该具有坚固性和很好的密封性，而且无缺陷、气孔等。模具使用前必须进行清理，可采用丙酮等溶剂擦拭模具表面直至表面清洁无污。模具清洁以后，在模具边缘粘贴密封胶带，用于模具和真空袋的密封。密封胶带的粘贴一般在模具表面涂抹脱模剂之前，这主要是因为模具表面涂抹脱模剂以后密封胶带与模具表面的黏性变差，从而导致真空的泄漏。密封胶带粘贴完毕后，在模具表面涂抹脱模剂。

2. 材料准备与铺叠

按照选定的纤维织物和铺层尺寸进行纤维增强预制体的裁剪，裁剪时可通过人工或自动下料机进行，同时需对环境进行控制，一般要求达到 HB5342—1995《复合材料航空制件工艺质量控制标准》的要求。干态的纤维织物比较松散，容易变形，所以在铺放的时候要轻拿轻放，或采用托板将织物整体托起后放入模具。在铺放的过程中，可预先在纤维增强预制体上喷涂与树脂相匹配的定型剂或使用专用的胶带临时固定纤维织物，可有效防止在移动或铺叠过程中出现纤维丝束的不规则改变。预定型以后，每个纤维铺层之间可保持一定形状。如果有夹心材料，在 VARI 工艺中夹芯材料选择是有限的，通常不能采用开孔芯材（如蜂窝），可以选择一些特制的泡沫芯材，这种芯材可以促进树脂在层合板和芯材表面的流动。

随后按铺层顺序在工作台上按样板或在设备（如激光投影仪）的辅助下进行铺叠。

3. 封装和管道布置

将铺叠好的纤维增强预制体放置在模具表面，在铺层表面首先铺放一层脱模布用于制件和辅助材料的分离。脱模布上铺放导流网用于树脂的迅速分布和渗透，然后布置真空管和树脂管。

树脂管道的布置遵循“快、短、同步到达”的原则，实现在最短的时间内完成树脂对纤维增强预制体的渗透。真空管和树脂管的铺放在很大程度上由复合材料制件的几何结构决定，但真空管一般铺放在制件的边缘外，对于小的或方形的制件，树脂管可简单地放在增强体材料的一边，真空管放在另一边。更大的层合板或那些复杂形状的层合板采用缠绕管和导流网联合使用，缠绕管可放在制件的中间来缩短真空管和树脂管之间的距离。

树脂管和真空管铺放正确之后，用普通的密封胶和真空袋将整个体系封装（图4-16），与真空袋工艺相似，在封装过程中尽量避免真空袋架桥的现象。真空袋架桥不但会造成局部树脂淤积，而且会降低系统的真空度使成型的制件厚度超差。所以要把密封胶压实，以防止真空袋边缘漏气。

在真空袋封装完毕后，连接真空源，对系统进行抽真空，检查真空袋和模具内的密封性，系统可达到的真空度通常要求不低于-0.095MPa；同时进行系统真空渗漏检查，检查的方法是，待模具抽真空一段时间并稳定以后，拔掉树脂收集器和真空泵连接的快速接头。观察树脂收集器上真空表的真空度。在一定时间内，系统的真空度下降值≤-0.017MPa/5min，确保密封效果很好的时候，可以进行下一步操作。

4. 纤维增强预制体制备

在系统真空无渗漏的情况下，对纤维增强预制体进行抽真空预处理30min以上，不但可将真空袋内的气体抽排干净，同时可对纤维增强预制体进行预压实处理，减少纤维回弹现象，提高复合材料制件的纤维体积含量和厚度均匀性，降低孔隙率含量。

根据需要封装第二层真空袋，第二层真空袋的作用：一是防止第一层真空袋的泄漏；二是可以在第一层为了防止树脂被过量抽出需要关闭真空时，第二层真空袋可以持续抽真空至制件完全固化并冷却。需要注意的是，在第一层真空袋和第二层真空袋之间需要铺放透气毡，以便于两层真空袋间的空气排出。

5. 树脂脱泡及渗透

模具密封性检查好以后可准备注入树脂。树脂在注入之前需要进行脱泡处理，防止树脂裹入的空气被带入其中并残留在纤维织物内部，引起缺陷。有些树脂需要加热到一定温度后，充分降低其黏度以后进行脱泡，即在真空烘箱内加热到一定温度后进行抽真空，使裹在树脂内的空气充分排出。在脱泡过程中一定要注意树脂的工艺时间，防止树脂在脱泡过程中交联或固化，并需要为树脂的灌注留有足够的工艺时间。

树脂脱泡处理完毕后，将树脂管路与装有树脂的容器进行连接，打开树脂流动管，树脂能快速流动，按设定的工艺参数进行树脂渗透，直至树脂完全浸润纤维增强预制体。

6. 固化

将渗透完毕的系统按树脂的固化工艺参数进行升温固化，记录升降温过程的温度曲线，控制好系统的升降温速率，防止升温过快发生树脂爆聚现象。

7. 脱模及检测

固化完成后，清理真空袋、导流网、脱模材料等辅助材料，制件脱模，通过机械或高压水修切边后，得到最终的复合材料制件。

任务7.3　树脂膜渗透成型工艺

【任务描述】

飞机机身、翼面、舱门类制件均广泛采用复合材料大尺寸壁板结构，这类结构的气动外型面精度要求高，并带有各种截面形状的筋条以提高结构刚度，制件内型面虽存在一定的配合关系，但精度要求低于气动面，而且制件尺寸大，占飞机结构比重较大，对于减重效率及纤维体积含量等要求较高，RFI工艺已广泛应用于此类高刚度帽形筋复合材料整体壁板和高加筋多墙复合材料整体壁板等多种飞机典型结构件的制造。

【知识链接】

RFI工艺是在RTM的基础上发展起来的一种树脂熔渗和纤维预成型坯相结合的树脂膜渗透成型工艺。RFI首次是由L. Letterman（美国波音公司）申请的专利，最初是为成型飞机结构件而发展起来的。相较于RTM工艺，RFI工艺能制造出纤维含量高、孔隙率极低、力学性能优异、制品重现性好、壁厚可随意调节的大型复合材料制件和复杂形状的制件，并可根据性能要求进行结构设计。RFI工艺采用真空袋压成型方法，免去了RTM工艺所需的树脂计量注射设备及双面模具加工，无须制备预浸料，挥发物少，成型压力低，生产周期短，劳动强度低，满足环保要求和低成本高性能复合材料的要求。

7.3.1　RFI工艺的树脂材料

RFI工艺采用的是定量的半固态树脂膜，所以要求树脂在室温条件下能够制备成树脂膜，而且要求树脂在熔渗条件能够完全渗透干态预制体。RFI工艺中的树脂膜在纤维预制体与模具组装完成前已预先放入封装系统内，树脂熔渗及浸润纤维过程中，不需要外界树脂源导入或者其他人工操作，所以对树脂保持低黏度的温度点没有严格的限制，树脂基体可选择常温、中温或者高温的树脂体系，RFI工艺所采用的树脂基体应满足以下要求：①树脂基体在室温条件下能够成膜，所制成的树脂膜在室温下应具有良好的韧性，易变形且不破碎、不黏手；②树脂基体在某温度范围内可保持一定时间的低黏度状态，以完成对纤维预制体的充分浸润；③树脂基体与预制体纤维具有良好的匹配性和黏附性，防止制件因低黏度树脂流失或吸胶材料过度吸胶而造成贫胶。

适用于RFI工艺的树脂主要是热固性树脂，包括不饱和聚酯树脂、环氧树脂、双马来酰亚胺树脂等。其中，环氧树脂和双马来酰亚胺树脂是目前航空航天领域常用的树脂。国外具有代表性的树脂有Cytec公司用在空客A380上的Cycom977-2、Hexcel公司用在波音 787 上的 M36 等。国内 RFI 专用树脂代表性的有 5228RFI 和 QY9512。5228RFI 是由中航复合材料有限责任公司研制的 180℃固化的环氧树脂。QY9512 树脂是中航复合材料有限责任公司最早研发的适用于 RFI 工艺的双马来酰亚胺树脂体系，性能稳定，耐温性好，具有较好的成膜性和 RFI 工艺适用性。

7.3.2 RFI 工艺的设备与模具

1. RFI 工艺的设备

RFI 工艺通常使用的设备包括真空泵、烘箱或热压罐等，树脂熔渗和固化的过程在真空状态下进行。真空泵主要用于排出预制体内的气体，并为树脂在预制体内的流动和浸润纤维提供动力。烘箱或热压罐主要用于提供树脂熔渗和固化所需的温度或压力。

2. RFI 工艺的模具

RFI 工艺既可以单独成型蒙皮、梁、长桁类制件，又可以整体成型组合制件，模具形式主要有框架式单面模具、梁模具、长桁模具及整体成型的组合模具。如图 7-22 所示为典型加筋壁板结构形式的 RFI 模具。

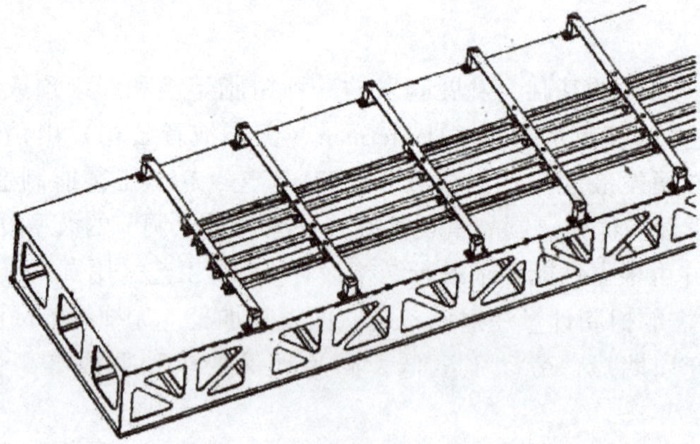

图 7-22　典型加筋壁板结构形式的 RFI 模具

RFI 整体成型模具通常由外形模、定位装置及内形模三部分组成，并且根据零件的具体结构合理设置树脂熔渗通道。

1）外形模

外形模是复杂制件整体成型的主体模具，通常采用刚度和传热较好的框架式模具结构，要求具有高的型面精度以保证零件外型面质量和精度。外形模是内形模的定位基体，因此，外形模应设置余量区以放置定位装置。

2）定位装置

定位装置通常由定位块、销钉等组成，定位装置设置于外形模余量区，并选用刚度好、长期使用不变形的材料。定位装置用于内形模的定位，保证内形模与外形模组装后的位置精度。

3）内形模

内形模通常由限位模和辅助模组成。限位模位于梁或长桁的一侧，为刚性模具，用于保证梁或长桁成型后的轴线位置精度及型面平整度。限位模应具有良好的刚度、热传导性及可加工性，选材一般为成本较低的金属材料，如钢材、硬铝合金等。辅助模位于梁或长桁的另一侧，具有一定的变形能力，在压力作用下与限位模很好地配合，以保证整体成型过程中压力的均匀传递及零件的型面平整度。辅助模选材一般为具有一定变形能力的材料，如硬铝合金、玻璃钢、橡胶等。

此外，RFI 整体成型模具的设计要与 RFI 树脂流道设计相结合，在成型模具上预置树脂膜熔渗通道，以完成树脂膜的熔渗过程。同时，模具组合后应具有良好的温度均匀性，满足树脂膜熔渗并浸润纤维过程对温度控制范围的要求。

7. 3. 3　RFI 工艺过程

RFI 是采用单模和真空袋来驱动浸渍过程。其工艺过程是：将预制好的树脂膜铺放在模具上，再铺放纤维预成型体并用真空袋封闭模具；将模具置于烘箱或热压下加热并抽真空，达到一定温度后，树脂膜熔融成为黏度很低的液体，在真空或外加压力的作用下树脂沿厚度方向逐步浸润预成型体，完成树脂的转移；继续升温使树脂固化，最终获得复合材料制品。RFI 成型工艺原理如图 7-23 所示。

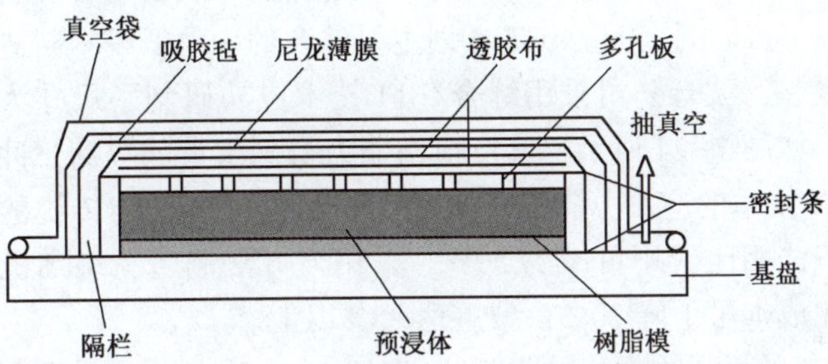

图 7-23　RFI 成型工艺原理

RFI 工艺中，树脂以固态形式同预制体一同封装于普通模具中，由于树脂熔融后向上渗入纤维预制体的能力小于向四周流动的能力。为防止树脂在充分渗入预制体前向四周流动，RFI 模具中常放置隔栏来保证树脂对纤维预制体的浸润。另外，当树脂膜熔渗入预制体后，隔栏高度可能大于预制体厚度，对于预制体四周可能造成加压不均匀或压力施加不上，因此常在预制体上放置多孔板，均匀地将压力充分传递到预制体上。另外，多孔板还可增加树脂流动路径，从而保证对纤维的充分浸渍。预制体和多孔板之和要大于隔栏高度。

RFI 工艺与现有的成型技术相比具有以下优点。

（1）树脂基体为固体，存储、运输方便，工人操作简便。

（2）增强材料的选择具有高度灵活性和组合性，赋形性高。三维结构的缝编，机织预制件或加入芯材一次成型。

（3）模具制造与材料选择的灵活性强，不需要庞大的成型设备就可以制造大尺寸、高精度的大型制件，设备和模具的投资低。

（4）不需要复杂的树脂浸渍过程，成型周期短，成型压力低，不需要额外的压力，只需真空压力。

（5）成型产品孔隙率低（小于0.1%），纤维含量高（质量分数接近70%），性能优异。

（6）工艺不采用预浸料，树脂挥发少，挥发有机化合物（VOC）含量符合国际有机质量标准（IMO）标准，更有利于操作者的身体健康和环境保护。

RFI工艺也存在一些不足之处，表现在：①对树脂体系要求严格（适用于RFI工艺的树脂膜极少），不太适于成型形状复杂的小型制件；②制品表面精度受内模影响，达不到所需要的复杂程度和精度要求；③RFI工艺中，树脂的用量不能精确计量，需要吸胶布等耗材除去多余树脂，因而固体废物较RTM等浸渍工艺多。

7.3.4　RFI工艺的研究现状

RFI工艺是一种质量可控、工艺稳定性好、适合大尺寸复杂壁板结构整体成型的复合材料低成本制造工艺。

1. RFI技术国外研究情况

在航空领域，美国航空航天局（NASA）组织实施的先进复合材料技术（advanced composites technology，ACT）研究计划开展了对缝合整体成型复合材料技术的研究，缝合/RFI（resin film infusion）正是ACT计划主要涉及的一项低成本制造技术。依靠ACT计划的先进缝合设备，波音公司采用缝合/RFI技术成功研制了尺寸为13.5m×2.7m的半翼展机翼壁板，如图7-24所示，其抗损伤能力得到很大的提高，冲击后压缩强度提高2倍。缝合/RFI技术的应用，省去了数千个机械连接件，与传统的热压罐法、纤维缠绕法和三维编织法相比费用可减少50%。采用该方法制造新型飞机机翼结构与传统的铝合金结构相比成本可下降20%，减重达25%以上。

空客A380飞机的后压力框尺寸为6.9m×6.6m×1.5m，要承受飞行增压时整个内舱的压力，它是一种大曲率的复杂结构，如图7-25所示，采用日本东邦公司6k、12k碳纤维/977-2树脂体系通过缝合/RFI工艺制造。波音787机身的大部分隔框也都采用了RFI工艺制造，复合材料隔框用碳纤维复合材料抗剪箍连接在机身蒙皮上。此外，国外还采用RFI工艺研制了飞机垂尾、副翼、扰流板、龙骨、嵌板、肋板等结构件。

图7-24　采用缝合/RFI技术的半翼展机翼壁板

图7-25　空客A380复合材料后压力框

在船舶领域，海路（Seawav）公司采用 RFI 工艺及 SPRINT 树脂膜/SPRINTCBS 芯材体系成型了质量轻、低油耗、速度快的渔船及游艇。

2. RFI 技术国内研究情况

鉴于 RFI 技术在大尺寸壁板结构整体成型等方面的巨大优势。国内从 20 世纪 90 年代后期陆续有多家研究机构开始对复合材料 RFI 成型工艺开展研究，并在 RFI 工艺配套树体系研究、预成型体制备技术、缝合复合材料设计度分析技术、RFI 成型工艺树脂流动控制技术、适于 RFI 工艺的模具技术等方面均取得了实质性的进展，其中最具代表性的是中航复合材料有限责任公司。

在基体树脂方面，中航复合材料有限责任公司研发了 QY9512 高温双马来酰亚胺树脂及 5228RFI 高温环氧树脂等一系列适用于 RFI 工艺的配套树脂体系。在 RFI 成型工艺方面，突破了制约 RFI 工艺在航空结构上应用的关键技术：①建立新的 RFI 工艺树脂流动模型，降低了 RFI 工艺对树脂黏度的过分依赖，解决了高加筋、环形加筋等航空典型结构 RFI 工艺树脂浸润的难题，提高了 RFI 工艺的可靠性，实现了多种航空典型结构的 RFI 整体成型，使 RFI 工艺在航空结构上应用成为可能。②提出了 RFI 工艺树脂量控制方法，解决了 RFI 工艺不同厚度区域树脂含量不均匀的难题，实现了 RFI 工艺树脂含量量化控制。

RFI 技术经历了树脂研发、板件成型、简单结构成型到复杂结构成型的过程。从材料、工艺、设计、检测、设备、工装等方面形成了完备的技术体系，并已在各类复合材料零件上实现成功应用。如图 7-26 和图 7-27 所示的加筋壁板结构均实现了缝合/ RFI 整体成型。

图 7-26　大尺寸帽形加筋壁板

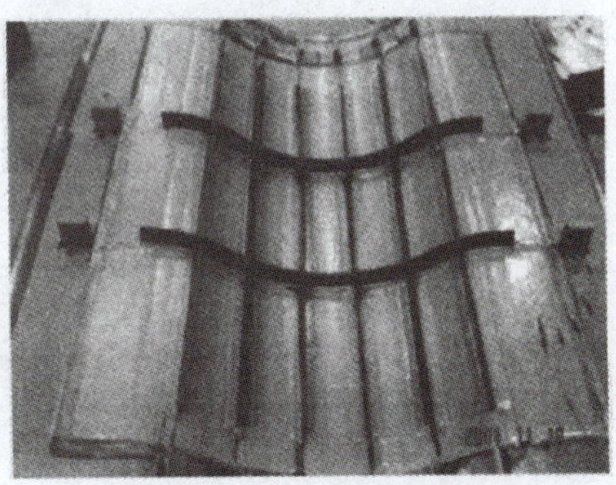

图 7-27　纵横加筋曲度机身壁板

【任务实施】

航空复合材料结构的 RFI 整体成型的典型工艺流程如图 7-28 所示。在 RFI 工艺过程中，树脂膜预置量控制、封装、树脂膜熔渗过程是关键要素。

1. 树脂膜预置量控制

RF1 工艺采用树脂膜定量预置的方式，树脂膜预置量直接关系到树脂对预制件浸润的程度、零件的树脂含量和零件厚度。树脂膜预置量偏多不仅会造成材料浪费，而且容易造成制件树脂含量过高、厚度超标，导致制件结构减重效率降低；相反树脂膜预置量

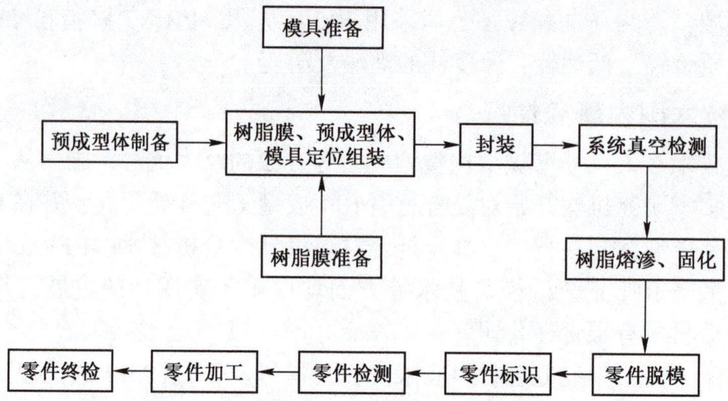

图 7-28　RFI 整体成型的典型工艺流程

偏少则会造成树脂浸润不到位，导致制件出现局部贫胶、干斑，影响零件质量。

树脂膜预置量为纤维预制体吸胶量与吸胶材料吸胶量的总和。纤维预制体吸胶量由预制体的铺层面积、铺层层数及设计要求的纤维体积含量计算得出。吸胶材料的吸胶量由吸胶材料的种类及层数计算得出。

2. 封装

封装是指树脂膜、纤维预制体及模具三者的整体封装过程，包含树脂膜封装和气路设置两个关键点。RFI 树脂在渗透温度下黏度显著降低，具有很好的流动性，所以封装时需要对树脂膜周边进行密封，使熔化后的树脂按预设的方向和路径流动并浸润纤维预制体，以避免漏胶和边缘效应。树脂膜封装不当，产生边缘效应，会使树脂从预制体边缘绕行而不按预设的树脂流道流动，导致零件固化后出现干斑。树脂渗漏造成树脂量不足，轻则致使零件贫胶，重则造成零件干斑报废。典型 RFI 工艺封装如图 7-29 所示。

图 7-29　典型 RFI 工艺封装

RFI 工艺中通过合理的气路设置牵引树脂流动并浸润纤维，具体气路位置和制件结构、树脂膜铺放位置密切相关。当树脂膜铺放于预制体一侧时，气路应设置于预制体另一侧以引导树脂向无树脂膜侧流动。以加筋壁板结构为例，树脂膜铺放于预制体和外形模之间时气路一般设置在加筋顶端，这种方式使树脂克服重力作用由下而上流动浸润纤维。

3. 树脂膜熔渗

树脂膜熔渗是指升温过程中树脂膜受热熔融、黏度降低，在内部压力差的作用下流动并浸润干态纤维的过程。树脂膜熔渗时重点控制各个温度测试点的温度偏差、操作时间及升温速率。当树脂膜熔渗时，零件温度的最低点和最高点要求在树脂基体工艺规范要求的温度范围内。

操作时间不仅取决于树脂特性，也与零件尺寸及复杂程度相关。对于尺寸较大且较复杂的零件来说，适当延长树脂熔渗时间有利于树脂对纤维预制体进行充分渗透，但操作时间必须在树脂规范所规定的操作期范围内。对于尺寸较小且简单的零件来说，适当缩短树脂熔渗时间有利于降低成本，提高生产效率。

合适的升温速率有利于树脂在熔渗温度点保持较低的黏度。升温速率过慢，温度到达树脂熔渗温度点时容易导致树脂黏度增大而影响树脂浸润纤维；升温速率过快，大尺寸零件在不同区域容易产生较大温差，同样影响树脂浸润纤维。

RFI 工艺对树脂熔渗阶段零件各部位温度差有较高要求，大尺寸复杂零件在制造前需测试温度场，并且在制造时，热电偶应放置在指定位置，以保证树脂熔渗过程温度可控。

4. RFI 工艺控制

RFI 工艺中，树脂膜熔渗并浸润干态纤维预制体是在成型过程中同步完成的，而不是预先制备预浸料，不能通过直观观察来判定树脂是否按预置流道正常流动并完全浸润干态纤维预制体，一旦干态纤维预制体的某些局部区域在成型过程中未被树脂浸润，升温固化后的零件便会出现干斑缺陷。干斑是指纤维预制体局部区域未被树脂浸润而在零件固化后产生的干态纤维斑痕，是一种液体成型技术中常见的缺陷。干斑对零件质量影响比较严重的缺陷，一般会导致零件报废。因此，为避免干斑缺陷的出现，RFI 工艺重点需要从以下几方面进行控制。

（1）树脂渗透期间工艺参数控制，包括温度、时间等。

（2）合理设计树脂流道并保持流道畅通，封装时注意挡边以避免树脂流失而造成树脂量不足。

（3）对零件所需树脂量进行精确计算并按要求铺放，保证预置的树脂量满足干态纤维预制体对树脂量的需求。

通过树脂熔渗工艺参数的严格控制、树脂流道的合理设计以及树脂预置量的精确计算可以有效避免干斑缺陷的产生。

项目拓展

1. Light-RTM 成型工艺

Light-RTM 通常称为轻质 RTM，该工艺是在真空辅助 RTM 工艺的基础上发展而来的，适用于制造大面积的薄壁产品。该工艺的典型特征是下模为刚性的模具，而上模采用轻质、半刚性的模具，通常厚度为 6~8mm。工艺过程使用双重密封结构，外圈真空用来锁紧模具，内圈真空导入树脂。注射口通常为带有流道的线性注射方式，有利于快速充模。由于上模采用了半刚性的模具，模具成本大大降低，同时在制造大面积的薄壁产品时，模具锁紧力由大气压提供，保证了模具的加压均匀性，模制产品的壁厚均匀性非常好。

Light-RTM 与传统 RTM 比较，Light-RTM 保留了传统 RTM 的所有优点，也有自身的特点：①模具制作简单，制作费用低；② 注射压力低；③模具上模有流道；④模具寿命相对较低；⑤ 生产制品的尺寸变化范围大。与 VARTM 相比，Light-RTM 工艺充分利用了 VARTM 工艺中真空辅助这一概念，利用一级真空闭合模具，二级真空辅助树脂在模腔中流动。但是，它的真空度小于 VARTM 工艺中的真空度，尤其是二级真空度不高，避免了树脂在模腔内流动太快导致的浸润不良。

Light-RTM 工艺制品厚度均匀，两面光滑，另外，Light-RTM 工艺利用了可重复利用的轻质复合材料阳模，避免了 VARTM 工艺每次使用新的真空袋所造成的环境污染和浪费。Light-RTM 工艺典型的应用有航空航天领域的舱门、风扇叶片、机头雷达罩、飞机引擎罩等；军事领域的鱼雷壳体、油箱、发射管等；交通领域的轻轨车门、公共汽车侧面板、汽车底盘、保险杠、卡车顶部挡板等；建筑领域的路灯的管状灯杆、风能发电机机罩、装饰用门、椅子和桌子、头盔等；船舶领域的小型划艇船体、上层甲板；等等。

2. 树脂浸渍模塑成型工艺

树脂浸渍模塑成型工艺（SCRIMP）是一种低成本的真空辅助注射技术（VARTM），它的基本原理是在模具型面上铺放增强材料和各种辅助材料，用真空袋将型腔边缘密封严密，在型腔内抽真空，再将树脂通过精心设计的树脂分配系统在真空作用下注入模腔内，最后固化成型。根据树脂的分配系统，可将 SCRIMP 工艺分为两种，高渗透介质型 SCRIMP 和引流槽型 SCRIMP。

1）高渗透介质型 SCRIMP 工艺

树脂注射时由于高渗透介质的渗透率远远高于剥离层和纤维层的渗透率，高渗透率介质层内树脂流动前沿迅速超前纤维层，进入纤维层的树脂胶液大部分是通过高渗透性介质流出的，因此高渗透性介质对充模时间起决定性的作用。

2）引流槽型 SCRIMP 工艺

注射流道直接和引流槽入口相连，但排气槽和引流槽要保持一定的距离。注射时树脂总是先注满引流槽，然后才从引流槽注入纤维增强材料，大型制品整个注射过程就可以看作引流槽分解了数个小的注射过程。因此对于厚壁制品充模流动时间几乎等于单个引流槽内树脂在纤维厚度方向的浸透时间，这样大大缩短了充模周期。

引流槽型 SCRIMP 工艺与高渗透介质型 SCRIMP 工艺相比较，首先前者的充模速度提高 17 倍；其次高渗透介质型 SCRIMP 工艺的高渗透性介质和剥离层在使用完后要废弃，不但会造成环境污染，还提高了制作成本；最后引流槽型 SCRIMP 是在低密度泡沫芯材上刻槽以加快树脂流动，使其最终成为制品的一部分，这种形式既提高了充模速率，又减轻了部件质量、减少了材料浪费。可见，这对于厚壁制品引流槽型 SCRIMP 工艺更具实际意义。

SCRIMP 工艺特别适合制造大型复合结构的部件，部件尺寸越大，成本优势越明显。同时一些嵌入件，如肋、加强筋和芯材都可以在成型时放入部件中一次成型。目前，SCRIMP 工艺在船艇制造、风机叶片、桥梁、汽车部件及其他民用和海洋基础工程等方面得到广泛应用。实践证明，SCRIMP 工艺制造的部件性能与航空航天领域广泛采用的热压罐工艺相媲美。随着 SCRIMP 技术从军事应用向民用工业的转移，在建筑、汽车行业将有很大的拓展空间，如大尺寸的屋面、建筑平台等公用工程构件。以 Lotus 公司为代表的汽车厂家已实现该工艺的大规模生产，用于制造轿车车身、大型卡车车顶和面罩、豪华客车及公共汽车前脸和后尾、铺路车及油矿车车身和驾驶室等部件。SCRIMP 工艺的另一个主要应用领域是风机叶片的制造，目前，国外采用闭模的真空辅助成型工艺用于生产大型叶片（叶片长度在 40m 以上时）和大批量的生产，这种工艺适合一次成型整体的风力发电机叶片（纤维、夹芯和接头等可一次模腔中共成型），而无须二次黏结。世界著名的叶片生产企业 LM 公司开发出 56m 的全玻纤叶片就是采用这种工艺生产的。

3. 结构反应注射模塑

结构反应注射模塑（SRIM）是建立在树脂反应模塑（RIM）和 RTM 基础上的一种新的成型工艺。

反应注射模塑（reaction injection moulding，RIM）是将两种具有高化学活性的低相对分子质量液体原料，在高压下经撞击混合，然后注入密闭的模具内，完成聚合、交联、固化等化学反应并形成制品的工艺过程，如图 7-30 所示。这种将聚合反应与注射模塑结合为一体的新工艺，具有物料混合效率高，节能环保、产品性能好，成本低等优点。RIM 技术最早出现在 20 世纪 60 年代，70 年代投入生产，80 年代后得到快速发展。由于 RIM 线膨胀因数很大，而且强度、模量相对较小，使 RIM 制品使用受到限制。

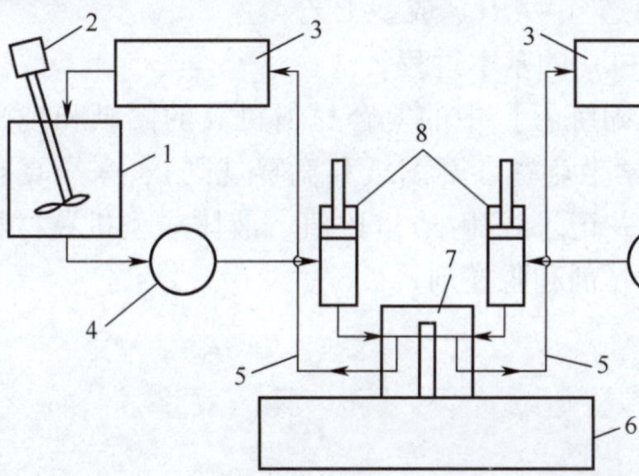

图 7-30　RIM 基本原理图

1—A 单体罐；2—搅拌器；3—热交换器；4—物料泵；5—循环回路；6—模具；7—混合头；8—柱塞泵筒；9—B 单体罐。

SRIM 是综合 RIM 和 RTM 优点而开发的。SRIM 工艺是首先把长纤维增强垫预置在模具型腔中，再利用高压计量泵提供的高压冲击，将两种单体物料在混合头混合均匀，在一定温度条件下注射到模具内，在模具内固化成型制品的工艺。SRIM 工艺必须在反应前很快地（几秒）充入模具，并且一旦模具被充满应确保快速固化。SRIM 工艺成型所用的树脂以聚氨酯类为主，如低黏度聚氨基甲酸酯，聚氨基甲酸酯/异氰脲酸酯，聚氨基甲酸酯/聚酯的共混料等。

近年来，SRIM 工艺发展速度非常快。SRIM 工艺与 RTM 工艺相比的区别主要体现在：①RTM 反应的活化是通过加热使物料活化，而 SRIM 是通过混合、高压碰撞使其活化；②RTM充模时间长，而SRIM充模时间短；③RTM在注射前预先通过静态混合器混合，SRIM则通过高压碰撞在混合头混合，混合同时注料；④RTM注射压力低、注射量较小，SRIM注射压力高、注射量大；⑤RTM成型周期长，SRIM成型周期短。

SRIM工艺的缺点主要有：①纤维经常外露；②流动速度快，常形成空穴区；③反应体系有水放出，会在制品表面留下气孔。

LCM工艺技术已经成为先进复合材料低成本制备技术的主要发展方向，是现在复合材料领域研究的热点。对于每种成型工艺各自的特点，要不断开拓新的应用领域；对于每种成型工艺各自的缺陷，要有针对性地进行试验，不断地通过提高原材料的各项性能、工艺的改进、模具设计制造技术等方面来实现，更好地发展复合材料液体模塑技术。

巩固练习

(1) 什么是复合材料液体成型工艺，并举例说明复合材料液体成型工艺包含哪些工艺？

(2) 纤维预成型体的原材料与类型有哪些？

(3) RTM成型模具的种类有哪些？简述玻璃钢RTM模具的制作流程。

(4) 简述树脂传递模塑成型工艺（RTM）的基本过程。

(5) 简述真空辅助树脂渗透（VARI）成型工艺。

(6) 简述树脂膜渗透（RFI）的基本过程。

(7) 参照本书项目4【巩固练习】中的复合材料机翼的图纸和规则（摘自第十五届SAMPE超轻复合材料机翼学生竞赛参赛图纸和竞赛规则），采用真空导入/RTM工艺方法完成机翼模型的制作，并记录载荷/质量比值。液体成型机翼材料包括碳纤维织物、泡沫芯材、环氧树脂、胶黏剂和脱模剂。

项目 8 热塑性复合材料成型工艺

项目目标

知识目标

(1) 掌握航空领域常用的高性能热塑性树脂种类及特点；

(2) 掌握热塑性树脂粒料制备、注射成型设备及注射成型工艺过程；

(3) 掌握玻璃纤维毡热塑性树脂基复合材料（GMT）片材的原材料种类、制备方法以及 GMT 制品的成型过程。

能力目标

(1) 能正确选用热塑性树脂基复合材料的原材料；

(2) 能够正确操作注射成型设备，具备注射成型操作的技能；

(3) 具备 GMT 的成型操作技能。

素质目标

(1) 树立节约材料、绿色环保的意识；

(2) 培养规范操作、精益求精的职业素养。

热塑性复合材料是以玻璃纤维、碳纤维、芳纶纤维等增强各种热塑性树脂的复合材料的总称，国外称为 FRTP（fiber reinforced thermo plastics）。先进的纤维增强热塑性复合材料具有韧性耐蚀性和抗疲劳性高，成型工艺简单，周期短，材料利用率高（无废料），预浸料易储存、可回收等优势。随着民用航空结构对航空材料的经济性、环保性等提出了更高的要求，高性能热塑性复合材料在民用航空应用中的地位越发重要，表现为材料种类不断增加，应用部位及结构形式多样化，而且逐渐从次承力结构向主承力结构发展。

由于热塑性树脂熔融温度高、化学性质稳定，其复合材料成型加工与热固性复合材料有很多不同之处。从生产工艺角度分析，热塑性复合材料分为短纤维增强复合材料和连续纤维增强复合材料两大类。短纤维增强复合材料成型工艺包括注射成型工艺、挤出成型工艺、离心成型工艺等。连续纤维增强热塑性复合材料成型工艺有预浸料模压成型、片状模塑料冲压成型、预浸纱缠绕成型、拉挤成型等。

本章仅介绍热塑性复合材料注射成型工艺和 GMT 制品的成型工艺。

任务8.1 热塑性复合材料注射成型工艺

【任务描述】

热塑性复合材料的成型发展较热固性复合材料晚些，目前比较成熟的是注射成型。注射成型也称注塑或注射模塑，是短纤维增强热塑性复合材料的主要生产方法，历史悠久，应用范围最广。注射成型工艺成型周期短，能耗最小，产品精度高，一次可成型复杂及带有嵌件的制品，一模能生产几个制品，生产效率高。其缺点是不能生产长纤维增强复合材料制品和对模具质量要求较高。根据目前的技术发展水平，注射成型的最大产品为5kg，最小为1g。主要用来生产各种机械零件、建筑制品、家电壳体、电气材料、车辆配件等。

【知识链接】

8.1.1 热塑性复合材料的特殊性能与成型工艺

1. 热塑性复合材料的特殊性能

1）密度小、强度高

热塑性复合材料的密度为1.1~1.6g/cm，仅为钢材的1/7~1/5，比热固性复合材料轻1/4~1/3，它能够以较小的单位质量获得更高的机械强度。

2）性能可设计性的自由度大

热塑性复合材料的物理性能、化学性能、力学性能，都是通过合理选择原材料种类、配比、加工方法、纤维含量和铺层方式进行设计。由于热塑性复合材料的基体材料种类比热固性复合材料多很多，因此，其选材设计的自由度也就大得多。

3）热性能

一般塑料的使用温度为50~100℃，用玻璃纤维增强后，可提高到100℃以上。尼龙6的热变形温度为65℃，用30%玻璃纤维增强后，热变形温度可提高到190℃。聚醚醚酮树脂的耐热性达220℃，用30%玻璃纤维增强后，使用温度可提高到310℃，这样高的耐热性，热固性复合材料是达不到的。热塑性复合材料的线膨胀系数比未增强的塑料低1/4~1/2，能够降低制品成型过程中的收缩率，提高制品尺寸精度。热塑性复合材料传热系数为0.3~0.6W/(m^2·K)，与热固性复合材料相似。

4）耐化学腐蚀性

复合材料的耐化学腐蚀性主要由基体材料的性能决定。热塑性树脂的种类很多，因此，可以根据复合材料的使用环境和介质条件，对树脂基体进行优选，一般都能满足使用要求。热塑性复合材料的耐水性优于热固性复合材料。

5）电性能

一般热塑性复合材料都具有良好的介电性能，如不反射无线电电波、透过微波性能良好等。由于热塑性复合材料的吸水率比热固性复合材料小，故其电性能优于后者。在热塑性复合材料中加入导电材料后，可改善其导电性能，防止产生静电。

6）废料能回收利用

热塑性复合材料可重复加工成型，废品和边角余料能回收利用，可减少对环境的污染。

2. 热塑性树脂基复合材料成型工艺

热塑性树脂基复合材料成型与热固性树脂基复合材料成型有很多不同之处，预浸、成型等每个阶段对设备和工艺都有特殊的要求。通常热塑性复合材料成型过程如图 8-1 所示。

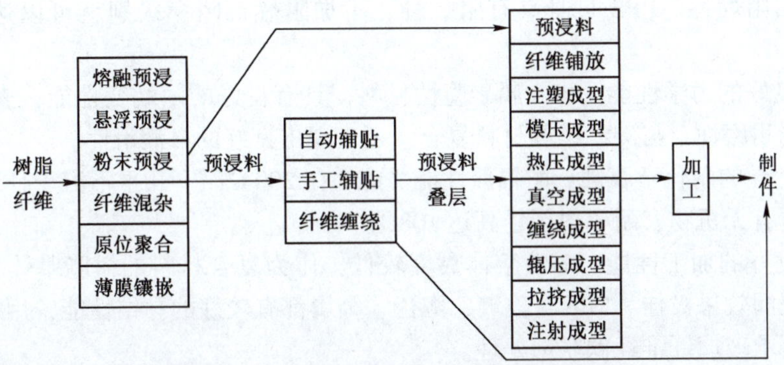

图 8-1 热塑性树脂复合材料成型过程

8.1.2 常用热塑性树脂

热塑性复合材料所用基体材料有聚酰胺（PA，俗称尼龙）、聚甲醛（POM）、聚碳酸酯（PC）、聚苯醚（PPO）、聚苯硫醚（PPS）、聚砜（PSU）、聚醚砜（PES）、聚酰亚胺（PI），聚醚酰亚胺（PEI）、聚醚醚酮（PEEK）、聚丙烯（PP）、聚乙烯（PE）、聚对苯二甲酸乙二醇酯（PET）、聚对苯二甲酸丁二酯（PBT）、聚苯乙烯（PS）、丙烯腈/丁二烯共聚物（AS）、丙烯腈/丁二烯/苯乙烯共聚物（ABS）和苯乙烯/丙烯腈共聚物（SAN）等。表 8-1 列出了几种常见热塑性树脂的成型温度。

表 8-1 几种常见热塑性树脂的成型温度

聚合物	类型	T_g/℃	T_m/℃	成型温度/℃
PP	半晶	-20	168	200~250
尼龙 66	半晶	70	220	230~275
尼龙 6	半晶	50	260	270~325
PBT	半晶	20	240	240~273
PET	半晶	73	257	280~300
PC		140~150	270	270
PPS	半晶	88	290	315
PEK	半晶		372	420
PEEK	半晶		343	360

航空领域应用的热塑性树脂主要是耐高温、高性能的树脂基体，包括聚苯硫醚（PPS）、聚芳醚酮（PAEK）、聚醚醚酮（PEEK）、聚醚酮酮（PEKK）、聚醚酰亚胺（PEI）等。

1. 聚苯硫醚

PPS是特种工程塑料的典型代表之一，分子结构为苯环与硫原子交替相连而成的线性结构。在凝聚态结构上，PPS易于结晶，结晶度将近70%，因此，具有良好的热稳定性、化学稳定性以及尺寸稳定性等。PPS主要具有以下5个方面的性能优势。

（1）优异的耐热性能。PPS熔点超过280℃，热变形温度超过260℃，且经过高温热老化处理后的强度保持率较高。

（2）自阻燃性。PPS自身具有阻燃性，不加阻燃剂阻燃级别就可以达到UL94V-0级。

（3）良好的力学性能。PPS属于脆性材料，具有良好的耐蠕变性能，表面硬度高，具有良好的耐磨性，与碳纤维等材料复合，还表现出良好的自润滑性。

（4）优异的耐化学腐蚀、耐辐照性能。PPS在200℃以下几乎不溶于任何溶剂，几乎能耐受所有无机物，耐辐射剂量高达108Gy。

（5）良好的加工性能。PPS熔体黏度较低，作为复合材料的树脂基体，对于增强体的流动浸润效果极佳。PPS对玻璃、陶瓷、金属都有较好的黏结性能，用玻璃纤维增强时，不要求玻璃纤维经偶联剂处理。

由于PPS具有以上性能优势，相较于其他高性能热塑性树脂又具有易加工、成本低的特点，因此成为制造复合材料的优良树脂基体。

2. 聚芳醚酮

聚芳醚酮（PAEK）是亚苯基环通过醚键和羰基连接而成的一类聚合物，根据分子链中醚键、羰基与苯环连接次序和比例的不同，可形成多种不同的聚合物，其中PEEK和PEKK是高性能热塑性复合材料最具代表性的两类树脂基体。

聚醚醚酮（PEEK）树脂是乙醚、酮及芳香族组成的结晶高分子聚合物，其熔点在300℃以上，刚度和强度与环氧树脂相近，但冲击韧性和断裂韧性比环氧树脂要高得多。例如，碳纤维/环氧树脂的层间Ⅰ型断裂韧性值一般为100～150J/m^2，而碳纤维/聚醚醚酮树脂的层间Ⅰ型断裂韧性值一般为1500J/m^2，即断裂韧性约为前者的10倍。此外，在受低速冲击后，碳纤维/聚醚醚酮复合材料也比碳纤维/环氧树脂显示出更高的残余压缩强度。但是，聚醚醚酮树脂的成型温度和压力要求比环氧树脂要高，因此产品成型过程要复杂些，成本也高些。以连续碳纤维、玻璃纤维进行增强的PEEK复合材料可以用于飞机的机翼前缘、机舱、操纵杆等。此外，鉴于材料的耐高温特性，也被应用于飞机的发动机组件中。

PEKK相较于PEEK具有更低的加工温度以及更宽的加工温度工艺窗口，且具有相当的力学性能，这使PEKK复合材料的工艺性较PEEK复合材料更优，并且更适合自动化工艺要求。

3. 聚醚酰亚胺

PEI既能保持聚酰亚胺的各种优异性能，又可采用一般热塑性树脂的成型加工方法加工，其性能特点如下。

（1）优异的耐热性能。PEI 是非晶型高聚物，熔程为 340～400℃，热变形温度超过 200℃。

（2）优异的阻燃性。美国 GE 公司的万吨级 Ultem PEI 的各品级产品阻燃性均能达到 UL-94V-0 级，极限氧指数极高，可达 47%，燃烧时烟雾密度低，有毒气体少。

（3）优良的尺寸稳定性。成型收缩率低，成型后残余应力小，不易开裂，线膨胀系数小，耐蠕变性能好。

（4）良好的耐辐照性能，耐化学药品性，耐水解性。由于 PEI 具有以上性能优势，结合优异的可加工性，其复合材料特别适用于制造飞机内壁板、内饰件、连接件和绝热、隔音结构等。

以 PPS、PAEK/PEEK/PEKK、PEI 为代表的高性能热塑性树脂基复合材料，已在国外民用航空结构上得到广泛的验证和应用，并取得了良好的减重和降低成本的效果。其中，PPS 复合材料多用于机身外部结构，采用热压工艺结合焊接成型工艺，实现整体化结构件的低成本制造。此外，在适合热压罐成型工艺的 PEEK 复合材料基础上，又相继形成了适用于非热压罐工艺的 PEKK 复合材料，以及更适合采用自动化工艺制造大型整体化结构的低熔融温度 PAEK 复合材料体系；而无定形的 PEI 由于具有更低的加工温度及加工成本，比半结晶的 PPS 高成型温度的 PEEK 更多应用在飞机结构件。此外 PEI 由于自身所具有的优异阻燃特性，其玻璃纤维增强复合材料多用于具有阻燃要求的零部件，如舱内结构等。表 8-2 列出了高性能热塑性树脂基复合材料在国外民用航空结构上的使用情况。

表 8-2　热塑性复合材料在民用航空结构上的应用

树脂材料	商标名	材料供应商	使用部位
聚苯硫醚（PPS）	Cetex PPS	Royal TenCate	空客 330 副翼肋、方向舵前缘部件；空客 330-200 方向舵前缘肋； 空客 340 副翼肋、龙骨梁肋、机翼前缘 空客 340-500/600 及空客 380：副翼肋、方向前缘部件、翼内检修盖板、龙骨梁连接角片、龙骨梁肋、发动机吊架面板、机翼固定前缘组件及前缘盖板 空客 400M 副翼翼肋、除冰面板、油箱口盖； G650 方向舵及升降舵； Fokker50 方向舵前缘翼肋、主起落架翼肋和桁条
聚醚醚酮（PEEK）	APC-2	Cytec	波音 757 发动机整流罩；波音 787 吊顶部件； 空客 350 角片、支架；空客 400M 油箱口盖；
聚醚酰亚胺（PEI）	Cetex PEI	Royal TenCate	G650 方向舵及升降舵机翼后缘、肋； G450，G650，G550 方向舵肋、后缘、压力舱壁板； Domier 328 襟翼肋、防冰面板； GulfstreamV 地板、压力面板、方向舵肋及机翼后缘； GulfstreamⅣ方向舵肋及机翼后缘； Fokker 50 及 100 地板；空客 320 货舱地板及夹层结构面板； 空客 330-340 机翼整流罩；空客 380 发动机进气道内衬；波音 787 导管

8.1.3 注射成型工艺

注射成型工艺是将粒状或粉状的纤维-树脂混合料从注射机的料斗送入机筒内，加热熔化后由柱塞或螺杆加压，通过喷嘴注入温度降低的闭合模内，经过冷却定型后，脱模得到制品。注射成型工艺原理如图 8-2 所示。

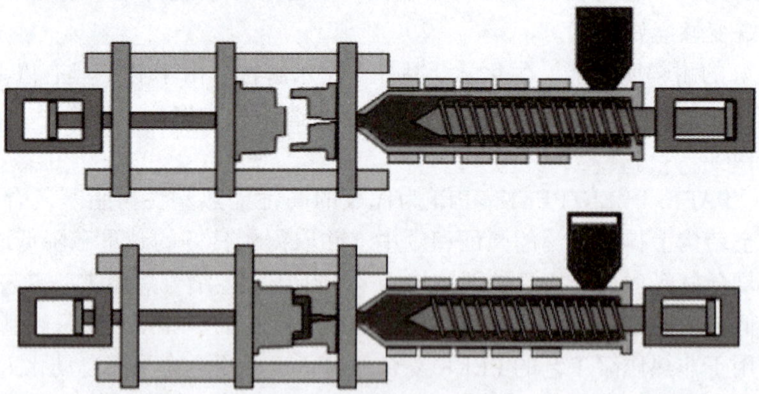

图 8-2 注射成型工艺原理

热塑性复合材料增强粒料在注射机的料筒内加热熔化至黏流态，以高压迅速注入温度较低的闭合模内，经过一段时间冷却，使物料在保持模腔形状的情况下恢复到玻璃态，然后开模取出制品。这一过程主要是加热、冷却过程，物料不发生化学变化。将粒料加入料斗内，通过螺杆往复运动把粒料推入料筒内，依靠外部和分流梭加热塑化，分流梭是靠金属肋和料筒壁相连，加热料筒，分流梭同时受热，使物料内外加热快速融化，通过注射螺杆向前推压，使熔态物料经过喷嘴及模具的流道快速充满模腔，在模腔内当制品冷却到定型温度时，开模取出制品。从注射充模到开模取出制品为一个注射周期，其时间长短取决于产品尺寸大小和厚度。

与通常注射成型相比，热塑性复合材料熔融物料黏度偏高，流动性差；在成型过程中（尤其是在喷嘴处）纤维易被折断而变短，此现象随着螺杆转速的增加而愈甚；成型时由于熔体流动的速度梯度而造成玻璃纤维的定向排列，制品越薄，定向排列越明显；熔接痕处强度明显降低；收缩率小等。这些特点决定了热塑性复合材料注射成型工艺在原料的准备、工艺条件的确定以及设备方面有特殊要求。

8.1.4 纤维增强热塑性树脂粒料的制造

对于纤维增强热塑性树脂粒料有以下要求：纤维与热塑性树脂及各种助剂按比例均匀地混合在一起；纤维与热塑性树脂应尽可能包覆、黏结牢固；纤维在粒料中均匀分散并保持一定的长度，粒料的粗细及长短要一致，便于自动计量；制造过程应尽量减少对纤维的机械损伤，并尽量减少对热塑性树脂分子的降解。

纤维增强热塑性树脂粒料的制造方法有短纤维挤出造粒法和长纤维包覆挤出造粒法两种。长纤维包覆挤出造粒法纤维被树脂浸润的情况差，在注射成型时纤维分散得不好，从而影响制品的外观质量，而且由于纤维分散不均，制品的物理、力学性能重复性差，但纤维比较长而且加工过程中纤维磨损小，因而制品的抗冲击强度和热变形温度较高。短纤维挤出造粒法具有纤维分散性好、制品外观质量好，接缝强度大、生产效率高、成本较低等优点，因此国内外广泛应用。

1. 短纤维挤出造粒法制造粒料

短纤维挤出造粒是将短切纤维与热塑性树脂一起送入挤出机经熔融复合，通过模头挤出料条，冷却后切成粒料，在粒料中纤维已有一定程度的分散性，如果采用双螺杆挤出机，则可直接把连续无捻粗纱喂入机器，借助双螺杆的作用将纤维扯断，而不必先切短纤维。

最理想的制造方法是采取双螺杆排气式挤出机混合法。树脂计量后送入挤出机的加料口开始熔化；纤维粗纱则通过下游处第二加料口进入并与熔融树脂混合。由于树脂已充分塑化，对纤维提供了润滑保护作用，大大减轻了对机件的磨损。开始时用手将粗纱引入第二加料口，以后便利用螺杆旋转的作用力将粗纱连续拉入机内。纤维的含量由送入机内的粗纱根数及螺杆转速加以控制。粗纱被左旋螺杆及捏合装置所破碎并均匀混合，然后混合料被除去挥发性物质，经口模挤出、冷却、干燥、切成粒料。

将短切纤维与树脂粒料用单螺杆挤出机一次造粒的方法，国内也比较普遍。采用此法试制了聚碳酸酯、聚甲醛等增强塑料，而短切纤维增强聚丙烯已投入工业化生产。

2. 长纤维包覆挤出造粒法制造粒料

长纤维包覆挤出造粒法是将纤维原丝多股集束在一起与熔融树脂同时从包覆机头挤出，被树脂包覆成料条，经冷却后短切成粒料。长纤维包覆挤出造粒法制造粒料工艺流程如图 8-3 所示。

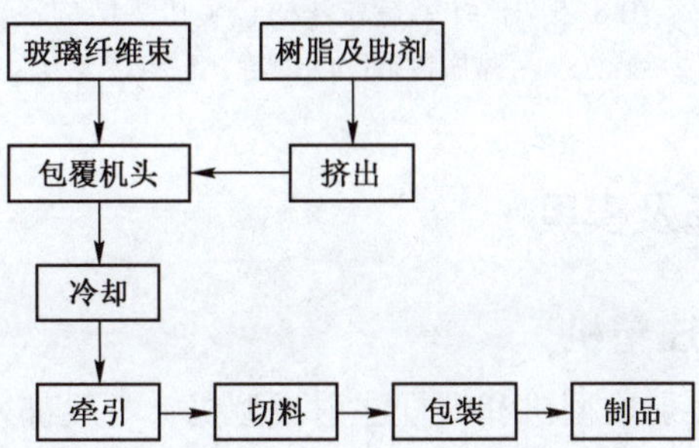

图 8-3　长纤维包覆挤出造粒法制造粒料工艺流程

根据纤维在粒料断面的分布情况，分为 3 种形式，如图 8-4 所示。如图 8-4（a）所示纤维成一大束包覆在树脂中心，纤维常包不紧，切粒时易拉毛，纤维易飞扬，污染环境，注射成型时不利于纤维和树脂的分散；如图 8-4（b）所示纤维成几小束分散于四周，但纤维过于靠边，树脂包覆力不够，在切粒时也容易起毛，以致纤维飞扬，造成环境污染；如图 8-4（c）所示纤维成几小束包于树脂中，是最理想的结构。纤维分散得好，周围树脂包覆较结实，因而粒料端面平整，纤维不易被拉毛及飞扬。

在影响长纤维增强粒料质量的多种因素中，包覆机头结构形式是主要因素。机头设计的关键是保证多束纤维粗纱顺利通过，能均匀被熔融树脂浸渍而且保证多束纤维粗纱

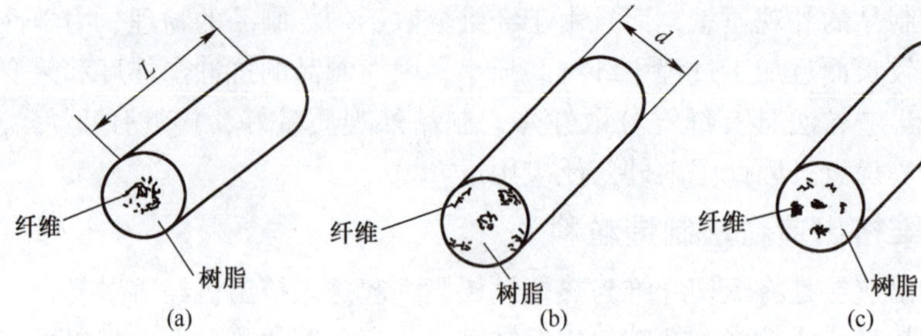

图 8-4　纤维在粒料断面的 3 种分布情况

在粒料断面上分布均匀，并不露出粒料表面。典型的机头结构如图 8-5 所示。玻璃纤维粗纱通过型芯中的小孔进入机头型腔，与熔融树脂相互接触，通常需给以一定的压力，使纤维与树脂充分浸渍，集束装置是使熔融树脂进一步渗透到玻璃纤维粗纱中，并使熔体料条密实。为使玻璃纤维能很好地均匀分散在树脂中，通常在型芯上钻许多通孔，在每个通孔中穿入一根玻璃纤维粗纱，通孔一般取 2.0~2.5mm。对于机头型腔要求无死角，其容积沿出料口方向逐渐变小。

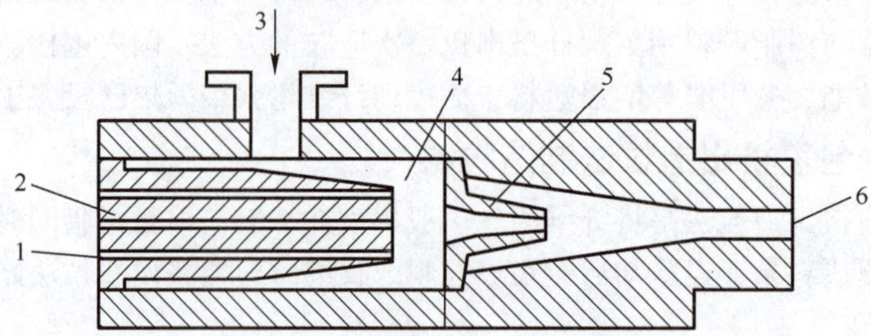

图 8-5　长纤维造粒法的包覆机头结构

1—送丝孔；2—型芯；3—熔融树脂；4—型腔；5—集束装置；6—出样口。

8.1.5　注射成型设备及模具

1. 注射成型机（注塑机）

注射成型机有柱塞注射成型机和螺杆注射成型机，一般都采用螺杆注射成型机。螺杆注射成型机通常由注射系统、合模系统、液压传动系统、电气控制系统、加热及冷却系统、润滑系统、安全监测系统等组成。常用的卧式注射机如图 8-6 所示。

1）注射系统

注射系统的作用是在注塑料机的一个循环中，能在规定的时间内将一定数量的物料加热塑化后，在一定的压力和速度下，通过螺杆将熔融物料注入模具型腔中；注射结束后，对注射到模腔中的熔料保持定型。注射系统由塑化装置和动力传递装置组成。螺杆式注塑机塑化装置主要由加料装置、料筒、螺杆、过胶组件、射嘴部分组成。动力传递装置包括注射油缸、注射座移动油缸以及螺杆驱动装置组成。

2）合模系统

合模系统的作用是保证模具闭合、开启及顶出制品。同时，在模具闭合后，供给模

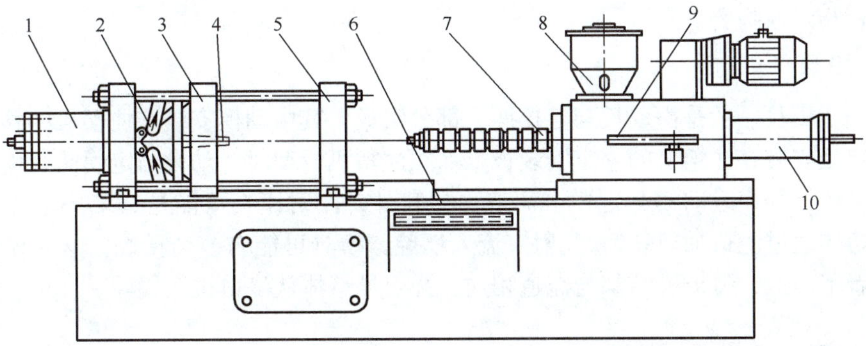

图 8-6　常用的卧式注射机

1—锁模液压缸；2—锁模机构；3—动模板；4—推杆；5—定模板；
6—控制台；7—料筒及加热器；8—料斗；9—定量供料装置；10—注射缸。

具足够的锁模力，以抵抗熔融物料进入模腔产生的模腔压力，防止模具开缝，造成制品的不良现状。合模系统主要由合模装置、机绞、调模机构、顶出机构、前后固定模板、移动模板、合模油缸和安全保护机构组成。

3）液压传动系统

液压传动系统的作用是实现注塑机按工艺过程所要求的各种动作提供动力，并满足注塑机各部分所需压力、速度、温度等的要求。它主要由各种液压元件和液压辅助元件组成，其中油泵和电机是注塑机的动力来源。各种阀控制油泵压力和流量，从而满足注射成型工艺各项要求。

4）电气控制系统

电气控制系统与液压传动系统合理配合，可实现注射机的工艺过程要求（压力、温度、速度、时间）和各种程序动作。其主要由电器、电子元件、仪表、加热器、传感器等组成。一般有四种控制方式：手动、半自动、全自动、调整。

5）加热/冷却系统

加热系统是用来加热料筒及注射喷嘴的，注塑机料筒一般采用电热圈作为加热装置，安装在料筒的外部，并用热电偶分段检测。热量通过筒壁导热为物料塑化提供热源；冷却系统主要是用来冷却油温，油温过高会引起多种故障，所以油温必须加以控制。另一处需要冷却的位置在料管下料口附近，防止原料在下料口熔化，导致原料不能正常下料。

6）润滑系统

润滑系统是注塑机的动模板、调模装置、连杆机铰、射台等处有相对运动的部位提供润滑条件的回路，以便减少能耗和提高零件寿命，润滑可以是定期的手动润滑，也可以是自动电动润滑。

7）安全监测系统

注塑机的安全装置主要是用来保护人、机安全的装置，主要由安全门、安全挡板、液压阀、限位开关、光电检测元件等组成，实现电气—机械—液压的联锁保护。安全监测系统主要对注塑机的油温、料温、系统超载以及工艺和设备故障进行监测，发现异常情况进行指示或报警。

2. 模具

注塑机模具一般是由动模与定模两大部分组成，其中动模安装在注塑机的移动安装板上，定模安装在注塑机的固定安装板上。在注塑机成型时，动模与定模闭合构成模腔和浇注系统，开模时动模与定模分离取出塑料件。注射模具可能是只带一个浇口的模腔，使熔体通过浇口加热料筒/注射室流入模腔。模具可能有多个模腔，这些模腔可能相似或者不相似，每个模腔都与流道相连，并引导熔体从浇口进入模腔。

8.1.6 注射成型工艺参数

注射成型工艺过程包括加料、合模、塑化、注射、模塑（保压、冷却定型、开模出料）、制件后处理等工序。注射成型工艺流程如图8-7所示。一般注射成型主要工艺条件包括温度、压力和成型周期。

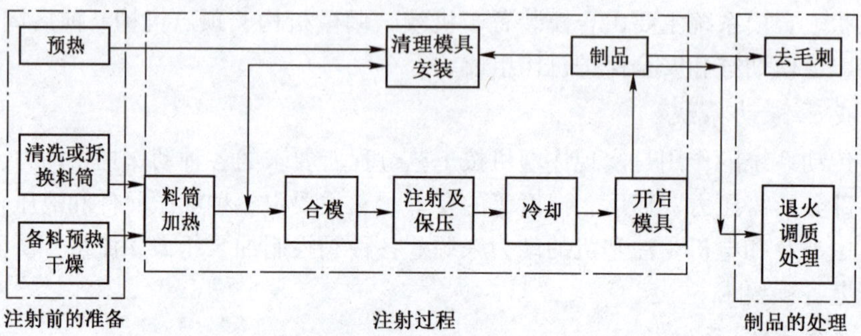

图8-7 注射成型工艺流程

1. 温度

注射成型过程中需要控制的温度有机筒温度、喷嘴温度和模具温度。

1）机筒温度

确定机筒温度的原则是应保证材料塑化均匀，同时不能造成材料降解，能使材料顺利充满模具型腔。机筒温度的确定与粒料类型。成型制品、模具结构以及其他工艺条件都有着密不可分的关系。机筒合适温度的范围应在物料黏流温度或熔点与分解温度之间。

2）喷嘴温度

喷嘴温度一般略低于机筒最高温度，但不能太低，否则会造成熔料过早冷却而影响产品质量或者堵塞喷嘴。

3）模具温度

模具温度为模具型腔的表面温度，它影响物料在模具内的流动性、制品的冷却速度、成型周期及制品的结晶、取向、收缩等。

2. 压力

在注射成型过程中需要选择和控制的压力包括塑化压力、注射压力和保压压力。

1）塑化压力

螺杆头部熔料在螺杆转动后退时所受到的压力称为塑化压力，也称背压，其大小调节可以通过液压系统中的溢流阀来实现，塑化压力大小与粒料品种、喷嘴类型和加料方式有关，一般塑化压力为 0.5~2.0MPa。

2）注射压力

注射压力是柱塞或者螺杆顶部对物料所施加的压力，其主要作用是克服熔体从机筒向型腔的流动阻力，给予熔体一定的充模速率。注射压力对物料的流动、充模、制品质量都有很大的影响。注射压力的大小与粒料性质、制品的结构和精度要求、喷嘴的结构形式、浇口尺寸以及注塑机种类有关。通常注射压力的范围为 2~12MPa。

3）保压压力

保压压力的作用是在模腔充满后对模内熔料压实、补缩，防止型腔中的熔料倒流。保压压力高，制品的收缩率减小，制品表面光洁、密度增加、熔接强度提高、尺寸稳定，缺点是脱模残余应力较大，成型周期延长。

3. 成型周期

完成一次注射模塑过程所需要的时间称为成型周期，它实际包括以下几个部分，如图 8-8 所示。

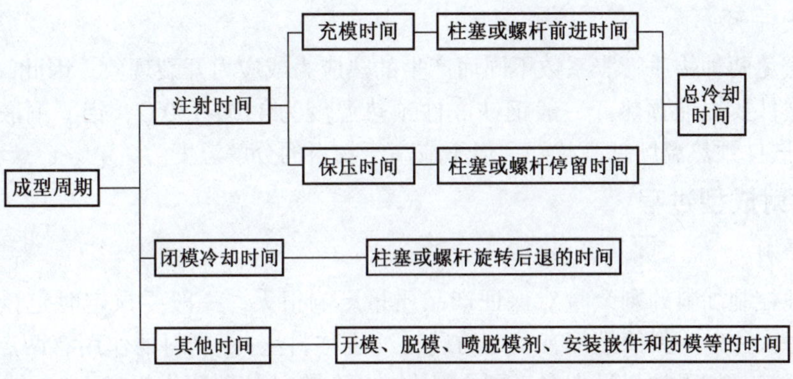

图 8-8　注射成型周期

成型周期直接影响劳动生产率和设备利用率。因此在生产过程中应在保证质量的前提下，尽量缩短成型周期中各个有关时间。在整个成型周期中，以注射时间和冷却时间最重要，它们对制品的质量均有决定性的影响。注射时间中的充模时间与充模速率成反比，生产中的充模时间一般为 3~5s。

注射时间中的保压时间就是对型腔内物料的压力时间，在整个注射时间内所占的比例较大，一般为 20~120s（特厚制品可高达 5~10min）。在浇口处熔料封冻之前，保压时间的多少对制品尺寸的准确性有影响，若在以后，则无影响。保压时间也有最佳值，已知它依赖料温、模温以及主流道和浇口的大小。如果主流道和浇口的尺寸都是正常的，通常以得出制品收缩率波动范围最小的压力值为准。冷却时间主要取决于制品的厚度、塑料的热性能和结晶性能以及模具温度等。冷却时间的终点，应以保证制品脱模时不引起变形为原则，冷却时间一般在 30~120s，冷却时间过长，不仅降低生产效率，对复杂制件还将造成脱模困难，强行脱模时甚至会产生脱模应力。成型周期中其他时间则与生产过程是否连续化和自动化以及固化的程度有关。

【任务实施】

1. 注射成型准备工作

1）注射料选择及预处理

注射成型工艺首先需根据产品性能和注射机性能合理选择注射料，注射料应尽可能均匀，已结块的应粉碎。粒料使用前应测水分及挥发物含量。超标时要干燥。如热风干燥、红外线干燥、真空干燥等。干燥后的物料仍会吸湿。因此需密封贮存，加工时需加热。

2）料筒清洗

在注射成型过程中，如需换料生产时，一定要清洗料斗。一般采用加入新料进行清洗的方法，可反复进行。当用一台注射机加工几种不同物料时，为了清洗方便，最好先加工成型温度低、色浅的物料。

3）脱模剂选择

注射成型常用的脱模剂有硬脂酸锌、液体石蜡、硅油等。

4）嵌件预热

为了避免两种物质膨胀系数不同而产生的热应力或应力开裂现象。因此，注射成型制品中的嵌件要提前预热。一般钢铁嵌件预热温度为110~130℃，铝、铜嵌件预热到150℃。然嵌件预热温度越高越好，但不应高于物料的分解温度。

2. 注射成型过程

1）加料

正确地控制加料的剩余量对保证产品质量影响很大。一般要求定时定量地均匀供料，保证每次注射后料筒端部有一定的剩料（也称料垫）。剩料的作用有两点：一是传压；二是补料。如果加料量太多，剩余料大，不仅会使注射压力损失大，剩料受热时间太长，易发生分解或固化等；加料量太少时，剩料不足，缺乏传压介质，模腔内物料受压不足，收缩引起的物料得不到补充，会使制品产生凹陷、空洞及不密实等。剩料一般控制在10~20mm。

2）塑化与流动

塑化与流动是注射模塑前的准备过程，对它的主要要求有：达到规定的成型温度；温度、组分应均匀一致并能在规定的时间内提供足够数量的熔融粒料；分解物控制在最低限度。

塑化螺杆在预塑时，一边后退一边旋转，把纤维-树脂混合粒料熔体从均化段的螺槽中向前挤出，使之集聚在螺杆头部的空间里，形成熔体计量室并建立起熔体压力，此压力称预塑背压。螺杆旋转时正是在背压的作用下克服系统阻力才后退的，后退到螺杆所控制的计量行程为止，这个过程叫作塑化过程。

纤维-树脂混合粒料从机筒加料口进到喷嘴，由于热历程不同，物料也有三种聚集态，即入口处的玻璃态，喷嘴及计量室处的黏流态，中间的高弹态。与之相对应的螺杆也分为固体输送段、均化段和压缩段。物料在螺槽中的吸热取决于传热过程，在此过程螺杆的转速起着重要作用，物料的热能来源主要是机械能转换和机筒的外部加热。采用不同背压和螺杆转数可改善塑化质量。

3）注射

这一过程是螺杆推挤，将具有流动性、温度均匀、组分均匀的纤维-树脂混合粒料注射入模的过程。注射入模需要克服一系列的阻力，包括熔体与机筒、喷嘴、浇注系统、模具型腔的摩擦阻力以及熔体内摩擦阻力，同时还要对熔体进行保压。因此，注射压力是很高的，这一历程虽然时间很短，但是熔体的变化并不小，这些变化对产品质量有很大影响。

4）模塑

模塑阶段是指熔体从进入模腔开始，经过型腔注满、熔体在控制条件下冷却定型，直到制品从模腔脱出结束。其可分为充模、保压、倒流和冷却四个阶段。

（1）充模阶段包括引料入模期、充模期、挤压增密期，这一时间很短，称作注射时间。通常3~5s。充模阶段开始时型腔没有压力，随着物料不断充满，压力逐渐建立起来，待模腔充满后，料流压力迅速上升达到最大值。充模时间长，也就是慢速充模，先进入模内的熔料受到较多的冷却，黏度升高，后面的熔料需要较高的压力才能入模，模内冷却的物料受到较高的剪切应力，分子定向程度较高，如果定向分子被冻结，制品就会出现各向异性、内应力，严重时产品裂痕。充模时间过长制品的热稳定性也较低。充模时间短，也就是快速充模，熔料经过喷嘴及浇注系统，产生较高的摩擦热，料温较高，熔体的温度高，分子定向程度小，制品熔接强度也较高。但是若充模速度太快，则在嵌件后部的熔接不好，致使制品强度变劣，裹入空气也会使制品产生气泡。

（2）保压阶段也称压实、增密阶段。这一阶段熔体从充满型腔起到螺杆在最前位置止。这段时间塑料熔体会受到冷却而产生收缩，但是熔料仍处在螺杆的稳压下，机筒内的熔料必然会向模腔内流入，以补充因收缩而留出的空隙。如果螺杆在原位不动，模内压力略有下降，如果螺杆随熔料入模时向前移动，则模内的压力也有所下降。保压时间通常为2~120s。保压压力提高，保压时间长有利于提高制品密度、减小收缩、克服制品表面缺陷。此外，保压时间越长，浇口凝封压力越大，分子定向程度也越高。

（3）倒流阶段是指螺杆后退开始到浇口处熔料凝封为止。这时模腔的压力比流道压力高，因此就会发生熔料的倒流。倒流的多少和有无是由保压压力和保压时间来决定的。

（4）冷却阶段从浇口凝封起到制品从模腔中顶出止。通常冷却时间为20~120s，冷却制品的作用是，以便制品脱模时有足够的刚度，不致产生变形。制品脱模时模内压力和外界压力（主要是大气压力）的差值称为残余压力。其值的大小与保压时间长短有关，保压时间长，凝封压力高，残余压力也越大。残余压力为正值时，脱模比较困难，强行顶出制品容易被刮伤，甚至破裂。残余压力为负值时，制品表面容易产生凹陷或内部有真空泡。残余压力为零，脱模顺利并能获得满意的制品。

5）制件后处理

注射制品的后处理主要是为了提高制品的尺寸稳定性，消除内应力。后处理主要有热处理和调湿处理两种。

注射物料在机筒内塑化不均匀或在模腔内冷却速度不同，都会发生不均匀结晶、取向和收缩，使制品产生内应力，发生变形。热处理是使制品在定温液体介质中或恒温烘箱内静置一段时间，然后缓慢冷却至室温，达到消除内应力的目的。一般热处理温度应控制在制品使用温度以上 10~20℃，或热变形温度以下 10~20℃为宜。热处理的实质是迫使冻结的分子链松弛，凝固的大分子链段转向无规位置，从而消除部分内应力，提高结晶度，稳定结晶结构，提高弹性模量，降低断裂延伸率。

调湿处理是将刚脱模的制品放入热水中，静置一段时间，使之隔绝空气，防止氧化，同时起到加快吸湿平衡的作用。调湿作用对改善聚酰胺类制品性能十分明显，它能防止氧化和增加尺寸稳定。过量的水分还能提高聚酰胺类制品的柔韧性，改善冲击强度和拉伸强度，调湿处理条件一般为 90~110℃，4h。

任务 8.2　GMT 制品的成型工艺

【任务描述】

GMT 是以热塑性树脂为基体，以玻璃纤维毡为增强骨架的复合材料。一般先生产出片材半成品，然后直接加工成所需要的形状的产品。纤维可以是短切玻璃纤维或连续的玻璃纤维毡，热塑性树脂可以是通用塑料、工程塑料或高性能塑料。GMT 的发展较晚，但发展迅速。它的力学性能好，成型周期短，生产成本低，可模制较大的、形状复杂的部件且尺寸稳定性好，选用按所要求尺寸预先切好的 GMT，就有可能达到 50~300N/mm^{2}范围内的强度，模压好的 GMT 部件几乎是各向同性的，对于所有类型的冲击，都具有良好的强度，其最终产品没有焊缝，而且可回收利用，这使得它受到汽车界的极大关注。现在欧洲汽车工业越来越倾向于使用 GMT，利用它来生产前端部件、座椅壳体、发动机隔噪罩、保险杠、仪表板托架等部件。

【知识链接】

GMT 具有韧性好、强度高、密度小（仅为金属的 1/7~1/5）、优良的耐腐蚀性和耐热性、良好的成型性、废料可再生利用并可长期存放等优点，是低能耗、无环境污染的绿色环保材料，是现今国际上极为活跃的复合材料开发品种，有广泛的应用领域，销售量逐年增长。采用不同的玻璃纤维毡和不同的热塑性树脂可以得到不同性能和价格的 GMT 片材。GMT 材料具有以下优点。

（1）比强度高；GMT 的强度和手糊聚酯玻璃钢制品相似，其密度为 1. 01~1. 19g/cm，比热固性玻璃钢（1. 8~2. 0g/cm）小，因此，它具有更高的比强度。

（2）轻量化、节能；用 GMT 材料做的汽车门自重可从 26kg 降到 15kg，并可减少背部厚度，使汽车空间增大，能耗仅为钢制品的 60%~80%，铝制品的 35%~50%。

（3）与热固性 SMC（片状模塑料）相比，具有成型周期短、冲击性能好、可再生利用和储存周期长等优点。

（4）高冲击性能：GMT 的吸收冲击的能力比 SMC 高 2. 5~3 倍，在冲击力作用下，

SMC、钢和铝均出现凹痕或裂痕，而 GMT 却安然无恙。

(5) 高刚性（GMT 里含有 GF 织物，即使有 10 英里/时的冲击碰撞，仍能保持形状）。

除了优异的物理性能、力学性能之外，作为总成部件，GMT 材料产品一体成型的特点决定了它低廉的系统成本，十分有利于培养专业化、大批量生产和具有模块化供货能力的供应商团队，还将大大提高主机厂对供应商的管理效益。

8.2.1　GMT 的原材料

1. 树脂基体

用于生产 GMT 的树脂很多，如尼龙、聚乙烯、聚氯乙烯和聚丙烯等，但目前世界各国主要还是用聚丙烯生产 GMT。聚丙烯是非极性高聚物，与玻璃纤维毫无亲和性，为使复合片材有优良的拉伸、弯曲、冲击和热性能等，必须对聚丙烯基材进行选择和改性。

1）聚丙烯基材的选择

在选择聚丙烯时，首先要考虑聚丙烯基体本身应具有较高的综合性能，还要使其具有良好的工艺性能。据热熔法工艺特点，要求聚丙烯在熔融态时，有较低的熔融黏度，使其能比较容易地渗入玻璃纤维毡和浸润玻璃纤维，并在片材进行二次甚至多次的热成型加工时有良好的工艺流动性。熔体流动速率 MI 是表征熔融黏度的指标，而聚丙烯的分子量与 MI 有以下关系：MI 小，分子量大；MI 大，分子量小。MI 小的聚丙烯，由于分子量大，力学性能较优，但在熔融态下，黏度大，难于渗透与浸润玻璃纤维毡，使基体与玻璃纤维毡之间结合力差，结果降低了复合片材的力学性能；MI 大的聚丙烯，分子量小，本身力学性能较差，但在熔融态下，黏度较小，易于渗透与浸润玻璃纤维毡，使基体与玻璃纤维毡之间有较好的结合力，其协同作用的结果，可使产品有较好的力学性能。因此，要选择适当 MI 值的聚丙烯，即具有流动性好、分子量分布狭窄、成型加工温度较低的聚丙烯，才适宜作为生产复合材料的原料。

2）聚丙烯基材的改性

聚丙烯基材的改性有物理改性和化学改性。物理改性是通过引入成核剂，正、负抗氧剂，热稳定剂，紫外线吸收剂，抗静电剂等多种助剂来达到改性目的的；化学改性是通过化学反应引入与树脂基体有良好相容性，对玻璃纤维中的偶联剂有结合力，能渗透的特种极性基团来达到改性目的的。聚丙烯的力学性能与它的结晶度及球晶大小有关。低结晶聚丙烯性能差，当结晶度达到 70% 时，其力学性能、刚性和耐热性等均明显提高。改性后的聚丙烯增加了结晶度、流动性和渗透性，不仅提高了基体材料自身的各种性能，更重要的是提高了对玻璃纤维界面传递载荷的能力，使树脂能有效地将应力传递给模量和强度高得多的玻璃纤维，使树脂对玻璃纤维有良好渗透性和结合力。

聚丙烯的优点是抗冲击性能好，密度小，当加热超过其熔点（164℃）时，在压力下产生流动，冷却时则重新固化，这使 GMT 在冲压制品时具有很高的生产率。此外，聚丙烯还具有来源广、成本低等特点，比不饱和聚酯树脂更便宜。其中，均聚聚丙烯的强度、模量高于共聚聚丙烯，而后者的韧性高于前者，与玻璃纤维毡复合以后，均聚聚丙烯作为基体的GMT材料具有较高的强度及模量，共聚聚丙烯作为基体的GMT材料具有较高的韧性，可根据具体的应用选用适宜的聚丙烯树脂作为GMT材料的基体树脂。

2. 增强材料

GMT的增强材料玻璃纤维毡可以有多种形式，其中应用较多的主要有连续玻璃纤维针刺毡、短切玻璃纤维毡、复合毡等。国外GMT片材中的玻璃纤维毡是玻璃纤维公司专为热塑性树脂复合而开发的特殊专用毡，它是由E玻璃纤维经聚丙烯专用浸润剂、偶联剂等处理并用针刺法制成的原丝毡，这种毡极其蓬松，有良好的悬垂性，适合熔融状态下聚丙烯树脂的浸润。而国内供应热塑性树脂增强的针刺毡是将选用的国产玻璃纤维毡，进行烧融、偶联等预处理，使引进的偶联剂一端与树脂基团结合，另一端与玻璃纤维结合，就像一个个锚或钉子把树脂与玻璃纤维牢固结合，能较好地充分浸润。

3. 其他原材料

1）界面改性剂

在纤维增强树脂基复合材料中，界面的黏结状况是影响复合材料力学性能的关键因素，必须在增强材料与基体树脂间形成有效的界面黏结，才能充分发挥纤维的增强作用，获得力学性能良好的复合材料。热塑性树脂与玻璃纤维的亲和性、浸润性通常较差，采用适当的浸润剂对玻璃纤维进行表面处理，或在基体树脂中引入可与玻璃纤维表面形成较强相互作用的基团，可有效改善玻璃纤维与树脂的界面黏结。不同的树脂基体，界面改性剂的结构将有所不同，对于聚丙烯作为基体的GMT材料，接枝马来酸酐、丙烯酸、丙烯酸甘油酯等极性基团的聚丙烯作为复合体系的界面改性剂，可显著提高复合材料的界面黏结强度，同样，聚乙烯、聚苯乙烯接枝极性基团后，也可有效地提高以聚乙烯、聚苯乙烯为基体的GMT材料的界面黏结强度。

2）成核剂

结晶性的聚合物如PP、PET等作为GMT的基体，聚合物的结晶形态及结晶度将对材料及其制品的性能产生影响，加入适当的结晶成核剂，可以有效地控制聚合物的结晶形态和结晶度。以聚丙烯为基体的GMT材料可使用的成核剂包括无机类和有机类成核剂。其中，无机类成核剂效果较差，效果较好的有机类成核剂包括有机磷酸盐、山梨醇衍生物、松香类等。

3）抗老化助剂

GMT材料及其制品在成型及使用过程中可能产生的老化主要有热氧化老化和紫外光老化。因此GMT材料中需要添加的抗老化助剂主要有抗氧剂和抗紫外助剂。

4）着色剂

不同的GMT制品对其颜色有不同的要求，通过在基体树脂中加入适当的颜料或染料及其组合，可以赋予GMT材料各种颜色。GMT材料着色剂与基体树脂基本相近。

5）填料

通过在复合材料中加入一些廉价的填料如云母、碳酸钙、滑石粉、硅灰石、粉煤灰、木粉等，可以降低材料的成本。根据热塑性复合材料中增强材料的结构与性质，选择合适的填料含量，就可以获得强度及模量较高的复合体系。

6）阻燃剂

GMT 材料在一些特殊使用场合有较高的阻燃要求，在树脂基体中加入一定量的阻燃剂，可以赋予热塑性复合材料一定的阻燃性能。卤系阻燃剂如十溴二苯醚、十溴二苯乙烷、四溴双酚 A、八溴醚等可以赋予树脂良好的阻燃效果。无卤阻燃体系也有多种，如超细金属氢氧化物、红磷、膨胀石墨、聚磷酸铵、磷系、氮系及膨胀阻燃体系等均可获得良好的阻燃效果。阻燃剂的选择及加入量必须综合考虑阻燃和力学性能。

8.2.2　GMT 片材的制备

GMT 片材的制备有两种，一种是由连续纤维毡或针刺毡与热塑性树脂层结合而成；另外一种是随机分布的中长纤维与粉末热塑性树脂制成的片材。GMT 的生产工艺有熔融浸渍工艺、悬浮沉积工艺、静电吸附法等。

1. 熔融浸渍工艺

熔融浸渍工艺（图 8-9）又称干法工艺，是最早工业化的片材成型工艺。它是用热塑性树脂热熔冷凝的性能，将两层玻璃纤维毡或针刺毡，夹在三层聚丙烯树脂膜层之间，通过压机热压浸渍、热固结、冷却、切割成所需要规格的 GMT 片材。

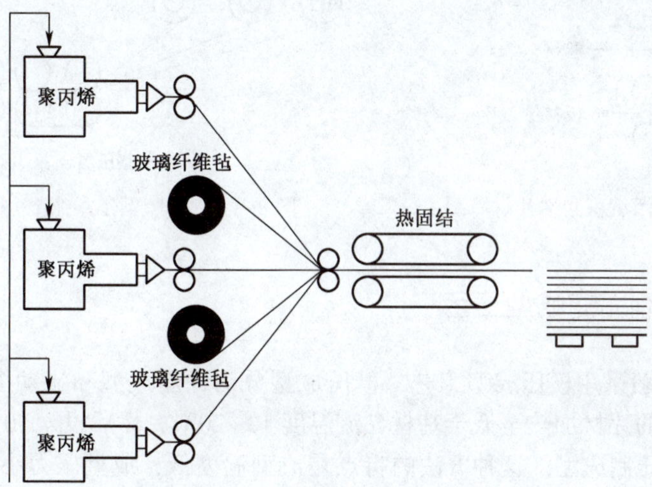

图 8-9　熔融浸渍工艺示意图

2. 悬浮沉积工艺

悬浮沉积工艺又称湿法、抄纸法（图 8-10）。首先将纤维、热塑性树脂粉末和悬浮助剂加入水中，借助悬浮助剂和搅拌作用将密度差大的纤维和树脂粉末均匀分散在水介质中，使纤维呈单丝分散，树脂达到单粒分散。然后将这种均匀的悬浮液通过流浆箱和成型网，从悬浮液中将水滤出后形成湿片，再经过烘干、加压，经冷却得到 GMT 卷材。悬浮沉积工艺中采用的增强纤维是中等长度的短切玻璃纤维，选用的基材为粉末状热塑性树脂，其颗粒直径通常为 100~400μm，有的可达到 800μm。采用的悬浮介质是水或泡沫，片材里，玻璃纤维含量一般为 25%~40%（质量分数）。

悬浮浸渍法生产的片材中纤维分布均匀，成型加工时预浸料流动性好。它适合制作复杂几何形状和薄壁结构制品、但与熔融制备方法一样，其缺点是技术难度高和设备投资大。

3. 静电吸附法

首先将热塑性树脂制成薄膜，使薄膜带静电，当带静电的树脂薄膜通过短切槽时，纤维被吸附在薄膜上，然后将上述纤维层合，热压成增强热塑性树脂塑料片材。其工艺简图如图 8-11 所示。树脂可以是 PA、PC、PP、PE、ABS、AS、PET、PBT 等，树脂膜厚为 0.01~1.00mm，玻璃纤维长度为 3~50mm。

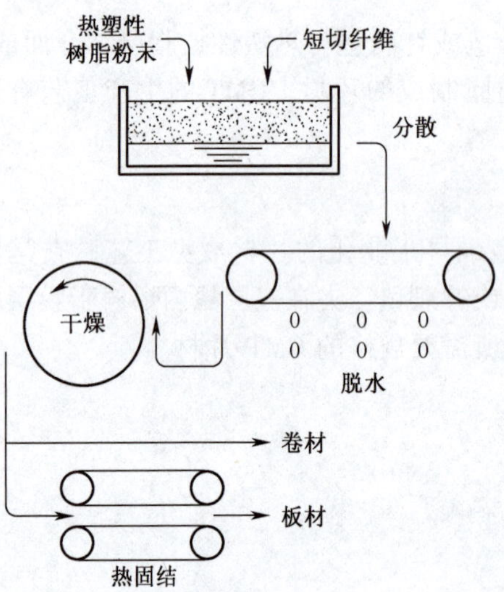

图 8-10　悬浮沉积制造片材简图

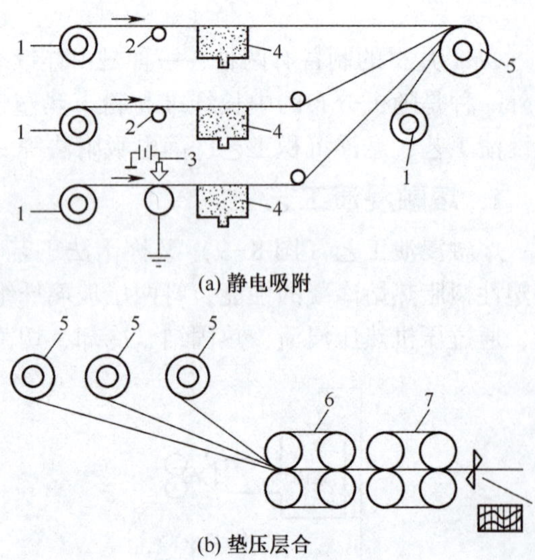

图 8-11　静电吸附法制造片材工艺简图

8.2.3　GMT 制品的成型工艺

GMT 片材一般采用模压成型工艺，模压成型分为冲压成型和流动模压成型。冲压成型是将剪裁好的片材加热至低于基材黏流温度 10~20℃，然后投入 50~70℃的模具型腔中，快速合模压制成型。这种方法的特点是成型温度低，成型压力小，成型周期短，制品的形状比较简单，一般适用于轻质 GMT 片材的模压。流动模压成型是将剪裁好的片材预热至基材的熔点以上，投入模腔中，快速合模、加压，迫使熔融的坯料流动、物料充满模腔，冷却、脱模，制成制品。这种成型方法的特点是成型压力较高，纤维浸渍树脂比较好，适宜制造形状复杂和带有金属嵌件的制品。虽然两种成型工艺的特点和工艺参数不同，但所用的设备和压制工艺流程是相同的。

热塑性树脂片材制品成型工艺流程如图 8-12 所示，片材成型制品的工艺过程由 GMT 片材剪裁、GMT 片材预热、装料、压制、冷却、脱模、二次加工等环节组成的。图 8-13 给出了 GMT 片材制品成型用设备。

1. 装料形式及片材剪裁

GMT 片材模压重要的一个环节是进行片材的剪裁及铺料方式设计。通常加热后的

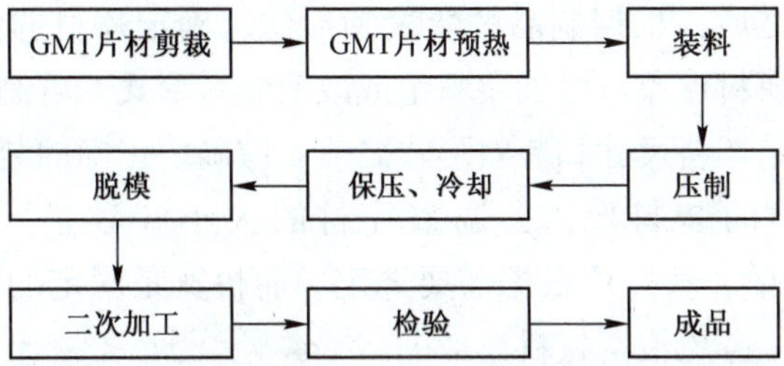

图 8-12　热塑性树脂片材制品成型工艺流程

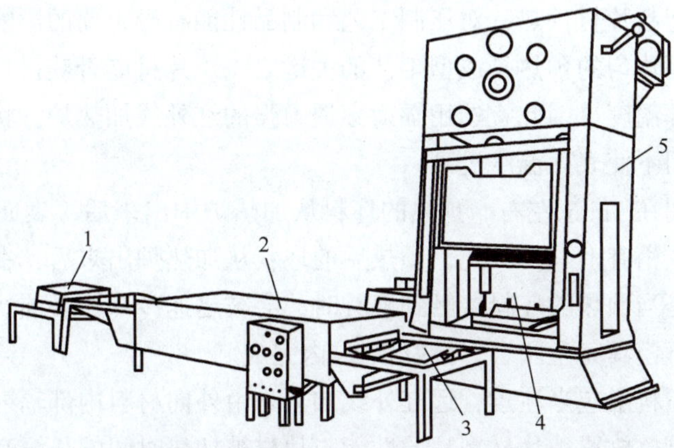

图 8-13　GMT 片材制品成型用设备

1—片材坯料；2—红外线加热器；3—预热后的片材；4—成型模具；5—压机。

片材在模具内的装料形式有三种，如图 8-14 所示。

（1）层叠式铺放。如图 8-14（a）所示，物料的流动性和充满模腔的性能好，可获得满意的制品，是通常推荐的形式。

（2）覆盖式铺放。如图 8-14（b）所示，坯料延伸到模具侧壁，夹在外模和芯模之间，限制了物料的流动和内部空气的排出，容易使制品形成缺陷。

（3）折叠式铺放。如图 8-14（c）所示，只适用于短切纤维增强的热塑性塑料片材；对于连续纤维毡，则会限制纤维流动而造成富树脂区，影响制品性能的均匀性。

(a) 层叠式铺放　(b) 覆盖式铺放　(c) 折叠式铺放

图 8-14　三种装料形式

当装料形式确定之后，根据制品的质量和形状，确定片材的大小和形状，剪裁片材，试压制品。若有缺料现象可增加装料量或改变装料形式。若制品超过设计厚度，则应减少投料量。在决定坯料尺寸和装料形式之前，应确定正确的装料量。根据所需片材的总面积和在模具中的装料形式，调整片材的大小和数量。通常片材的幅宽为1000mm，是连续制造的，长度可根据需要选定，而幅宽是固定的。所以剪裁坯料时应在幅宽方向上计算好，避免浪费材料。

2. 片材的预热

增强热塑性塑料片材预热，对压制工艺和制品性能有极重要的影响。在片材坯料的厚度方向，快速而均匀的预热是成型工艺的关键之一。片材能否获得良好的流动性，主要取决于片材内部温度。因此宜选用辐射穿透力强的红外线加热炉，将片材坯料内部预热至合适温度，而不使表面温度过高。

一般预热时间在3min左右。预热的坯料从加热炉中出来后，表面温度急剧下降但内部温度不下降或稍有上升。因此，预热后的坯料从加热炉出来后，在15s内投入模具型腔内即可。但是当预热的坯料接触到模具时，会被迅速冷却，必须快速合模压制。所以从投料到上、下模具完全闭合，最好在5s内完成。

在预热坯材还料中应当注意，远红外线加热是由外向材料内部辐射吸收，所以在预热器中坯料不能重叠放置。片材制品的性能与片材被加热时间的长短有直接的关系。材料过度加热会导致制品性能急剧下降，制品表面产生白斑或蜡状区域。聚丙烯基片材的最佳表面预热温度为205~220℃。

3. 片材在模具内的铺放方式

在模具内正确地铺放片材对于获得高性能制品是十分重要的。好的片材铺放设计即使片材在型面上铺放的位置稍有偏离，也不会影响制品材质的均性；制品中没有“熔接线”（一般通过X射线可以检查），没有富树脂区；物料在模具型腔内按所设计的方向流动，确保闭合环内没有物料；手工操作方便。尤其是采用含连续纤维毡的片材时，更应设计好片材的铺放方式。

采用含连续纤维毡的片材的成型制品时，当制品有肋或细长孔时，压制时纤维容易架桥而流不到肋中，造成肋的端部形成富树脂区，强度降低。这种情况应将坯料块的端部铺放在肋的入口处，之后再在上面放置连续的坯料。

4. 制品的压制及冷却固结

将剪裁并预热的片材坯料，按正确铺放方式迅速铺放好，合模使树脂固结成型。从投料到制品脱模，整个模压周期在60s左右。成型压力可依据模具温度、预热温度、制品形状和制品厚度而定，通常为10~25MPa。脱模力一般应小于成型压力的20%。

压制速度是片材压制工艺的关键因素之一。如果物料不及时流动，则制品会产生固结缺陷。被加热的物料最好在3s内完成流动，因此要求压机具有很快的合速度。一般来说，在合模最后的30mm左右时物料开始流动。最低的合模速度为10mm/s，在20mm/s左右最好，建议选用10~40mm/s。

8.2.4 GMT 的应用

1. 在汽车工业中的应用

GMT 制品成型仅需要物理加工，所以生产周期短、生产率高、生产成本低。此外，还可模压制造较大、较轻、形状复杂的部件，且尺寸稳定性好。

欧洲 GMT 制作汽车前端部件的用量约占汽车总用量的 28%，用 GMT 制作前端部件的优点是可将包括车头灯、风机和散热器座、发动机罩搭扣以及保险杠固定点等功能集于一体，从而取代多个金属部件，与同等强度的钢部件相比，质量可减轻 20%，生产费用可下降 10%。与片状模塑料相比，GMT 前端部件在装配上和防震性上均具有优势。

GMT 座椅壳体占 GMT 欧洲汽车用量的 20%，这种座椅壳体可采用不同颜色，如大理石纹或木纹。GMT 发动机隔噪罩约占 GMT 在汽车总用量的 20%，主要是利用 GMT 材料的抗冲击性能和耐低温性能。在美国，GMT 还广泛用于模制汽车保险杠。而现在则发展为由数层单向 GMT（GMT-VD）组成性能更好的单向保险杠，这种保险杠在低温下也具有良好的刚度能量吸收及故障自动保险性能优良，质量较轻，可按材料性能进行模制，可满足主要应力方向上的高刚度和高强度要求。另外，GMT 仪表盘托架可将支承仪表、安全气囊和加热换气系统等功能集于一体，为 GMT 提供了良好的应用机会。

2. 在建筑工业中的应用

在建筑工业中 GMT 可取代金属制作建筑模板。这种 GMT 模板具有质轻、剥离性好，结构一体化、制件表面光洁等优点；在交通运输业中用 GMT 片材在集装箱的底板上作内衬，可大大减少维护保养费用；也可用 GMT 片材作蒙皮，高强泡沫作夹芯取代硬木及金属制造集装箱。哈尔滨玻璃钢研究所独立开发应用了全复合材料绝缘梯配件、配电盒、泵盖、油田用机箱底板和轴承端盖等。

3. 在包装贮运行业中的应用

在包装贮运行业中，GMT 材料已大量应用于包装箱、搬运托盘、集装箱底板与侧板的制造。

4. 在体育休闲方面的应用

在体育休闲方面，已经用于各式滑板和篮球背板等。

随着科学技术的发展，GMT 材料的新工艺、新品种不断涌现。在国内，GMT 材料的熔融浸渍工艺已由华东理工大学开发成功，并与企业合作实现了工业化生产，产品性能达到国外同类产品的水平，并与汽车零部件生产企业合作，进行 GMT 汽车零部件的开发，研制的多种汽车零部件已获得应用。目前，GMT 材料的产量逐年递增，GMT 材料的品种也逐步向低密度和功能化发展，随着人们对 GMT 材料的进一步认识及环保意识的增强，被誉为“绿色材料”的 GMT 材料必将获得更为广泛的应用。

【任务实施】

1. GMT 制品的冲压成型工艺

1）冲压成型设备

GMT 制品冲压成型所涉及的主要设备包括预热装置、模具和压机。

片状模塑料的预热装置是用于 GMT 坯料的加热，使之变软，达到成型温度。加热方式可采用红外加热或电加热，工业生产时大多采用效率较高的红外加热方式。预热装置可以有两种形式，一种是间歇式的烘箱，另一种是连续运行的烘道，前者初始投资小，但热损耗大，生产效率低，后者生产效率高，适合较大规模的工业化生产，初始投资高于前者。

GMT 模压成型所用压机与热固性 SMC 有些类似，一般采用油压机，GMT 模塑料成型时所需要的压力较高，通常模腔内的压力要达到 10MPa 以上，因此压机应能提供足够的压力；压机台面的大小根据模具的尺寸来选择；由于热塑性的模塑料的流动性及模压过程中材料物理状态的变化，因此要求压机在施加压力时具有较高的合模速率。

2）冲压成型工艺基本流程

GMT 制品的冲压成型工艺基本流程包括以下几个步骤。

(1) 坯料设计及裁剪：根据制品及模具的形状对 GMT 片材进行剪裁，应尽可能使坯料加热软化后能基本覆盖模具的成型面，在坯料温度较低的情况下冲压成型时，尽量采用整块材料，避免拼接。

(2) 坯料预热：裁剪形成的坯料，在烘箱或烘道中加热至 GMT 模塑料中树脂的软化点温度以上，黏流温度以下。

(3) 坯料在模具上的铺放：严格按照坯料与模具所对应的部位铺放，否则易形成废品。

(4) 压制成型：模具在压机作用下快速合模，保压一定的时间，使模塑料冷却定型。

(5) 脱模：制品定型后，通过模具所设置的脱模机构顶出，可通过顶杠及压缩空气实现制品的脱模。

(6) 定型：为了加快成型速度，脱模制品处于较高的温度，制品有可能产生变形，通常还需要对制品定型。

3）冲压成型的特点

与金属薄板的冲压成型有些类似，坯料经挤压、拉延而形成制品的形状，坯料的流动不明显。坯料的布料基本覆盖整个模腔，坯料尽量避免拼接，能成型的制品形状比较简单。坯料预热的温度低，保压时间短，成型快速。

2. GMT 制品的压缩模塑成型

GMT 制品压缩模塑成型所涉及的主要设备与冲压成型的设备相同。压缩模塑成型的基本工艺流程与冲压成型相似，但在一些工艺参数的控制方面有较大的不同。

(1) 坯料设计及裁剪：坯料在模压成型时产生流动，因此坯料在模具表面覆盖程度达不到冲压成型所要求的程度。模压时，坯料温度较高，坯料可以拼接、叠合，在压力作用下，模塑料产生流动，其中树脂分子链可产生程度很高的相互扩散，在叠合及拼接处相互融合成为一个整体。

（2）坯料预热：坯料在烘箱或烘道中加热至 GMT 模塑料中树脂的熔点温度以上，坯料的预热温度越高，越有利于模塑料在模压时保持较好的流动性，但温度过高，会引起树脂降解，制品性能变差。

（3）坯料在模具上的铺放：对于 GMT 的压缩模塑过程，坯料在模具表面的铺放方式对制品的性能有着重要影响，坯料铺放与模塑料的流动行为密切相关。对于增强材料为连续玻璃纤维毡的 GMT，此类模塑料模压时流动性稍差，容易出现纤维与树脂分离的现象，必须采用合适的坯料铺放方式。坯料拼接尽量采用搭接的方式，减少制品中的薄弱环节。

（4）压制成型：快速合模，坯料在挤压作用下流动充模，因成型时坯料的预热温度较高，保压、冷却定型时间要长于冲压成型。

（5）脱模与后定型：与冲压成型相同。

压缩模塑是 GMT 制品最常用的成型方式，模塑料在压力作用下具有一定的充模流动，可成型形状复杂及包埋嵌件的 GMT 制品。

项目拓展

1. 挤出成型工艺

挤出成型是热塑性复合材料制品生产中应用较广的工艺之一。挤出成型工艺也称挤压模塑或挤塑工艺，它是借挤出机的螺杆或柱塞的挤压作用，使受熔化的物料在压力的推动下，通过口模制成具有一定截面的连续型材的一种工艺方法。其主要特点是生产过程连续、生产效率高、设备简单、技术容易掌握等。挤出成型工艺主要用于生产管、棒、板及异型断面型等产品。玻璃纤维增强热塑性复合材料门窗异型断面型材，在我国有很大市场。

挤出成型工艺的工艺过程是将树脂相增强纤维制成粒料，然后再将粒料加入挤出机内，经塑化、挤出、冷却定型而成制品。挤出成型工艺流程图如图 8-15 所示。

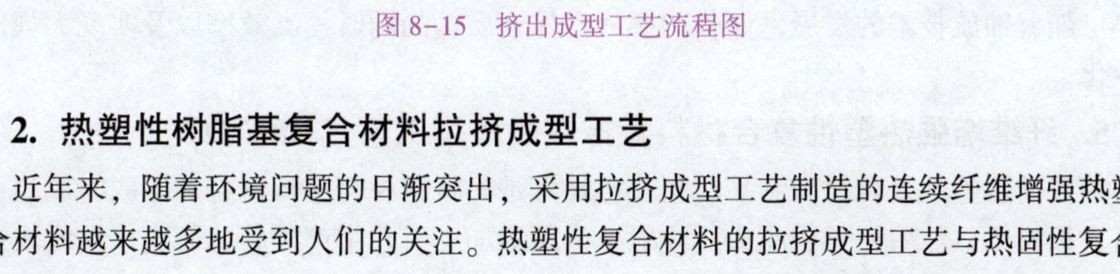

图 8-15　挤出成型工艺流程图

2. 热塑性树脂基复合材料拉挤成型工艺

近年来，随着环境问题的日渐突出，采用拉挤成型工艺制造的连续纤维增强热塑性复合材料越来越多地受到人们的关注。热塑性复合材料的拉挤成型工艺与热固性复合材料的拉挤成型工艺基本相似。只要把进入模具前的浸胶方法加以改造，生产热固性复合材料的设备便可使用。生产热塑性复合材料拉挤产品的增强材料有两种：一种是经过浸胶的预浸纱或预浸带；另一种是未浸胶的纤维或纤维带。根据浸渍技术可把热塑性复合材料拉挤成型工艺分为非反应型拉挤工艺和反应型拉挤工艺两大类。从目前应用情况来看，非反应型工艺占主体，应用较为广泛，相对来讲也比较成熟。图8-16是热塑性复合材料拉挤成型工艺的具体内容。

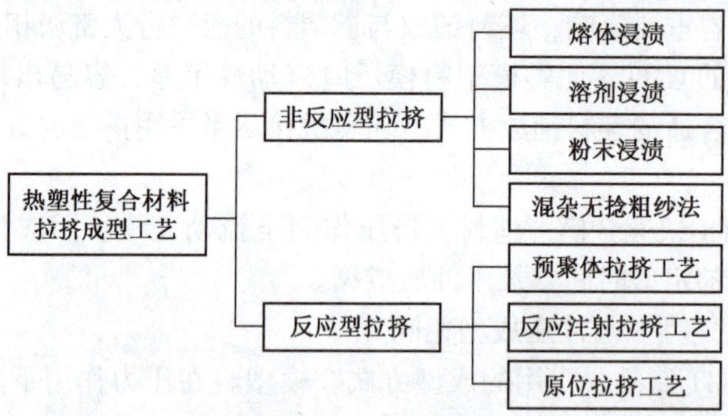

图8-16　热塑性复合材料拉挤成型工艺的种类

热塑性树脂基的拉挤成型在国外已经进入实用阶段，而在中国尚处于初步探索应用阶段，要加快这一成型技术的开发应用，关键点就是要充分掌握增强纤维的浸渍与工艺参数的正确选择，并提高生产设备的稳定性。

3. 缠绕成型工艺

热塑性复合材料的缠绕成型工艺原理、缠绕机设备与热固性复合材料的原理、设备一样，不同的是热塑性复合材料缠绕制品的增强材料不是玻璃纤维粗纱，而是经过浸胶（热塑性树脂）的预浸纱。因此，需要在缠绕机上增加预浸纱预热装置和加热加压辊缠绕成型时，先将预浸纱加热到软化点，再加热与芯模的接触点，并以加压辊加压，使其熔接成一个整体。

4. 自动铺放成型

自动铺放技术是将复合材料的裁剪、定位、铺叠、压实等步骤集于一体，且具有控温和质量检测功能的复合材料集成化数控成型技术，能有效满足自动化、高产量、高质量、低成本等技术要求，是热塑性复合材料低成本制造技术的一个重要研究方向。

目前，国外热塑性复合材料的自动铺放技术的研究主要包括工艺、装备以及软件控制技术。在航空领域中，自动铺带适用于尺寸较大、曲率相对较小的零件，如整体壁板类零件、大梁和长桁等，而纤维自动铺放适用于尺寸较大、形状相对较复杂的零件，如机身段、进气道等。经过20多年的研究，国外热塑性复合材料自动铺带技术已经趋于成熟。随着铺放技术的发展，面临的挑战是保证质量的同时提高效率以及实现大规模的产业化。

5. 纤维增强热塑性复合材料直接在线成型工艺（LFT-D）

传统的热塑性复合材料制品成型工艺技术是先将原材料进行复合加工成半成品，如粒料、板材等，然后用半成品通过注射、模压等加工工艺生产制品。而直接在线成型技术省略了中间半成品的制作过程，通过双螺杆挤出机将原材料进行复合后直接采用注塑机注射成型或压机模压成型生产制品。LFT-D 具有更高的经济效益，没有半成品制造的成本；极大地降低了总体能源消耗；在线循环使用材料（GMT/LFT），最大可达到 40%；节省了生产场地等。LFT-D 工艺主要可分为三种：长纤维增强热塑性塑料直接在线模压成型（LFT-D-CM）、长纤维增强热塑性塑料直接注射成型（LFT-D-IM）、纤维定向铺放（TFP-LFT-D）。

6. 热塑性复合材料的连接技术

1）铆接

用于热塑性复合材料铆接用的铆钉，一般都是用连续纤维增强热塑性树脂制造的拉挤棒材。施工时，铆钉预热到可以加压塑变的温度，铆钉与孔径应能严密配合，也可以用金属螺栓。铆接的优点是抗冲击性好、无电化学腐蚀、价格便宜。

2）焊接

热塑性复合材料的焊接处理，是将被连接材料的焊接表面加热到熔化状态，然后搭接加压，使之接成一体。复合材料焊接原理与塑料焊接相似，但必须注意焊接处的纤维增强效果不能降低太多。

3）管件对接焊

热塑性复合材料管的对接焊方法有直接对接焊和补强对接焊两种。这种连接方法的优点是工艺简单，可在现场施工，不需要对管子进行机械加工连接，强度高，不易断裂。缺点是成本高，工艺要求严格，要保证尺寸紧密配合。

4）缠绕焊接

用预浸带沿焊缝手工或机械缠绕，同时用火焰喷枪对接触点加热熔融，使之与被连接件粘牢。选择预浸带时，要注意纤维的方向和含量。此法较实用，被连接材料能保留较好的性能，但易出现加热不均匀的现象。

5）薄板超声波焊接

此法是用超声波对被连接处进行加热焊接，一般能够获得较高的连接强度。

巩固练习

（1）航空领域常用的高性能热塑性树脂种类有哪些？其特点是什么？
（2）纤维增强热塑性树脂粒料的制造方法有哪两种？分别简述这两种制备方法。
（3）简述注射成型工艺的基本过程。
（4）注射成型工艺参数有哪些？
（5）注塑机结构包括哪几个部分？它们各自的作用是什么？
（6）GMT 的原材料有哪些？
（7）简述 GMT 片材的熔融浸渍工艺和悬浮沉积工艺。
（8）简述 GMT 制品模压成型工艺过程。

附录　数字资源一览表

项目名称	资源名称	资源形式
项目1　手糊成型工艺	手糊成型工艺	动画
	玻璃纤维的种类、特点	微课
	不饱和聚酯树脂的种类、特点	微课
	碳纤维的种类、特点及选用	微课
	环氧树脂的种类、特点及选用	微课
	手糊成型工艺的原材料选择	微课
	手糊成型模具	微课
	手糊成型的生产准备	微课
	手糊成型过程	微课
	喷射成型工艺	动画
	喷射成型工艺	微课
项目2　模压成型工艺	短纤维模压料	微课
	模压模具	微课
	SMC 种类特点制备	微课
	SMC 模压工艺	微课
项目3　缠绕成型工艺	纤维缠绕成型工艺	动画
	缠绕特点分类应用	微课
	缠绕设备	微课
	缠绕规律	微课
	缠绕工艺	微课
	缠绕设备操作	微课
项目4　预浸料热压罐成型工艺	热压罐成型工艺	动画
	真空袋封装工艺	动画
	预浸料	微课
	固化工艺曲线的认识	微课
	低成本技术	微课
	热压罐工艺的应用与发展	微课
	真空封装操作	微课
	热压罐设备安全操作	微课

续表

项目名称	资源名称	资源形式
项目5　拉挤成型工艺	拉挤成型工艺	动画
	拉挤成型	微课
项目6　夹层结构成型工艺	夹层结构成型工艺	动画
	蜂窝夹层结构	微课
	泡沫塑料夹层结构	微课
项目7　复合材料液体成型工艺	RTM 成型工艺	动画
	VARI 成型工艺	微课
	RTM 衍生工艺	微课
项目8　热塑性复合材料成型工艺	注射机结构的认识	动画
	注射成型工艺	动画
	注射成型工艺	微课

以上数字资源内容详见前言中的二维码。

参 考 文 献

[1] 谢富原. 先进复合材料制造技术 [M]. 北京：航空工业出版社，2017.

[2] 潘利剑. 先进复合材料成型工艺图解 [M]. 北京：化学工业出版社，2015.

[3] 汪泽霖. 树脂基复合材料成型工艺读本 [M]. 北京：化学工业出版社，2017.

[4] 黄发荣，周燕. 先进树脂基复合材料 [M]. 北京：化学工业出版社，2008.

[5] 益小苏，杜善义，张立同. 复合材料手册 [M]. 北京：化学工业出版社，2009.

[6] 贾立军，朱虹. 复合材料加工工艺 [M]. 天津：天津大学出版社，2007.

[7] 倪礼忠，陈麒. 聚合物基复合材料 [M]. 上海：华东理工大学出版社，2007.

[8] 黄家康. 复合材料成型技术及应用 [M]. 北京：化学工业出版社，2011.

[9] 许家忠，乔明，尤波. 纤维缠绕复合材料成型原理及工艺 [M]. 北京：科学出版社，2013.

[10] 胡保全，牛晋川. 先进复合材料 [M]. 2 版. 北京：国防工业出版社，2013.

[11] 陈宇飞，郭艳宏. 聚合物基复合材料 [M]. 北京：化学工业出版社，2010.

[12] 郭金树. 复合材料可制造性技术 [M]. 北京：航空工业出版社，2009.

[13] 梁基照. 聚合物基复合材料设计与加工 [M]. 北京：机械工业出版社，2011.

[14] 陈博. 国内外复合材料工艺设备发展述评之六：模压成型 [J/OL]. 复合材料科学与工程. https://doi.org/10.19936/j.cnki.2096-8000.20211128.032.

[15] 克鲁肯巴赫，佩顿. 航空航天复合材料结构件树脂传递模塑成型技术 [M]. 李宏运，译. 北京：航空工业出版社，2009.

[16] 包建文，等. 高效低成本复合材料及其制造技术 [M]. 北京：国防工业出版社，2012.

[17] 中国航空工业集团公司复合材料技术中心. 航空复合材料技术 [M]. 北京：航空工业出版社，2013.

[18] 吴悦梅，付成龙. 树脂基复合材料成型工艺 [M]. 西安：西北工业大学出版社，2020.

[19] 方国治，藤一峰，等. FRTP 复合材料成型及应用 [M]. 北京：化学工业出版社，2017.

[20] 牛春匀. 实用飞机复合材料结构设计与制造 [M]. 北京：航空工业出版社，2010.